Untersuchung der Einfluss-Wirk-Zusammenhänge beim Powder Bed Fusion von Einzelspuren, Schichten und Volumenkörpern

Investigation of Cause-and-Effect Relationships in Powder Bed Fusion by Examining Single Tracks, Layers and Solid Bodies

Von der Fakultät für Maschinenwesen
der Rheinisch-Westfälischen Technischen Hochschule Aachen
zur Erlangung des akademischen Grades eines
Doktors der Ingenieurwissenschaften
genehmigte Dissertation

vorgelegt von

Andrei Diatlov

Berichter/in:

Univ.-Prof. Dr.-Ing. Dipl.-Wirt.-Ing. Johannes Henrich Schleifenbaum
apl. Prof. Dr.-Ing. Andreas Gebhardt

Tag der mündlichen Prüfung: 22. Dezember 2023

ERGEBNISSE AUS DER ADDITIVEN FERTIGUNG

Andrei Diatlov

Untersuchung der Einfluss-Wirk-Zusammenhänge beim Powder Bed Fusion von Einzelspuren, Schichten und Volumenkörpern

Herausgeber:
Univ.-Prof. Dr.-Ing. Dipl.-Wirt.-Ing. Johannes Henrich Schleifenbaum

dap Digital Additive Production | RWTH AACHEN UNIVERSITY

Bibliografische Information der Deutschen Nationalbibliothek
Die Deutsche Nationalbibliothek verzeichnet diese Publikation in der Deutschen Nationalbibliografie; detaillierte bibliografische Daten sind im Internet über https://portal.dnb.de abrufbar.

Andrei Diatlov:

Untersuchung der Einfluss-Wirk-Zusammenhänge beim Powder Bed Fusion von Einzelspuren, Schichten und Volumenkörpern

1. Auflage, 2024

Gedruckt auf holz- und säurefreiem Papier, 100% chlorfrei gebleicht.

Wissenschaftsverlag des Instituts für Industriekommunikation und Fachmedien an der RWTH Aachen
Steinbachstr. 25, 52074 Aachen
Internet: www.apprimus-verlag.de, E-Mail: info@apprimus-verlag.de

Druck: CPI Druckdienstleistungen GmbH
Ferdinand-Jühlke-Straße 7 | 99095 Erfurt

ISBN 978-3-98555-239-9

D 82 (Diss. RWTH Aachen University, 2023)

Danksagung

An dieser Stelle möchte ich mich herzlich bei allen Unterstützern dieser Arbeit bedanken. Als erstes gilt mein Dank dem Herrn Prof. Dr. rer. Nat. Reinhart Poprawe M. A. für die Überlassung des Themas und dem Univ.-Prof. Dr.-Ing. Dipl.-Wirt.-Ing. Johannes Henrich Schleifenbaum für die Übernahme der weiteren Betreuung nach der Emeritierung von Herrn Professor Poprawe. Darüber hinaus danke ich apl. Prof. Dr.-Ing. Andreas Gebhardt für die Übernahme des Koreferates sowie Univ.-Prof. Dr.-Ing. Thomas Bergs für die Übernahme des Prüfungsvorsitzes. Ein ganz besonderer Dank gilt meinem ehemaligen Abteilungsleiter Dr. rer. nat. Konrad Wissenbach für seine unbezahlbare Unterstützung und Motivation auch über seinen Renteneintritt hinaus. Noch einmal vielen Dank dafür und für das Lektorat meiner Arbeit, Kurt.

Diese Dissertation entstand während meiner Tätigkeit an der RWTH und am Fraunhofer-Institut für Lasertechnik in Aachen und so danke ich hier allen Mitarbeitern des Lehrstuhls für Digitale Additive Produktion der RWTH Aachen und der Gruppe Rapid Manufacturing des Fraunhofer ILT für die fachliche Unterstützung und angenehme Arbeitsatmosphäre. Insbesondere möchte ich einen großen Dank an Dr. Wilhelm Meiners, Dr. Norbert Pirch, Dr. Lucas Jauer und Dr. Christoph Gayer für ihre Diskussionsbereitschaft und konstruktive Anregungen aussprechen. Ebenfalls möchte ich hier meine HiWis sowie Studien-, Bachelor- und Masterarbeiter nicht unerwähnt lassen, danke für das große Engagement. Johannes, Stoyan, Alexander insbesondere euch danke ich für die Unterstützung im Labor.

Ein großer Dank gilt ebenfalls den Mitarbeitern des Institutes für Eisenhüttenkunde der RWTH, insbesondere Dr. Jan Bültmann, bei der Unterstützung von Materialherstellung und -analyse sowie den Mitarbeitern des Lehrstuhls für Elektrochemische Energiewandlung und Speichersystemtechnik, insbesondere Herrn Cem Ünlübayir, für Zugang zu zusätzlichen LPBF-Anlagen zur Unterstützung vergleichender Analysen mehrerer Anlagen.

Meinen Freunden danke ich für Ihre Geduld, als ich mal wieder ein Treffen wegen Zeitmangel absagen musste.

„Last but not least" möchte ich meiner Familie danken, insbesondere meiner Mutter, ohne ihre Unterstützung, ihren Glauben an mich und ihrer Liebe wäre diese Arbeit wohl niemals beendet.

Vielen Dank!

Inhalt

1 Einleitung

Additive Fertigungsverfahren für metallische Werkstoffe (z. B. Laser- oder Elektronenstrahlschmelzen) ermöglichen die Herstellung von dreidimensionalen Bauteilen mittels sequentieller Addition von dünnen Materialschichten übereinander. Dabei wird das 3D-Modell des zu fertigenden Bauteils in Schichten unterteilt und das Bauteil schichtweise aus überwiegend pulverförmigen Ausgangswerkstoffen in einer Anlage aufgebaut. Dies ermöglicht die Herstellung von individualisierten Bauteilen komplexer Geometrie direkt aus einem CAD-Modell und erlaubt den Verzicht auf speziell für bestimmte Bauteile herzustellende Werkzeuge wie Stempel, Matrizen oder Gießformen. Darüber hinaus kann eine signifikante Reduzierung der Anzahl von Einzelteilen und der Masse eines Bauteils erreicht werden, indem ein Bauteil, das üblicherweise aus mehreren Komponenten hergestellt wird, als ein einzelnes komplexes Bauteil gefertigt wird [72], [77], [123]. Aus diesen Gründen wird die additive Fertigung zunehmend als ein Herstellungsverfahren für Einzelkomponenten und Kleinserien in z. B. Luft- und Raumfahrt, Turbomaschinenbau, Medizintechnik und Automobilindustrie eingesetzt [1]. Die stark zunehmende Akzeptanz der additiven Verfahren wird durch das schnelle Umsatzwachstum belegt. Der jährliche Umsatz der gesamten additiven Fertigungsindustrie hat in 2021 15 Milliarden US-Dollar überschritten, im Vergleich zu knapp 12 Milliarden Dollar im Jahr 2019 und knapp 7,5 Milliarden im Jahr 2017. Der Anteil der additiven Fertigung der metallischen Werkstoffe beträgt 36 %, eine knappe Verdoppelung gegenüber dem Jahr 2018, und wächst rapide weiter. In 2021 wurden z. B. 2397 kommerzielle Metallbearbeitungssysteme verkauft, im Vergleich zu 2165 Systemen, die in 2020 und knapp 1800 Systemen, die in 2017 verkauft wurden [1], [14], [24], [75], [99].

Powder bed fusion of metal with laser beam (PBF-LB/M, im Folgenden als PBF abgekürzt), oft auch als Selective Laser Melting (SLM) oder Direct Metal Laser Sintering (DMLS) bezeichnet, ist ein additives Fertigungsverfahren, das durch den Eintrag von Laserenergie Pulverschichten definierter Dicke umschmilzt und mit der darunterliegenden Schicht schmelzmetallurgisch verbindet. So entstehen dichte Bauteile mit mechanischen Eigenschaften nahezu gleich zu anderen Herstellungsverfahren wie z. B. dem Gießen. Das PBF-Verfahren bietet unter anderem Möglichkeiten zur Herstellung von komplexen Geometrien, die mit anderen etablierten Verfahren wie beispielweise Gießen, Drehen oder Fräsen nicht produzierbar sind. Ein Beispiel sind Gitterstrukturen, die bei stark reduziertem Gewicht ähnliche Materialeigenschaften zu Vollmaterialbauteilen aufweisen. Ein weiterer großer Vorteil ist die individualisierte Produktion - dies wird beispielsweise in medizinischen Anwendungsbereichen genutzt: Implantate können für jeden Patienten individuell hergestellt werden. Dies eröffnet neue einzigartige Möglichkeiten nicht nur bei Knochenersatzimplantaten, sondern auch in der Konstruktion von gewichtsoptimierten Bauteilen. Darüber hinaus wird mit Hilfe von PBF sowohl die Produkteinführungszeit signifikant verkürzt, als auch ressourcenschonend gearbeitet - es wird nur die Menge an Pulverwerkstoff verarbeitet, die nötig ist, um ein Bauteil herzustellen [1], [2], [3], [32], [33], [49], [100], [101].

Dies, sowie intensive Forschungs- und Entwicklungsarbeiten in der PBF-Verfahrens- und Systemtechnik, sind einige der Gründe warum PBF in den letzten Jahren größere und neue Anwendungsfelder erobert hat. Trotzdem steht das Verfahren erst an der Schwelle zu einem industriellen Serienfertigungsverfahren. Die wichtigsten Probleme sind dabei neben der geringen Produktivität und Reproduzierbarkeit die Anforderungen an die Qualität bezüglich Dichte, Defektfreiheit und Oberflächenqualität [101]. Diese Arbeit betrachtet die Einfluss-Wirk-Zusammenhänge beim PBF-Prozess und die dabei entstehenden Ungleichmäßigkeiten und Defekte beginnend mit Einzelspuren und überträgt die Ergebnisse für Einzelspuren auf Einzelschichten und Volumenkörper. Dabei wird besonderes Augenmerk auf die Oberflächenqualität und die Dichte gelegt. Abschließend werden Untersuchungen zur Übertragbarkeit der Ergebnisse auf eine zweite PBF-Anlage durchgeführt und Maßnahmen zur Verbesserung der Bauteilqualität abgeleitet.

2 Ausgangssituation und Problemstellung

Um das PBF als Serienfertigungsverfahren zu etablieren, müssen noch einige Defizite des Verfahrens beseitigt werden. Dazu zählen z. B. die unzureichende Prozessrobustheit und Reproduzierbarkeit sowie die häufig unzureichende Oberflächenqualität der Bauteile als auch auftretende Defekte [4]. Die Oberflächenqualität und Dichte sind Gegenstand der vorliegenden Arbeit. Insbesondere bei komplexen Bauteilgeometrien (z. B. Hohl- und Gitterstrukturen, Überhänge) stellt das Erreichen der geforderten Oberflächenrauheit und Dichte eine Herausforderung dar. Eine Endbearbeitung mit konventionellen Verfahren (z. B. Fräsen, Schleifen) verbessert die Oberflächenrauheit, diese ist bei komplexen Geometrien aber oft nicht oder nur eingeschränkt möglich. Die Dichte kann ebenfalls durch einen zusätzlichen Arbeitsschritt wie z. B. Hot Isostatic Pressing (HIP) erhöht werden, es ist aber ebenfalls nicht bei allen Geometrien anwendbar. Zusätzlich bedeutet die Endbearbeitung immer einen zusätzlichen Kosten- und Zeitaufwand, sollte also so weit wie möglich vermieden werden. Aus diesen Gründen sind die Verbesserungen der Oberflächenqualität, die Vermeidung von Defekten und das zuverlässige Erreichen hoher Dichten wichtige Aufgaben der PBF-Verfahrensentwicklung [6].

Bei der Verarbeitung metallischer Werkstoffe mit PBF wird als Endergebnis ein Volumenkörper hoher Dichte ohne Defekte, niedriger Oberflächenrauheit sowie hoher Maßhaltigkeit angestrebt. Es ist bekannt, dass Defekte wie Poren, Risse und Bindefehler die Dichte der Bauteile verringern können [74], [76]. Hohe Dichten von > 99,5 % werden bei angepasster PBF-Prozessführung trotzdem erreicht [5], [45], [59]. Die während des PBF-Prozesses entstehenden Oberflächenstrukturen und Defekte tragen signifikant zur Oberflächenrauheit bei. Rauheitswerte Ra von ca. 5 - 40 µm (insbesondere bei geneigten Flächen, vgl. Kap. 4.4.3.1) sind typisch für PBF-Bauteile. [7], [38], [41], [45], [53], [85], [101], [125]. In der Literatur wird für viele Anwendungen eine Mindestanforderung an die Oberflächenrauheit von Ra < 100 µm angeführt, für diese Anwendungen können die mit PBF-Verfahren hergestellten Bauteile ohne weitere Nachbearbeitung verwendet werden. Bei Anwendungen, die eine Oberflächenrauheit sehr viel kleiner als 100 µm benötigen werden häufig zusätzliche Oberflächenbehandlungen eingesetzt [31], [76], [35], [125]. Die Oberflächenrauheit beeinflusst auch die Maßhaltigkeit, die beste zurzeit erreichbare Maßhaltigkeit eines Volumenkörpers wird in der Literatur als ca. der doppelte Wert der Oberflächenrauheit dieses Volumenkörpers geschätzt [10], [76].

In Bild 2.1 ist beispielhaft eine Einzelspur dargestellt, die durch Umschmelzen einer AlSi10Mg Pulverschicht auf einer artgleichen sandgestrahlten Substratoberfläche hergestellt wird. Die Spur weist deutliche Ungleichmäßigkeiten auf.

Bild 2.1
REM-Aufnahme einer PBF-Einzelspur, Pulverschicht umgeschmolzen auf einer sandgestrahlten Substratoberfläche mit erkennbaren Unregelmäßigkeiten.
Hier:
Laboranlage,
AlSi10Mg,
Korngrößenverteilung: 25-40µm,
P_L=300W,
v_s=800mm/s,
d_S=100µm, D_S=40µm.

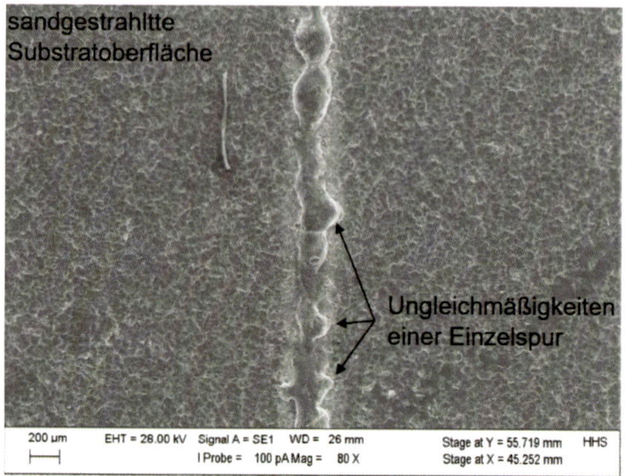

In Bild 2.2 links ist schematisch der Aufbau eines Volumenkörpers dargestellt. Der Volumenkörper entsteht aus einzelnen Schichten. Diese werden wiederum durch überlappende Einzelspuren, die als Schraffur bezeichnet werden, erzeugt [3]. In der Regel wird entlang des Randes jeder Schicht eine zusätzliche Spur umgeschmolzen, siehe Bild 2.2 rechts und Bild 2.3. Diese sogenannte Konturspur soll die Oberflächenrauheit des Volumenkörpers verkleinern [3], [99].

Bild 2.2
links: Schematische Darstellung des Aufbauprozesses eines PBF-Volumenkörpers.
rechts: Aufnahme eines PBF-Volumenkörpers. Oberflächendefekte und einzelne Spuren in der Schicht (Schraffur) und am Rand des Körpers (Konturspuren) sind erkennbar.
Hier:
AlSi10Mg,
Korngrößenverteilung: 25-40µm,
P_L=300W,
v_s=500mm/s,
d_S=100µm, D_S=40µm.

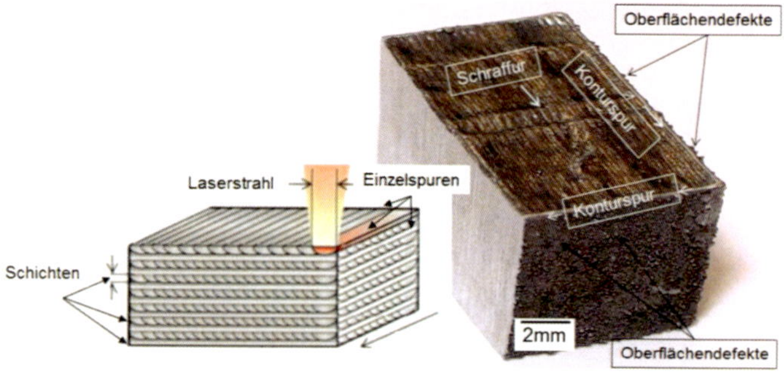

Bild 2.3 A zeigt eine schematische Anordnung von Schraffur und Konturspuren. In Schwarz ist die Schraffur (mäanderförmige Anordnung der Einzelspuren) dargestellt, in Rot die Positionen der Konturspuren für zwei unterschiedliche Abstände zur Schraffur.

Bild 2.3 B zeigt eine Rasterelektronenmikroskopaufnahme (REM-Aufnahme) des Übergangsbereiches von der Konturspur zur Schraffur. Es sind mehrere Defekte (z. B. Spritzer, Löcher), sowie die Konturspur als auch die Einzelspuren der Schraffur erkennbar. Die Konturspur wird hier vor den Umkehrpunkten der Schraffur positioniert (Position 1 auf dem Bild 2.3 A, ca. 120 µm vom Rand des Volumenkörpers). Die Enden der Einzelspuren der Schraffur werden nicht vollständig umgeschmolzen, es sind die sogenannten „Schmelzausläufer" [31] an der Kante des Volumenkörpers zu sehen. Bei ungeeigneten Verfahrensparametern (z. B. hohe Streckenenergien) kann am Ende einer Schmelzspur ein Schmelztropfen entstehen, der u. U. über die Länge des Scanvektors „hinausläuft" [15], [31]. Diese am Ende einer Umschmelzspur auftretende tropfenähnlich oder unregelmäßig erstarrte Schmelze wird als „Schmelzausläufer" bezeichnet.

Im Bild 2.3 C ist ein PBF-Volumenkörper gezeigt, der mit denselben Verfahrensparametern wie in Bild 2.3 B aufgebaut wird. Lediglich die Konturspur wird 30 µm von der Kante des Volumenkörpers positioniert (Position 2 in Bild 2.3 A). In diesem Fall werden die Enden der Einzelspuren der Schraffur umgeschmolzen, in beiden Fällen (B und C) sind Unregelmäßigkeiten der Konturspuren feststellbar.

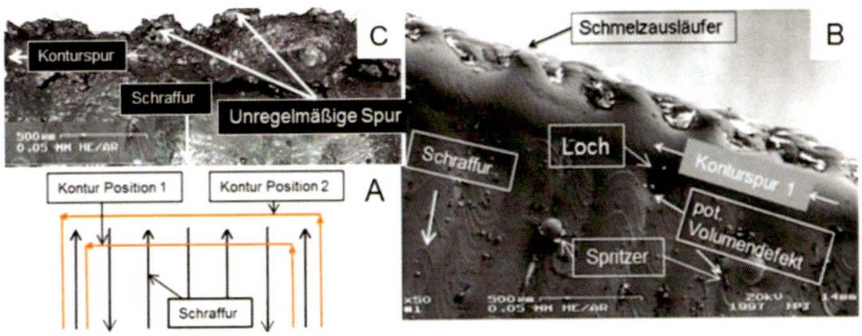

Bild 2.3
A: Schematische Darstellung der Belichtungsstrategie in Aufsicht einer Schicht mit unterschiedlich positionierten Konturspuren.
B und C: Aufsicht auf die Kante eines Volumenkörpers mit Konturspuren in Pos. 1 (B) bzw. Pos. 2 (C) und Schraffur.
Hier:
AlSi10Mg,
Korngrößenverteilung 25-40µm,
P_L=300W,
v_s=500mm/s,
d_S=100µm, D_S=40µm.

Diese Beispiele und die Analyse der Literatur (Kap. 4.4) zeigen, dass bereits bei Einzelspuren als „Basiselement" eines Volumenkörpers erhebliche Abweichungen von der idealen Geometrie einer Einzelspur auftreten können. Dies betrifft sowohl die Konstanz der Abmessungen der Einzelspur (Breite, Höhe, Umschmelztiefe) über die gesamte Länge der Spur als auch die Oberflächenbeschaffenheit entlang der Spur sowie die auftretenden Defekte wie z. B. Schmelzausläufer und Poren. Mögliche Gründe für diese Abweichungen von der Idealgeometrie werden zwar zum Teil in der Literatur diskutiert [8], [12], es fehlt allerdings eine systematische Analyse der relevanten Einflussgrößen und deren Auswirkung auf die Spurbildung [76]. Weiterhin fehlen systematische Untersuchungen wie sich die Ausprägung der Einzelspuren auf Einzelschichten und Volumenkörper auswirkt.

3 Zielsetzung

Ziel dieser Arbeit ist die grundlegende Untersuchung der Einfluss-Wirk-Zusammenhänge zwischen verschiedenen Einflussgrößen/Verfahrensparametern[1] und der Ausprägung von Einzelschmelzspuren, Einzelschichten und Volumenkörpern beim PBF-Prozess. Die Ausprägung der Schmelzspuren wird in dieser Arbeit durch geometrische Größen (z. B. Abmessungen und Gleichmäßigkeit der Schmelzspur, Oberflächenrauheit) charakterisiert. Daraus ergibt sich die übergeordnete Forschungsfrage, ob durch diese Untersuchungen Maßnahmen zur Verbesserung der Oberflächenqualität und der Dichte von PBF-Volumenkörpern abgeleitet werden können. Im Rahmen der Arbeit sollen folgende weitere Forschungsfragen beantwortet werden:

1. Inwieweit werden Qualitätskenngrößen wie Rauheit und Dichte von PBF-Volumenkörpern durch die Einzelschmelzspurbildung beeinflusst?
2. Welche Einflussgrößen/Verfahrensparameter sind für die Abweichungen von einer idealen Schmelzspur (konstante Umschmelzgeometrie entlang der gesamten Spurlänge, siehe Kap. 8.3) relevant und wie wirken sich diese Einflussgrößen auf die Schmelzspurbildung aus?
3. Wie wirken sich verschiedene Werkstoffeigenschaften auf die Schmelzspurbildung aus?
4. Wie und inwiefern lassen sich die Ergebnisse für Einzelspuren auf Einzelschichten und Volumenkörper übertragen?
5. Inwiefern kann das Anwenden der Stabilitätsfaktoren und daraus resultierende Ergebnisse von einer PBF-Anlage auf eine andere Anlage übertragen werden?

[1] In dieser Arbeit wird meistens von Einflussgrößen/Verfahrensparametern gesprochen. An manchen Stellen wird jedoch nur ein Begriff verwendet. Der Oberbegriff ist „Einflussgrößen". Die Verfahrensparameter sind eine Untergruppe der Einflussgrößen (s. Bild 5.1.1) und umfassen die Parameter des PBF-Prozesses. Die Einflussgrößen umfassen alle weiteren Parameter (Kap. 4.2).

4 Stand der Wissenschaft und Technik

Die Verfahren der additiven Fertigung für metallische Werkstoffe werden nach dem American Society for Testing and Materials (ASTM) Standard F2792 [78] in zwei Kategorien unterteilt:

- Additive Verfahren mit lokaler Werkstoffzufuhr (DED: Directed Energy Deposition)
- Pulverbettbasierte additive Verfahren (PBF: Powder Bed Fusion)

Eine weitere Unterscheidung wird nach der Art der Energiequelle gemacht. Dabei kommen vor allem Laserstrahl- (laser, L), Elektronenstrahlquellen (electron beam, EB) und Plasmabögen (plasma arc, PA) zur Anwendung. Für das PBF werden bisher fast ausschließlich Laser der Wellenlänge um 1 µm (Ausnahme Wellenlänge λ = 515 nm) verwendet. Daher bezieht sich die Darstellung im Stand der Technik auf diese Wellenlänge.

4.1 Verfahrensprinzip des Laser Powder Bed Fusion

Beim PBF wird ein 3D-CAD-Modell mittels einer Software wie z. B. „Magics build processor" von der Fa. Materialise in 2D-Schichten zerlegt. Diese Schichten werden dann mit Scanvektoren aufgefüllt gemäß der gewählten Belichtungsstrategie. Die resultierenden 2D-Modelle für die Werkzeugbahnen bestehen aus einzelnen Vektoren mit definiertem Abstand zueinander, siehe Bild 4.1.1. Eine typischerweise 20 - 100 µm dicke Schicht eines pulverförmigen Serienwerkstoffs (z. B. Aluminiumlegierungen, div. Stähle, Nickelbasislegierungen) wird auf einer Bauplattform in einer mit Schutzgas (z. B. Ar, He) gefluteten Prozesskammer aufgetragen und mit Laserstrahlung z. B. eines Faserlasers der Wellenlänge 1070 nm umgeschmolzen, bis eine komplette Schicht bearbeitet ist [54]. Danach wird die Bauplattform um die Schichtdicke gesenkt, eine neue Pulverschicht aufgetragen und belichtet. Dies wiederholt sich, bis das Bauteil gefertigt ist (Bild 4.1.2) [45]. Die so hergestellten Bauteile weisen bezüglich Dichte, Gefüge und mechanischer Kennwerte weitgehend serienidentische Eigenschaften auf, so dass sich PBF als Herstellungsverfahren von komplexen Funktionsbauteilen eignet. Bei dem Verfahren wird nur so viel Material verbraucht, wie zum späteren Bauteil gehört, das restliche Material wird wiederverwendet. Dies sorgt für eine nahezu abfallfreie Produktion [76].

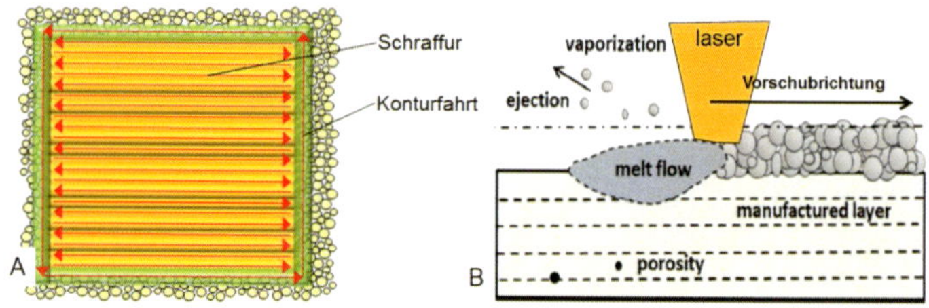

Bild 4.1.1
A: Schematische Darstellung einer 2D-Schicht, unterteilt in Schraffur- und Konturspuren.
B: Schematische Darstellung eines Längsschnittes während der Belichtung einer Einzelspur [81].

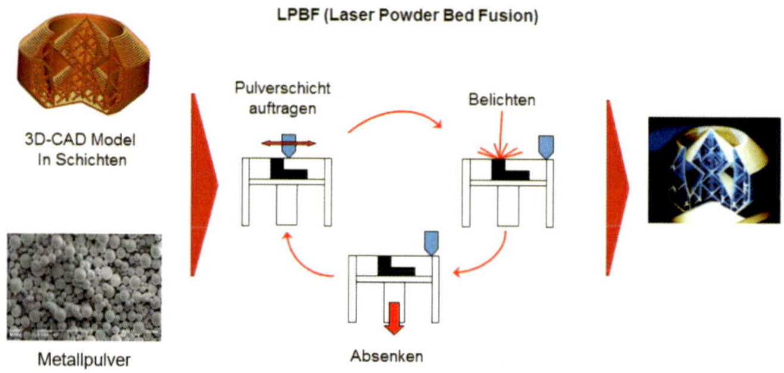

Bild 4.1.2
Schematische Darstellung des Verfahrensablaufs beim PBF [45].

Die Ermittlung von Parameterfenstern für komplexe Bauteilgeometrien und verschiedene Werkstoffe erfolgt meist iterativ in aufwendigen experimentellen Versuchsreihen [25], [39], [76]. Ein besseres Verständnis der Zusammenhänge zwischen den Qualitätsmerkmalen, relevanten physikalischen Prozessen und Einflussgrößen, sowie eine Möglichkeit Parameterfenster für unterschiedliche Bauteile und Werkstoffe möglichst schnell und präzise zu bestimmen ist hilfreich, um den Aufwand für die Prozessentwicklung zur Fertigung fehlerfreier Bauteile hoher Qualität zu reduzieren.

4.2 Einflussgrößen und Prozesskenngrößen beim PBF

Die Qualität und die Wirtschaftlichkeit des PBF-Verfahrens werden durch eine Vielzahl von Einflussgrößen bestimmt. In der Literatur gibt es zahlreiche Arbeiten, die sich mit der systematischen Darstellung dieser Einflussgrößen beschäftigen. In der Arbeit von Sehrt [52] werden diese Einflussgrößen nach der sogenannten „5-M-Methode“ (Maschine, Mitwelt, Material, Mensch, Methode) gegliedert und als Ishikawa-Diagramme (Ursache-Wirkungsdiagramme) dargestellt. In dieser Arbeit wird auf eine detaillierte Darstellung der fünf Ishikawa-Diagramme verzichtet und auf die entsprechende Literatur verwiesen [40], [50], [52]. Es werden lediglich die übergeordneten Einflussgrößen und deren Zuordnung zu den 5-M beschrieben, die verwendeten Einflussgrößen wurden von Sehrt in [52] definiert. Die Ishikawa-Diagramme in der oben genannten Literatur werden benutzt, um die in dieser Arbeit untersuchten Einflussgrößen abzuleiten, die in Bild 5.1.1, Kapitel 5.1 dargestellt werden.

Die „maschinenbezogenen“ Einflussgrößen beinhalten die wesentlichen Größen, die von der verwendeten PBF-Anlage abhängig sind. Dazu gehören die Laserstrahlquelle, die Strahlformung durch die optische Einheit, die Prozessgasversorgung sowie die unter dem Begriff „Aktorik“ der Anlage zusammengefasste Pulverauftragseinheit und die Bauplattform.

Die Einflussgrößen die ihren Ursprung im Pulverbett (z. B. Homogenität der aufgetragenen Pulverschicht), Schmelzbad und in der Atmosphäre in der Prozesskammer haben werden als „mitweltbezogene“ Einflussgrößen bezeichnet.

Die „materialbezogenen“ Einflussgrößen umfassen die optischen, mechanischen, chemischen, rheologischen, thermischen und metallurgischen Eigenschaften der verwendeten Werkstoffe, sowie die Pulvercharakteristika.

Die „menschbezogenenen“ Einflussgrößen werden in die Bereiche Daten-Handling, Anlagenvorbereitung und Nacharbeit unterteilt.

Zu den „methodenbedingten“ Einflussgrößen gehören die Belichtungs- und Beschichtungsparameter (diese werden in dieser Arbeit auch als Verfahrensparameter und Belichtungsstrategie bezeichnet), sonstige Parameter wie z. B. die Bauplattformheizung sowie die Bauteileigenschaften.

Wesentliche PBF-Verfahrensparameter werden in der Literatur zu sog. Prozesskenngrößen zusammengefasst:

- **Intensität:** Die Intensität I_L der Laserstrahlung ist gegeben durch den Quotienten aus der Laserleistung P_L und der Fläche des Laserspots A_{spot}. Als Laserspot wird dabei der Querschnitt des Laserstrahls in der Bearbeitungsebene bezeichnet. Die Intensität wird z. B. bei der Einordnung der Schmelzregime genutzt, siehe Kapitel 4.3.2. In Formel 4.2.1 ist r_{spot} der Radius des Laserspots.

Formel 4.2.1:

$$I_L = \frac{P_L}{A_{spot}} = \frac{P_L}{\pi r_{spot}^2}$$

- **Streckenenergie:** Die Streckenenergie E_S ist gegeben durch den Quotienten aus der Laserleistung P_L und der Scangeschwindigkeit v_s.

Formel 4.2.2:

$$E_S = \frac{P_L}{v_s}$$

- **Volumenenergiedichte:** Für Volumenkörper wird oft die Volumenenergiedichte E_V als Prozesskenngröße verwendet. Darin ist D_s die Pulverschichtdicke und Δy_s der Versatz der Schraffurspuren.

Formel 4.2.3:
$$E_V = \frac{P_L}{v_s \Delta y_s D_s}$$

- **Flächenenergiedichte:** In einigen Literaturquellen, z. B. [81], wird die Flächenenergiedichte E_F als Prozesskenngröße verwendet.

Formel 4.2.4:
$$E_F = \frac{2r_{spot}}{v_s}\frac{P_L}{A_{spot}} = \frac{2P_L}{v_s \pi r_{spot}}$$

4.3 Grundlagen der Schmelzspurbildung beim PBF

4.3.1 Reflexionsgrad von Pulver, Schmelze und Substratwerkstoff

Bei der Wechselwirkung zwischen Laserstrahlung und einer Werkstückoberfläche wird ein Teil (R) der Laserstrahlung reflektiert und ein Teil (A) der Laserstrahlung absorbiert, wenn die Transmission des Werkstückes Null ist (üblich bei Metallen). Dabei gilt:

Formel 4.3.1: A + R + T = 1 (allgemein)

Formel 4.3.2: A + R = 1 (für Metalle)

A: Absorptionsgrad, R: Reflexionsgrad, T: Transmissionsgrad.

Der Reflexionsgrad hängt von der Wellenlänge der Laserstrahlung und von den Eigenschaften der Oberfläche (z. B. thermophysikalische Eigenschaften und chem. Zusammensetzung des Werkstoffes sowie der Oberflächenstrukturierung) ab. Der Reflexionsgrad von Pulvern ist neben den Werkstoffeigenschaften von der Korngrößenverteilung und -form abhängig [26], [29], [76]. Für sphärisches AlSi10Mg Pulver der Korngrößenverteilung 25 - 45 µm wird ein Reflexionsgrad von 0,33 gemessen, während sich für Pulver der Korngrößenverteilung < 25 µm ein Reflexionsgrad von 0,37 ergibt [45]. Für sphärisches IN718 Pulver der Korngrößenverteilung 20 - 50 µm wird ein Reflexionsgrad von ca. 0,26 gemessen [76]. Für sphärisches 1.4404 Pulver der Korngrößenverteilung d_{50} = 21 µm (d_{50}: mindestens 50 % der Pulverkörner haben einen Durchmesser kleiner als der angegebene Wert) wird ein Reflexionsgrad von 0,24 gemessen [81]. Die Reflexionsgrade für AlSi10Mg und IN718 wurden leistungslos im Spektrometer für die Wellenlänge von 1070 nm gemessen. Die Reflexionsgrade für 1.4404 wurden unter Prozessbedingungen mit einer Ulbricht-Kugel für 1075 nm gemessen, siehe Tabelle 4.3.1. Die Reflexionsgrade der in dieser Arbeit verwendeten Pulver werden im Kapitel 8.1.4 betrachtet. Bei der Wechselwirkung der Laserstrahlung mit der Pulverschicht kommt es zu Mehrfachreflexionen (Bild 4.3.1), wodurch die Absorption erhöht wird. Dabei variiert die Eindringtiefe der Laserstrahlung je nach Kornfraktion und Packungsdichte von wenigen µm bis zu wenigen Dutzend µm.

Bild 4.3.1
Schematische Darstellung der Strahlpropagation in einer Pulverschicht [45].

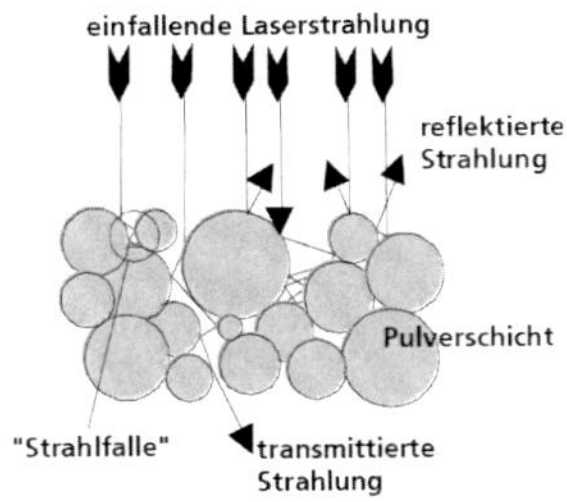

Die Laserstrahlung trifft aber nur zu Beginn des Prozesses auf eine kalte Pulverschicht. Durch die Wechselwirkung mit der Laserstrahlung wird das Pulver erwärmt, dies ändert auch den Reflexionsgrad, da dieser temperaturabhängig ist. Bei weiterer Wechselwirkung wird bei ausreichend hoher Intensität Schmelze gebildet, deswegen trifft während des PBF-Prozesses in Abhängigkeit der Verfahrensparameter die Laserstrahlung nicht nur auf die Pulverschicht, sondern auch auf das Schmelzbad, der Reflexionsgrad kann sich je nach Rahmenbedingungen signifikant unterscheiden, von ca. 20 % bis zu 70 %, vgl. Bild 4.1.1 B [81]. Die Schmelzbadtemperatur kann dabei nicht nur die Schmelz-, sondern auch die Verdampfungstemperatur überschreiten (Kap. 4.3.2). Die Messung der temperaturabhängigen Reflexionsgrade ist sehr aufwendig, es liegen nur wenige Messungen vor. In den vorhandenen Messungen sind die Reflexionsgrade der Schmelze deutlich höher als die des Pulvers. Dies wird hauptsächlich durch den Wegfall der Mehrfachreflexionen im Pulver erklärt [9], [11], [34], [41], [60]. In [81] werden für den geschmolzenen Werkstoff 1.4404 bei 1075 nm bis zu 20 % höhere Reflexionsgrade als bei demselben Werkstoff in Pulverform der Korngrößenverteilung 15 bis 30 µm gemessen. In [76] werden ähnliche (15 bis 20 % höhere) Reflexionsgrade für die Schmelzen der Inconel- und Al-Legierungen gegenüber der Pulverform genannt.

Im Bild 4.3.2 ist der Reflexionsgrad bei 1075 nm in Abhängigkeit von der Einwirkungszeit der Laserstrahlung während des Schmelzprozesses einer 90 µm dicken 316L (1.4404) Pulverschicht gezeigt, der während des Prozesses mit einer Ulbricht-Kugel in der WW-Zone gemessen wurde [81]. Die Graphen und die gestrichelte Linie in Bild 4.3.2 werden in der Publikation nicht ausdrücklich definiert, aus dem Kontext lässt sich schließen, dass die gestrichelte Linie den Zeitpunkt des Übergangs von fest zu flüssig, der blaue Graph die Messlinie einer Messung und der schwarze Graph einen über mehrere Messungen gemittelten Wert darstellen.

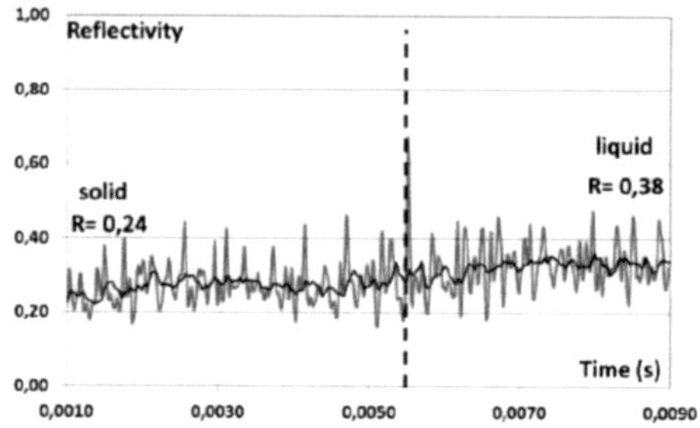

Bild 4.3.2 Reflexionsgrad in Abhängigkeit von der Zeit während des Schmelzvorgangs einer 90μm dicken Pulverschicht aus 316L [81]. Hier: λ=1075nm, 316L (1.4404) d_{50}=21μm, P_L=320W, d_S=200μm, D_S=90μm

Während des Schmelzvorganges steigt der Reflexionsgrad von 0,24 für das Pulver (in Bild 4.3.2 als „solid" bezeichnet) auf 0,38 für die Schmelze („liquid" im Bild 4.3.2). Wohingegen dieselben Messungen beim 316L Substrat ohne Pulver eine Abnahme des Reflexionsgrades von 0,53 (fest) auf 0,42 (flüssig) zeigen. Der Unterschied der Reflexionsgrade von 4 % zwischen der Schmelze aus Pulver (38 %) und der Schmelze aus umgeschmolzener Substratoberfläche (42 %) (siehe Tabelle 4.3.1) wurde nicht weiter untersucht. Diese Messungen zeigen, dass der Reflexionsgrad der Schmelze größer ist als der des Pulvers aber geringer als der von sandgestrahlten Substratoberflächen. Zusammenfassend ergeben sich signifikante Unterschiede der Reflexionsgrade für die Pulverschicht, das Substrat und die Schmelze, siehe auch Tabelle 4.3.1 (siehe die Ergebnisse in Kap. 8.1.4 und 9.1.1).

Tabelle 4.3.1 Einige Reflexionsgrade für AlSi10Mg und IN718 (leistungslose Messung im Spektrometer) sowie für 1.4404 (unter Prozessbedingungen mit Ulbricht-Kugel) [45], [76], [81].

	R in % Substratplatte (sandgestrahlt)	R in % Pulver	R in % Schmelze	Pulverkorngröße in μm	Wellenlänge λ in nm
AlSi10Mg	82	37		< 25	1070
AlSi10Mg	82	33		25 - 45	1070
IN718	58	26		20 - 50	1070
1.4404	53	24	38	18 - 30	1075

4.3.2 Schmelzgeometrien bzw. Schmelzregime

Durch die Absorption der Laserstrahlung im Pulverbett und deren Thermalisierung kommt es zur Temperaturerhöhung in der Wechselwirkungszone und bei der Überschreitung eines materialspezifischen Schwellenwertes der eingebrachten Energie zum Schmelzen des Pulvers und zur Bildung eines Schmelzbades. Für einen gegebenen Werkstoff und gegebene Schichtdicke sind die Laserleistung, der Strahldurchmesser sowie die Scangeschwindigkeit relevante Verfahrensparameter für Einzelspuren. Wird die Energieeinbringung weiter erhöht wird der Siedepunkt erreicht. Die relevante Prozesskenngröße ist dabei die Intensität. Das verdampfte Material übt eine Rückstoßkraft auf die Schmelze aus. Übersteigt diese Kraft den Kapillardruck in der Schmelze, so wird diese deformiert und es kommt zur Ausbildung einer

Dampfkapillare, oft auch „Keyhole“ genannt, siehe Bild 4.3.3 b [76], [98]. Diese Dampfkapillare kann Porosität verursachen, siehe Bild 4.3.3 a.

Bild 4.3.3
a: Keyhole Porosität
b: Schematische Darstellung des „Keyhole“-Regimes [98]

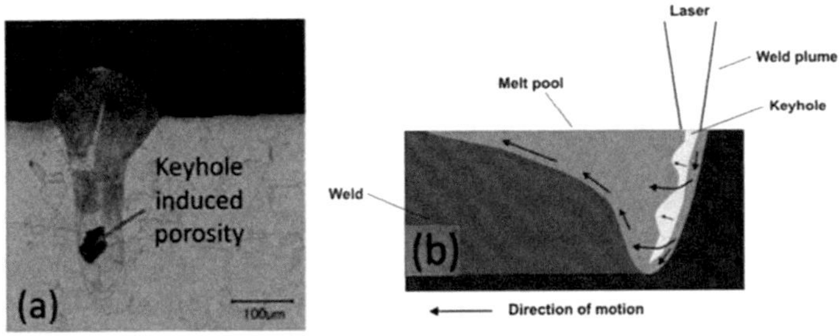

Die Schwellenwerte zum Ausbilden einer solchen Kapillare sind auch von den thermophysikalischen Eigenschaften abhängig. Analog zum Schweißen werden auch beim PBF unterschiedliche „Schweißregime“ bzw. „Schmelzregime“ unterschieden, die sich in Abhängigkeit von der Intensität einstellen, siehe Bild 4.3.4.

Bild 4.3.4
Schematische Darstellung der Umschmelzgeometrien bei verschiedenen Laserschweißregimen (qualitativ ähnlich beim Laserschweißen und PBF) [113].

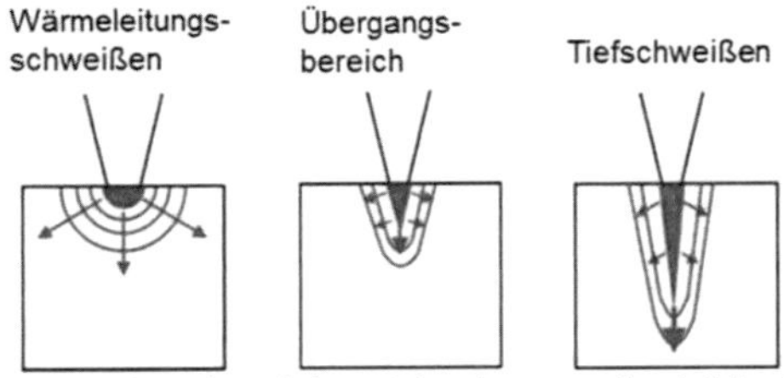

Zur Charakterisierung der Schweiß- bzw. Schmelzgeometrie wird das Aspektverhältnis aus Schmelzspurtiefe d_{sch} zu Schmelzspurbreite b_s herangezogen. Beim Wärmeleitungsregime erfolgt der Energietransport in den Werkstoff hauptsächlich durch Wärmeleitung und in Abhängigkeit von den Werkstoff- und Verfahrensparametern durch Marangoni-Konvektion. Das Wärmeleitungsregime ist charakterisiert durch linsenförmige Schmelzgeometrien mit einem Aspektverhältnis $d_{sch} / b_s < 0,5$. Die typische Intensität I_L ist werkstoffabhängig und liegt unter ca. $4*10^5$ W/cm². Bei weiterer Erhöhung der Intensität wird ein für den Werkstoff charakteristischer Schwellenwert überschritten und es entsteht eine Dampfkapillare. Dies führt zu einer größeren Umschmelztiefe im Vergleich zum Wärmeleitungsregime, mit Aspektverhältnissen zwischen 0,5 und 1 und Intensitäten zwischen ca. $1*10^5$ bis $4*10^6$ W/cm². Dieses Regime wird Übergangsregime genannt und tritt ebenfalls beim PBF auf, kann aber zur Porenbildung führen. Aufgrund der Entstehung einer Dampfkapillare kann es zu Gaseinschlüssen und damit zur Porenbildung kommen [113]. Für Aspektverhältnisse größer 1 wird von einem Tiefschweiß- oder „Keyhole“-Regime gesprochen. Dabei erhöht sich die Umschmelztiefe und die Größe der Dampfkapillare weiter und Gaseinschlüsse in Form von größeren Poren entstehen (Bild 4.3.3 a). Diese Porosität macht das Tiefschweißregime für das PBF ungeeignet. Die Intensität liegt dabei typischerweise über ca. $1*10^6$ W/cm². Bei dem Übergangs- und Tiefschweißregime erfolgt der

Energietransport ebenfalls durch Wärmeleitung, allerdings findet die Absorption der Laserstrahlung auf der relativ zur Bauteiloberfläche gesehen tiefer gelegenen Kapillarwand statt. Bei der Ausbildung einer stabilen Dampfkapillare wird die Laserstrahlung durch Mehrfachreflexion in einem höheren Maße absorbiert. Dabei wurden beim Schweißen Absorptionsgrade von bis zu 80 % gemessen [34]. Bei den hier aufgeführten Intensitäten muss beachtet werden, dass es um eine notwendige und keine hinreichende Bedingung für das Entstehen des jeweiligen Regimes handelt. Bei Intensitäten ≥ 10^6 W/cm^2 wird z. B. häufig das Übergangs- und kein Tiefschweißregime beobachtet. Eindeutig kann das jeweilige Schmelzregime nur durch die Messung des Verhältnisses von Schmelztiefe zu -breite festgestellt werden [34], [70]. Bei den Intensitätsangaben für die Schmelzregime handelt es sich um Richtwerte, da die Regime u. a. auch von den thermophysikalischen Eigenschaften der Werkstoffe abhängen. Deswegen überlappen sich die angegebenen Intensitätsbereiche für die verschiedenen Schmelzregime [34].

4.3.3 Spurbildung und deren Qualität beeinflussende Effekte

Bei hohen Scangeschwindigkeiten wird eine Abnahme der Spurqualität von einer zusammenhängenden Spur (siehe Bild 4.3.5 C) bis hin zur Spurunterbrechung und „Tropfenbildung" (siehe Bild 4.3.5 D) beobachtet [79], [80], [104]. Das wird oft mit dem „Balling" [83], [84] und „Humping" [81], [82] Effekt erklärt. Nachfolgend werden beide Effekte näher beschrieben.

4.3.3.1 Balling

Der Balling-Effekt wird hauptsächlich durch die Plateau-Rayleigh-Instabilität verursacht [76]. Diese Instabilität kann sowohl für das Wärmeleitungs- als auch für das Übergangsregime auftreten. Während des PBF-Prozesses neigt die Schmelze bei bestimmten Kombinationen der Verfahrensparameter und Werkstoffeigenschaften (z. B. Scangeschwindigkeit, Oberflächenspannung und Viskosität) dazu, eine halbzylinderförmige Form zu bilden. Dies tritt üblicherweise bei relativ hohen Scangeschwindigkeiten auf, wie z. B. > 1000 mm/s für 1.4404 auf [79], [80]. Bild 4.3.5 (A und B) zeigt schematisch vereinfacht eine zylindrische Einzelspur auf einem Substrat.

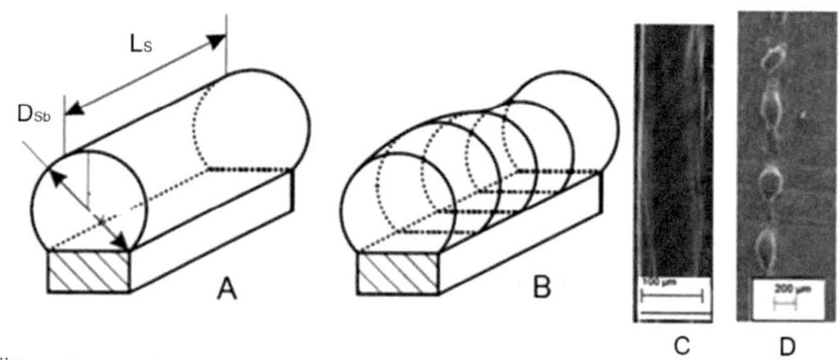

Bild 4.3.5
Schematische Darstellung des „Balling"-Effektes beim PBF [76].
A, C: kein Balling, Spur zusammenhängend
B, D: Balling, Spur unterbrochen

Überschreitet das Verhältnis der Schmelzbadlänge zu Schmelzbaddurchmesser einen Schwellenwert, wird das Schmelzbad instabil [13], [79]. Diese Instabilität verbunden mit der Bildung erstarrter kugelförmiger Tropfen wird als „Balling"-Effekt bezeichnet. Dabei zeigt das Bild 4.3.5 A und C eine stabile Spur und das Bild 4.3.5 B und D eine Spur die sich im Schmelznachlauf unter dem Einfluss der Plateau-Rayleigh-Instabilität (PR-Instabilität) deformiert. Die maximal zulässige Länge des Schmelzbades bis zum Auftreten der PR-Instabilität kann aus der folgenden Beziehung erhalten werden:

Formel 4.3.3: $$\frac{L_S}{D_{Sb}} \geq \pi$$

wobei L_S und D_{Sb} die Länge bzw. der Durchmesser des Schmelzbades sind. Der Durchmesser skaliert mit dem Laserstrahldurchmesser d_s und korreliert mit der Breite der erstarrten Spur b_s. Je nach Verfahrensparametern gleichen sich diese Größen, gewisse Abweichungen können aufgrund von Strömungen in der Schmelze auftreten. Bei vorgegebener Spurbreite muss die Schichtdicke so eingestellt sein, dass sich näherungsweise eine Halbzylinderspur einstellt. Die Länge des Schmelzbades kann in-situ (z. B. durch die Auswertung von Hochgeschwindigkeitsaufnahmen) oder durch die Auswertung der Erstarrungsstruktur abgeschätzt werden. Im letzten Fall wird das Spurende einer Einzelspur betrachtet und so die Schmelzbadlänge abgeschätzt [79]. Beim Überschreiten eines gewissen Schwellenwertes der Scangeschwindigkeit wird die Bedingung in der Formel 4.3.3 erfüllt und Balling tritt auf. Dieser Schwellenwert hängt von Verfahrensparametern und Werkstoffeigenschaften ab. Bei hohen Streckenenergien wird in der Literatur zum Teil aber auch bei niedrigen Scangeschwindigkeiten Tropfenbildung beobachtet [41], [81] (vgl. Bild 4.4.1 und 4.4.2), wobei die Ursachen für das Auftreten von Balling ähnlichen Effekten bei niedrigen Geschwindigkeiten nicht explizit dargestellt werden. Zhou et al. [107] schlagen vor, dass die Entstehung von PBF-Defekten und die beobachtete Tropfenbildung bei hohen Streckenenergien und großen Schmelzmengen mit Oszillationen des Schmelzbades korrelieren, die zeit- und ortsabhängig Schmelzbadlänge und -durchmesser so weit verändern, dass eine PR-Instabilität auftreten kann. Unter der „Oszillation des Schmelzbades" verstehen Zhou et al. die Dynamik der Störung im Schmelzbad. Sie nehmen an, dass diese sich als gedämpfte Schwingung verhält, wobei hauptsächlich die Viskosität der Schmelze für die Dämpfung verantwortlich ist. Rombouts, Kruth et al. [36], [130] haben bereits 2006 beim Dotieren von Fe-Pulver mit 0,8 % C und 2,5 % Cu eine Änderung des Balling Verhaltens festgestellt, als wahrscheinliche Ursache haben sie ebenfalls eine Änderung der Viskosität aufgeführt (der Unterschied der Arbeit von Rombouts und dieser Arbeit wird im Kap. 9.2.2 dargestellt). Als weitere potentiell relevante Einflussgrößen schlugen Zhou et al. die thermokapillare Konvektion, Scherspannung in der Gas-Schmelze-Grenzfläche und den Verdampfungsdruck vor [107].

Die Untersuchungen von PBF-Einzelspuren von Yadroitsev und Smurov [41] stellten ebenfalls Tropfenbildung bei niedrigen und hohen Scangeschwindigkeiten fest, die die Autoren auf die PR-Instabilität zurückführen (Kapitel 4.4.1).

Tropfenbildung kann auch auftreten, wenn die Verfahrensparameter ungeeignet gewählt sind. Zum Beispiel kann dies bei zu großer Schichtdicke in Kombination mit zu geringer Intensität und Wechselwirkungszeit stattfinden.

4.3.3.2 Humping

Zunächst wird Humping beim Laserschweißen betrachtet. Laserschweißen wird üblicherweise im Tiefschweißregime durchgeführt, in der Literatur zum Laserschweißen wird auch das Übergangsregime betrachtet [34]. Der Humping-Effekt kann in beiden Regimen auftreten [34]. Im Kapitel 4.3.2 wird gezeigt, dass für das Tiefschweißen eine Dampfkapillare (Keyhole) notwendig ist. Zur genaueren Betrachtung des Humping-Effektes werden zunächst die Form des Keyholes und die Schmelzbadströmung beim Laserschweißen besprochen. Bild 4.3.6 A zeigt das Keyhole als eine zylindrische Dampfkapillare bei einer Durchschweißung [48], [67], [91], [94]. Die Dampfkapillare wird asymmetrisch mit zunehmender Scangeschwindigkeit, dabei weist die vordere Kapillarwand eine Neigung auf [68], [106]. Zudem wird ein Hauptteil der Laserleistung (bis zu 80 %) an der vorderen Kapillarwand absorbiert [69]. Dadurch findet an der Front der Kapillare eine Nettoverdampfung statt, die z. T. an der Rückwand rekondensiert. Der lokale resultierende Dampfdruck auf der Schmelzbadoberfläche führt zu der Ausformung der Kapillare gegen den hydrostatischen Druck, den Kapillardruck und den Druck, der aus der Umströmung der Kapillare resultiert. Der hydrostatische Druck und der Kapillardruck sind im Vergleich zum Druck aus der Umströmung in der Regel vernachlässigbar. Die Kapillarform, die in den Bildern 4.3.6 B und 4.3.7 gezeigt wird, wird ab einem bestimmten Schwellenwert der Scangeschwindigkeit erreicht. Bei Überschreitung des Schwellenwertes entsteht eine Neigung der Front des Keyholes, die Humping ermöglicht [34], [69]. Dabei wird wegen der Neigung der Front des Keyholes bereits an der Front eine signifikante Abwärtsströmung initiiert. Dies führt zur Ausbildung eines Unterdrucks an der Kapillarrückwand im Bereich der Wurzel. Je nach Ausmaß dieses Unterdrucks relaxiert dieser über die Ausbildung einer Schmelzwelle in den Nachlaufbereich mit der Ausbildung des Humping Tropfens. Nach der Relaxation baut sich dieselbe Situation erneut auf und wiederholt sich. Die Druckverteilung durch die Umströmung der Kapillaren ist auch verantwortlich für die Ausbildung der Einbrandkerben. Ähnlich zu der Bedingung zum Auftreten des Balling-Effektes in Kap. 4.3.3.1 hängt die nötige Scangeschwindigkeit von den Verfahrensparametern und Werkstoffeigenschaften ab. Der Umströmungsprozess der Kapillare von der Schmelze und Zusammenführung der Schmelze hinter der Kapillare wird in Bild 4.3.6 B gezeigt.

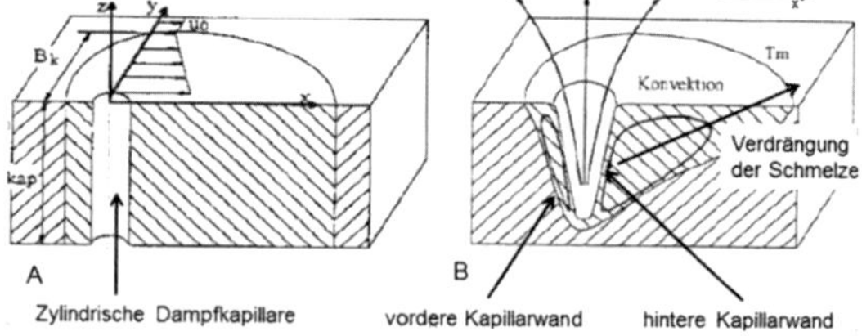

Bild 4.3.6
A: Darstellung der zylindrischen Dampfkapillare
B: Darstellung der vorderen und hinteren Kapillarwand [34].

Ein im Zuge des periodischen Relaxationsprozesses hinter dem Keyhole entstehender Humping-Tropfen, auch „Hump" genannt, wird im Bild 4.3.7 B gezeigt.

Bild 4.3.7
A: Darstellung des „Humping"-Effektes beim Schweißen [122]
B: Darstellung des „Humping"-Effektes beim PBF [81].

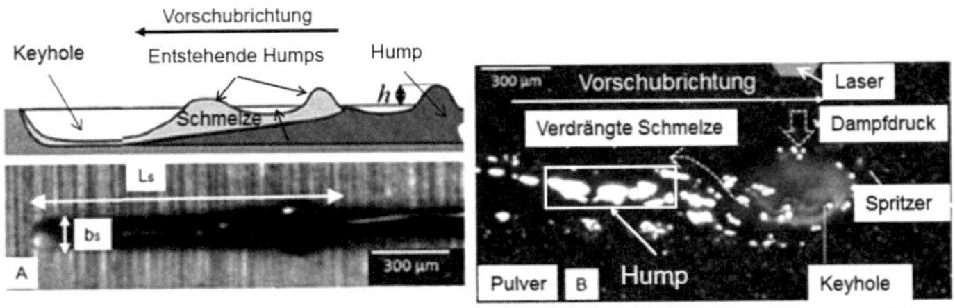

Während die Existenz des Effektes beim PBF in mehreren Arbeiten gezeigt wird [81], [82], [105], gibt es momentan nur wenige systematische Untersuchungen des Effektes für das PBF [76].

Das Bild 4.3.8 zeigt die Auswirkungen der Scangeschwindigkeit auf den „Humping"-Effekt bei Variation der Laserleistung.

Bild 4.3.8
Querschliffe von PBF-Einzelspuren aus 1.4404 im Prozessfenster (a) und im Humping Bereich (b) [105].
Hier:
d_{50}=21µm,
P_L=320-1520W,
d_s=200µm;
D_s=65µm;
a: v_s=330mm/s, kein Humping
b: v_s=750mm/s, Humping ab 720W

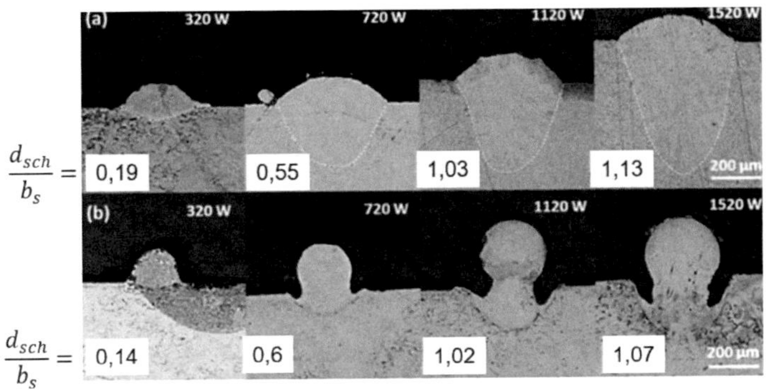

Wie oben diskutiert wird festgestellt, dass der Effekt auftritt, wenn die Scangeschwindigkeit einen kritischen Wert überschreitet. Gunenthiram et al. stellen für Laserleistungen ≥ 720 W im Bild 4.3.8 b das Auftreten des Humping-Effektes bei einer Scangeschwindigkeit von 750 mm/s fest [105]. Das Verhältnis der Schmelzspurtiefe zu Schmelzspurbreite ist in Bild 4.3.8 eingetragen und beträgt bei 720 W (b) 0,6 (Übergangsregime), siehe auch Kapitel 4.3.2. Damit wird gezeigt, dass auch im Übergangsregime Humping auftreten kann [105]. Der kritische Wert für die Scangeschwindigkeit ist abhängig von zahlreichen Einflussgrößen wie z. B. Leistung, Schichtdicke, Packungsdichte, Kornform [105]. Der Einfluss der Laserleistung bei einer Scangeschwindigkeit von 750 mm/s ist in Bild 4.3.8 b deutlich zu erkennen. Ähnlich wie der „Balling"-Effekt kann der „Humping"-Effekt zu Spurunterbrechungen führen. Die Unterscheidung zwischen den beiden Effekten ist schwierig, da diese simultan auftreten können. Gunenthiram et al. haben folgende mögliche Bereiche für das Auftreten dieser Effekte definiert: Im Wärmeleitungsregime tritt kein Keyhole auf und die Umschmelztiefe ist relativ gering, die Unregelmäßigkeiten der Einzelspur stammen hauptsächlich vom Balling-Effekt. Im Übergangsregime liegt die Umschmelztiefe zwischen dem Wärmeleitungs- und Tiefschweißregime und laut Gunenthiram et al. können sowohl Balling als auch Humping simultan auftreten und die Schmelze gleichzeitig beeinflussen. Beim Tiefschweißregime wird eine signifikante Umschmelztiefe beobachtet, der Einfluss des Humping-Effektes überwiegt [105]. Da PBF sowohl im Wärmeleitungs- als auch im Übergangsregime durchgeführt wird, wird der Einfluss beider Effekte erwartet. Einige Beispiele für die Einzelspuren werden im Kapitel 4.4.1 genauer betrachtet.

4.3.3.3 Pulverfreier Saum

In Bild 4.3.9 ist die Aufsicht auf eine Einzelspur bei Variation des Umgebungsdruckes für den Werkstoff Ti6Al4V dargestellt. Dabei wird sichtbar, dass auf beiden Seiten der Einzelspur eine pulverfreie Zone entsteht. Diese Zone, die u. a. bei Hochgeschwindigkeitsaufnahmen beobachtet wird, ist der sogenannte „pulverfreie Saum" [27], [44], [81]. Matthews et al. betrachten im Weiteren nicht den pulverfreien Saum direkt, sondern die „Denudation Zone" (DZ), die die pulverfreien Säume auf beiden Seiten der Einzelspur sowie die Einzelspur selbst umfasst [110]. Dabei wurde die Laserleistung (20 - 350 W) und der Gasdruck (in der Publikation in Torr angegeben) des Ar-Schutzgases (0,25 - 101 kPa, bzw. 0,2 - 760 Torr) für Pulver aus Titan- und Stahllegierungen variiert. Da in dieser Arbeit PBF-Probekörper bei Normaldruck des Schutzgases aufgebaut werden, werden im Folgenden lediglich die Ergebnisse für Normaldruck (101 kPa bzw. 760 Torr) betrachtet.

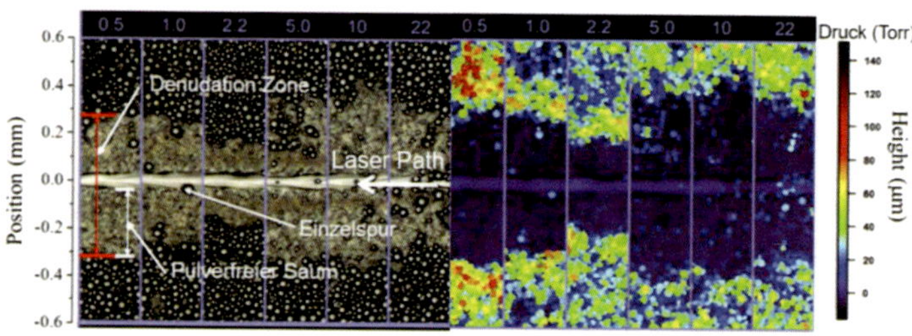

Bild 4.3.9 Pulverfreier Saum in Abhängigkeit vom Umgebungsdruck in Torr [110]. Hier: Ti6Al4V d_{50}=30µm, P_L=225W, d_s=50µm; D_S=60µm; v_s=1400mm/s Schutzgas: Ar bei 0,2-22Torr

Der pulverfreie Saum kann dazu führen, dass nebeneinander liegende Spuren nicht ausreichend überlappen, eine Welligkeit aufweisen und das aufgebaute Bauteil deswegen Anbindungsfehler und/oder Poren enthält. Um dies zu verhindern werden die Spurabstände angepasst [47]. Im Bild 4.3.10 A ist die Aufsicht auf Einzelspuren bei Variation der Laserleistung für den Werkstoff Ti6Al4V bei einer Scangeschwindigkeit von 2000 mm/s dargestellt, während im Bild 4.3.10 B die Breite der Einzelspuren und der DZ bei einer Variation der Laserleistung für drei Scangeschwindigkeiten dargestellt wird (schwarze Quadrate 500 mm/s, rote Kreise 1500 mm/s, blaue Dreiecke 2000 mm/s). Dabei ergibt sich, dass mit steigender Laserleistung die Breite der DZ deutlich stärker zunimmt als die Breite der Einzelspur. Die Breite der Spuren wird mit zunehmender Geschwindigkeit kleiner, wobei zwischen 1500 und 2000 mm/s keine Unterschiede mehr festgestellt werden. Bei der Breite der DZ treten große

Schwankungen in Abhängigkeit von der Laserleistung auf, tendenziell werden bei der kleinsten Geschwindigkeit die größten Breiten gemessen.

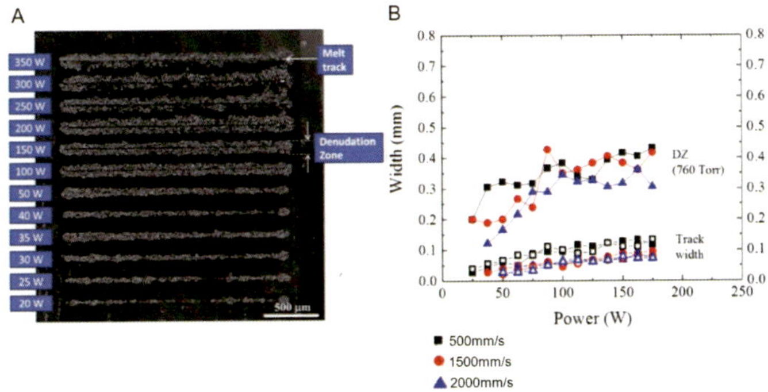

Bild 4.3.10
Pulverfreier Saum in Abhängigkeit von der Laserleistung bei Normaldruck (Schutzgas Argon) [110]. In A ist hell die DZ dargestellt. In B sind die Breite der DZ und die Spurbreite dargestellt.
Hier:
Ti6Al4V
d_{50}=30µm,
P_L=20-350W,
d_S=50µm;
D_s=60µm;
v_s=2000 (A);
500 -2000 (B) mm/s

Für PBF mit Ar-Schutzgas bei Normaldruck wird festgestellt, dass der Hauptgrund für die Entstehung des pulverfreien Saumes der abströmende Metalldampf (Dampfjet) in der Wechselwirkungszone ist. Dieser initiiert in der Schutzgasatmosphäre eine Sekundärströmung, die im Bereich des Pulvers rechts und links der Spur eine Komponente in Richtung der Wechselwirkungszone beinhaltet. Bei höherem Gasdruck wird die Viskosität des Gases größer und damit die Wechselwirkung mit dem Metalldampfjet intensiver. Aus Hochgeschwindigkeitsaufnahmen erkennt man, dass Pulverpartikel vom Dampfjet nach oben wegtransportiert und zum Teil über die Sekundärströmung im Nachlaufbereich der Schmelze wieder zugeführt werden, siehe auch Bild 4.3.11. Es wird eine größere Pulvermenge umgeschmolzen und das Schmelzbadvolumen und damit die Spurbreite und -höhe nehmen zu, wobei die Spurhöhe deutlich mehr als die Spurbreite zunimmt, vgl. Kap. 8.5.

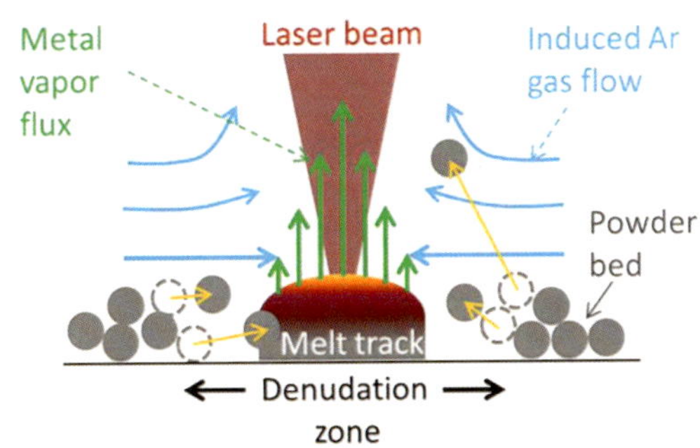

Bild 4.3.11
Schematische Darstellung der Entstehung des pulverfreien Saums bei Normaldruck [110].

Ein Teil der Pulverpartikel landet außerhalb der Schmelzspur auf der Pulverschicht, dies führt zu einer weniger homogenen Pulverschicht. Weiterhin werden Partikel und Agglomerate, die sich in der Sekundärströmung bilden, beobachtet, die auf die nicht vollständig erstarrte Schmelzspur auftreffen und dort nur teilweise aufschmelzen. Solche nur teilweise auf der Schmelzspur umgeschmolzene Partikel und Agglomerate führen zu einer erhöhten Rauheit, siehe auch Kapitel 4.3.3.4 und 4.4.3.1.

Ein pulverfreier Saum kann nach Matthews auch dadurch entstehen, dass an die Schmelze angrenzende Partikel aufgrund von Fluktuationen der Schmelze mit dieser in Kontakt treten, von der Schmelze benetzt werden und adsorbiert werden. Der so entstehende pulverfreie Saum hat typische Abmessungen im Bereich der Partikeldurchmesser und ist damit deutlich kleiner als der durch den abströmenden Metalldampf verursachte und erklärt den bei niedrigem Druck (ca. < 100 Torr) beobachteten pulverfreien Saum, der auch entsteht, wenn die durch den abströmenden Metalldampf verursachten Effekte geringer werden [110].

4.3.3.4 Prozessnebenprodukte

Wie in den vorhergehenden Kapiteln (Kap. 4.3.1, 4.3.2) dargestellt tritt in Abhängigkeit der Verfahrensparameter Verdampfung beim PBF auf. Die Verdampfung selbst (z. B. Metallkondensat) als auch ihre Wechselwirkung mit der Schmelze (z. B. Spritzer) führen zur Emission von folgenden Prozessnebenprodukten: Metallkondensat, Spritzer, schmelzflüssige und mitgerissene Pulverpartikel, wie u. a. in 2020 von Schniedenharn beschrieben [126]. Darüber hinaus zeigt 2018 Jauer [120] am Beispiel von Magnesium, dass insbesondere bei der Herstellung von Volumenkörpern aus Metallpulvern mit einem niedrigen Schmelz- und Verdampfungspunkt durch die Interaktion der Laserstrahlung mit dem entstehenden Rauch und Metallkondensat der Einfluss der Prozessnebenprodukte signifikant zunehmen kann. Dies kann u. a. zu Defekten wie erhöhte Porosität oder Spurüberhöhung führen. Als Spurüberhöhung wird hier eine unter bestimmten Prozessbedingungen (z. B. bei zu klein gewählter Scangeschwindigkeit für eine Konturspur) entstehende signifikante Zunahme der Spurhöhe bezeichnet, die größer als die eingestellte Schichtdicke sein kann und dadurch zu einem Prozessabbruch aufgrund der Gefahr einer Kollision zwischen dem Pulverauftragswerkzeug und dem aufgebauten Bauteil führen kann. Jauer führt eine Belichtungspause zwischen zwei aufeinanderfolgenden Scanvektoren ein, damit Nebenprodukte effektiver aus der Laserstrahl/Schmelze Wechselwirkungszone entfernt werden können. Diese kann zu einer Verbesserung der Bauteilqualität führen.

Diese Prozessnebenprodukte beeinflussen den PBF-Prozess in unterschiedlicher Weise:

- Bei Verdampfung einzelner Legierungselemente können sich die chemische Zusammensetzung des Werkstoffes und damit dessen Funktionseigenschaften verändern [76].
- Hohe Streckenenergien führen zu einem signifikanten Anstieg des Schmelzvolumens und zu Unregelmäßigkeiten (z. B. Humping Tropfen) beim Erstarren [41].
- Bei hohen Streckenenergien wird mit Hochgeschwindigkeitsaufnahmen Verdampfung kleinerer Pulverkörner beobachtet, teilweise bevor größere

Pulverkörner vollständig umgeschmolzen sind, dies führt zu Störungen (z. B. Spritzer) im Schmelzbad [76], [81].

- Die Verunreinigung des Einkoppelfensters (z. B. mit Metallkondensat) kann zu einer Reduzierung der Intensität und/oder zu signifikanten Veränderungen der Intensitätsverteilungen führen, wie von Praetzsch et al. 2021 untersucht [127]. Spritzer auf dem Einkoppelfenster können zu erhöhter Absorption der Laserstrahlung am Einkoppelfenster und damit im schlimmsten Fall zu dessen Zerstörung führen [76].
- Die Prozessnebenprodukte wechselwirken direkt mit der Laserstrahlung (Absorption und Streuung) und können zur Reduzierung der eingestrahlten Intensität führen [81], [126].
- Insbesondere Spritzer können Abmessungen deutlich größer als 100 µm aufweisen. Durch Hochgeschwindigkeitsaufnahmen (12500 Bilder/s) wurden die Flugbahnen der Spritzer beobachtet [81]. Die Emissionswinkel sind abhängig von den Verfahrensparametern und müssen bei der Auslegung der Schutzgasströmung berücksichtigt werden. Die Geschwindigkeiten der Spritzer weisen eine große Streuung zwischen 0,3 und 8 m/s auf [76]. In Abhängigkeit von der Belichtungsreihenfolge und Position der Volumenkörper auf der Substratplatte können sich die Spritzer auf der Pulverschicht von noch zu belichtenden Proben ablagern und lokal in erhöhten Schichtdicken resultieren, die bei der Belichtung u. U. nicht vollständig umgeschmolzen werden, zu Defekten (z. B. Anbindungsfehler) [51], [62] und damit zu reduzierten Dichten und großen Oberflächenrauheiten führen können.

Die Prozessnebenprodukte sollen durch die Schutzgasströmung möglichst effizient aus der Prozesskammer abtransportiert werden.

4.3.3.5 Fokusshift

Die Verschiebung der Strahlkaustik entgegen der Ausbreitungsrichtung der Laserstrahlung aufgrund der Temperaturabhängigkeit des Brechungsindex und der durch die thermische Ausdehnung des Materials hervorgerufenen lokalen Längenänderung der optischen Elemente wird als Fokusshift bezeichnet. Die Ursachen lassen sich in „innere" und „äußere" Einflüsse trennen [126].

„Äußere" Einflüsse treten hauptsächlich durch die Verschmutzung der Optikelemente, insbesondere durch die Verunreinigungen am Schutzglas auf [73]. Bonhoff et al. sowie Praetzsch et al. zeigen, dass durch Verunreinigungen des Schutzglases auch die Intensitätsverteilung beeinflusst werden kann, wobei die Veränderung der Intensitätsverteilung mit zunehmendem Abstand zum Fokus stärker ausgeprägt ist [89], [127]. Durch Vermeidung der Verschmutzungen von optischen Elementen können die äußeren Einflüsse zum großen Teil vermieden werden.

Im Gegensatz dazu treten die „inneren" Einflüsse immer auf und werden auf die Temperaturerhöhungen bzw. -gradienten aufgrund der Absorption von Laserstrahlung an den optischen Elementen zurückgeführt [126], [127]. Dabei kann sich die Fokuslage trotz Verwendung von optischen Elementen aus Quarzglas, die einen geringen Absorptionsgrad und geringe thermische Ausdehnungskoeffizienten aufweisen, um mehrere mm verschieben [126]. Das bedeutet, dass durch den Fokusshift die Intensität in der Bearbeitungsebene geändert wird.

Die genauen Änderungen der Fokuslage durch den Einfluss des Fokusshifts sind von mehreren Einflussgrößen wie Laserleistung, Laser-On und -Off Zeit während der Belichtung, Pulverauftragszeit etc. abhängig. Die Änderung des Laserstrahldurchmessers und der Intensitätsverteilung sind unerwünscht, da diese die Ergebnisse bei ansonsten konstanten Prozessbedingungen beeinflussen können. Es wird festgestellt, dass nach einer bestimmten Aufwärmzeit ein stabiler Zustand der optischen Elemente erreicht wird. Schniedenharn zeigt, dass bei einem realen PBF-Prozess diese Einlaufzeit bis zu mehreren Minuten betragen kann. Der nach dem Erreichen eines stabilen Zustandes vorliegende Strahldurchmesser ist nicht konstant, sondern variiert bei der Belichtung jeder Schicht periodisch im Bereich weniger µm, siehe Beispiel in Bild 4.3.12 [126].

Bild 4.3.12 Quasidynamischer Einlaufvorgang für eine Laserleistung von P_L = 363W. Nach etwa 7–8 Schichten bzw. 230s ändert sich der Verlauf des Strahldurchmessers nicht mehr zwischen den Schichten [126].

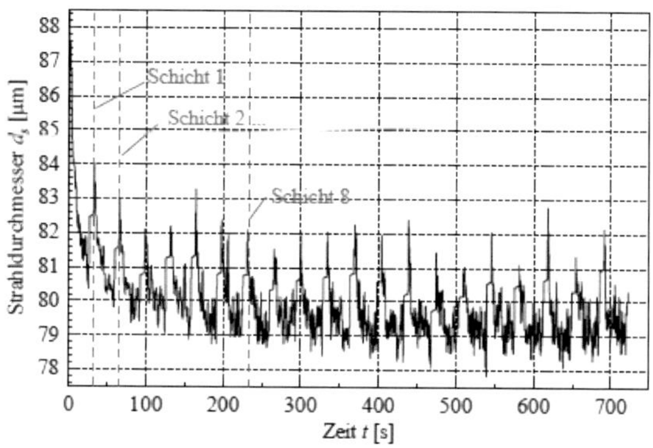

Da diese Einlaufzeit und der resultierende Strahldurchmesser von mehreren Einflussgrößen abhängig sind, wird der erreichte stabile Zustand für jeden unterschiedlichen Satz von Verfahrensparametern bei einer Versuchsreihe ebenfalls unterschiedlich sein. Bild 4.3.13 zeigt die Einlaufvorgänge für den Strahldurchmesser für zwei Laserleistungen. Sowohl die Einlaufzeiten als auch die Strahldurchmesser unterscheiden sich für beide Leistungen.

Bild 4.3.13
Einlaufvorgänge für 200W (dunkelgrau) und 363W (hellgrau), die Messebene entspricht der Fokalebene. Für P_L = 363W ist die Intensität dargestellt [126].

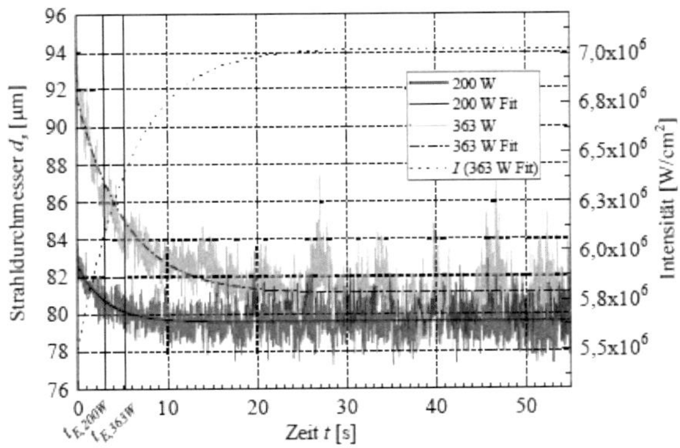

4.4 Charakterisierung von Einzelspuren, Einzelschichten und Volumenkörpern

4.4.1 Einzelspuren

Yadroitsev et al. haben 2010 Einzelspuren betrachtet [41]. Dabei wurde ein cw YLR50 Ytterbiumfaserlaser von IPG Photonics mit einer Wellenlänge von 1075 nm, einer maximalen Laserleistung von 50 W und einem Laserspotdurchmesser von 70 µm verwendet. Das entspricht einer Intensität von bis zu $1{,}3*10^6$ W/cm². Folgende sphärische Pulverwerkstoffe wurden untersucht: 316L (entspricht 1.4404), CuNi10 und H13 mit einem Pulverkorndurchmesser d_{50} von 25 µm, sowie 904L (Edelstahl) und IN625 mit Pulverkorndurchmesser d_{50} von 16 µm, weitere Angaben zum Pulver können der Tabelle 4.4.1 entnommen werden. Es wurde ein 304L Substrat benutzt, wobei der Bearbeitungszustand der Substratoberfläche (z. B. gefräst) nicht angegeben wird. Als Schutzgas wird Stickstoff verwendet, ohne Angabe des Restsauerstoffgehaltes. In der Publikation wird durchgehend eine Pulverschichtdicke von 50 µm verwendet.

Tabelle 4.4.1
Angaben zur Pulvergeometrie und Dichte für die Werkstoffe 316L, 904L und CuNi10l [41].

Powder characteristics		Materials		
		316L (−25 µm)	904L (−16 µm)	CuNi10 (−25 µm)
Equivalent diameter (w/v) (µm)	p_{10}	5.3	5.1	6.8
	p_{50}	14.5	11.2	17.5
	p_{90}	25.2	18.5	30.2
Volume specific surface (µm⁻¹)		0.574	0.684	0.467
Apparent density (%)		58 ± 0.3	44 ± 0.7	54 ± 0.7
Tapped density (%)		64 ± 0.7	52 ± 1.3	60 ± 0.02

p_{10}–p_{50}–p_{90} are 10th, 50th and 90th percentiles of studied indexes.

Einzelspuren von 20 mm Länge wurden bei Laserleistungen von 25 W und 50 W bei einer Scangeschwindigkeitsvariation von 0,03 bis 0,24 m/s in 0,03 m/s Schritten hergestellt. Die Spurbreite und -tiefe, sowie die Breite des "konsolidierten Bereiches" wurden untersucht. Der „konsolidierte Bereich" entspricht der in Kapitel 4.3.3.3

betrachteten „Denudation Zone" (DZ) und umfasst die Breite der Einzelspur inklusive des pulverfreien Saums auf beiden Seiten. Dabei wird eine annähernd lineare Abhängigkeit der Spurbreite und -tiefe von der Laserleistung und Scangeschwindigkeit beobachtet. Bei 50 W und der oben genannten Scangeschwindigkeitsvariation variiert die mittlere Spurbreite zwischen 85 und 125 µm und die mittlere Spurtiefe zwischen 30 und 55 µm. Für eine Laserleistung von 25 W bei derselben Scangeschwindigkeitsvariation lagen die Spurbreiten entsprechend zwischen 60 und 80 µm und die Spurtiefen zwischen 20 und 30 µm. Das Verhältnis der Schmelzspurtiefe zu Schmelzspurbreite ist bei allen Parametern < 0,5, es handelt sich um das Wärmeleitungsregime (Kap. 4.3.2). Dabei werden große Schwankungen sowohl der Schmelzspurbreite als auch der DZ-Breite entlang der Spur festgestellt. Als Beispiel wird die Variation einer 904L-Spur mit einer mittleren Spurbreite von 100 µm gezeigt, diese variiert in der Breite zwischen 50 und 150 µm, während die DZ-Breite zwischen 130 und 260 µm variiert. Weiterhin wird die Existenz von zwei „instabilen" und einer „stabilen" Zone bei den Einzelspuren am Beispiel des Pulverwerkstoffes 904L gezeigt. Als „stabil" werden zusammenhängende bzw. nicht unterbrochene Einzelspuren und als „instabil" nicht zusammenhängende bzw. unterbrochene Einzelspuren bezeichnet, siehe Bild 4.4.1 C. „Stabile" Einzelspuren ergeben sich für Scangeschwindigkeiten von 0,06 bis 0,09 m/s bei 25 W und von 0,06 bis 0,18 m/s bei 50 W. Die „instabilen" Einzelspuren treten unter- und oberhalb dieser Geschwindigkeitsbereiche auf. Die „instabilen" Spuren bei hohen Scangeschwindigkeiten werden auf die „kapillare Instabilität" (so bezeichnen Yadroitsev et al. die PR-Instabilität) zurückgeführt. Für jede Parameterkombination werden drei separate Einzelspuren umgeschmolzen. Die Ergebnisse sind reproduzierbar - in allen Fällen können zwei instabile und eine stabile Zone festgestellt werden, siehe Bild 4.4.1.

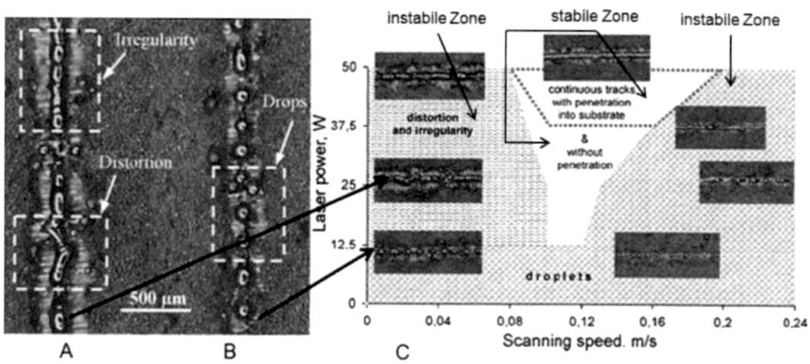

Bild 4.4.1
Einzelspur-Prozesslandkarte: Variation der Laserleistung und Scangeschwindigkeit.
A: Einzelspur: 25W, 0,02m/s;
B: Einzelspur: 12,5W, 0,02m/s
C: Übersicht der „instabilen" und „stabilen" Zonen [41].
Hier:
316L (1.4404)
d_{50}=25µm,
P_L=12,5-50W,
v_s=0,02-0,24m/s,
d_s=70µm; D_s=50µm

Die instabile Zone bei kleinen Scangeschwindigkeiten wird am Beispiel des 25 µm 316L Pulvers betrachtet. Einzelspuren werden bei Leistungen von 12,5 bis 50 W, bei Scangeschwindigkeiten von 0,02 bis 0,22 m/s und bei einer Schichtdicke von 50 µm hergestellt. Für eine gegebene Laserleistung nehmen die Temperatur und das Volumen der Schmelze bei kleineren Scangeschwindigkeiten zu. Bei der Erhöhung der Streckenenergie E_S bei relativ hohen Laserleistungen und niedrigen Scangeschwindigkeiten wird der Umschmelzprozess mit einer Zunahme des Schmelzvolumens und einer Abnahme der Schmelzviskosität begleitet. Die Hydrodynamik der Schmelze, getrieben u. a. von der Marangoni-Konvektion, spielt eine zunehmende Rolle. Durch diese zunehmende Schmelzströmung und potentielle zusätzliche Schmelzströmungen (die „zusätzlichen Schmelzströmungen“ werden nicht explizit in der Publikation genannt, der Kontext weist auf Strömungen hin, die aus der Wechselwirkung mit dem Dampfjet entstehen) entstehen Störstellen auf den Einzelspuren, das resultiert in einer instabilen Zone [41].

Von Gunenthiram et al. [81] werden in 2017 Einzelspuren mit einer Hochgeschwindigkeitskamera (SA2 Photon mit CMOS-Sensor, > 10000 Aufnahmen/s) analysiert. Dabei werden vor allem die Prozesse in der Laserstrahl/Werkstoff Wechselwirkungszone (WW-Zone) und der pulverfreie Saum betrachtet. Die Experimente werden an einer SLM Solutions 125HL-Anlage mit einem 1600 W cw-Laser der Wellenlänge 1075 nm mit Top-Hat-Intensitätsverteilung durchgeführt. Als Schutzgas wird Argon verwendet mit < 50 ppm (parts per million) Restsauerstoffgehalt. Der Laserstrahldurchmesser im Fokus beträgt 70 µm, die Einzelspuren werden mit einem auf 200 µm Strahldurchmesser defokussierten Laserstrahl belichtet. Bei maximal verwendeter Laserleistung beträgt die Intensität bis zu $4{,}78 \cdot 10^6$ W/cm^2 (P_L = 1500 W, d_S= 200 µm). Bei diesen Intensitäten kann das Tiefschweißregime auftreten, bei dem sowohl „Balling“ als auch „Humping“ möglich sind. Während das Paper die Schmelzregime nicht explizit betrachtet, kann auf den im Paper dargestellten Querschliffen das Übergangsregime (z. B. bei 0,3 m/s, ab 570 W in Bild 4.4.2) festgestellt werden.

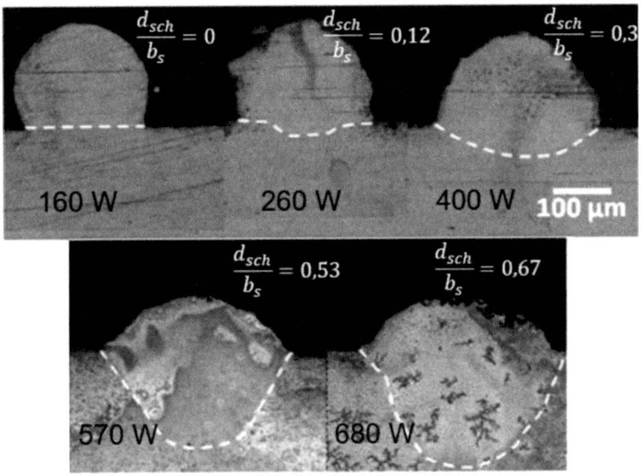

Bild 4.4.2 Querschliffe von Einzelspuren. Wärmeleitungsregime bis 400W, Übergangsregime ab 570W [81]. Hier: 316L (1.4404) d_{50}=21µm, P_L=160-680W, v_S=0,3m/s d_S=200µm, D_S=65µm

Der untersuchte sphärische Pulverwerkstoff ist 316L (1.4404) mit einem Pulverkorndurchmesser d_{50} von 21 µm und einer Schichtdicke von 65 µm. Ein 316L Substrat wird benutzt, wobei der Bearbeitungszustand der Substratoberfläche nicht angegeben wird. Die Einzelspuren werden metallographisch präpariert und die Breite und Tiefe lichtmikroskopisch gemessen. Die Topografie der Einzelspuren wird mit einem

Rasterelektronenmikroskop (REM) und Alicona Infinite Focus Topografiemessgerät zusammen mit den Hochgeschwindigkeitsaufnahmen untersucht.

Einzelspurversuche werden für folgende Parameter durchgeführt: Laserleistungen von 160, 260, 360, 400, 450 und 680 W sowie Scangeschwindigkeiten von 0,3, 0,4, 0,6 und 0,75 m/s, siehe Bild 4.4.3. Einige Versuche werden bei Laserleistungen zwischen 200 und 1000 W (in 200 W-Schritten) bei einer Scangeschwindigkeit von 0,3 m/s durchgeführt, siehe auch Bild 4.4.5. In Bild 4.4.3 werden stabile und instabile Zonen (wie bei Yadroitsev [41] beschrieben) beobachtet. Mit Hilfe von Hochgeschwindigkeitsvideoaufnahmen werden in-situ die Schmelzbadlänge L_S und die Spurbreite b_s bestimmt. Für Verhältnisse von L_S / b_s < 5 wird die Spur als „stabil" (zusammenhängend) für L_S / b_s > 5 als instabil (nicht zusammenhängend) bezeichnet (Bild 4.4.4).

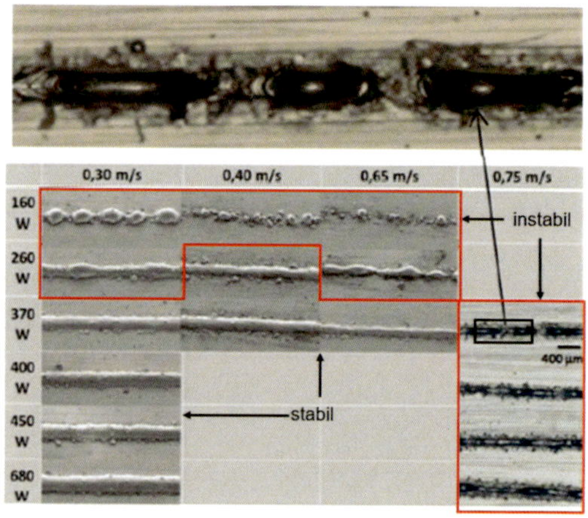

Bild 4.4.3 Einzelspur-Prozesslandkarte, Variation der Laserleistung und Scangeschwindigkeit. Übersicht der „instabilen" und „stabilen" Zonen [81].
Hier:
316L (1.4404)
d_{50}=21µm,
P_L=160-680W,
v_S=0,3-0,75m/s
d_S=200µm,
D_S=65µm

Damit weicht das Verhältnis von dem für Balling (Kap. 4.3.3.1) deutlich ab. Mögliche Ursache dafür ist, wie in der Publikation ausgeführt, das Auftreten des Humping-Effektes. Da in dem Paper die Schmelzregime nicht explizit betrachtet werden und nur wenige Querschliffe dargestellt sind, können die Schmelzregime den Einzelspuren nicht eindeutig zugeordnet werden. In Bild 4.4.4 fällt auf, dass mit der Prozesskenngröße Flächenenergiedichte keine eindeutige Zuordnung der Spurqualität in „stabil" bzw. „instabil" möglich ist.

Bild 4.4.4
Schmelzbadlängen L_S, Schmelzbadbreiten b_S und das Verhältnis L_S/b_S in Abhängigkeit der Flächenenergiedichte.
$L_S/b_S>5$: „instabil"
$L_S/b_S<5$: „stabil"
[81].
Hier:
316L (1.4404)
d_{50}=21µm,
E_F=1,5-15MJ/m²,
v_S=0,3-0,75m/s
d_S=200µm,
D_S=65µm

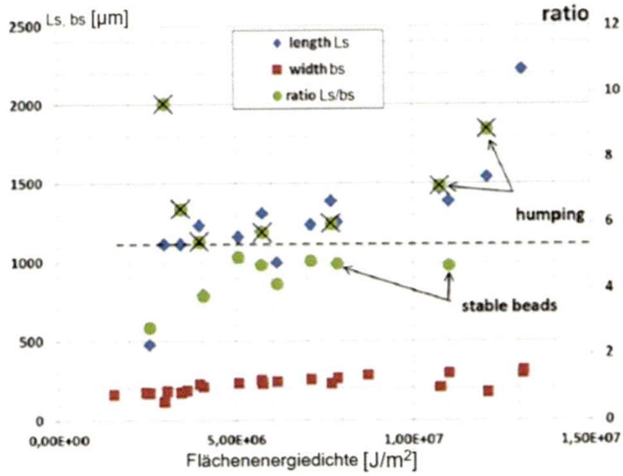

Bei gleicher oder nahezu gleicher Flächenenergiedichte werden sowohl stabile als auch instabile Spuren festgestellt. Das macht eine separate Betrachtung von Scangeschwindigkeit und Laserleistung notwendig, siehe Bild 4.4.5.

Bild 4.4.5
Einzelspur-Prozesslandkarte: Variation der Laserleistung und Scangeschwindigkeit. Übersicht der „instabilen" und „stabilen" Zonen [81].
Hier:
316L (1.4404)
d_{50}=21µm,
P_L=200-1000W,
v_S=0,3-0,75m/s
d_S=200µm,
D_S=65µm

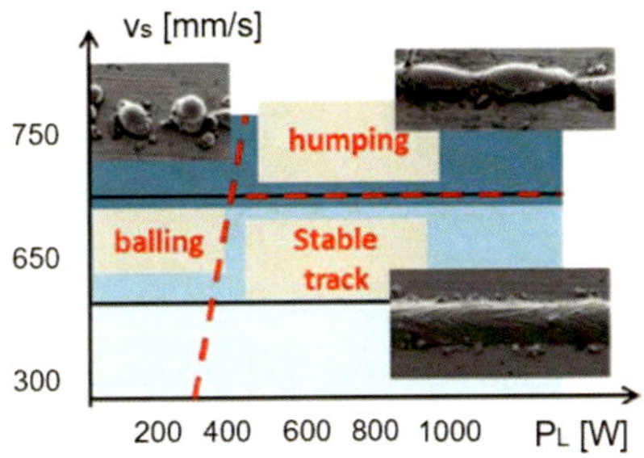

Wie in Bild 4.4.1 werden zwei instabile Zonen und eine stabile Zone festgestellt. Kleine Laserleistungen und/oder große Scangeschwindigkeiten resultieren in geringen Umschmelztiefen (z. B. für P_L = 160 W und v_S = 0.75 m/s ist die Umschmelztiefe < 10 µm bei einer Schmelzspurbreite von ca. 100 µm). Das Verhältnis von Schmelzspurtiefe zu Schmelzspurbreite ist < 0,5. Damit liegt das Wärmeleitungsregime vor, d. h. der Humping-Effekt tritt nicht auf. Die Spurunterbrechung wird auf den Balling-Effekt zurückgeführt. Dies wird in der „Prozesslandkarte" (Bild 4.4.5) als instabile Zone „Balling" dargestellt und mit der PR-Instabilität erklärt. Bei höheren Laserleistungen (z. B. für P_L = 800 W, v_S = 0.75 m/s) kommt es zur Keyhole-Bildung, die auf den Videoaufnahmen sichtbar ist. Es wird das Übergangs- und sogar Tiefschweißregime festgestellt. Ab bestimmten kritischen Scangeschwindigkeiten (siehe Kapitel 4.3.3.2) wird der „Humping"-Effekt beobachtet, siehe Bild 4.4.5, instabile Zone „Humping".

Makoana et al. [15] betrachten Einzelspuren aus 17-4PH Edelstahl (auf 17-4PH Edelstahl Substratoberfläche ohne Pulver und mit 17-4PH Edelstahl sphärischem Pulver, d_{50} = 40,3 µm, bei einer Schichtdicke von 50 µm), die mit hoher Laserleistung (900 bis 2700 W) hergestellt werden. Diese Einzelspuren wurden mit einer vor Ort entwickelten nicht kommerziell erhältlichen PBF-Laboranlage mit einem cw Ytterbium Faserlaser (2700 W) mit Gauß-Intensitätsverteilung und einer Wellenlänge von 1071 nm erzeugt. Der Laserspotdurchmesser beträgt 240 µm. Es wird ein 17-4PH Substrat benutzt, der Bearbeitungszustand der Substratoberfläche wird nicht angegeben. Als Schutzgas wird Argon verwendet, ohne Angabe des Restsauerstoffgehaltes. Bei maximaler Laserleistung beträgt die Intensität bis zu $5{,}96 \cdot 10^6$ W/cm² (P_L = 2700 W, d_S = 240 µm). Bei diesen Intensitäten kann das Tiefschweißregime auftreten, bei dem sowohl „Balling" als auch „Humping" möglich sind. Die Publikation betrachtet die Schmelzregime nicht explizit, auf den im Paper dargestellten Querschliffen kann aber bei gleicher Streckenenergie (1,5 J/mm) der Einfluss der Intensität auf Schmelzregime und Verdampfung sowohl für Einzelspuren mit als auch ohne Pulver betrachtet werden, siehe Bild 4.4.6.

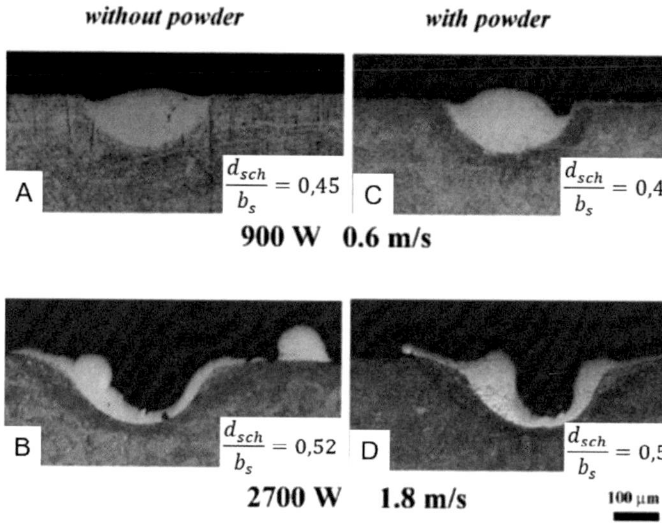

Bild 4.4.6 Querschliffe von Einzelspuren mit und ohne Pulver (das ist die Überschrift in der Publikation, visuell lässt sich das Vorhandensein des Pulvers bei den in der Publikation gezeigten Bildern nicht feststellen) bei gleicher Streckenenergie von 1,5J/mm. Wärmeleitungsregime bei 900W, Übergangsregime bei 2700W [15]. Hier: 17-4PH d_{50}=40,3µm, P_L=900; 2700W, v_S=0,6; 1,8m/s, d_S=240µm, D_S=50µm.

Die Ausprägung der Schmelzspuren im Bild 4.4.6 B und D wird mit Verdampfung und Humping-Effekt erklärt. Folgende Verfahrensparameter werden variiert: Laserleistungen von 900 bis 2700 W sowie Scangeschwindigkeiten von 0,3 bis 2,8 m/s. In Bild 4.4.7 wird die Einzelspur-Prozesslandkarte der Einzelspuren mit Pulver dargestellt. Zusätzlich werden einige Oberflächenaufnahmen der Einzelspuren gezeigt: „stabile" Einzelspur bei 900 W und 0,4 m/s Scangeschwindigkeit und „instabile" Einzelspuren bei 1400 W und 2,3 m/s sowie 2700 W und 1,2 m/s.

Durchgehende „stabile“ Spuren werden nur bei einer Leistung von 900 W und Scangeschwindigkeiten von 0,4 und 0,5 m/s erreicht. Alle anderen Spuren sind „instabil“. Dabei wird bei 900 W ab 0,6 m/s und bei 1400 und 1800 W Balling und Humping festgestellt, wobei keine Unterscheidung der beiden Effekte stattfindet, während bei 2700 W massive Verdampfung auftritt, die die Spurqualität weiter verschlechtert. Dabei kann zum Teil keine Spurhöhe gemessen werden, vgl. Bild 4.4.6 B und D.

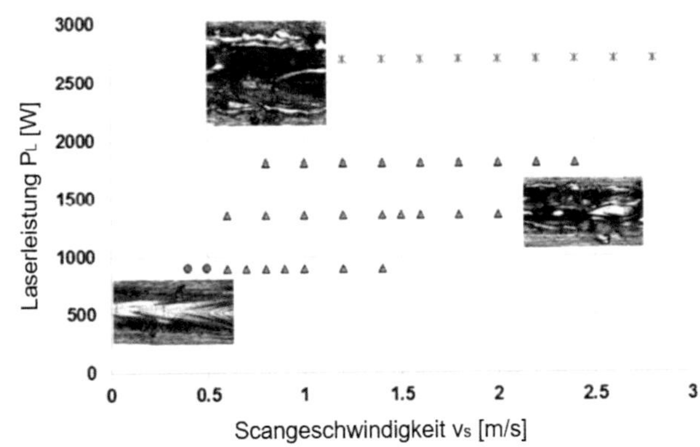

Bild 4.4.7
Einzelspur-Prozesslandkarte: Variation der Laserleistung und Scangeschwindigkeit. Übersicht der „instabilen“ und „stabilen“ Einzelspuren [15].
Kreise: stabile Spuren
Dreiecke: Balling und Humping
Sterne: Verdampfung und Humping
Hier:
17-4PH
d_{50}=40,3µm,
P_L=900; 2700W,
v_S=0,6; 1,8m/s,
d_S=240µm, D_S=50µm.

Die genannten Arbeiten u. a. [15] (Balling, Humping), [41] (1.4404 Einzelspuren), [47] (AlSi10Mg Einzelspuren), [81] (Laserstrahl/Schmelze/Pulver WW-Zone), [76] (allgemeine Betrachtung des AM von Metallen), [107] (Balling), [110] (Betrachtung des pulverfreien Saums) liefern wichtige Informationen zu den physikalischen Effekten, die während des PBF-Prozesses auftreten können.

4.4.2 Einzelschichten

Bei den Einzelschichten werden die Einzelspuren überlappt (siehe Kap. 4.1). Die Anordnung der Einzelspuren in einer Schicht wird auch als Scanstrategie der Schicht bezeichnet [19]. In 2011 haben Yadroitsev und Smurov Einzelschichten betrachtet [109], wobei der Spurversatz (Δy_S) und die Pulver-Schichtdicke variiert werden (Bild 4.4.8). Dabei wurden nur die Schraffurspuren betrachtet. Bei diesen Untersuchungen wurden die gleichen Anlagen und Pulverwerkstoffe wie für die Untersuchung der Einzelspuren in der Publikation [41] verwendet (Kapitel 4.4.1). Basierend auf den experimentellen Ergebnissen aus [41] wurden folgende Parameter für 904L festgelegt: Laserleistung 50 W, Scangeschwindigkeit 0,14 m/s, Schichtdicke 50 µm, während für 316L Laserleistung 50 W, Scangeschwindigkeit 0,1 m/s, Schichtdicke 50 µm verwendet wird. Der Spurversatz wird von 60 bis 280 µm in 20 µm-Schritten variiert. Bei diesen Parametern ergeben sich Einzelspuren mit einer Spurbreite von ca. 120 µm. Bei einem Spurversatz von 60 µm ergibt sich daher eine 50 % Überlappung der Spuren (Bild 4.4.8 A). Die Einzelspuren können nicht voneinander unterschieden werden, durch den Überlapp ergibt sich eine zusammenhängende

Oberfläche der Einzelschicht. Bei einem Spurversatz von 120 µm (Bild 4.4.8 B) liegen die Einzelspuren nebeneinander. Separate Einzelspuren sind deutlich erkennbar, die Einzelspuren sind untereinander nur durch Schmelzausläufer (siehe Kap. 4.3.3.4) verbunden, es ergibt sich keine zusammenhängende Einzelschichtoberfläche. Bei einem Spurversatz größer als 120 µm, im Bild 4.4.8 C zu sehen, ergibt sich eine Lücke zwischen den einzelnen Spuren, die Einzelspuren sind separiert voneinander. Der Abstand zwischen den Einzelspuren ist kleiner als der zu erwartende pulverfreie Saum der Nachbarspuren, es bleibt kein Pulver zwischen den Einzelspuren liegen. Ab einem Spurversatz von 240 µm berührt der pulverfreie Saum der jeweiligen Spur nicht den pulverfreien Saum der Nachbarspur, d. h. es bleibt nach dem Belichten Pulver zwischen den Spuren liegen, die Spuren sind vollkommen unabhängig voneinander.

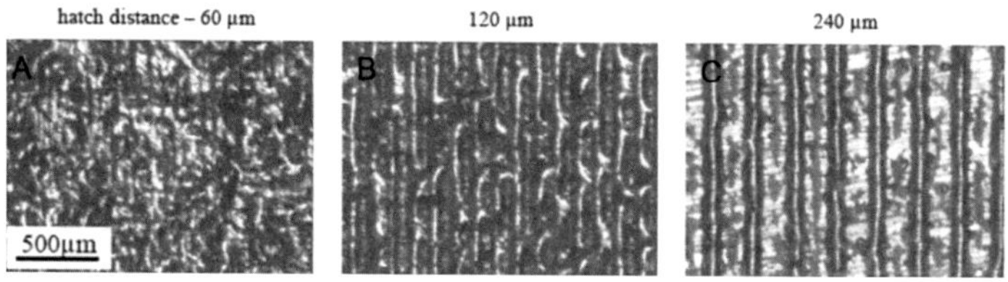

Bild 4.4.8
Oberfläche von 904L Einzelschichten in Abhängigkeit vom Spurversatz Δy_S [109].
Hier:
d_{50}=11,2µm,
P_L=50W,
v_s=0,14m/s,
d_S=70µm,
D_S=50µm,
Δy_S–60, 120, 240µm

Es wird gezeigt, dass eine Spurversatzänderung zu einer Änderung der geometrischen Eigenschaften der folgenden Einzelspuren (vor allem der Spurhöhe h_s) führt, siehe Bild 4.4.9.

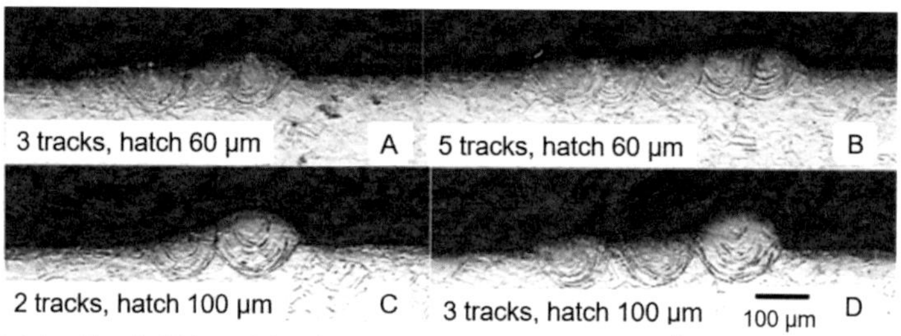

Bild 4.4.9
Querschliffe mehrerer 316L-Einzelspuren in Abhängigkeit vom Spurversatz Δy_S [109].
Hier:
d_{50}=14,5µm
v_s=0,1m/s
P_L=50W,
d_S=70µm,
D_S=50µm
Δy_S=60, 100µm

Bei den Einzelschichten führt die Spurversatzänderung zu einer Änderung der Oberflächenqualität, wobei bei einem Überlapp von 50 % eine zusammenhängende Oberfläche erhalten wird (Bild 4.4.8 A und 4.4.9 A). Ein größerer Überlapp führt tendenziell zu einer besseren Oberflächenqualität, diese wurde allerdings nur visuell bewertet. Nach Rücksprache teilte der Autor mit, dass eine gleichmäßige (d. h. konsistent über die ganze Breite der Einzelschicht) Verbesserung der Oberflächenqualität bis einschließlich 70 % Überlappung beobachtet wurde. Bei 80 und 90 % waren die Ergebnisse inkonsistent über die Breite der Einzelschicht (d. h. die Oberflächenrauheit am Anfang der Einzelschicht unterschied sich von der Oberflächenrauheit am Ende der Einzelschicht). Dies wurde dem Vorwärmeffekt zugeschrieben. Diese Ergebnisse zeigen, dass für die Topografie sowohl der Spurversatz der Einzelspuren als auch der pulverfreie Saum wichtig sind [109].

4.4.3 Volumenkörper

Die Einzelschichten werden übereinander aufgebaut und schmelzmetallurgisch verbunden, dabei entsteht ein Volumenkörper (siehe Kap. 4.1). Die Rauheit und die Dichte sind wichtige Qualitätskriterien für Volumenkörper und werden nachfolgend betrachtet.

4.4.3.1 Rauheit

Die Oberflächenrauheit beeinflusst die mechanischen Eigenschaften der PBF-gefertigten Bauteile und wird durch Oberflächenstrukturen verursacht, die z. B. aus teilweise umgeschmolzenen Pulverpartikeln, Unregelmäßigkeiten der Oberfläche durch Balling, Humping und inhomogene Umschmelztiefen und Anbindungsfehler der Einzelspuren in der Schicht resultieren [63], [76] (siehe auch Bild 4.10). Viele Anwendungen erfordern eine Oberflächenrauheit Ra < 100 µm, bestimmte anspruchsvolle Anwendungen können Oberflächenrauheiten Ra < 1 µm erfordern. PBF gefertigte Komponenten erreichen momentan Rauheiten Ra von ca. 5 bis 40 µm [38], [45], [101], [102], [125]. Deswegen wird für viele Anwendungen eine Nachbearbeitung notwendig [61].

Eine Ursache für die Rauheit ist der sogenannte „Treppen"-Effekt. Dieser entsteht durch die Annäherung an gekrümmte und geneigte Oberflächen mittels Schichten, wie in Bild 4.4.10 (a) gezeigt. Die durchschnittliche Oberflächenrauheit (Ra) hängt von der Schichtdicke (D_S) und dem Neigungswinkel (Aufbauwinkel Θ) ab und kann durch die folgende Gleichung [115] approximiert werden:

Formel 4.4.1

$$Ra = D_S \, sin\left(\frac{90-\Theta}{4}\right) tan(90-\Theta)$$

Als Beispiel ergibt sich für einen Winkel Θ von 30° und eine Schichtdicke von 40 µm ein Ra von 17,6 µm, das entspricht in etwa dem Wert im Bild 4.4.10 b.

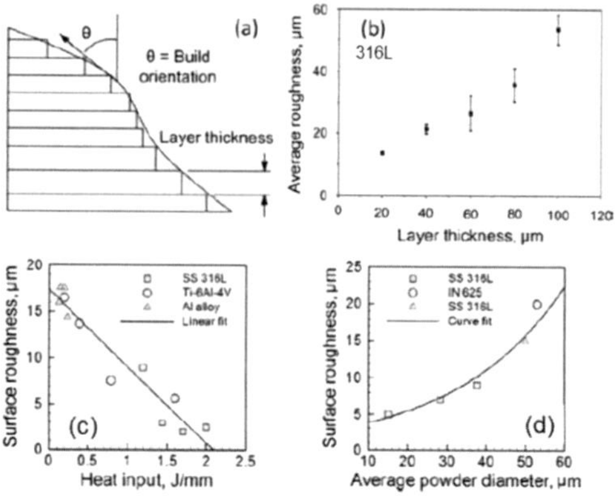

Bild 4.4.10
Rauheit Ra:
a: „Treppen"-Effekt
b: Einfluss der Schichtdicke (316L)
c: Einfluss der Streckenenergie
d: Einfluss der Partikelgröße
In b, c und d werden Seitenflächen von 10x10x10mm³ Würfeln verwendet. [115].

Dabei ist Ra das arithmetische Mittel der Oberflächenrauheit eines Bereiches mit einem bestimmten Neigungswinkel. Die Oberflächenrauheit nimmt mit zunehmender Schichtdicke zu, wie im Bild 4.4.10 (b) gezeigt [115]. Allerdings muss ein Kompromiss zwischen Bauzeit und Oberflächenrauheit gesucht werden, da Schichten mit größerer Schichtdicke die Bauzeit verkürzen aber die Rauheit erhöhen. Der Treppen-Effekt tritt bei allen Winkeln außer 180° (Deckfläche) und 90° (Seitenfläche) auf (vgl. Bild 7.2.3). Das führt insbesondere bei Überhängen (Winkel < 90°) zu einer Erhöhung der Oberflächenrauheit und soll durch eine geeignete Positionierung des Volumenkörpers im Bauraum möglichst vermieden werden [115].

Eine weitere, in der Literatur oft diskutierte Ursache für die Rauheit von PBF-Volumenkörpern ist die sogenannte Partikelagglomeration. Dabei werden bei bestimmten Verfahrensparametern einige Pulverpartikel nicht vollständig umgeschmolzen und tragen zur Rauheit der Oberfläche bei, siehe Bild 4.4.11 [38].

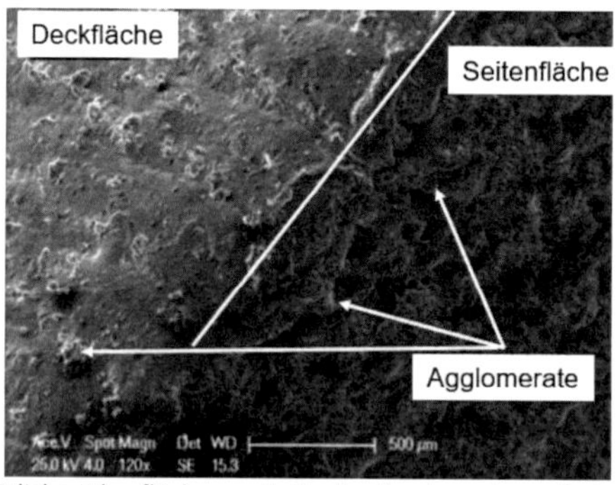

Bild 4.4.11
Rauheit:
AlSi10Mg Würfel, agglomerierte Pulverpartikel an Deck- und Seitenfläche [38].

Die durchschnittliche Oberflächenrauheit, die durch agglomerierte Partikel verursacht wird, liegt in der Größenordnung der Pulverpartikeldurchmesser und kann durch die Verwendung von Pulver mit kleinerer Korngrößenverteilung reduziert werden (Bild 4.4.10 d). Zusätzlich wird erwartet, dass die Oberflächenrauheit mit einer Erhöhung des Wärmeeintrags reduziert werden kann. Bild 4.4.10 (c) zeigt die Rauheit Ra in Abhängigkeit der Streckenenergie [115]. Mit der Erhöhung des Wärmeeintrags wird die Oberflächenrauheit der betrachteten PBF-Volumenkörper verringert. Ein zu hoher Wärmeeintrag kann die Oberflächenrauheit jedoch aufgrund von Verformungen, die aufgrund von thermischem Stress entstehen, Verdampfungsprozessen und ungleichmäßiger Erstarrungsgeschwindigkeit erhöhen [20], [114].

Spierings et al. haben den Einfluss der Korngrößenverteilung und Schichtdicke auf die Oberflächenrauheit eines Volumenkörpers untersucht [58]. Eine PBF-Anlage M1 von Concept Laser GmbH mit einem Laserspotdurchmesser von 200 µm wurde eingesetzt. Die verwendete Laserstrahlquelle ist ein diodengepumpter Nd:YAG Festkörperlaser der 1064 nm Wellenlänge, der im cw-Betrieb bei 104 W betrieben wird. Der sphärische Pulverwerkstoff 316L (1.4404) mit den Kornfraktionen d_{50} = 15 µm (Type 1), 28,2 µm (Type 2) und 37 µm (Type 3) (Bild 4.4.12) wurde verwendet. Die untersuchten Schichtdicken waren 30 und 45 µm.

Bild 4.4.12 Korngrößenverteilung der verwendeten 316L Pulver: Type 1: d_{50} = 15µm; Type 2: d_{50} = 28,2µm; Type 3: d_{50} = 37µm; [58]

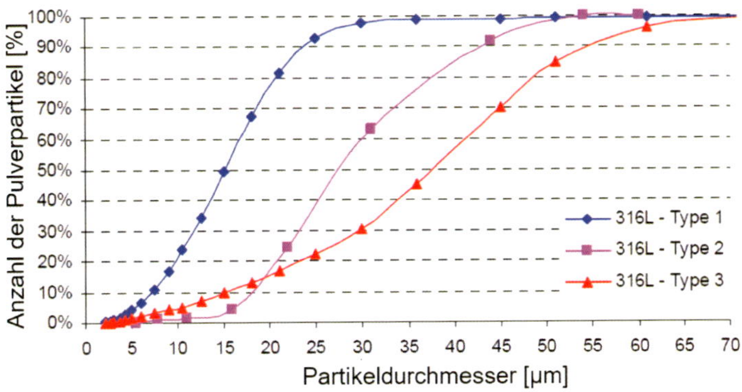

Die Scangeschwindigkeitsvariation wurde so gewählt, dass Dichten > 99,5 % erreicht wurden. Für diese Pulver wurde eine Parametervariation bei der Herstellung von 12x12x12 mm³ Würfeln durchgeführt, siehe Tabelle 4.4.2.

Tabelle 4.4.2 Parametervariation bei der Herstellung von 12x12x12 mm³ 316L Würfeln [58].

	Kornfraktion	Type 1		Type 2		Type 3	
316L	d_S [µm]	200		200		200	
	P_L [W]	104		104		104	
	D_S [µm]	30	45	30	45	30	45
	v_S [mm/s]	300-800	175-300	250-500	175-275	250-500	175-275
	Δy_S [µm]	130		130		130	

In dem Artikel wurde nur die durch Sandstrahlen nachbearbeitete Oberflächenrauheit Ra des Volumenkörpers angegeben, nicht die ursprüngliche, siehe Bild 4.4.13. Die Gründe für diese Vorgehensweise wurden nicht genannt.

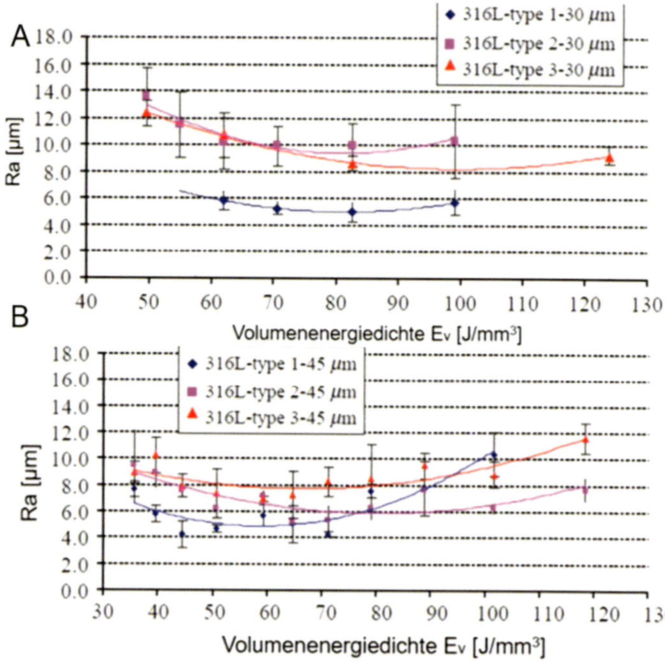

Bild 4.4.13 Rauheitsmessung der sandgestrahlten Deckfläche der 12x12x12 mm³ 316L Würfel bei Schichtdicken von 30 µm (A) und 45µm (B). Type 1: d_{50} = 15µm; Type 2: d_{50} = 28,2µm; Type 3: d_{50} = 37µm; [58]

Volumenkörper, die aus Pulver mit größeren Pulverpartikeln hergestellt wurden, weisen eine höhere Rauheit auf. Das wird auf die kleinere Packungsdichte der Pulverschicht bei größeren Pulverpartikeln und auf die Agglomeration größerer Partikel auf der Volumenkörperoberfläche zurückgeführt. Bei den Deckflächen scheint der Einfluss der Schichtdicke (A: 30 µm; B:45 µm) eher gering zu sein, die geringsten Rauheitswerte liegen bei beiden Schichtdicken bei ca. 5 µm. Die im Bild 4.4.13 dargestellten Rauheiten wurden nach dem Sandstrahlen gemessen. Im Paper sind die Werte im „as-built"-Zustand nicht dargestellt, es wird von einer Reduzierung der ursprünglichen Ra-Werte von ca. 5 µm gesprochen. Die Rauheit der Seitenwände wurde ebenfalls nicht vermessen. Diese Publikation zeigt, wie in Bildern 4.4.12 und 4.4.13 zu sehen, dass selbst wenn die Verfahrensparameter so gewählt wurden, dass eine Dichte > 99,5 % für unterschiedliche Korngrößenverteilung erreicht wird, die Korngrößenverteilung einen signifikanten Einfluss auf andere Qualitätsmerkmale wie die Rauheit der aufgebauten Bauteile haben kann.

4.4.3.2 Dichte

Porosität und Anbindungsfehler (z. B. Bild 4.4.14) sind beim PBF die häufigsten auftretenden Defekte [108], [111], [112]. Diese Defekte wirken sich negativ auf die mechanischen Eigenschaften aus und sollen minimiert bzw. beseitigt werden [103]. Folgende Mechanismen werden in der Literatur als Hauptursachen für Porosität angeführt:

- Poren die beim Tiefschweißregime entstehen, siehe Kapitel 4.3.2.
- Gaseinschlüsse: Gas kann während des Pulverherstellungsprozesses in den Pulverpartikeln eingeschlossen werden, so dass das Ausgangspulver Hohlpartikel aufweist [76], [97].
  Diese eingeschlossenen Gase können zu sphärischen Gasporen in den aufgebauten PBF-Volumenkörpern führen wie in Bild 4.4.14 (b) gezeigt. Darüber hinaus können Gasporen auch aufgrund von Einschlüssen des Schutzgases im Schmelzbad gebildet werden, z. B. falls ein Keyhole während des Prozesses entsteht, vgl. Kap. 4.3.2 [76].

Bild 4.4.14
Darstellung typischer Gasporen und Anbindungsfehler (Wärmeleitungs- und Übergangsregime) im Querschliff eines 316L Testwürfels [76].

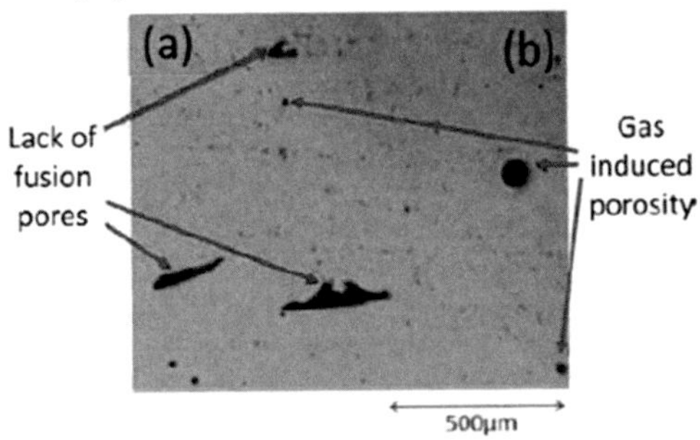

Anbindungsfehler können z. B. durch unzureichenden Spurüberlapp zwischen einzelnen Spuren oder Schichten entstehen [93], [95]. Anbindungsfehler entstehen typischerweise bei zu geringer Umschmelztiefe. Eine unzureichende Anbindung äußert sich in der Regel durch langgestreckte Defekte, typischerweise mit Durchmessern von mehr als 100 µm, siehe Bild 4.4.14 (a) [76], [90], [95]. Diese Anbindungsfehler sind häufig größer als die Gasporen und können sich durch scharfe Kanten auszeichnen, die Schwachstellen bei mechanischer Beanspruchung darstellen. Der folgende „Anbindungsindex LF" (Schmelzbadtiefe / Pulverschichtdicke) korreliert mit dem Ausmaß der Anbindungsfehler [76], [95]. Schmelzbadtiefen, die deutlich größer als die Pulverschichtdicke sind, führen zu einer geringeren Anzahl von Anbindungsfehlern [76]. Anbindungsfehler werden bei einem hohen LF-Wert in der Regel reduziert, siehe Bild 4.4.15 (a). Bild 4.4.15 (b) zeigt, dass ein höherer Wärmeeintrag (Erhöhung der Streckenenergie) die Anzahl der Anbindungsfehler durch Erhöhung der Schmelzbadtiefe reduzieren kann.

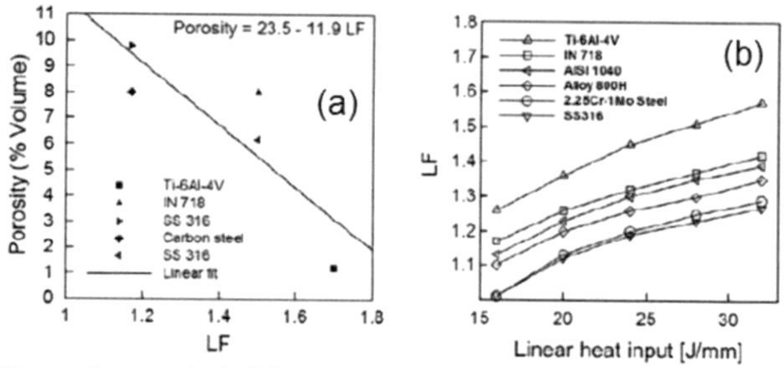

Bild 4.4.15
Porosität in Abhängigkeit des Anbindungsindex LF (a) und Anbindungsindex LF in Abhängigkeit der Streckenenergie [76] am Beispiel von 316L 10x10x10mm Testwürfeln.

Bei höheren Scangeschwindigkeiten wird die Streckenenergie reduziert, dadurch vermehren sich die Anbindungsfehler, siehe Bild 4.4.16 (a). Im Gegensatz dazu kann die Anzahl der Anbindungsfehler durch die Erhöhung der Laserleistung und folglich der Streckenenergie verringert werden, siehe Bild 4.4.16 (b) [76], [95].

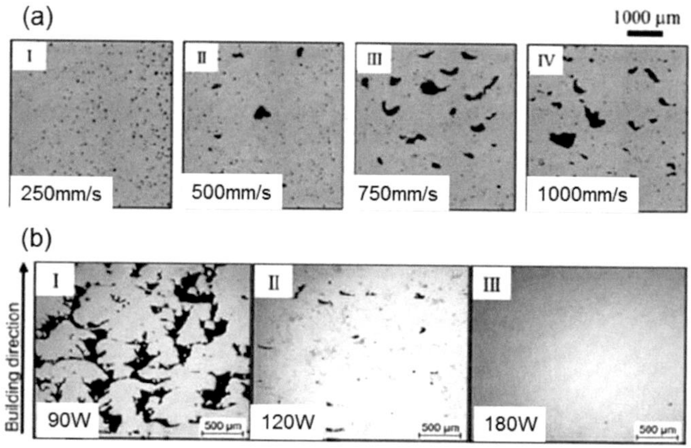

Bild 4.4.16
a: Porosität in Abhängigkeit von der Scangeschwindigkeit bei 90W
b: Porosität in Abhängigkeit von der Laserleistung bei 1000mm/s [76] am Beispiel von 316L 10x10x10mm Testwürfel.

Spierings et al. haben den Einfluss der Korngrößenverteilung auf die Bauteildichte untersucht [43]. Die PBF-Anlage M1 von Concept Laser GmbH mit einem auf 200 µm eingestellten Laserspot wurde verwendet. Die verwendete Laserstrahlquelle ist ein gütegeschalteter (Q-switched) diodengepumpter Nd:YAG Festkörperlaser mit einer Wellenlänge von 1064 nm, der im cw-Betrieb bei 104 W betrieben wird. Der sphärische Pulverwerkstoff 316L (1.4404) wurde bei Schichtdicken von 30 und 45 µm untersucht. Die Kornfraktionen d_{50} = 15 (Type 1), 28,2 (Type 2) und 37 µm (Type 3) wurden verwendet, siehe Bild 4.4.12.
Für diese Pulver wurde eine Parametervariation bei der Herstellung von 12x12x12 mm^3 Würfeln durchgeführt, siehe Tabelle 4.4.2. Anschließend wurde die Dichte gemessen, siehe Bild 4.4.17.

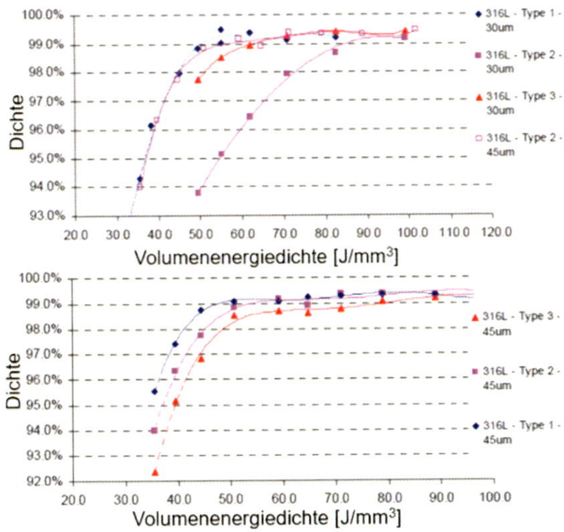

Bild 4.4.17
Dichtemessung der 12x12x12 mm³ 316L Würfel bei 30 und 45µm Schichtdicke.
Type 1: d_{50} = 15µm;
Type 2: d_{50} = 28,2µm;
Type 3: d_{50} = 37µm;
[43]

Bei einer Anpassung der Verfahrensparameter (hier Scangeschwindigkeit) konnten für alle betrachteten Pulverkornfraktionen und Schichtdicken eine Dichte > 99,5 % erreicht werden. Allerdings variiert das Prozessfenster für diese Dichte je nach betrachteter Kornfraktion und Schichtdicke. Generell wird festgestellt, dass Pulverfraktionen mit größeren Partikeldurchmessern sowie die größeren Pulverschichten kleinere Prozessfenster (für Dichte > 99,5 %) und bei ansonsten gleichen Verfahrensparametern niedrigere Dichten aufweisen. Das wird zurückgeführt auf die zum Umschmelzen größerer Pulverpartikel notwendige größere Volumenenergiedichte und auf die kleinere Packungsdichte der Pulverschicht, die aus größeren Pulverpartikeln besteht. Es wird davon ausgegangen, dass ein gewisser Feinpartikelanteil (Partikeldurchmesser < 5 µm) die Packungsdichte einer Pulverschicht erhöht und so den zweiten Faktor mitigieren kann. Ein zu großer Anteil der Feinpartikel aber führt jedoch zu erhöhter Agglomeration und niedrigerer Dichte. Es wurden aber keine Variationen des Feinanteils der Pulver durchgeführt, um diese Annahmen experimentell zu bestätigen.

Max Lutter-Günther et al. haben den Einfluss der Korngrößenverteilung auf die Bauteilqualität untersucht [71]. Dazu wurde ein AlSi10Mg Pulver durch Sieben in vier unterschiedliche Kornfraktionen (Bild 4.4.18) getrennt. Mit diesen Pulvern wurden 10x10x10 mm³ Würfel aufgebaut und die Dichte gemessen (Bild 4.4.19) [71]. Das ursprüngliche Pulver (REF) ist ein sphärisches AlSi10Mg Pulver mit einer Korngrößenverteilung zwischen 20 und 63 µm. Eine SLM125HL-Anlage von SLM Solutions mit einem Laserspotdurchmesser im Fokus von 70 µm wurde verwendet. Die verwendete Schichtdicke wurde nicht spezifiziert, die hergestellten Spuren haben eine

Breite von 250 µm mit einem Spurversatz von 170 µm. Weitere Parameter sind eine Laserleistung von 300 W und eine Scangeschwindigkeit von 1150 mm/s.

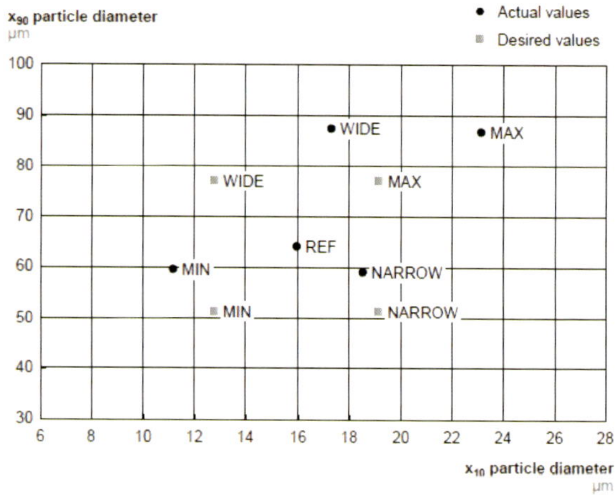

Bild 4.4.18
Die hergestellten Pulver:
REF: ursprüngliches Pulver, MIN: kleinste Korngrößenverteilung, WIDE: breite Streuung NARROW: kleine Streuung MAX: größte Korngrößenverteilung
Desired values: diese Pulverkorndurchmesser wurden bei Herstellung angestrebt
Actual values: diese Pulverkorndurchmesser wurden bei der Herstellung tatsächlich erreicht [71]

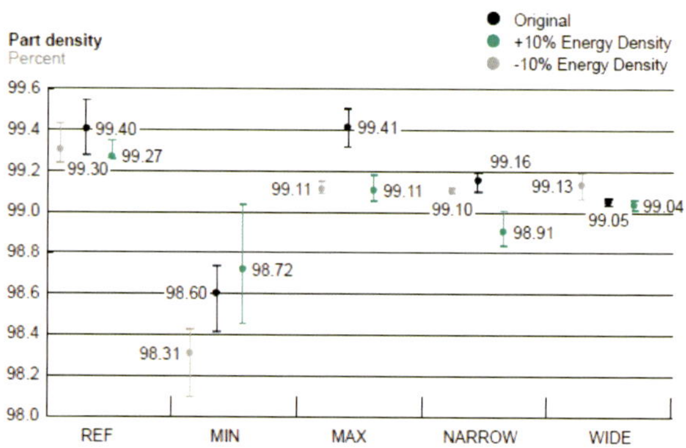

Bild 4.4.19
Dichte der mit dem jeweiligen Pulver aufgebauten Würfel [71]

Die höchsten Dichten werden mit dem ursprünglichen Pulver erreicht. Obwohl in der Literatur kleinere Pulverkörner in der Regel zu geringeren Rauheiten führen [16], [43], [58], [76] wurde bei dieser Untersuchung eine für das ursprüngliche Pulver entwickelte Parameterkombination verwendet. Es wird deutlich, dass eine Parameteranpassung für alle Pulvervarianten notwendig ist, um hohe Dichten zu erhalten. Mit dieser Untersuchung wird jedoch bestätigt, dass die morphologischen Eigenschaften des Pulvers die Dichte (und Rauheit) der hergestellten Teile beeinflussen [58], [92], [116], [117], [118], [119].

4.5 Verfahrensparameter für die Werkstoffe AlSi10Mg, IN718 und 1.4404

Die im Rahmen der Arbeit verwendeten Legierungen sind AlSi10Mg, IN718 und 1.4404. Eigenschaften und chemische Zusammensetzungen der Legierungen sind in Anhang A1 dargestellt.

Im Folgenden werden die erreichten Rauheiten und Dichten dieser Werkstoffe bei der Verarbeitung mit PBF dargestellt. In 2017 haben Boschetto et al. die Abhängigkeit der Rauheit Ra von dem Neigungswinkel (Aufbauwinkel) untersucht [38]. Dabei wurde sphärisches AlSi10Mg Pulver mit d_{50} = 30 µm verwendet. Die benutzte PBF-Anlage ist eine EOSINT M290 der Fa. EOS mit einem 400 W Ytterbium Faserlaser. Die Aufbauwinkel wurden von 180° (Deckfläche) bis zu 90° (Seitenfläche) variiert, dabei werden die mit 175 – 95° aufgebauten Flächen „geneigte Deckflächen" genannt, siehe Bild 4.5.1. Der Bereich 85 – 0° (Überhänge) wird in dieser Publikation nicht untersucht.

Bild 4.5.1
Rauheit Ra in Abhängigkeit des Neigungswinkels. [38]
Hier:
AlSi10Mg
d_{50}=30µm,
P_L=370W,
v_s=1300mm/s
d_s=70µm,
D_s=30µm,
l_s=190µm
Neigungswinkel:
0-90°

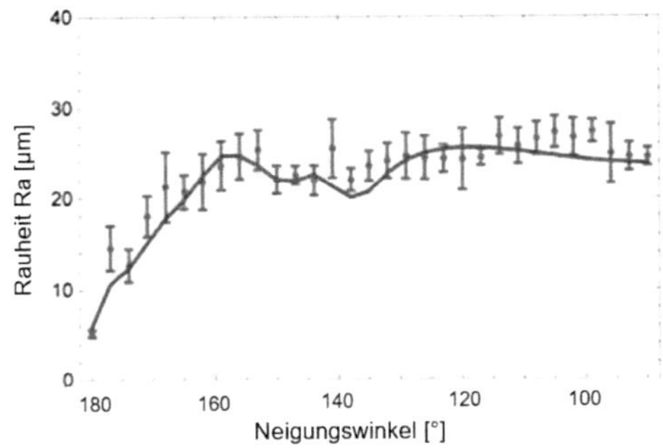

Während bei 180° (Deckfläche) die Rauheit bei ca. 5 µm liegt, wächst diese bis 155° (geneigte Deckfläche) signifikant an bis auf ca. 24 µm und bleibt dann bis 90° (Seitenfläche) annähernd konstant.

Koutiri et al. haben in 2018 für IN625 Messungen für 170° und 145° Neigungswinkel mit einer SLM 125HL-Anlage von SLM Solutions durchgeführt (Faserlaser 400 W, λ = 1070 nm, Gauß-Verteilung) [18]. Bei einer Korngrößenverteilung 10 - 45 µm (sphärisch), Laserleistung von 180 W, Laserstrahldurchmesser von 70 µm, Schichtdicke von 50 µm, Spurversatz von 70 µm und Scangeschwindigkeit von 600 mm/s wird bei 170° ein Ra von 6,2 µm und bei 145° ein Ra von 23 µm gemessen. Bei 400 W und 2000 mm/s wird bei 180° eine Rauheit von 9,5 µm und bei 145° eine Rauheit von 35 µm festgestellt.

Ähnliche Ergebnisse werden von Kirchheim et al. in 2014 für 1.4404 bei Messungen der Rauheit bei 180° und 135° beobachtet [85]. Es wird sphärisches 1.4404 Pulver der Korngrößenverteilung 10 - 45 µm mit der SLM 250 PBF-Anlage von SLM Solutions und einem 400 W Faserlaser mit λ = 1070 nm mit Gauß-Verteilung verwendet. Bei 200 W und 500 mm/s bei 100 µm Strahldurchmesser, Spurabstand von 160 µm und

30 µm Schichtdicke wird bei 180 ° eine Rauheit Ra von 6 µm und bei 135° von 13 µm gemessen.

Bei der Variation der Neigungswinkel von 180° bis 90° wird von geneigten Deckflächen gesprochen, bei Neigungswinkeln < 90° von Überhängen. Bei Überhängen erhöht sich die Rauheit weiter [76].

Die oben genannten Verfahrensparameter zusammen mit weiteren Parametern, die für diese Werkstoffe verwendet werden, sowie die erreichten Rauheiten (Deckfläche) und Dichten werden in der Tabelle 4.5.1 vorgestellt.

Tabelle 4.5.1
In der Literatur verwendete Verfahrensparameter und erreichte Dichten und Rauheitswerte für AlSi10Mg, IN718, 1.4404 und IN625 [18], [28], [30], [38], [45], [46], [85], [86], [96].

	Anlage	EOS M290	SLM 250	Laboranl.*		EOS M290	SLM 250	SLM 250
	d_s [µm]	82-89	80	200		82-89	80	100
	P_L [W]	370	350	240		120	190	200
	D_s [µm]	30	30	50		30	30	30
	v_s [mm/s]	1300	1650	600		800	750	500
AlSi10Mg	Δy_s [µm]	190	130	150	1.4404	80	120	160
	E_v [J/mm3]	49.93	54.39	53.33		62.50	70.37	83.33
	Ra [µm]	6-10	8-12	10-13		12-16	10-15	ca. 12
	Rz [µm]	50-60	55-65	50-65		65-75	75-85	ca. 80
	ρ [%]	>99,8	>99,5	>99,5		> 99,8	> 99,5	> 99,5
	Quelle	[30], [38]	[86]	[45]		[30]	[86]	[85]
	Anlage	EOS M290	SLM 250	SLM 250		SLM125HL	SLM125HL	SLM125HL
	d_s [µm]	82-89	80	84		70	70	70
	P_L [W]	280	200	400		100	175	400
	D_s [µm]	40	30	30		50	50	50
	v_s [mm/s]	960	900	2400		500	600	1000
IN718	Δy_s [µm]	110	120	80	IN625	70	70	160
	E_v [J/mm3]	66.29	61.73	69.44		57.14	83.33	50.00
	Ra [µm]	4-7	10-15	ca. 10		5-10	5-10	ca.8
	Rz [µm]	35-50	65-75	ca. 65		40-55	40-55	ca. 50
	ρ [%]	>99,8	>99,5	>99,5		> 99,5	> 99,5	> 99,5
	Quelle	[30]	[86]	[46], [96]		[18]		[28]

* Laboranlage beschrieben in Kap. 6.1

In dieser Arbeit werden Einzelspuren untersucht und überprüft, inwieweit die Qualitätskenngrößen Rauheit und Dichte von PBF-Volumenkörpern durch die Schmelzspurbildung beeinflusst werden. Deswegen werden die Verfahrensparameter aus der Tabelle 4.5.1 nicht als Startwerte für diese Untersuchungen verwendet, sondern Verfahrensparameter für möglichst gleichmäßige Einzelspuren ermittelt (vgl. Kap. 8.6.2) und als Startpunkt für die Variation der Verfahrensparameter für Einzelschichten und Volumenkörper eingesetzt. Der Vergleich der ermittelten Verfahrensparameter mit den Parametern aus Tabelle 4.5.1 befindet sich in den Tabellen 10.2.1 und 10.2.2.

4.6 Reproduzierbarkeit und Anlagenübertragbarkeit

Einige Untersuchungen zur Reproduzierbarkeit und Anlagenübertragbarkeit wurden durchgeführt. In den Versuchen von Yadroitsev et al. zur Reproduzierbarkeit auf einer Anlage [133] wurden z. B. in fünf Bauaufträgen (mit signifikanten Pausen von mehreren Tagen zwischen den einzelnen Bauaufträgen) die gleichen Zugproben aus dem Werkstoff TiAl6V4 ELI auf einer EOS M280 Anlage hergestellt. Dabei kam es zu Abweichungen von bis zu 15 % in der Zugfestigkeit der hergestellten

Proben. Als Grund werden Abweichungen bei der Einrichtung der Anlage (wie z. B. Einstellung der Schichtdicke und des Arbeitsabstandes, Pulvervorbereitung) vor dem Bauauftrag angegeben. Mit einem standardisierten Einrichtungsverfahren konnten die Abweichungen (bei gleicher Orientierung und Wärmebehandlung der Zugproben) von unter 2 % der Zugfestigkeit erreicht werden. Eine standardisierte Anlagenvorbereitung ist somit sehr signifikant für die Reproduzierbarkeit, die eine Grundvoraussetzung der Anlagenübertragbarkeit ist.

Brown et al. [131] untersuchten die Anlagenübertragbarkeit durch die Herstellung eines identischen Bauauftrages auf sechs baugleichen EOS M280 PBF-Anlagen. Dabei wurden Schwankungen von bis zu 10 % der Festigkeiten des Nickelbasiswerkstoffes IN 625 in den hergestellten Bauteilen je nach verwendeter Anlage trotz identischer Anlagenvorbereitung festgestellt. Die Festigkeit wurde aus fünf Zugproben pro Anlage ermittelt. Die Laserleistung wurde bei allen Anlagen gemessen und eingestellt, weitere Parameter wurden wegen dem gleichen Anlagentyp als identisch angenommen.

Day [128] untersuchte sowohl die Übertragbarkeit zwischen fünf baugleichen EOS M 290 Anlagen in einem Ringversuch als auch die Übertragbarkeit von einer EOS M 290 Anlage auf eine Aconity Mini PBF-Anlage durch Herstellung von verschiedenen Probekörpern (Vollmaterialproben und dünnwandige Proben (Wabenstrukturen)) aus dem Werkstoff IN 718. Das Bearbeitungsergebnis wurde bezüglich Aufbaubarkeit der Proben, Umschmelzgeometrie, Dichte und Form- und Maßhaltigkeitsabweichungen charakterisiert. Für die Vollmaterialproben wurden alle genannten Bearbeitungskriterien erfüllt. Bei den Wabenstrukturen konnte die Aufbaubarkeit nur an einer Anlage gezeigt werden, wobei bei dieser Probe das Dichtekriterium nicht erfüllt wurde. Die Untersuchungen zeigen, dass filigrane Bauteilstrukturen sehr sensibel auf Änderungen der Verfahrensparameter insbesondere des Strahldurchmessers und der Laserleistung „reagieren". Bei diesen Geometrien führen Abweichungen des Strahldurchmessers im Bereich von 10 % zu nicht reproduzierbaren Ergebnissen. Day betrachtet verschiedene Prozesskenngrößen (Volumenenergie, Streckenenergie, Intensität (Kap. 4.2) und normierte Enthalpie (eine Prozesskenngröße die sowohl die Verfahrensparameter Laserleistung, Strahldurchmesser und Scangeschwindigkeit als auch Werkstoffeigenschaften wie Dichte, spez. Wärmekapazität, Schmelztemperatur berücksichtigt)) und zeigt, dass die Prozesskenngrößen, die den Strahldurchmesser berücksichtigen erheblich für die fünf Anlagen differieren. Durch Anpassung von Intensität und normierte Enthalpie über die Verfahrensparameter Laserleistung und Strahldurchmesser konnte auf allen Anlagen die dünnwandige Struktur hergestellt werden. Auch für die Aconity Mini PBF-Anlage konnte durch Anpassung der Prozesskenngrößen Intensität und normierte Enthalpie die dünnwandige Struktur hergestellt werden. Day zeigt mit seinen Arbeiten, dass insbesondere der Strahldurchmesser ein relevanter Verfahrensparameter für die Anlagenübertragbarkeit ist. Er weist aber auch darauf hin, dass möglichst alle Einflussgrößen (z. B. Scanstrategie, Schutzgasführung, Pulverauftrag) selbst bei baugleichen Anlagen gleich sein sollten. Aus der Arbeit von Day kann geschlossen werden, dass die Anlagenübertragbarkeit nicht durch baugleiche Anlagen gegeben ist, sondern dass die relevanten Einflussgrößen anlagenspezifisch angepasst und diese nach Möglichkeit gemessen werden müssen. Dies gilt in besonderem Maße, wenn die Übertragbarkeit auf Anlagen verschiedener Hersteller realisiert werden soll.

4.7 Zwischenfazit

Der Stand der Technik zur Schmelzspurbildung beim PBF kann wie folgt zusammengefasst werden:

- Die Einfluss- und Prozesskenngrößen sowie die Verfahrensparameter beim PBF sind in der Literatur umfassend beschrieben.
- Der PBF-Prozess findet in Abhängigkeit von den Verfahrensparametern im Wärmeleitungsregime oder im Übergangsbereich zum Tiefschweißen (sog. Übergangs- oder Einschweißregime) statt. Aufgrund der Porenbildung beim Tiefschweißen wird dieses Bearbeitungsregime beim PBF nicht genutzt.
- Die Effekte, die die Spurbildung und deren Stabilität beim PBF beeinflussen (z. B. Balling, Humping, Pulverfreier Saum) sind in der Literatur beschrieben und/oder Gegenstand aktueller Forschungsarbeiten.
- Untersuchungen zur Einzelspur- und Einzelschichtbildung sind in der Literatur vorhanden. Bei der Einzelspurbildung werden Prozesslandkarten erstellt, die Bereiche der Verfahrensparameter identifizieren, die zu stabilen bzw. instabilen Spuren führen.
- Häufig werden einfache Volumenkörper (z. B. Würfel) für verschiedene Werkstoffe in Abhängigkeit der Verfahrensparameter Laserleistung, Scangeschwindigkeit, Schichtdicke und Spurabstand untersucht und deren Auswirkungen auf die relative Dichte sowie Rauheit und Maßgenauigkeit bewertet.

Daraus ergeben sich folgende Defizite:

- Für Einzelspuren wurde bei der Recherche keine quantitative Kenngröße zur Bewertung der Spurstabilität und -qualität gefunden.
- Die Untersuchungen zur Einzelspur- und Einzelschichtbildung beschränken sich auf einen engen Bereich der Verfahrensparameter, insbesondere auf Laserleistungen < 200 W. Nur wenige Publikationen betrachten größere Leistungen (z. B. betrachten Makoana et al. in 2018 Leistungen bis 2700 W für Edelstahl 17-4PH [15]).
- Einflussgrößen wie der Schichtuntergrund (Kap. 9.1.1) (sowohl die Substratplattenoberfläche für die erste Schicht als auch die PBF-Schichtoberflächen als Untergrund für weitere Schichten), die Auftragsverfahren (Kap. 9.1.2), die Pulverfixierung (Kap. 9.1.3), das Schutzgas und die Schutzgasführung (Kap. 9.3) auf die Spurbildung und -stabilität sind nicht untersucht.
- Es sind nur wenige Arbeiten zur Modifikation der chemischen Zusammensetzung von Legierungen bekannt, z. B. [36], [130] Rombouts, Sanjay, Kruth et al. Dabei wurde der Einfluss der Dotierung auf die rheologischen Eigenschaften, Spurbildung und -stabilität nicht systematisch untersucht (gleichzeitige Dotierung mit mehreren Elementen, qualitative Bewertung).

- Es gibt nur wenige systematische Untersuchungen zum Einfluss der Korngrößenverteilung. Dem Autor sind keine systematischen Untersuchungen des Einflusses von Pulverkornform auf die Schmelzspurbildung sowie vergleichende Untersuchungen der Pulvereigenschaften für verschiedene Werkstoffe bekannt.
- Zahlreiche Einflussgrößen (z. B. Strahldurchmesser, Schichtdicke, Pulverkornform und -größe, Oberflächenzustand des Substrates und der Pulverschicht (z. B. Rauheit, Auftreten von Agglomeraten und Spritzern), Vergleich des Einflusses der Schutzgase und Vergleich des Einflusses verschiedener Werkstoffe, Einfluss der Veränderung der chem. Zusammensetzung) werden bisher nicht systematisch variiert. Weiterhin erfolgt die Bewertung der Einzelspuren nur qualitativ - es werden „stabile Zonen“ - Prozessfenster für durchgehende Spuren und „instabile Zonen“ - Prozessfenster für nicht durchgehende Spuren unterschieden.
- Bisher existieren nur wenige Arbeiten zur Übertragbarkeit von PBF-Prozessführungsstrategien auf baugleiche PBF-Anlagen (z. B. zwischen EOS M280 Anlagen [131]), noch seltener sind Publikationen zu Übertragbarkeit von einer PBF-Anlage auf Anlagen anderer Hersteller (z. B. von EOS M 290 auf eine Aconity Mini [128]).

Diese Defizite werden in dieser Arbeit aufgegriffen und ausgehend von Einzelspuren über Einzelschichten bis zu Volumenkörpern werden die Qualitätskriterien Gleichmäßigkeit der Spur (Stabilitätsfaktor, siehe Kapitel 8), Oberflächenrauheit (Einzelschichten und Volumenkörper) und Dichte (Volumenkörper) in Abhängigkeit verschiedener Einflussgrößen/Verfahrensparameter systematisch untersucht.

5 Vorgehensweise

Aus dem Stand der Technik und insbesondere den in Kap. 4.7 dargestellten Defiziten wird die Vorgehensweise dieser Arbeit abgeleitet:

- Auswahl der in der Arbeit betrachteten PBF-Einflussgrößen bzw. Verfahrensparameter
- Untersuchungen der Einfluss-Wirk-Zusammenhänge zwischen Einflussgrößen bzw. Verfahrensparametern und der Ausprägung der Einzelspuren
- Untersuchung der Übertragbarkeit der Ergebnisse von Einzelspuren auf Einzelschichten und Volumenkörper
- Untersuchung der Übertragbarkeit der Ergebnisse von einer PBF-Laboranlage auf eine kommerzielle SLM 280 HL PBF-Anlage des Herstellers SLM Solutions
- Ableitung von Maßnahmen (z. B. Einflussgrößen) zur Verbesserung der Qualität von PBF-Volumenkörpern

Nachfolgend werden die einzelnen Schritte ausführlicher dargestellt.

5.1 Identifikation und Auswahl der betrachteten PBF-Einflussgrößen

Im Kapitel 4.2 werden aus der Literatur bekannte Einflussgrößen und Prozesskenngrößen für den PBF-Prozess vorgestellt. Aus der großen Zahl dieser Einflussgrößen werden die in Bild 5.1.1 dargestellten im Rahmen dieser Arbeit untersucht. Die Gründe für die Auswahl dieser Einflussgrößen werden anhand der 5-M-Methode (s. Kap. 4.2) dargestellt:

- Da in dieser Arbeit die Experimente überwiegend mit einer PBF-Anlage (Laboranlage) durchgeführt werden, wird der „maschinenbezogene" Einfluss verschiedener Laserstrahlquellen, optischer Systeme zur Strahlführung und -formung sowie zur „Aktorik" der Anlage (z. B. Pulverauftragseinheit, Bauplattform) nicht berücksichtigt. Lediglich bei dem Vergleich zweier Anlagen in Kap. 11 werden einige maschinenbezogene Aspekte diskutiert.
- „Mitweltbezogene" Einflussgrößen wie die Homogenität der Pulverschicht und die Atmosphäre in der Prozesskammer werden berücksichtigt.
- „Materialbezogene" Einflussgrößen werden durch die Verwendung von drei anwendungsrelevanten Werkstoffen, durch unterschiedliche Pulvercharakteristika, durch Verwendung unterschiedlicher Substratplatten sowie durch gezielte Modifikation der chemischen Zusammensetzung eines Stahlwerkstoffs berücksichtigt.
- „Menschbezogene" Einflussgrößen wie Daten-Handling, Anlagenvorbereitung und Nacharbeit werden nicht berücksichtigt, da zum einen einfache Probengeometrien (Einzelschichten, Würfel) hergestellt werden und zum

anderen die Ausprägung der Spur-, Schicht- und Volumenbildung ohne eine Nacharbeit betrachtet wird.

- „Methodenbedingte" Einflussgrößen wie die Belichtungs- und Beschichtungsparameter werden in Bezug auf die Fertigung von einfachen Würfeln berücksichtigt. Parameter einer Bauplattformheizung werden nicht berücksichtigt, da die untersuchten Werkstoffe ohne eine Vorheizung rissfrei verarbeitet werden können.

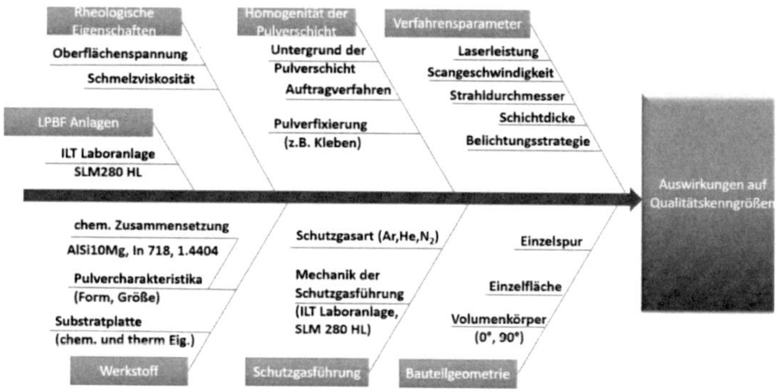

Bild 5.1.1 Einflussgrößen des PBF-Prozesses die in dieser Arbeit näher untersucht werden

Nachfolgend werden die in Bild 5.1.1 dargestellten Einflussgrößen ausführlicher beschrieben.

- **Werkstoff:** Als Ausgangswerkstoff für den PBF-Prozess werden pulverförmige Werkstoffe verwendet. Neben der Form und Größe der Pulverpartikel sind die thermophysikalischen, optischen und chemischen Eigenschaften relevant. Im Rahmen der Arbeit wird der Einfluss der chemischen Zusammensetzung anhand von drei Legierungen untersucht. Der Aufbau der PBF-Proben und Probekörper erfolgt auf Substratplatten, deren chemische Zusammensetzung und thermophysikalische Eigenschaften insbesondere die Ausprägung der ersten Schichten beeinflussen.

    - Chem. Zusammensetzung: Die Untersuchungen werden an der Gusslegierung AlSi10Mg, dem Edelstahl 1.4404 und der Nickelbasislegierung IN718 durchgeführt. Diese Legierungen werden gewählt, da sie einerseits eine große Anwendungsrelevanz in der Industrie haben und andererseits ein großes Spektrum an chemischen, thermophysikalischen und optischen Eigenschaften abdecken.

    - Pulvercharakteristika: Bei allen drei Pulverwerkstoffen wird eine Variation der Partikelgröße und -form durchgeführt. Das ursprüngliche Pulver ist sphärisch, hat eine Korngrößenverteilung von 25 - 40 µm und einen erheblichen Feinanteil (Korngrößenverteilung < 5 µm). Um den Einfluss des Feinanteils zu bestimmen, wird dieser mit Hilfe des Windsichtens entfernt. Um den Einfluss der Partikelgröße zu bestimmen, werden mit Hilfe von Siebverfahren und Windsichtens Pulver der Korngrößenverteilung 25 - 30 µm, 30 - 40 µm und 29 – 31 µm hergestellt und miteinander verglichen, die Kornform bleibt dabei sphärisch. Um den Einfluss der Kornform zu bestimmen, werden durch mechanisches Legieren (Mahlen) Pulver der Korngrößenverteilung 25 - 30 µm, 30 - 40 µm und 25 - 40 µm für alle drei Werkstoffe hergestellt, dabei wird die Form der Körner spratzig (unregelmäßig). Diese Pulver werden mit den sphärischen Pulvern verglichen. Eine nähere Betrachtung erfolgt im Kapitel 7.3.

- Substratplatte: Es werden Substratplatten unterschiedlicher Werkstoffe für die verschiedenen Pulver verwendet.

  Pulver: AlSi10Mg -> Substratplatten: AlSi10Mg, AlMg4,5Mn

  Pulver: 1.4404 -> Substratplatten: 1.4404, Baustahl S280

  Pulver: IN718 -> Substratplatten: IN718, Baustahl S280

  Die Oberflächenbeschaffenheit der Substratplatten wird ebenfalls variiert: gefräste, sandgestrahlte und polierte Substratplatten werden verwendet.

- **Rheologische Eigenschaften:** Im Rahmen der Arbeit wird der Werkstoff 1.4404 gezielt mit Kupfer (Cu) dotiert, um den Einfluss einer Änderung der rheologischen Eigenschaften durch die Änderung der chemischen Zusammensetzung zu untersuchen. Die Dotierung erfolgt mit 1 - 3 Gewichtsprozent in 1 %-Schritten. Bei größeren Mengen an Cu verändern sich zusätzlich u. a. die mechanischen und thermischen Eigenschaften signifikant.
  - Oberflächenspannung: verändert sich aufgrund der Cu-Dotierung des 1.4404 Werkstoffes, siehe Kap. 9.2.2.
  - Viskosität: verändert sich ähnlich der Oberflächenspannung aufgrund der Cu-Dotierung des 1.4404 Werkstoffes, Kap. 9.2.2.
- **Homogenität der Pulverschicht:** Der Einfluss der Qualität der Pulverschicht auf die Spurbildung wird untersucht. Im Einzelnen werden folgende Aspekte adressiert:
  - Untergrund der Pulverschicht: Die Oberfläche der letzten umgeschmolzenen Pulverschicht hat einen Einfluss auf die Homogenität der nachfolgend aufgebrachten Pulverschicht. Hierzu wird für alle drei Werkstoffe der Einfluss einer polierten, sandgestrahlten und gefrästen Substratplatte sowie einer mit PBF aufgebauten Fläche (bis zu acht Schichten in zwei Schicht Schritten) auf die Spurbildung untersucht.

- Auftragverfahren: Das Pulver kann während des PBF-Prozesses auf unterschiedliche Art und Weise aufgetragen werden. Typischerweise werden in den Pulverauftragswerkzeugen Bürsten, Gummilippen oder Klingen zum Glattstreichen des Pulvers eingesetzt. Der Einfluss dieser Auftragswerkzeuge auf die Spurbildung und die Qualitätskenngrößen wird untersucht.

- Pulverfixierung: Wie im Stand der Technik dargestellt, entsteht während des PBF-Prozesses der sog. „pulverfreie Saum", siehe Kapitel 4.3.3.3. Durch die Fixierung des Pulvers auf der Substratplatte mit einem chemischen Bindemittel sollen das Auftreten des pulverfreien Saums verhindert und die Auswirkungen auf die Spurbildung untersucht werden.

- **Schutzgasführung:** Der Einfluss der Schutzgasart in der Prozesskammer auf die Schmelzspuren wird analysiert. Alle Versuche mit Schutzgasen werden bei einem Sauerstoffgehalt < 50 ppm durchgeführt.

  - Mechanik der Schutzgasführung: Die Schutzgasströmung und die Absaugung werden durch die jeweils benutzte Anlage vorgegeben und nicht verändert, siehe auch Kapitel 6.

  - Schutzgasart: Die eingesetzten Schutzgase sind Argon, Stickstoff und Helium.

- **PBF-Anlagen:** Der Einfluss der maschinenbezogenen Einflussgrößen und Anlagenübertragbarkeit wird durch den Einsatz einer zweiten PBF-Anlage untersucht.
  - Laboranlage: am ILT entwickelte Anlage zur Untersuchung des PBF-Prozesses, siehe Kap. 6.1.1.

  - SLM280 HL: kommerzielle PBF-Anlage von SLM-Solutions, siehe Kap. 6.1.2.

- **Bauteilgeometrie:** Die verwendeten Geometrien werden in Kapitel 7.2 vorgestellt. Es werden folgende Geometrien verwendet:

  - Einzelspur: 10 mm lange Einzelspur

  - Einzelfläche: 10 x 10 mm^2 Feld überlappender Einzelspuren

  - Volumenkörper: 10 x 10 x 10 mm^3 Würfel. Es werden die Dichte, die Seitenwände (90°) und die Deckfläche (0°) des Würfels untersucht

- **Verfahrensparameter:** Die in dieser Arbeit verwendeten Verfahrensparameter werden in Kapitel 7.1 detailliert vorgestellt. Folgende Verfahrensparameter werden verwendet:

- Laserleistung: eingestellte Laserleistung der Laserstrahlquelle
- Scangeschwindigkeit: am Laserscanner eingestellte Geschwindigkeit des Laserstrahls
- Strahldurchmesser: mit Hilfe des VarioScans eingestellter Durchmesser des Laserstrahls
- Schichtdicke: die eingestellte Dicke der Pulverschicht
- Belichtungsstrategie: eingestellte Scanstrategie der einzelnen Schichten

5.2 Untersuchungen der Einfluss-Wirk-Zusammenhänge zwischen Einflussgrößen und Ausprägung der Einzelspuren

Für die drei Werkstoffe werden zunächst Einzelspuren hergestellt, um den Einfluss der o. g. Einflussgrößen auf die Spurbildung zu analysieren. Die geometrischen Kennwerte der Einzelspuren werden vermessen, die verwendeten Geräte und Messmethoden werden in Kapitel 6.2 erläutert.

Zur Charakterisierung der geometrischen Gleichmäßigkeit der Einzelspuren über die Spurlänge wird der Stabilitätsfaktor S_F als ein neues Bewertungskriterium eingeführt. Dieser wird im Kapitel 8.2 definiert und näher beschrieben. Der Stabilitätsfaktor erlaubt die Bewertung einer Einzelspur mit einer skalaren Größe zwischen 0 und 1, wobei 1 der optimale Stabilitätsfaktor ist und eine ideal gleichmäßige Spur repräsentiert, während der Wert 0 auf eine nicht zusammenhängende Spur hinweist.

Einzelspuren unter Variation der gewählten Einflussgrößen werden hergestellt und mit dem Stabilitätsfaktor bewertet. Mit jedem Parametersatz werden mehrere (typischerweise drei oder fünf) Einzelspuren hergestellt und ausgewertet. Dies erlaubt eine quantitative Aussage über die Wirkung der Einflussgrößen auf die Schmelzspurbildung, siehe Kapiteln 8 und 9. Die Ergebnisse werden für die drei Werkstoffe verglichen und die Haupteinflussgrößen identifiziert.

5.3 Untersuchungen zur Übertragung der Ergebnisse der Einzelspuren auf Einzelschichten und Volumenkörper

In einem nächsten Schritt findet eine Korrelation der Qualitätskennwerte Rauheit und Dichte mit dem Stabilitätsfaktor S_F von Einzelspuren statt. Dazu werden Verfahrensparameter aufgrund der Ergebnisse aus den Kapiteln 8 und 9 ausgewählt (vgl. Kap. 8.6.2 und 10.1.3) und Einzelschichten und Volumenkörper unter Variation ausgewählter Einflussgrößen hergestellt. Diese werden mittels Flächenrauheits- und Dichtemessungen ausgewertet. Anschließend wird die Möglichkeit ein Prozessfenster für Volumenkörper mit Hilfe des Stabilitätsfaktors zu bestimmen diskutiert (Kap. 10.2).

5.4 Untersuchungen zur Übertragbarkeit der Ergebnisse auf eine zweite Anlage

Die Übertragbarkeit der Ergebnisse, die mit der Laboranlage erzielt wurden, auf eine kommerzielle Anlage SLM 280 HL wird in Kap. 11 untersucht. Dazu werden für ausgewählte Verfahrensparameter Einzelspuren, Einzelschichten und Volumenkörper auf der SLM 280 HL-Anlage hergestellt und mit den Ergebnissen der PBF-Laboranlage verglichen.

5.5 Ableitung von Maßnahmen zur Verbesserung der Qualität von PBF-Probekörpern

Im letzten Schritt werden Würfel als Volumenprobekörper hergestellt, bei denen die im Rahmen der Arbeit abgeleiteten Maßnahmen zur Verbesserung der Schmelzspurqualität angewendet werden. Diese Volumenkörper werden bezüglich Dichte, Rauheit und Stabilitätsfaktor mit Volumenkörpern, die mit „nicht verbesserten" Referenzparametern hergestellt wurden, verglichen (Kap. 12).

6 Anlagentechnik und Analysemethoden und -geräte

6.1 Anlagentechnik

Zur Durchführung der experimentellen Arbeiten und Untersuchung maschinenbezogener Einflussgrößen werden zwei PBF-Anlagen verwendet:

- Am Fraunhofer ILT entwickelte PBF-Laboranlage
- Kommerzielle Anlage SLM 280 HL

Der Aufbau der optischen Systeme und die Anlagenspezifikationen werden im Folgenden beschrieben.

6.1.1 PBF-Laboranlage

Diese Anlage (Bild 6.1.1) ermöglicht die Prozessentwicklung mit Laserleistungen bis zu 400 W und wird im Folgenden als PBF-Laboranlage bezeichnet und hinsichtlich ihrer wesentlichen Spezifikationen näher erläutert.

Bild 6.1.1
PBF-Laboranlage mit Faserlaser der Wellenlänge λ=1070nm mit einer maximalen Nennleistung von 400W

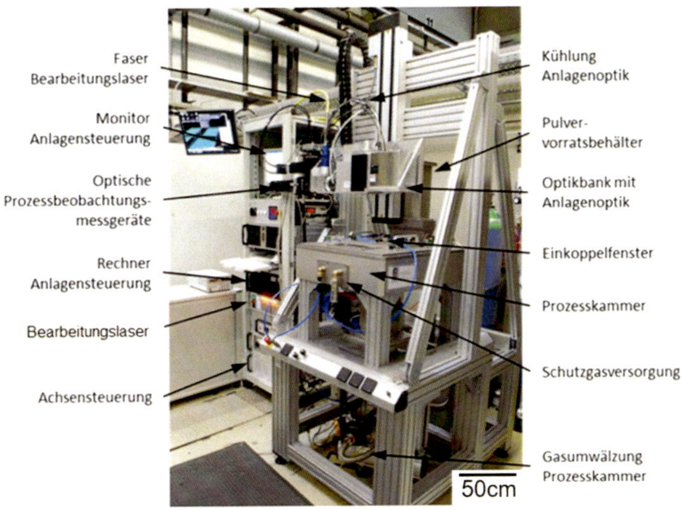

Als Strahlquelle wird ein fasergekoppelter Ytterbium SingleMode Faser Laser der IPG Laser GmbH mit einer maximalen Laserleistung von 400 W verwendet. Die emittierte Wellenlänge λ_L beträgt 1070 nm und die Strahlqualität M^2 ist kleiner 1,05. Die

Laserstrahlung wird mit einer Lichtleitfaser mit Kerndurchmesser 100 µm zur Kollimationsoptik geführt (Bild 6.1.2). In dieser findet die Strahlaufweitung und die Kollimation statt. Danach wird die Laserstrahlung mit einem dichroitischen Spiegel in den VarioScan$_{de}$40i und anschließend in den Scanner IntelliScan 30 geführt, beides Geräte der Firma SCANLAB AG, die mit einer Steuerkarte RTC 5 der Firma SCANLAB angesteuert werden. Der Varioscan ermöglicht dabei eine Positionierung des Laserfokus entlang der optischen z-Achse, mittels eines motorisch verfahrbaren Linsensystems. Im IntelliScan lenken zwei Galvanometer Spiegel den Strahl in x- und y-Richtung ab, die Brennweite wird dabei durch den Varioscan eingestellt und beträgt ca. 300 mm. Durch den Einsatz von VarioScan und IntelliScan ist somit eine 3D-Positionierung der Laserstrahlung auf der Bauplattform möglich. Die Laserstrahlung wird durch ein Schutzglas in die Prozesskammer geführt. Die Leistungsdichteverteilung entspricht in etwa einem gaußförmigen Profil, wobei im Fokus der Strahldurchmesser ca. 70 µm beträgt, siehe auch Kaustik im Anhang A2. Das Einkoppelfenster ist aus Quarz gefertigt und für eine Laserleistung von 1500 W bei einem Strahldurchmesser von 60 µm ausgelegt, also für Intensitäten bis $53*10^6$ W/cm^2. Das heißt, dass selbst bei maximaler Laserleistung von 400 W und im Fokus das Schutzglas nicht beschädigt wird. Zusätzlich wird für einige Messungen ein Pyrometer KGA 740-LO mit Lichtwellenleiter montiert (Bild 6.1.2 links) und ermöglicht inline Temperaturmessungen in koaxialer Anordnung.

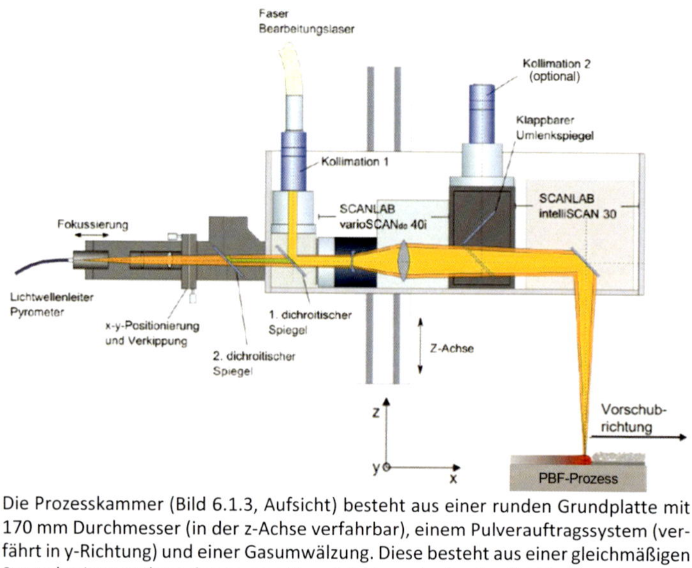

Bild 6.1.2
Schematische Darstellung des optischen Systems der PBF-Laboranlage mit Strahlengang.

Die Prozesskammer (Bild 6.1.3, Aufsicht) besteht aus einer runden Grundplatte mit 170 mm Durchmesser (in der z-Achse verfahrbar), einem Pulverauftragssystem (verfährt in y-Richtung) und einer Gasumwälzung. Diese besteht aus einer gleichmäßigen 3 mm breiten entlang der ganzen Grundplatte verlaufenden Schlitzdüse, durch die das Schutzgas, typischerweise Argon, zugeführt wird und einer Absaugung, die während des PBF-Prozesses entstehende Prozessnebenprodukte (z. B. Metallkondensat) aus der Prozesskammer abtransportiert. Der minimal erreichbare Restsauerstoffanteil in der Prozesskammer liegt unter 50 ppm.

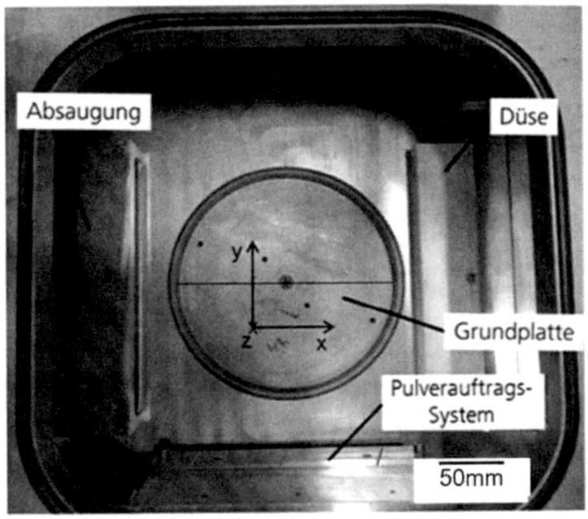

Bild 6.1.3
Prozesskammer der PBF-Laboranlage mit Grundplatte (Durchmesser: 170mm), Pulverauftragssystem, sowie Düse und Absaugung der Schutzgasführung. In Rot sind die Messstellen zur Abstandmessung (mit Mikrometerschraube) des Pulverauftragssystems von der Grundplatte eingetragen.

Die Pulverauftragseinheit (Bild 6.1.4) in der Prozesskammer ermöglicht den Einsatz von unterschiedlichen Pulverauftragswerkzeugen, wie Kohlenstofffaserbürste, Gummilippe und Klinge.

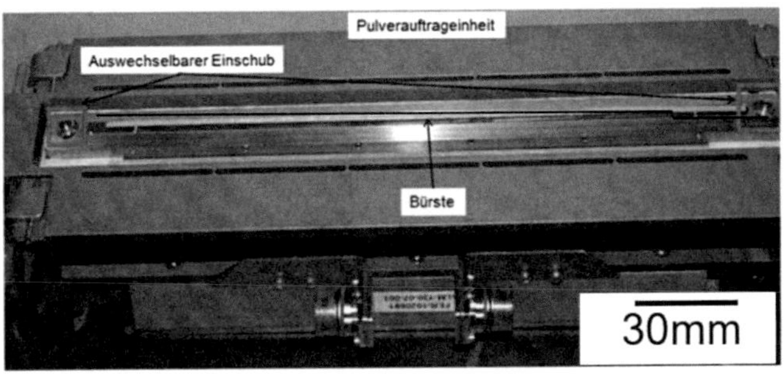

Bild 6.1.4
Pulverauftragseinheit der PBF-Laboranlage mit eingesetzter Kohlenstofffaserbürste.

6.1.2 SLM 280 HL

Die PBF-Anlage (Bild 6.1.5) von dem Hersteller SLM Solutions GmbH verfügt über folgende Merkmale:

- Maximale Baufläche: 280x280 mm^2
- Maximale Bauhöhe: 350 mm
- Bauplattformheizung: bis zu 200° C
- Prozesskammer wird vor Prozessbeginn mit Schutzgas geflutet (Ar, He)

- PBF-Prozess startet ab Restsauerstoffgehalt < 1000 ppm
- Erreichbarer Restsauerstoffgehalt ~ 50 ppm
- Die parallel zur Bauplattform gerichtete Schutzgasführung soll eine Wechselwirkung zwischen der Laserstrahlung und verdampftem Material minimieren, indem Schutzgas mit verdampftem Material gefiltert und aus der Anlage geleitet wird, bevor eine Wechselwirkung stattfinden kann
- Laserstrahlquelle: wie bei der PBF-Laboranlage wird ein 400 W Ytterbium SingleMode Faser Laser der IPG Laser GmbH verwendet, Lichtleitfaser von 100 µm Kerndurchmesser, Wellenlänge λ_L von 1070 nm und Strahlqualität $M^2 < 1,05$.

Bild 6.1.5
SLM 280 HL-Anlage mit Faserlaser der Wellenlänge λ=1070nm mit einer maximalen Nennleistung von 400W

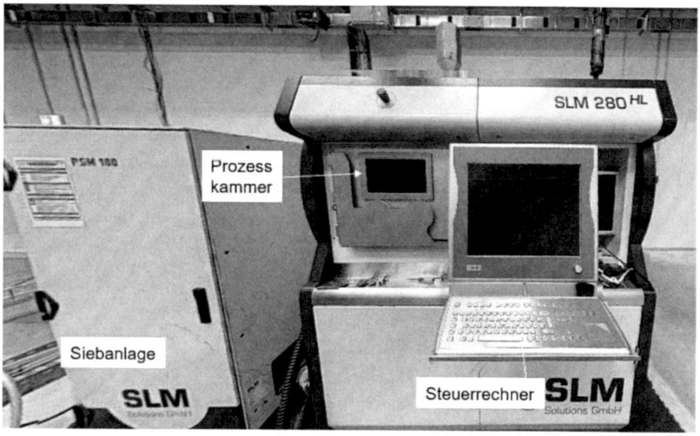

Die Lichtleitfaser leitet die Laserstrahlung in einen Kollimator, danach wird die kollimierte Laserstrahlung über einen Umlenkspiegel in eine Fokussiereinheit geführt. Diese dynamische Einheit erlaubt die Laserstrahlung auf die Arbeitsebene zu fokussieren und die Bildfeldwölbung in der Arbeitsebene zu kompensieren. Die Leistungsdichteverteilung entspricht in etwa einem gaußförmigen Profil. In den zur Verfügung stehenden Unterlagen wurde der Strahldurchmesser im Fokus mit 78 µm angegeben. Bei einer Messung der Kaustik wird ein minimaler Spotdurchmesser im Fokus von 86 µm gemessen, siehe Anhang A2. Im Weiteren wird ein Fokusdurchmesser von 86 µm angenommen.

6.2 Analysemethoden und -geräte

Folgende Analysemethoden werden im Rahmen der Arbeit angewendet:

- Leistungsmessgerät zur Vermessung der Leistung der Laserstrahlung nach dem Intelliscan mit Leistungsmesskopf „Coherent LM1000".

- Die Vermessung der Temperatur auf der Oberfläche der Einzelspuren findet mit einem koaxial im Strahlengang angeordneten Pyrometer (KGA 740-LO) mit Lichtwellenleiter statt.
- Vermessung der Kaustik nach dem Intelliscan mit Spiricon Kamerasystem (SP620U der Firma Ophir Optronics) zur Laserstrahlvermessung und LDV LAB 0.9.
- Die Pulvercharakterisierung findet mittels Camsizer x2 der Firma Microtrac statt, siehe Kap. 9.1.2 und 9.2.4 für genaue Betrachtung, die Reflexionsgrade wurden mit einem PerkinElmer Spektrometer LAMBDA 1050 UV/Vis/NIR gemessen.
- Die Probekörper werden metallographisch untersucht. Dabei werden die Querschliffe der Einzelspuren, Einzelschichten und Volumenkörper mit entsprechenden Säuren (u. a. Adler für IN718 und 1.4404, Natronlauge für AlSi10Mg) angeätzt und mit Hilfe div. Lichtmikroskope (s. u.) untersucht und vermessen.
- Die Vermessung der Topografie der Probekörper findet mit einem ZygoLOT Weißlichtinterferometer oder einem Infinite Focus Topografiemessgerät statt.
- Lichtmikroskopie (LIM: Leica Microsystems Wetzlar GmbH, Type 020-525.027; Carl Zeiss MicroImaging GmbH, Profil S) und Rasterelektronenmikroskopie (REM: Leo 1455 EP von Zeiss mit SMARTSEM-Software) werden verwendet, um ausgewählte Oberflächen und Oberflächenstrukturen zu visualisieren und zu vermessen.
- Energiedispersive Röntgenspektroskopie (EDX: X-Max 80 von Oxford, mit INCA-Software) wird verwendet, um die chemische Zusammensetzung der Pulver zu überprüfen.

In dieser Arbeit wird für die Bewertung der Qualität der Einzelspuren deren Spurbreite und Spurhöhe entlang der Spur gemessen (vgl. Kapitel 8.3). Die Qualität der Volumenkörper wird durch die Rauheit und die Dichte bewertet. Zusätzlich wird für einige Experimente die Umschmelztiefe der Einzelspuren gemessen. Auf die Messungen dieser Größen wird nachfolgend etwas ausführlicher eingegangen.

Die **Spurhöhe** h_s und die **Spurbreite** b_s können zum einen durch die Auswertung eines Querschliffes bestimmt werden, siehe Bild 6.2.1.

Bild 6.2.1
Vermessung eines 1.4404 Querschliffes

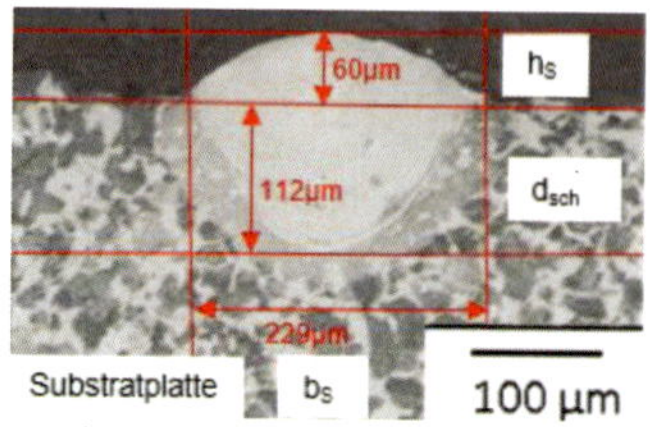

Während die Auswertung des Querschliffes eine Möglichkeit bietet, die Spurhöhe, -breite und Umschmelztiefe sehr genau zu bestimmen, ist der Zeitaufwand erheblich, da für jede Messung ein neuer Querschliff erstellt und angeätzt werden muss. Die Auswertung eines Querschliffes ist jedoch die einzige Möglichkeit die **Umschmelztiefe** d_{sch} zu bestimmen.

Eine weitere Möglichkeit ist die Vermessung der **Spurhöhe** und **-breite** mit dem Alicona Infinite Focus und der zugehörigen Analysesoftware, siehe Bild 6.2.2.

Bild 6.2.2
Vermessung einer 1.4404 Einzelspur mit Alicona Infinite Focus Analysesoftware.

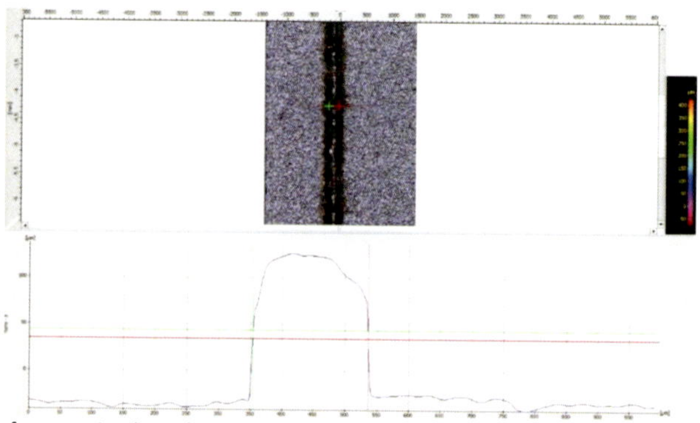

Die Software zeigt die aufgenommene Topographie an und erlaubt sowohl manuelle als auch automatische Messungen (Es wird von der Grünen zur Roten Linie gemessen, in Bild 6.2.2 ist eine automatische Messung dargestellt). Beim Vergleich der mit dieser Software durchgeführten Messungen der Spurbreite und -höhe mit den Werten der Spurbreite und -höhe, die aus den Querschliffen bestimmt werden, wird festgestellt, dass die Abweichungen zwischen den beiden Messmethoden für die Spuren mit Stabilitätsfaktoren (siehe Kap. 8.2) > 0,4 typischerweise unter 10 % liegen. Dabei erlaubt die Software mehrere Messungen der Spurbreite und -höhe ohne zusätzliche Probenvorbereitung. Da in dieser Arbeit sehr viele Messungen der Höhen und Breiten der Einzelspuren durchgeführt werden, finden diese im Weiteren durch die Auswertung der Topographie mittels der Alicona Software statt. Bei einer Messung der Spurhöhe oder -breite mit einem anderen Messverfahren wird darauf explizit hingewiesen.

- Auswahl der Rauheitskenngröße

Die Rauheitskenngrößen Linienrauheit Ra, Flächenrauheit Sa sowie Rautiefe Rz werden im Anhang A6 vorgestellt. Diese Rauheitskenngrößen werden miteinander verglichen, indem 10x10x10 mm^3 AlSi10Mg-Würfel bei einer Variation der Scangeschwindigkeit aufgebaut werden und die Rauheiten der Seitenflächen mit diesen Kenngrößen bewertet werden (Bild 6.2.3). Der qualitative Verlauf der drei Kenngrößen in Abhängigkeit der Scangeschwindigkeit ist ähnlich, doch sowohl die Werte als auch die Standardabweichungen unterscheiden sich, die Sa-Werte weisen dabei die kleinsten Standardabweichungen auf. Da die Sa-Werte (Messfläche 3x3 mm) nicht entlang einer Linie, sondern über eine Fläche gemessen werden und dadurch genauere Messwerte liefern, werden diese im Rahmen dieser Arbeit genutzt. Abweichungen davon werden explizit genannt.

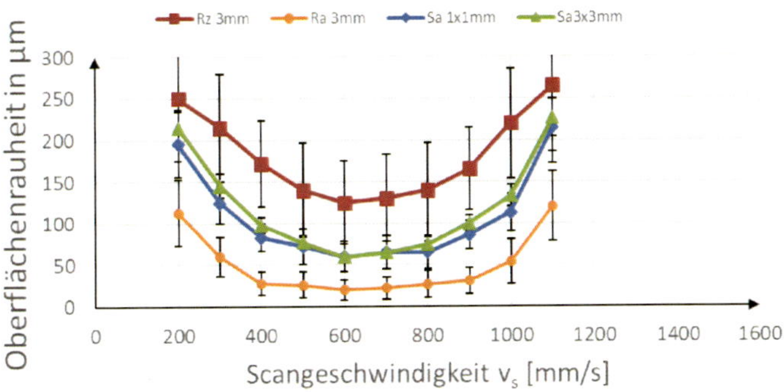

Bild 6.2.3
Vergleich der Rautiefe Rz, der Linienrauheit Ra und der Flächenrauheit S_a (Messflächen: 1x1mm^2 und 3x3mm^2) der Seitenflächen von 10x10x10mm^3 AlSi10Mg Würfeln. Hier: Korngrößenverteilung 25-40µm, P_L=300W, v_s=200 bis 1500mm/s, d_s=100µm; D_s=40µm, sandgestrahlter artgleicher Substrat.

- Bestimmung der Dichte

Die Dichte ρ wird durch die Querschliffanalyse der Volumenkörper bestimmt. Dazu werden die Lichtmikroskopieaufnahmen der Querschliffe analysiert (Bild 6.2.4 A). Es wird eine Prüffläche A_d definiert, 9x9 mm^2 für den Querschliff eines 10x10x10 mm^3 Würfels. Mit der Bildanalysesoftware Zeiss Zen bei einer Vergrößerung von 50x wird die Fläche der Poren A_p innerhalb der Prüffläche A_d bestimmt (im Bild 6.2.4 B in Rot dargestellt). Die Dichte wird nach der Formel 6.2.1 berechnet. Es werden drei Probekörper mit identischen Verfahrensparametern aufgebaut. Von jedem Volumenkörper wird ein Querschliff erstellt, vermessen und der Mittelwert der drei Messungen als der Wert der Dichte verwendet. Abweichungen von dieser Vorgehensweise werden explizit angegeben.

Formel 6.2.1: $$\rho = \frac{A_d - A_p}{A_d}$$

Bild 6.2.4
Querschliffe eines IN718 10x10x10mm^3 Würfels A_d – Prüffläche; A_p – Porenfläche
Hier: Korngrößenverteilung 25-40µm, P_L=300W, v_s= 1800mm/s, d_S=100µm, D_S=40µm, l_K,l_S,l_{KS}=30%, ρ=99,89%.

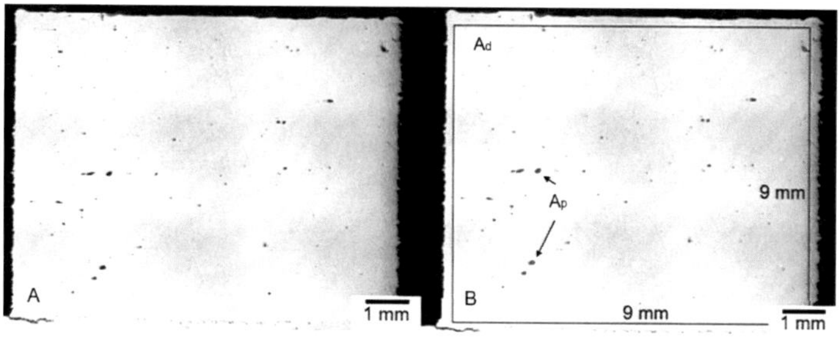

7 Verfahrensparameter, Probengeometrien und verwendete Pulverwerkstoffe

7.1 Verfahrensparameter

Die in dieser Arbeit variierten Verfahrensparameter sind:

- Laserleistung P_L
- Scangeschwindigkeit v_s
- Strahldurchmesser d_s
- Schichtdicke D_s
- Belichtungsstrategie

Zusätzlich werden folgende Einflussgrößen in Voruntersuchungen betrachtet:

- in Kapitel 8.1
    - Intensität I_L und Streckenenergie E_s
    - Position der Einzelspuren im Bauraum
    - Scanrichtung bezüglich der Schutzgasströmung
    - Reflexionsgrad der Werkstoffe

- in Kapitel 10.1
    - Position der Volumenkörper im Bauraum
    - Fokusshift und thermische Effekte

7.1.1 Laserleistung P_L

Durch die Verluste an den Grenzflächen des optischen Systems der Laboranlage wird die Laserleistung reduziert, die Verluste betragen max. ca. 6 %. Die in der Bearbeitungsebene ankommende maximale Laserleistung beträgt 376 W. Im Folgenden wird als Laserleistung P_L die Ausgangsleistung ohne Berücksichtigung der Verluste an den optischen Komponenten angegeben. Die korrigierten Laserleistungen bei Berücksichtigung der Verluste sind in Tabelle 8.1.1 dargestellt. In Anhang A2 ist die gemessene Laserleistung in Abhängigkeit von der eingestellten Leistung (in Prozent) grafisch dargestellt. In der Tabelle 8.1.1 werden die Intensitäten für die in dieser Arbeit verwendeten Strahldurchmesser von 70, 100, 150 und 200 µm angegeben. Diese werden u. a. zur Bestimmung möglicher Schmelzregime benötigt, siehe Kapitel 4.3.2. Bei Leistungen von 300 – 400 W reicht auch bei hohen Scangeschwindigkeiten die Streckenenergie zum Umschmelzen der Pulverschicht aus, die Produktivität wird dadurch erhöht [59]. Hohe Laserleistungen bzw. hohe Intensitäten können aber z. B. auch zur Verdampfung von kleineren Pulverpartikeln und zu zusätzlichen Prozessstörungen durch vermehrtes Auftreten von Prozessnebenprodukten führen [22], [31], [126], die sich negativ auf die Qualität auswirken, siehe Kapitel 4.3.3.4. Die Versuche werden bei Ausgangsleistungen von 100 bis 400 W in 100 W-Schritten durchgeführt.

7.1.2 Scangeschwindigkeit v_s

Der Variationsbereich der Scangeschwindigkeit wird für die drei Werkstoffe so gewählt, dass bei den kleinsten und größten Geschwindigkeiten die Stabilitätsfaktoren (siehe Kapitel 8.2) Werte nahe Null annehmen und dazwischen die maximalen Stabilitätsfaktoren erzielt werden.

7.1.3 Strahldurchmesser d_s

Der Strahldurchmesser d_S kann mit Hilfe des Linsensystems im $\text{VarioScan}_{\text{de}}$40i von ca. 70 µm im Fokus bis ca. 500 µm variiert werden. Um den maximalen Strahldurchmesser und damit die geringste Intensität zu ermitteln, bei der noch eine schmelzmetallurgische Anbindung an das Substrat erfolgt, werden Einzelspuren untersucht. Hierzu wird eine Pulverschicht von 40 µm Dicke bei maximaler Laserleistung von 400 W bei einer Scangeschwindigkeit von 200 mm/s auf entsprechenden Substratplatten für alle drei Werkstoffe unter Variation des Strahldurchmessers umgeschmolzen. Bei einem Strahldurchmesser von 250 µm und einer Intensität von $7{,}66 * 10^5$ W/cm^2 findet für die drei Werkstoffe keine Anbindung mehr an die Substratplatte statt. Im Folgenden werden deshalb Strahldurchmesser von 70, 100, 150 und 200 µm für die drei Werkstoffe (AlSi10Mg, 1.4404 und IN718) untersucht.

7.1.4 Schichtdicke D_s

Während die typischen beim PBF verwendeten Schichtdicken zwischen 20 und 50 µm betragen, werden bei höheren Laserleistungen auch Pulverschichtdicken im Bereich von 100 µm eingesetzt [96]. Daher werden in dieser Arbeit Schichtdicken von 30, 40, 50 und 100 µm untersucht.

7.1.5 Belichtungsstrategie

Während die bisher genannten Verfahrensparameter für Einzelspuren, Einzelschichten und Volumenkörper relevant sind, ist die Belichtungsstrategie für die Einzelschichten und Volumenkörper relevant. Eine typische belichtete PBF-Schicht besteht aus der Schraffur und einer oder mehreren Konturspuren um die Schraffur herum, siehe Bild 7.1.1. Die einzelnen Vektoren der Schraffur sind durch die sogenannten „Sprungvektoren“ verbunden. Diese Sprungvektoren werden nicht belichtet, der Scanner bewegt den Laserfokus entlang der Sprungvektoren leistungslos. Die Orientierung der Vektoren in der Schicht n+1 ist zur Verbesserung der Oberflächenqualität gegenüber der Schicht n um 90° gedreht [31].

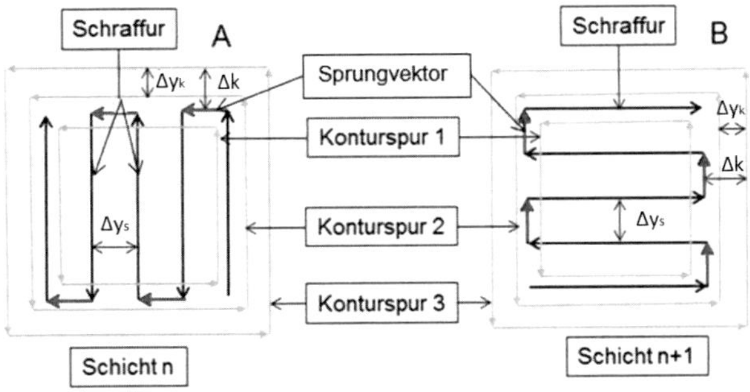

Bild 7.1.1
Schematische Darstellung der Belichtungsstrategie einer Schicht mit drei unterschiedlich positionierten Konturspuren. Schicht n+1 ist gegenüber der Schicht n um 90 Grad gedreht.

Durch die Variation der geometrischen Parameter der Schraffur- und Konturspuren wird der Einfluss auf die Qualitätsmerkmale der Probekörper untersucht. Dabei werden folgende Parameter variiert, siehe Bild 7.1.1:

- Der Abstand Δy_S der Schraffurspuren zueinander wird variiert, von 10 % Überlapp bis 90 % Überlapp in 10 %-Schritten (0 % Überlapp: Spuren nebeneinander, 100 % Überlapp: Spuren übereinander).
- Der Abstand von Konturspuren zum Rand der Schraffur Δk wird variiert, von 10 % der Konturspurbreite bis 90 % der Konturspurbreite in 10 %-Schritten.
- Aufbau mit bis zu drei Konturspuren, die Abstände der Konturspuren Δy_K zueinander werden dabei variiert, von 10 % Überlapp bis 90 % Überlapp in 10 %-Schritten.
- Die Reihenfolge der Belichtung von Schraffur und Konturspuren wird variiert:
    - zuerst Schraffur (S), danach bis zu drei Konturspuren (K) ($S/K_{1\text{-}3}$)
    - zuerst bis zu drei Konturspuren, dann die Schraffur ($K_{1\text{-}3}/S$)
    - zuerst bis zu zwei Konturspuren, dann die Schraffur, dann erneut eine Konturspur ($K_{1\text{-}2}/S/K_3$)
    - zuerst eine Konturspur, dann die Schraffur, dann bis zu zwei Konturspuren ($K_1/S/K_{2\text{-}3}$)
    - die Reihenfolge der Belichtung der Konturspuren (von innen nach außen bzw. von außen nach innen) wird ebenfalls variiert

Zusammenfassend zeigt Tabelle 7.1.1 die im Rahmen der Arbeit untersuchten Verfahrensparameter und Belichtungsstrategien:

Tabelle 7.1.1
Übersicht der variierten Verfahrensparameter und Belichtungsstrategien.

Pulverwerkstoff:	AlSi10Mg	IN718	1.4404
Laserleistung P_L	100 bis 400W in 100W Schritten		
Scangeschwindigkeit v_s	Wird so gewählt, dass bei den kleinsten und größten Scangeschwindigkeiten die Stabilitätsfaktoren möglichst Werte nahe Null annehmen		
Strahldurchmesser d_L	70µm (Laboranlage), 86µm (SLM 280 HL Anlage), 100µm, 150µm, 200µm		
Schichtdicke D_s	30µm bis 50µm in 10µm Schritten, zusätzlich 100µm		
Belichtungsstrategien			
Aufbau und Anzahl der Konturspuren	Aufbau mit Schraffur und von 1 bis zu 3 Konturspuren		
Abstand der Schraffurspuren (Δy_s) und Konturspuren (Δk) zueinander sowie Abstand der Konturspuren zu Schraffurspuren (Δy_k)	0% Überlapp (Spuren nebeneinander), 100% Überlapp (Spuren übereinander) Überlapp wird von 10 bis 90% in 10% Schritten variiert		
Belichtungsreihenfolge	$S/K_{1\text{-}3}$; $K_{1\text{-}3}/S$; $K_{1\text{-}2}/S/K_3$; $K_1/S/K_{2\text{-}3}$		

7.2 Probengeometrien

In der Arbeit werden Einzelspuren, Einzelschichten und Volumenkörper auf Substratplatten mit den Abmessungen 120x120x20 mm^3 hergestellt.

7.2.1 Einzelspuren

Die in Bild 7.2.1 dargestellten Geometrien werden für die Untersuchungen der Einfluss-Wirk-Zusammenhänge zwischen Einflussgrößen/Verfahrensparametern und Ausprägung der Einzelspuren verwendet.

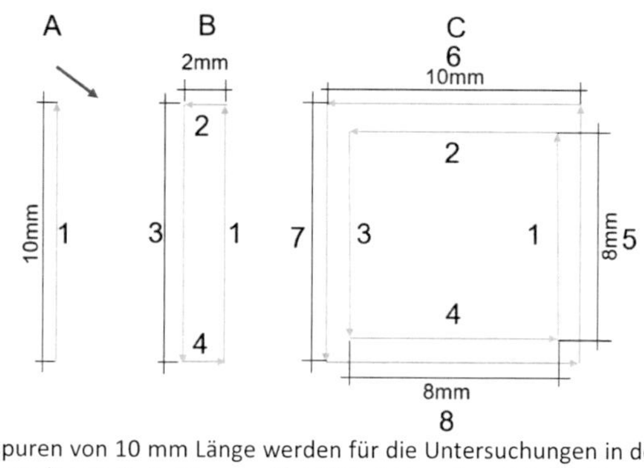

Bild 7.2.1
Übersicht der Einzelspurgeometrien. Die Belichtungsreihenfolge wird durch die Zahlen dargestellt. Der blaue Pfeil stellt die Richtung der Schutzgasströmung dar.

Die Einzelspuren von 10 mm Länge werden für die Untersuchungen in den Kapiteln 8 und 9 sowie für die Definition des Stabilitätsfaktors benutzt. Die Konturen mit 10 mm Länge und 2 mm Breite im Bild 7.2.1 B werden verwendet, um den möglichen Einfluss der Belichtungsrichtung auf die Qualitätskenngrößen der Einzelspur zu untersuchen, siehe auch Kapitel 9.4.5. Die quadratischen Konturen mit 10 bzw. 8 mm Länge und Breite im Bild 7.2.1 C werden verwendet, um den Einfluss des Untergrundes auf die Qualitätskenngrößen der Einzelspuren zu analysieren (Kap. 9.1.1). Dabei wird u. a. der Einfluss des direkten Kontaktes mit dem Pulverbett untersucht. Dazu werden die 10x10 mm Spuren am Rand der Würfel („äußere" Spuren) mit den 8x8 mm Spuren auf der Würfeldeckfläche („innere" Spuren) verglichen. Quadratische Konturen werden gewählt, um den möglichen Einfluss richtungsabhängiger Faktoren (Pulverauftrag mit der Bürste, Schutzgasströmung, Belichtungsrichtung) auszuwerten, siehe auch Kapitel 9.4.5. Es werden folgende Untergründe verwendet: loses Pulverbett (artgleiche Pulver in Kunststoffbehältern von 20 mm Länge, 15 mm Breite, 8 mm Tiefe) sowie polierte (Ra ~ 0,1 µm) und sandgestrahlte (Ra ~ 3 µm) artgleiche (AlSi10Mg, IN718, 1.4404) und artähnliche (AlMg4,5Mn, S280) Substratplatten. Zusätzlich werden artgleiche übereinander aufgebaute 10x10 mm^2 PBF-Einzelschichten (2 - 8 Schichten, Ra 0,3 bis 15 µm) sowie 10x10x10 mm^3 PBF-Probewürfel (poliert Ra ~ 0,1 µm, sandgestrahlt Ra ~ 3 µm, unbearbeitet Ra ~ 15 µm) eingesetzt. Aus der Literatur ist bekannt, siehe Kapitel 4.3.3.4, dass sowohl thermische Effekte (z. B. Fokusshift), als auch Unterschiede der Positionierung der Probekörper im Bauraum (z. B. Ablagerung von Prozessnebenprodukten auf noch zu bearbeitenden Flächen) den PBF-Prozess beeinflussen und zu Defekten führen können [76], [81]. Diese Effekte sollen möglichst vermieden werden. Deswegen werden entsprechende Voruntersuchungen zur Positionierung von Einzelspuren und Würfeln sowie der Vermeidung von thermischen Effekten durchgeführt, siehe Kap. 8.1 und 10.1.

7.2.2 Einzelschichten

Mit den Geometrien in Bild 7.2.2 wird der Einfluss der Belichtungsstrategie untersucht.

Bild 7.2.2
Übersicht der Schichtgeometrien.

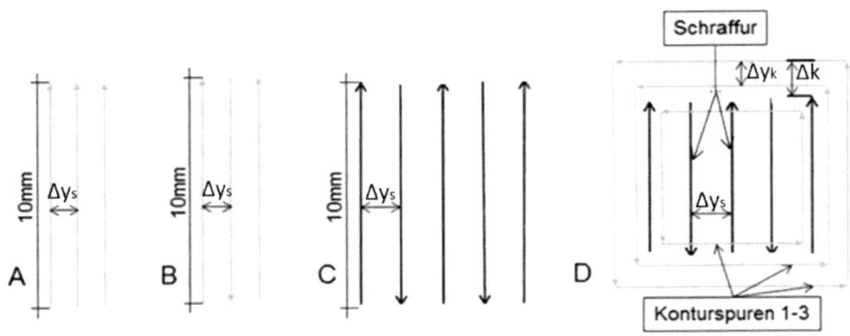

Die drei Einzelspuren (unidirektional) von 10 mm Länge (Bild 7.2.2 A) werden verwendet, um den Einfluss des Abstandes Δy_s bzw. Δy_k (Abstand zwischen den Schraffur- bzw. Konturspuren) zwischen den Einzelspuren zu untersuchen (bei den drei Einzelspuren gibt es keinen Unterschied zwischen Kontur- bzw. Schraffurspuren, Untersuchungen für die drei Einzelspuren gelten also sowohl für Δy_s als auch für Δy_k). Der Überlapp der Spuren wird dabei von 10 % bis 90 % in 10 %-Schritten variiert. Bei 0 % liegen die Spuren nebeneinander, bei 100 % übereinander. Damit die thermischen Effekte keine Rolle spielen, wird zwischen der Belichtung jeder Spur eine Pause von 2 s eingelegt, dies ist zur Abkühlung ausreichend, siehe Kap. 8.1.5 und 10.1.2. Bei den Einzelspuren in Bild 7.2.2 B wird die Belichtungsrichtung abwechselnd um 180° geändert (bidirektional), dies entspricht der Anordnung der Einzelspuren in der Schraffur. Auch hier wird der Überlapp der Spuren von 10 % bis 90 % in 10 %-Schritten variiert. Es werden auch Probekörper mit bis zu drei Konturspuren (Bild 7.2.2 D)

untersucht. Wie im Kapitel 7.2.1 angesprochen, setzen sich je nach der Position von Einzelschichten im Bauraum Prozessnebenprodukte auf noch zu bearbeitende Flächen ab und können somit zu Defekten führen [76], [81]. Fokusshift, eine mögliche Änderung der Fokuslage durch thermische Effekte, kann ebenfalls zur Entstehung von Defekten beitragen. Zur Vermeidung dieser Effekte werden in Kap. 8.1.5 und 10.1.2 entsprechende Voruntersuchungen zur Positionierung und Belichtung durchgeführt. In Bild 7.2.3 links wird ein Probekörper für Untersuchungen der Einzelschichten gezeigt.

7.2.3 Volumenkörper

Mit den in Bild 7.2.3 rechts dargestellten Würfeln wird die Übertragbarkeit der Ergebnisse von Einzelspuren und Einzelschichten auf Volumenkörper sowie der Einfluss der Belichtungsstrategien auf die Qualitätsmerkmale der Volumenkörper (Rauheit und Dichte) untersucht.

Bild 7.2.3
links: Einzelschichten,
rechts: Würfel

Die verwendete Volumengeometrie ist ein 10x10x10 mm^3 Würfel (Bild 7.2.3 rechts). Solche Probekörper eignen sich für Untersuchungen der Qualitätsmerkmale Rauheit der Deck- und Seitenflächen sowie der Dichte. Auch für die Volumenkörper soll der Einfluss von Prozessnebenprodukten und Fokusshift möglichst vermieden werden. Die dafür durchgeführten Voruntersuchungen werden im Kapitel 10.1 vorgestellt.

7.3 Verwendete Pulverwerkstoffe

Die chemischen Zusammensetzungen der Werkstoffe AlSi10Mg, IN718 und 1.4404 sowie die Korngrößenverteilungen der verwendeten Pulver sind im Anhang A1 dargestellt. Bei den chem. Zusammensetzungen handelt es sich um die Angaben des Herstellers, die mit EDX-Messungen überprüft wurden. Die Herstellerangaben und die Ergebnisse der EDX-Messungen stimmen gut überein, die Differenzen liegen unter 5 %. Für eine bessere Vergleichbarkeit werden Pulver der gleichen Korngrößenverteilung für alle drei Werkstoffe verwendet. Die Partikel sind überwiegend sphärisch und haben eine Korngrößenverteilung von 25 - 40 µm (Bild 7.3.1 A, A1.7 (Anhang 1)). Die Dichte der Pulverpartikel wird mit drei Querschliffen überprüft, exemplarisch ist einer dieser Querschliffe in Bild 7.3.1 B gezeigt. Es wird festgestellt, dass die Partikel keine Poren aufweisen. Die Pulver werden vor der Verwendung 24 Stunden bei einer Temperatur von 150 °C getrocknet. Die Korngrößenverteilung wird im statischen Verfahren am Institut für Eisenhüttenkunde (IEHK) der RWTH Aachen ohne Quantifizierung der Form bestimmt.

Bild 7.3.1: REM-Aufnahme (A) und Querschliff (B) des Pulvers 1.4404 mit Feinanteil; Kornfraktion 25-40µm

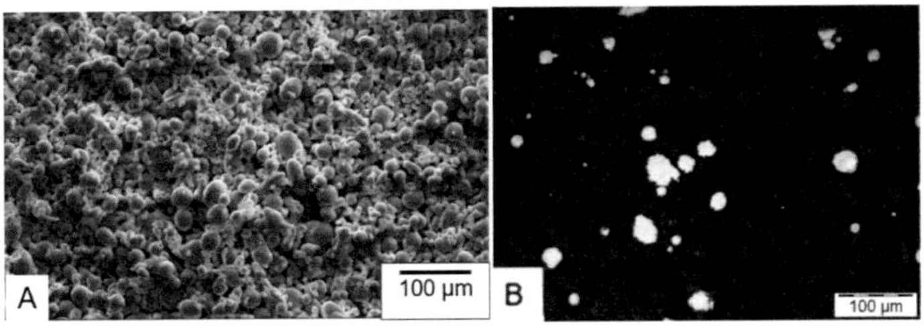

Die Form und Korngrößenverteilung können die Qualität der PBF-Bauteile signifikant beeinflussen, siehe Kapitel 4.4.3. Um dieses näher zu untersuchen werden die Korngrößenverteilung und -form variiert, hier am Beispiel von 1.4404. Die Größe und Form der Pulverkörner werden durch das Herstellungsverfahren des Pulvers festgelegt, können aber nachträglich durch Nachbearbeitungsverfahren wie Windsichten, Sieben und mechanisches Legieren (Mahlen) verändert werden. Um den Einfluss der Form und Größe der Pulverpartikel auf die Qualitätskenngrößen (vor allem Stabilitätsfaktoren, siehe Kapitel 8.2) von PBF-Einzelspuren zu bewerten, werden die Partikelgröße und -form separat voneinander geändert. Dafür werden folgende Verfahren verwendet:

- Für die Separation der sphärischen Pulverpartikel nach Größe werden die vorhandenen Pulver gesiebt. Die Korngrößenverteilung für alle drei zu untersuchenden Werkstoffe betragen 25 - 40 µm. Durch Sieben werden die Pulver in die Kornfraktionen 25 bis 30 µm und 30 bis 40 µm separiert.

- Mechanisches Legieren wird dagegen verwendet, um die Form der Pulverkörner zu ändern. Dazu werden die Pulverkörner mit Hilfe einer Kugelmühle mit Zirkonoxidkugeln gemahlen, dadurch entstehen größere Körner spratziger Form. Wiederholtes Sieben und Mahlen erlaubt die Herstellung und Separation spratziger Pulverkörner mit den gleichen Kornfraktionen wie bei den sphärischen Pulvern. Nach dem mechanischen Legieren wird kein signifikanter Feinanteil mehr festgestellt (vgl. Anhang 1, Bilder A1.1 bis A1.3; sowie A1.5 bis A1.10).

- Die Pulver enthalten einen erheblichen Feinanteil mit Korngrößenverteilung < 5 µm. Dieser kann durch Windsichten entfernt werden. Sowohl die Pulver mit als auch ohne Feinanteil werden zur Herstellung von Einzelspuren benutzt.

- Zuletzt wird durch wiederholtes Sieben und Windsichten ein möglichst monomodales sphärisches Pulver mit der Korngrößenverteilung von ca. 29 - 31 µm erzeugt.

Somit werden folgende Pulver hergestellt (siehe auch Tabelle 7.3.1 sowie Anhang A1, Bilder A1.1 bis A1.10 für die Korngrößenverteilungen):

- sphärische Pulver mit Feinanteil, mit der Korngrößenverteilung 25 bis 40 µm sowie 25 bis 30 µm
- sphärische Pulver ohne Feinanteil, mit der Korngrößenverteilung 25 bis 40 µm, 25 bis 30 µm, sowie 31 bis 40 µm und 29 bis 31 µm
- spratzige Pulver ohne Feinanteil, mit der Korngrößenverteilung 25 bis 40 µm, 25 bis 30 µm, sowie 31 bis 40 µm

Tabelle 7.3.1 Übersicht der verwendeten Pulver

AlSi10Mg; IN718; 1.4404	Pulverkorngröße			
	25-40µm	25-30µm	31-40µm	29-31µm
sphärisch			/	/
sphärisch ohne Feinanteil				
spratzig				/

Im weiteren Verlauf (siehe Kap. 9.1.2 und 9.2.4) wird festgestellt, dass die Form der Pulverpartikel sowie die Abwesenheit von Pulverkornpartikeln < 5 µm (sog. Feinanteil) einen signifikanten Einfluss auf die Ergebnisse der Untersuchungen haben können. Deswegen wird im Weiteren bei Untersuchungen von spratzigen Pulvern (vgl. Bilder 7.3.2 und 7.3.3) sowie von Pulvern ohne Feinanteil (vgl. Bild 7.3.2 B bis D) explizit darauf hingewiesen. In den Bildern 7.3.2 und 7.3.3 werden die oben beschriebenen Pulverchargen am Beispiel des 1.4404 Pulvers gezeigt.

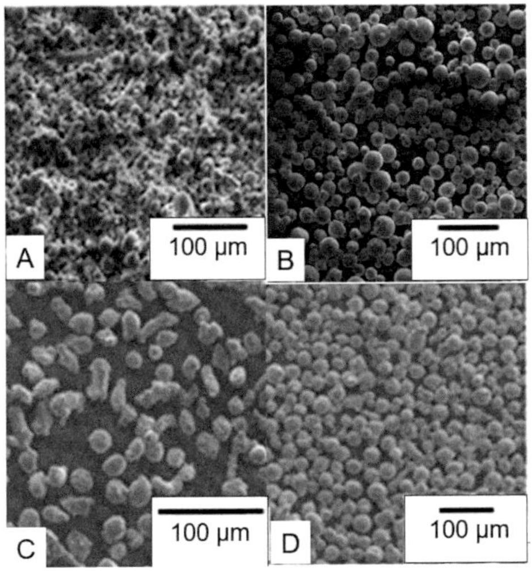

Bild 7.3.2
REM-Aufnahmen des Pulvers 1.4404, gesiebt und/oder windgesichtet.
Hier:
A: gesiebtes Pulver, Korngrößenverteilung 25-30 µm mit Feinanteil
B: gesiebtes Pulver, Korngrößenverteilung 25-40 µm, Feinanteil entfernt.
C: gesiebtes Pulver, Korngrößenverteilung 31-40 µm, Feinanteil entfernt
D: gesiebtes Pulver, Korngrößenverteilung 29-31 µm, Feinanteil entfernt.

Im Bild 7.3.2 A werden die Pulverkörner der Korngrößenverteilung 31 bis 40 µm des ursprünglichen Pulvers (Bild 7.3.1 A) ausgesiebt. Pulverkörner der Korngrößenverteilung 25 - 30 µm mit Feinanteil verbleiben. Aus dem resultierenden Pulver der Korngrößenverteilung 25 - 30 µm wird durch Windsichten der Feinanteil entfernt, siehe Bild 7.3.2 B. Bei dem Pulver mit der Korngrößenverteilung 31 - 40 µm (Bild 7.3.2 C) ist sichtbar, dass insbesondere größere Pulverkörner nicht ideal sphärisch sind. Im Bild 7.3.2 D wird ein durch mehrmaliges Sieben und Windsichten hergestelltes möglichst monomodales Pulver der Korngrößenverteilung 29 - 31 µm gezeigt. Die AlSi10Mg und IN718 Pulver werden auf die gleiche Art und Weise hergestellt.

Bild 7.3.3
REM-Aufnahmen des mechanisch legierten 1.4404 Pulvers, spratzig gemahlen und gesiebt.
A: Korngr. 25-40 µm
B: Korngr. 25-30 µm
C: Korngr. 31-40 µm

Im Bild 7.3.3 werden die durch mechanisches Legieren hergestellten Pulverchargen des Pulvers 1.4404 gezeigt. Durch Mahlen (Dauer ca. 10 min.; das Massenverhältnis von Kugeln zu Pulver wurde nicht angegeben) des ursprünglichen Pulvers wird der Feinanteil durch mechanisches Legieren reduziert, die Kornform ändert sich von sphärisch zu spratzig. Das erhaltene Pulver wird gesiebt bis eine Pulvercharge der Korngrößenverteilung 25 - 40 µm erhalten wird, siehe 7.3.3 A. Anschließend wird das Pulver durch erneutes Sieben in Pulverchargen mit den Kornfraktionen 25 – 30 µm und 31 – 40 µm separiert, siehe Bild 7.3.3 B und C. Diese Pulver werden zur

Untersuchung des Einflusses der Korngrößenverteilung auf die Qualität von Einzelspuren und Volumenkörper verwendet (siehe u. a. Kap. 9.1.1, 9.2.4, 12.3).

8 Analyse von Einzelspuren und Definition Stabilitätsfaktor S_F

Der wichtigste Schritt beim PBF ist das Belichten/Umschmelzen der Pulverschicht mit Hilfe eines Laserstrahls. Diese Pulverschicht wird bei der ersten Schicht direkt auf die Substratplatte aufgetragen, bei den nachfolgenden Schichten entweder auf die vorher umgeschmolzene Pulverschicht oder direkt ins Pulverbett. Dabei wird jede Schicht des entstehenden Bauteils sequentiell aus Einzelspuren aufgebaut, siehe Kapitel 2 und 4.1. Das resultierende Bauteil entsteht also aus Schichten, die wiederum aus zahlreichen Einzelspuren gebildet werden (siehe Bild 2.1). Daher wird in einem ersten Schritt die Ausprägung von Einzelspuren in Abhängigkeit verschiedener Einflussgrößen untersucht. In den weiteren Kapiteln werden die Auswirkungen der Einzelspuren auf die geometrischen Ausprägungen von Einzelschichten sowie Volumenkörpern untersucht. In Bild 8.1 ist eine Einzelspur schematisch mit den geometrischen Kenngrößen dargestellt. Die Interaktionszone besteht aus der direkten Wechselwirkungszone der Laserstrahlung mit den Pulverpartikeln und dem Schmelzbad sowie dem pulverfreien Saum (Kap. 4.3.3.3).

Bild 8.1
Geometrische Kenngrößen einer Einzelspur

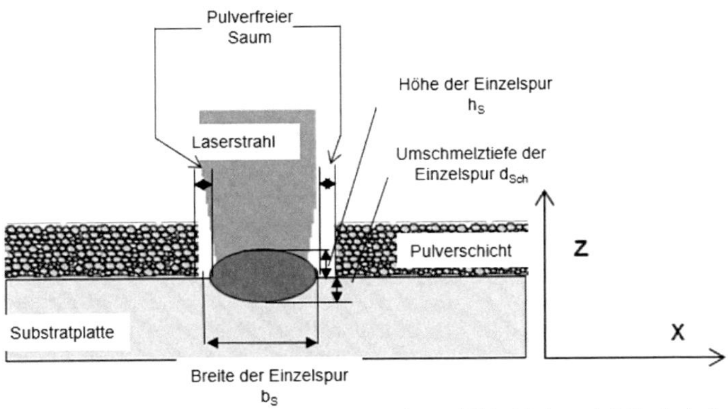

Die geometrischen Kenngrößen einer Einzelspur (Bild 6.2.1 und 8.1) sind die Breite b_S, die Höhe h_S und die Umschmelztiefe d_{Sch}. Diese Kenngrößen werden im Weiteren betrachtet. Bei einer idealen Einzelspur sind diese geometrischen Kenngrößen konstant entlang der gesamten Spurlänge l_{Spur}.

8.1 Charakterisierung von Anlagen und Werkstoff

8.1.1 Betrachtung der Intensität und Streckenenergie

Wie in Kapitel 6.1 dargestellt, wird in der Laboranlage eine Laserstrahlquelle mit 400 W Leistung benutzt. Der minimale Fokusdurchmesser beträgt 70 µm für die

Laboranlage und 86 µm für die SLM 280 HL-Anlage. In der Arbeit werden ebenfalls Laserspotdurchmesser (bei der PBF-Laboranlage mit Vario-Scan eingestellt, bei der SLM 280 HL durch Defokussierung eingestellt) von 100, 150 und 200 µm betrachtet. In der Tabelle 8.1.1 sind die mit einem Leistungsmessgerät „Coherent LM1000" zur Vermessung der Leistung der Laserstrahlung gemessenen „korrigierten" Leistungen (Laserleistungen unter Berücksichtigung der Verluste im Strahlengang) für die Laboranlage dargestellt (für die Kaustik siehe Anhang A2). Dabei werden Intensitäten und Streckenenergien für vier typische Scangeschwindigkeiten gezeigt. Die Beschreibung der Laserstrahlquelle der SLM 280 HL-Anlage erfolgt in Kapitel 11.1.1.

Tabelle 8.1.1 Intensität im Fokus (70µm) und auf 100, 150 und 200µm mit VarioScan eingestellt und Streckenenergie bei 300 bis 1200mm/s in 300mm/s Schritten. Die korrigierte Leistung wird in der Bearbeitungsebene gemessen.

Laserleistung in W	korr. Leistung in W	Streckenenergie in J/mm (v_s=300mm/s)	Streckenenergie in J/mm (v_s=600mm/s)	Intensität in W/cm2 (d_L=70µm)	Intensität in W/cm2 (d_L=100µm)
400	376	1,25E+00	6,27E-01	9,78E+06	4,79E+06
300	286	9,53E-01	4,77E-01	7,44E+06	3,64E+06
200	193	6,43E-01	3,22E-01	5,02E+06	2,46E+06
100	97	3,23E-01	1,62E-01	2,52E+06	1,24E+06
Laserleistung in W	korr. Leistung in W	Streckenenergie in J/mm (v_s=900mm/s)	Streckenenergie in J/mm (v_s=1200mm/s)	Intensität in W/cm2 (d_L=150µm)	Intensität in W/cm2 (d_L=200µm)
400	376	4,18E-01	3,13E-01	2,13E+06	1,20E+06
300	286	3,18E-01	2,38E-01	1,62E+06	9,11E+05
200	193	2,14E-01	1,61E-01	1,09E+06	6,15E+05
100	97	1,08E-01	8,08E-02	5,49E+05	3,09E+05

Die Intensitäten liegen zwischen $3*10^5$ und $9,8*10^6$ W/cm^2 und decken damit einen großen Bereich ab. In diesem Intensitätsbereich können sowohl alle in Kap. 4.3.2 dargestellten Schmelzregime als auch die in Kap. 4.3.3 dargestellten Effekte auftreten, die die Spurbildung beeinflussen. Für nahezu gleiche Streckenenergie können je nach Kombination von Laserleistung und Scangeschwindigkeit unterschiedliche Schmelzregime entstehen. Dies kann z. B. beim Auftreten von Humping zu einer unterbrochenen und einer nicht unterbrochenen Spur bei gleicher Streckenenergie führen, vgl. auch Kapitel 4.4.1. Ein Beispiel: Sowohl bei 100 W und 600 mm/s als auch bei 200 W und 1200 mm/s beträgt die Streckenenergie ca. 0,16 J/mm. Allerdings ist bei der Leistung von 100 W bei d_S = 150 µm nur das Übergangsregime möglich, während bei der Leistung von 200 W auch das Tiefschweißregime möglich ist. Ein Beispiel für IN718 ist in Bild A3.10 dargestellt: Während bei 100 W und 600 mm/s das Tiefschweißregime festgestellt wird, liegt bei 300 W und 1800 mm/s, also gleicher Streckenenergie, das Wärmeleitungsregime vor. Deswegen werden im Folgenden Laserleistung, Scangeschwindigkeit und Laserstrahldurchmesser separat betrachtet.

8.1.2 Position im Bauraum

Aus Kap. 4.3.3.4 ist bekannt, dass die Position der Volumenkörper im Bauraum und ihr Abstand zueinander einen Einfluss auf die Oberflächenqualität und Dichte haben können. Es wird untersucht, wie die Position im Bauraum die in dieser Arbeit hergestellten Einzelspuren beeinflusst. Eine Substratplatte (120x120x20 mm^3) wird zentral auf der Grundplatte (170 mm Durchmesser) im Bauraum positioniert. Einzelspuren gleicher Verfahrensparameter werden auf der Substratplatte in einem Abstand von 1 bis 50 mm zueinander positioniert. Der Abstand wird in 2 mm-Schritten variiert. Bei einem Abstand ≥ 15 mm zwischen zwei Einzelspuren konnte keine Abhängigkeit der Einzelspurkennwerte von ihrer Position auf der Substratplatte festgestellt werden. Bei allen im Weiteren betrachteten Einzelspuren mit mindestens diesem Abstand zueinander wird die Positionierung nicht weiter beachtet. Auf Ausnahmen wird gesondert hingewiesen. Ähnliche Voruntersuchungen werden in Kapitel 10.1.1 für die Positionierung der Einzelschichten und Volumenkörper zueinander durchgeführt.

8.1.3 Scanrichtung bezüglich der Schutzgasströmung

Aus Kap. 4.3.3.4 ist ebenfalls bekannt, dass die Position der Probekörper und die Scanstrategie bzgl. der Schutzgasströmung einen Einfluss auf die aufgebauten Probekörper haben können. Der mögliche Einfluss der Schutzgasströmung in der Prozesskammer auf die Einzelspuren wird untersucht. Dabei werden unterschiedliche Scanrichtungen bezüglich der Schutzgasströmung von Parallel zu Senkrecht in 10°-Schritten überprüft (siehe Kapitel 9.4.5 für den Vergleich der parallelen und senkrechten Ausrichtung der Einzelspuren zur Schutzgasströmung). Nach Herstellung und Vergleich der Einzelspuren mit gleichen Verfahrensparametern bei unterschiedlichen Winkeln bzgl. der Schutzgasströmung konnte bei der Einhaltung des in Kap. 8.1.2 festgestellten Mindestabstandes keine Abhängigkeit der Kenngrößen der Einzelspuren von dem Winkel zu der Schutzgasströmung festgestellt werden. Es wird eine Ausrichtung der Schraffurspuren zur Schutzgasströmung in einem 45° Winkel gewählt, siehe Bild 7.2.1.

8.1.4 Reflexionsgrad der Werkstoffe

Da in der Arbeit verschiedene Substratplatten mit unterschiedlicher Oberflächenbeschaffenheit (z. B. poliert, sandgestrahlt) und Pulverwerkstoffe verschiedener Kornfraktionen verwendet werden, werden die Reflexionsgrade in Abhängigkeit der Wellenlänge leistungslos mit einem Spektrometer LAMBDA 1050 UV/Vis/NIR von PerkinElmer gemessen. Der Reflexionsgrad der Substratplatten kann für die Herstellung der ersten Schicht aus zwei Gründen bei dem PBF-Prozess wichtig sein. Zum einen kann in Abhängigkeit von der Schichtdicke und der Kornfraktion auch die Laserstrahlung durch die Schicht propagieren und mit der Substratplatte wechselwirken (vgl. Kap. 4.3.1) In Kap. 4.3.3.3 und 9.1.3 wird der „pulverfreie Saum“ betrachtet, ein pulverfreier Bereich in der Wechselwirkungszone, in dem z. B. bei Einzelschichten (u. a. abhängig von Spurversatz, Kap. 7.2.2) eine direkte Interaktion zwischen Laserstrahlung und Substratplatte stattfinden kann. In Bild 8.1.1 wird als Beispiel eine Einzelmessung für die drei Werkstoffe gezeigt. Bei Unterschieden in der chemischen Zusammensetzung, Korngrößenverteilung und -form kann der Reflexionsgrad sich signifikant ändern, siehe Kapitel 4.3.1. Der Reflexionsgrad bei 1070 nm für die drei in dieser Arbeit untersuchten Pulverwerkstoffe der Korngrößenverteilung 25 - 40 µm mit Feinanteil liegt nahe beieinander (siehe 7, 8 und 9, Bild 8.1.1) und beträgt 39 % für 1.4404 und IN718 und 41 % für AlSi10Mg. Durch die Entfernung des Feinanteils ändert sich der Reflexionsgrad, für AlSi10Mg von 41 auf 32 %, vermutlich durch eine Erhöhung der Mehrfachreflexionen wegen Verringerung der Packungsdichte, vergleiche Kap. 4.3.1. Die Literaturwerte, siehe auch Tabelle 4.3.1, liegen bei 33 % für AlSi10Mg, 26 % für IN718 und 24 % für 1.4404. Diese Werte liegen in dem Bereich der betrachteten Pulver der Korngrößenverteilung 25 - 40 µm ohne Feinanteil, siehe Tabelle 8.1.2. Die Reflexionsgrade der sandgestrahlten Substratplatten entsprechen denen in der Tabelle 4.3.1 ebenfalls: für AlSi10Mg wird 80 % gemessen gegenüber dem Literaturwert von 82 %, für IN718 werden 60 % gemessen gegenüber dem Literaturwert von 58 % und für 1.4404 ist der gemessene Wert 57 % gegenüber dem Literaturwert von 53 %. Polieren der Substratplatte erhöht den Reflexionsgrad je nach Werkstoff um 6 bis 18 % (ca. 18 % für AlSi10Mg, ca. 8 % für IN718 und ca. 6 % für 1.4404). Für den AlSi10Mg Werkstoff wurden jeweils drei Messungen durchgeführt. Da die Ergebnisse der Messungen nahezu identisch waren, wurde für die restlichen Werkstoffe nur eine Messung verwendet.

Bild 8.1.1
Reflexionsgrad einiger Substratplatten und Pulverchargen.

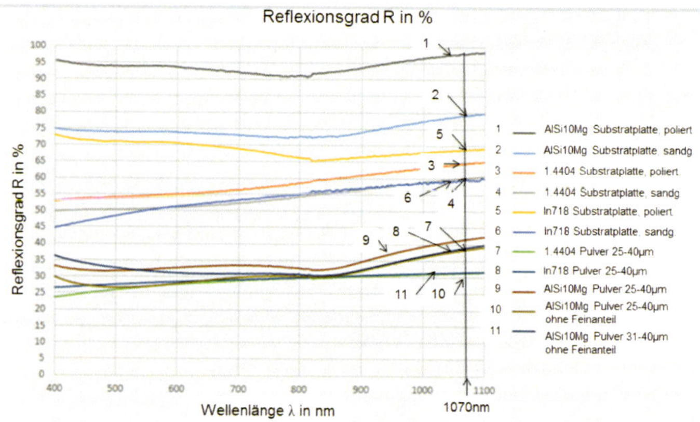

In Tabelle 8.1.2 werden die Reflexionsgrade aller in dieser Arbeit verwendeten Pulver für die Wellenlänge von 1070 nm dargestellt, abgelesen aus Bild 8.1.1. Der Feinanteil trägt signifikant zur Erhöhung des Reflexionsgrades bei.

Tabelle 8.1.2 Reflexionsgrade der verwendeten Pulver für eine Wellenlänge von 1070nm aus der Messung in Bild 8.1.1.

Reflexionsgrad AlSi10Mg	Pulverkorngröße			
	25-40µm	25-30µm	31-40µm	29-31µm
sphärisch mit Feinanteil	0.41	0.44		
sphärisch ohne Feinanteil	0.32	0.37	0.35	0.3
spratzig	0.4	0.44	0.37	
Reflexionsgrad IN718	**Pulverkorngröße**			
	25-40µm	25-30µm	31-40µm	29-31µm
sphärisch mit Feinanteil	0.39	0.43		
sphärisch ohne Feinanteil	0.29	0.34	0.31	0.28
spratzig	0.38	0.4	0.35	
Reflexionsgrad 1.4404	**Pulverkorngröße**			
	25-40µm	25-30µm	31-40µm	29-31µm
sphärisch mit Feinanteil	0.39	0,41		
sphärisch ohne Feinanteil	0.26	0,32	0,29	0,26
spratzig	0,34	0,35	0,31	

8.1.5 Fokusshift

Der mögliche Einfluss des Fokusshifts auf die Herstellung von Einzelspuren wird experimentell überprüft.

Wie in der Kaustik in Bild A2.2 zu sehen, entspricht z. B. für die PBF-Laboranlage eine Verschiebung der Fokuslage um ca. 5 mm einer Änderung des Strahldurchmessers in der Bearbeitungsebene um bis zu ca. 50 %. Für die SLM 280 HL-Anlage kann, je nach Richtung, durch eine Verschiebung der Fokuslage um 5 mm der Strahldurchmesser fast verdoppelt werden, siehe Bild A2.4 (86 µm im Fokus, 162 µm bei einer Verschiebung der Fokuslage um - 5 mm).

Eine Möglichkeit den Einfluss des Fokusshifts zu vermeiden ist eine kurze Belichtungszeit mit anschließender Abkühlpause.

Die Belichtung einer Einzelspur (10 mm Länge) dauert je nach Scangeschwindigkeit (von 50 mm/s bis zu 3500 mm/s) ca. 3 bis 200 Millisekunden. Wie in Bild 4.3.13 zu sehen, ändert sich der Strahldurchmesser selbst nach einer Sekunde Belichtungszeit und bei hohen Intensitäten um weniger als 2 µm, d. h. bei einer Wechselwirkungszeit ≤ 200 ms wird eine Änderung des Strahldurchmessers deutlich unter 2 µm erwartet. Die anschließende Pause soll zu einer Abkühlung der optischen Elemente führen.

Dazu werden pro Verfahrensparameter fünf Einzelspuren mit 10 mm Länge (Bild 7.2.1 A) hergestellt und miteinander verglichen. Die Einzelspuren werden mit Stabilitätsfaktoren bewertet (Definition siehe Kap. 8.2). Um den maximalen Einfluss des Fokusshifts zu erreichen, wird die maximale Laserleistung von 400 W bei einem Strahldurchmesser von 70 µm verwendet. Die Scangeschwindigkeit wird variiert. Die

Stabilitätsfaktoren werden von Anfang bis zur Mitte (0 bis 5 mm) und von der Mitte bis zum Ende (5 bis 10 mm) der Einzelspur gemessen und miteinander verglichen. Die Werte der Stabilitätsfaktoren für den 0 - 5 mm und 5 - 10 mm Bereich einer Einzelspur liegen innerhalb der Standardabweichung zueinander. Das zeigt, dass bei einer Belichtungszeit von unter 200 ms der Fokusshift keinen messbaren Einfluss auf die Ausprägung der Einzelspuren hat. Zusätzlich wird bei der Herstellung mehrerer Einzelspuren die Pause zwischen der Belichtung einzelner Spuren von 0,5 bis 4 s in 0,5 s Schritten variiert. Beim Einhalten einer Pause von ≥ 2 s zwischen der Herstellung einzelner Spuren liegen die Stabilitätsfaktoren dieser Spuren ebenfalls innerhalb der Standardabweichung zueinander, d. h., dass der Fokusshift und andere thermische Effekte (wie die Erwärmung der Substratplatte, siehe Kap. 10.1.2) die Stabilitätsfaktoren dieser Einzelspuren nicht messbar beeinflussen. Diese Pause wird für alle in dieser Arbeit betrachteten Einzelspuren, Flächen und Volumenkörper eingehalten, auf Ausnahmen wird gesondert hingewiesen.

8.2 Stabilitätsfaktor

Das Ziel des Umschmelzens von Einzelspuren ist die Erzeugung einer über die Spurlänge konstanten Umschmelzgeometrie bezüglich Spurbreite, Umschmelztiefe und Spurhöhe (ideale Umschmelzgeometrie). Bild 8.2.1 zeigt eine schematische Darstellung einer „idealen“ und einer „realen“ Einzelspur im Pulverbett in zwei Ansichten. Bei der „realen“ Einzelspur ergeben sich Fluktuationen in der Spurgeometrie entlang der Spurlänge. Zur Erfassung dieser Fluktuationen wird der Stabilitätsfaktor eingeführt.

Bild 8.2.1
Schematische Darstellung einer PBF-Einzelspur
a) „ideale“ Einzelspur
b) „reale“ Einzelspur

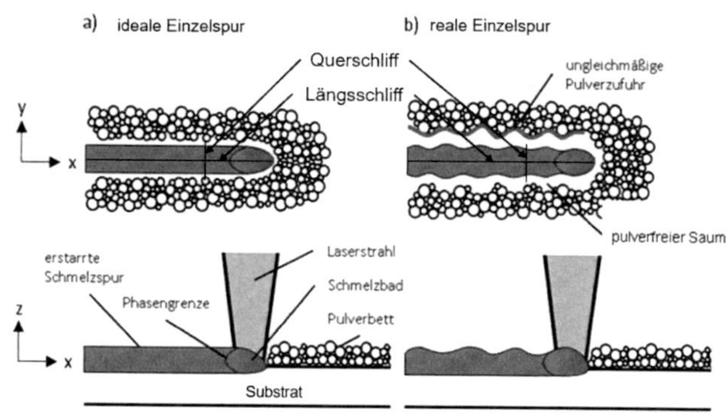

Der Stabilitätsfaktor einer Einzelspur wird wie folgt definiert: Auf einem 5 mm langen Abschnitt der Einzelspur werden die fünf schmalsten Stellen der Einzelspur $b_{smin1\text{-}5}$ sowie die fünf breitesten Stellen $b_{smax1\text{-}5}$ gemessen, dasselbe wird für die Höhe der Einzelspur $h_{smin1\text{-}5}$ und $h_{smax1\text{-}5}$ gemacht (siehe Bild 8.2.2). Danach werden die Mittelwerte der minimalen und maximalen Breiten und Höhen gebildet und weiterverwendet. Für die Festlegung eines Abschnitts der Einzelspur zur Messung von Breiten und Höhen werden bei einer Laserleistung von 300 W und einem Strahldurchmesser von

100 µm bei variierter Scangeschwindigkeit fünf Einzelspuren mit 10 mm Länge (Bild 7.2.1 A) pro Verfahrensparameter hergestellt. Die Messungen der Höhe und Breite werden in einem Mindestabstand von einer Spurbreite zum Anfang und Ende der Einzelspur sowie zueinander durchgeführt. Für die fünf Spuren werden Abschnitte von 0 bis 5, 5 bis 10 und 2,5 bis 7,5 mm gewählt (5 mm Abschnitte vom Anfang bis zur Mitte und von der Mitte bis zum Ende einer Einzelspur sowie ein 5 mm Abschnitt in der Spurmitte). Für jeden der drei Bereiche werden, analog zu der Betrachtung des Fokusshifteinflusses in 8.1.5, die Stabilitätsfaktoren bestimmt und miteinander verglichen. Auch bei dieser Betrachtung wird festgestellt, dass die Stabilitätsfaktoren für alle drei Messabschnitte im Bereich der Standardabweichung zueinander liegen. Im Weiteren wird bei einer Messung pro Einzelspur ein Messabschnitt von 0 bis 5 mm genommen, bei zwei Messungen pro Einzelspur die Abschnitte von 0 bis 5 sowie von 5 bis 10 mm. Die fünf minimalen und maximalen Umschmelztiefen der Einzelspur $d_{Schmin1\text{-}5}$ und $d_{Schmax1\text{-}5}$ sollten durch die Analyse von Längsschliffen der Einzelspuren (Schliff entlang der Spur, siehe Bild 8.2.1) bestimmt werden. Aufgrund der geringen Spurbreite (selbst die breitesten Einzelspuren sind nur wenige 100 µm breit) konnte die Mitte der Einzelspuren trotz großen Aufwandes bei der Schliffpräparation nicht zuverlässig dargestellt werden. Bei der Analyse von drei Längsschliffen der Einzelspuren mit den gleichen Verfahrensparametern wurde beim Schleifen die Einzelspur teilweise oder ganz „weggeschliffen", die Umschmelztiefen konnten nicht zuverlässig bestimmt werden. Deswegen wird die Einschmelztiefe bei Einführung des Stabilitätsfaktors nicht berücksichtigt. In den Kapiteln 8.4, 8.5 und 8.7 werden für ausgewählte Einzelspuren Querschliffe erstellt, um die Umschmelzgeometrie und -tiefe zu analysieren. Daraus kann auf die Qualität der Anbindung der umgeschmolzenen Spur an das Substrat bzw. die darunter liegende Schicht geschlossen werden.

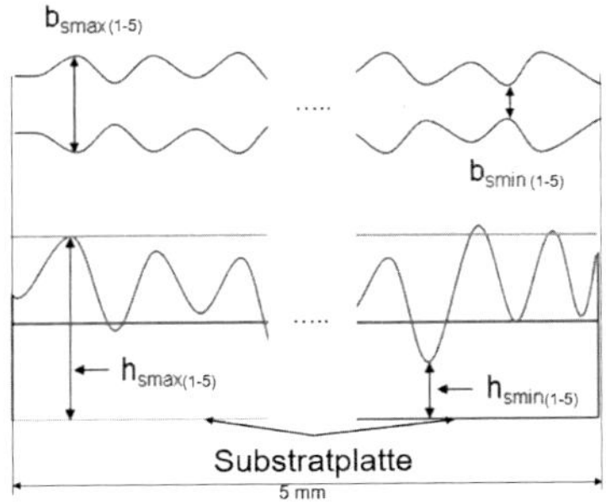

Bild 8.2.2
Schematische Darstellung der maximalen und minimalen Werte der Breite und Höhe einer Einzelspur
Grün: eine der fünf maximalen Höhen der Einzelspur (h_{smax1})
Rot: Durchschn. Höhe der Einzelspur h_S.

Je gleichmäßiger die Einzelspur desto ähnlicher werden die Mittelwerte $\overline{b_{smin}}$ und $\overline{b_{smax}}$, sowie $\overline{h_{smin}}$ und $\overline{h_{smax}}$. Bei einer „idealen" Spur ist $\overline{b_{smin}} = \overline{b_{smax}}$ und $\overline{h_{smin}} = \overline{h_{smax}}$, bei unterbrochener Spur sind die minimalen Werte $\overline{b_{smin}}$ und $\overline{h_{smin}} = 0$. Um die Stabilität der Einzelspur zu beurteilen, wird mit Hilfe dieser Ergebnisgrößen der Stabilitätsfaktor S_F eingeführt:

Formel 8.2.1
$$S_F = \frac{\left(\frac{\overline{b_{s\,min}}}{\overline{b_{s\,max}}}\right) + \left(\frac{\overline{h_{s\,min}}}{\overline{h_{s\,max}}}\right)}{2}$$

Die Kennzahl S_F liegt also in dem Intervall [0; 1], wobei 1 den bestmöglichen theoretischen Wert (eine Spur mit entlang der Länge konstanten Höhen und Breiten), während 0 den schlechtesten Wert darstellt (eine nicht zusammenhängende Spur mit mehr als fünf Unterbrechungen, z. B. eine Ansammlung von „Tröpfchen" wie beim Balling zu sehen, vgl. Bild 4.3.5). Sollte die Höhe oder die Breite einer Spur nicht messbar sein, wird der jeweilige Term gleich Null gesetzt.

8.3 Einzelspuren auf der Substratplatte

Vom Laserpolieren metallischer Werkstoffe ist bekannt, dass mit diesem Verfahren sehr gleichmäßige Spuren erzeugt werden, die einer idealen Spur sehr nahekommen. Daher wird zunächst eine typische Einzelspur beim Laserpolieren betrachtet, um die Gleichmäßigkeit der Umschmelzgeometrie zu bewerten. Danach werden Einzelspuren auf Substratwerkstoffen ohne und später mit Pulver erzeugt, um einen Vergleich der Spurbildung mit und ohne Pulver zu ermöglichen. Dabei sollen die Spurgeometrie in Abhängigkeit verschiedener Verfahrensparameter, deren Reproduzierbarkeit und die Stabilitätsfaktoren ohne und mit Pulver verglichen werden. Da das Umschmelzen einer Pulverschicht zusätzliche Komplexität (Vorliegen von Pulver ändert das Verhalten von Schmelze und Verdampfungsprodukten) in den Wechselwirkungsprozess einbringt [31] wird erwartet, dass das Umschmelzen ohne Pulver deutlich gleichmäßigere Einzelspuren ergibt als das Umschmelzen mit Pulver.

Beim Laserpolieren ist das Ziel minimale Rauheiten durch einen Umschmelzprozess zu erzeugen. Aber auch beim Laserpolieren treten verschiedene Effekte auf, die zu Abweichungen von einer idealen Spurgeometrie führen [17], [42] siehe Weißlichtinterferometer (WIM) Aufnahmen in Bild 8.3.1. Ein Beispiel ist die Aufwölbung der Schmelzspur während der Bearbeitung aufgrund der behinderten thermischen Ausdehnung während des Umschmelzprozesses. Bei dem Beispiel in Bild 8.3.1 A ist die Aufwölbung (vermutlich aufgrund der Martensitbildung) deutlich sichtbar, die Einzelspur behält aber ansonsten eine beinahe konstante Breite und Höhe entlang der Spurlänge. In den Bildern 8.3.1 B und C werden Messungen der Spurbreite und -höhe dargestellt, dabei beträgt die Spurbreite etwa 500 µm mit einer Standardabweichung von 24 µm (kleiner 5 %) wobei fünf Messungen über eine Spurlänge von 5 mm berücksichtigt werden. Es werden Daten zu Einzelspuren aus der Dissertation von Kiedrowski [42] verwendet, siehe Bild 8.3.1, es stehen nur Daten für singuläre Einzelspuren zur Verfügung. Die betrachteten Werkstoffe sind Reineisen und Werkzeugstahl 1.2343. Die gemittelte Spurhöhe (Bild 8.3.1 C) beträgt 2,9 µm mit einer Standardabweichung von 0,2 µm (kleiner 5 %). Dies zeigt, dass beim Umschmelzen einer Substratoberfläche mit Laserstrahlung für bestimmte Parameter sehr gleichmäßige Einzelspuren mit Höhen- und Breitenfluktuationen von unter 5 % erzeugt werden können.

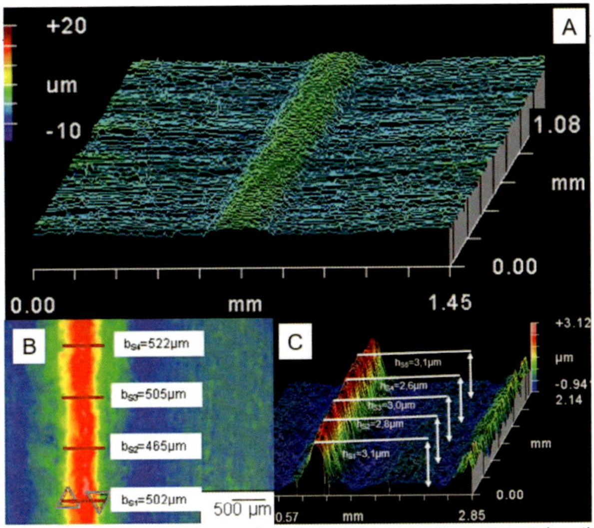

Bild 8.3.1
Darstellung von Umschmelzspuren mit Aufwölbung (WIM-Aufnahmen) auf poliertem Substrat mit Ausgangsrauheit Ra=0,1µm

A: 3D-Darstellung
1.2343
d_S=240 µm
v_s=100 mm/s
P_L=110 W

B und C:
Messung der Spurbreite b_S und -höhe h_S
Reineisen
d_S=240 µm
v_s=50 mm/s
P_L=108 W
[42]

Die Anwendung von Formel 8.2.1 auf das in B und C betrachtete Beispiel ergibt einen Stabilitätsfaktor S_F von 0,952. Das entspricht einer Abweichung von unter 5 % sowohl in der Breite als auch in der Höhe. Die Anwendung des Stabilitätsfaktors auf typische Einzelspuren beim Laserpolieren ergibt Werte zwischen 0,896 und 0,977.

8.4 Umschmelzen von AlSi10Mg-Einzelspuren ohne Pulver

In diesem Kapitel werden umgeschmolzene Einzelspuren (10 mm Länge) ohne Pulver auf sandgestrahlten Substraten aus AlSi10Mg diskutiert. Es wird eine Variation der Scangeschwindigkeit und Laserleistung durchgeführt, die die typischen Verfahrensparameter für den PBF-Prozess der AlSi10Mg-Legierung enthält (vgl. Kap. 4.5). Auf die Wahl der Referenzparameter wird in Kap. 8.6.2 eingegangen. Die Auswertungsmethoden werden in Kapitel 6.2 betrachtet. Dabei werden fünf Einzelspuren hergestellt und die Mittelwerte betrachtet, siehe Bild 8.4.2. Es ergibt sich folgende Spurgeometrie (Bild 8.4.1): ein Mittelwert der Breite b_S von 272 µm mit einer Standardabweichung von 28 µm, also ca. 10 %, sowie ein Mittelwert der Höhe h_S von 28 µm, mit einer Standardabweichung von 5,2 µm also ca. 20 %. Der zugehörige Stabilitätsfaktor beträgt 0,831.

Die Ergebnisse zeigen im Vergleich zu den Einzelspuren mit typischen Verfahrensparametern für das Laserpolieren größere Schwankungen der Spurbreite b_S und der Höhe h_S sowie größere absolute Werte der Höhe h_S. Das spiegelt sich in einem geringeren Stabilitätsfaktor wider. Die Ursachen sind neben der höheren Rauheit des Substrats (3 µm gegenüber 0,1 µm) die deutlich höhere Laserleistung (300 W gegenüber 110 W beim Polieren) und der geringere Strahldurchmesser (100 µm im Vergleich zu 240 µm beim Polieren), die zu größerer Intensität (3,8*10^6 W/cm^2), einem größeren

Umschmelzvolumen und u. U. zu Balling, Humping (falls der Prozess im Übergangsbereich stattfindet) (vgl. Kap. 4.3.2) und anderen Effekten (z. B. Verdampfung von Pulverpartikeln oder Legierungselementen der Schmelze) führen können (vgl. Kap. 4.3.3.1, 4.3.3.2 und 4.3.3.4).

Bild 8.4.1
Breite b_S und Höhe h_S einer umgeschmolzenen Einzelspur auf sandgestrahlter Substratoberfläche, Messstellen markiert mit schwarzen Strichen
Hier:
AlSi10Mg,
P_L=300W,
v_S=600mm/s,
d_S=100µm,
$R_{asubstrat}$=3µm

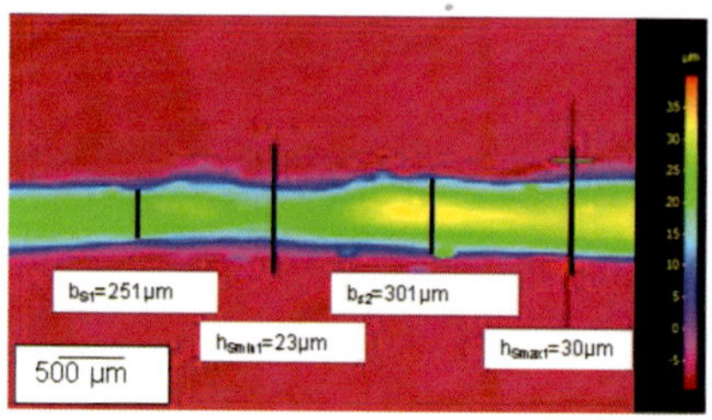

Bild 8.4.2 zeigt fünf Einzelspuren, die mit gleichen Verfahrensparametern umgeschmolzen wurden. Die Stabilitätsfaktoren der Einzelspuren sowie der Mittelwert mit der Standardabweichung sind dargestellt. Der Mittelwert beträgt 0,83 und die Standardabweichung 0,03 für eine Scangeschwindigkeit von 400mm/s.

Bild 8.4.2
LIM-Aufnahme umgeschmolzener Einzelspuren gleicher Verfahrensparameter auf sandgestrahlter Substratoberfläche.
Hier:
AlSi10Mg;
P_L=300W;
d_S=100µm;
v_S= 400mm/s;

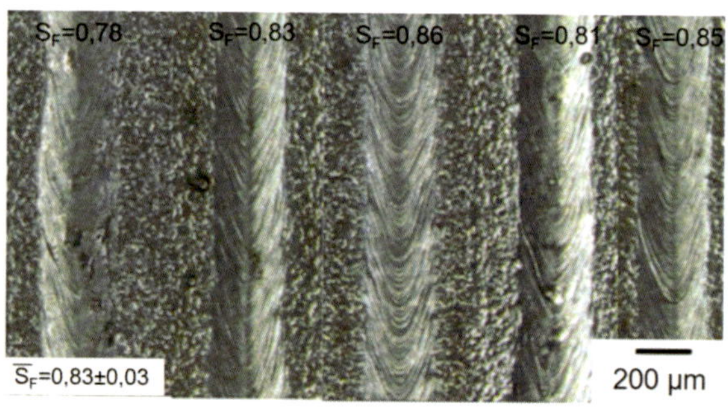

Bild 8.4.3 zeigt eine REM-Aufnahme der sandgestrahlten Oberfläche sowie die zugehörigen Stabilitätsfaktoren (optisch gemessen) von Einzelspuren, die mit verschiedenen Scangeschwindigkeiten v_s umgeschmolzen werden.

Bild 8.4.3
REM-Aufnahme umgeschmolzener Einzelspuren auf sandgestrahlter Substratoberfläche.
Hier:
AlSi10Mg;
P_L=300W;
d_S=100µm;
v_s= 100-1200mm/s;

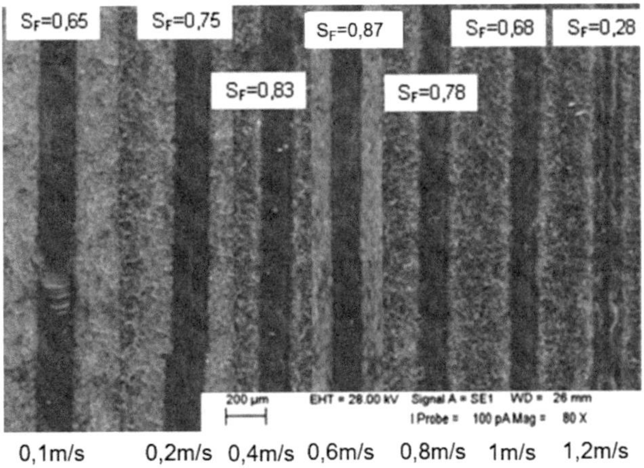

Die S_F-Werte liegen zwischen 0,28 und 0,87 mit hohen Stabilitätsfaktoren bei Scangeschwindigkeiten zwischen 200 - 800 mm/s und Spuren geringerer Qualität bei sowohl niedrigeren als auch höheren Scangeschwindigkeiten. Bild 8.4.4 zeigt Querschliffe der Einzelspuren. Der niedrige Wert des Stabilitätsfaktors bei 1200 mm/s kann mit den Unregelmäßigkeiten (vermutlich Balling) auf der Spuroberfläche erklärt werden, die in der Aufsicht (Bild 8.4.3) erkennbar sind. Querschliffe werden erstellt, um aus der Umschmelzgeometrie zu ermitteln, in welchem Schmelzregime der Umschmelzprozess stattgefunden hat (Kap. 4.3.2.) und wie sich die Umschmelzgeometrie in Abhängigkeit von Laserleistung und Scangeschwindigkeit verändert. Die Stabilitätsfaktoren in den Bildern 8.4.2 und 8.4.3 werden durch optische Messung der Spurbreite und -höhe bestimmt. Diese Messungen werden mit den Messungen aus den Querschliffen verglichen. Die Abweichungen zwischen den Mittelwerten dieser Messungen liegen in der Regel unter 10 %. Bei Einzelspuren mit kleinen Stabilitätsfaktoren kann das trotzdem zu Problemen führen – z. B. in Bild 8.4.3 bei 1200 mm/s wird optisch durchgehend eine Spurhöhe > 1 µm gemessen, während auf dem zugehörigen Querschliff keine Spurhöhe gemessen werden kann. Dies führt zu einem optisch gemessenen Stabilitätsfaktor von 0,28, während sich durch die Auswertung der Querschliffe für diese Einzelspur ein Stabilitätsfaktor von 0 ergibt. Im weiteren Verlauf der Arbeit stellt sich heraus, siehe Kap. 8.6.1, dass Einzelspuren mit Stabilitätsfaktoren < 0,4 als instabil betrachtet werden können und keine Volumenkörper hoher Qualität ergeben. Deswegen werden im Weiteren trotz möglicher Ungenauigkeiten bei niedrigen Stabilitätsfaktoren optische Messungen verwendet.

Bild 8.4.4
Geätzte Querschliffe umgeschmolzener Einzelspuren auf sandgestrahlter Substratoberfläche. Die Zahlen geben die Breite, Tiefe und die Aufwölbungshöhe an. (Definition siehe Bild 8.1)
Hier:
AlSi10Mg;
P_L=300W;
d_S=100µm;

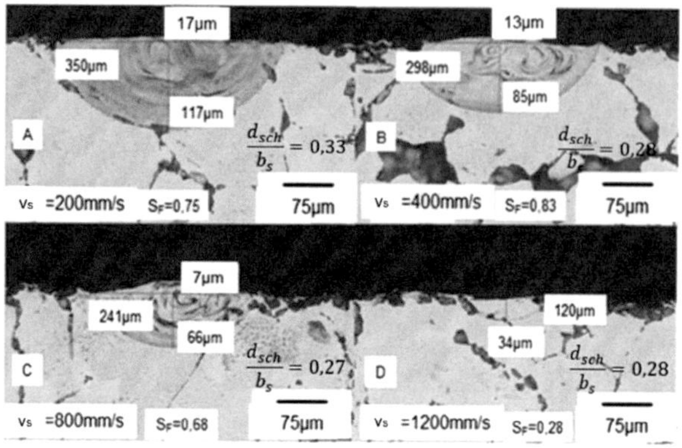

Das Verhältnis der Schmelzspurtiefe zur Schmelzspurbreite der in Bild 8.4.4 dargestellten Einzelspuren liegt unter 0,5, d. h. die Spuren werden im Wärmeleitungsregime umgeschmolzen (vgl. Kap. 4.3.2). Bei hohen Scangeschwindigkeiten, z. B. v_s von 1200 mm/s, beträgt die Umschmelztiefe d_{sch} ca. 34 µm, bei niedrigen Scangeschwindigkeiten, z. B. v_s von 200 mm/s, beträgt die Umschmelztiefe d_{sch} ca. 117 µm. Die Aufwölbung der Spuren liegt im Bereich weniger µm bis ca. 20 µm. In Bild 8.4.5 sind die Mittelwerte der Umschmelztiefe d_{sch} für AlSi10Mg in Abhängigkeit von der Scangeschwindigkeit v_s für unterschiedliche Leistungen aufgetragen. Die Mittelwerte der Umschmelztiefe d_{sch} und alle weiteren Mittelwerte in diesem Kapitel werden aus jeweils fünf Spuren mit gleichen Verfahrensparametern und jeweils drei Querschliffen pro Spur berechnet.

Bild 8.4.5
Umschmelztiefe von Einzelspuren ohne Pulver auf sandgestrahlter Substratoberfläche
Hier:
AlSi10Mg;
d_S=100µm;
P_L=100W bis 400W;
v_S=50 bis 1400mm/s;

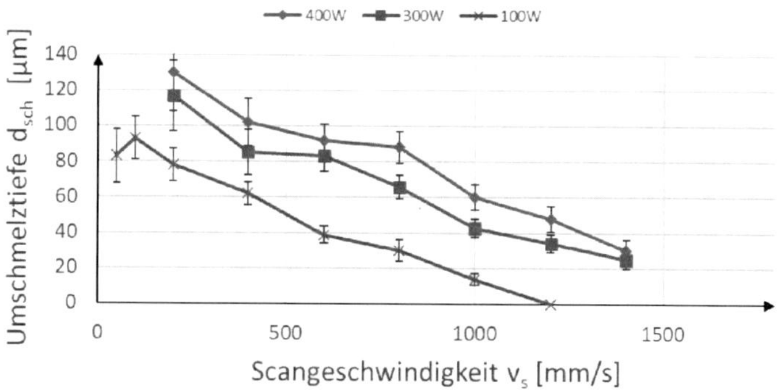

Die Umschmelztiefe nimmt mit steigender Scangeschwindigkeit und fallender Laserleistung ab. Die Standardabweichungen betragen zwischen 5 bis 20 %. Die Standardabweichungen sind prozentual höher bei niedrigen und hohen Scangeschwindigkeiten. Für eine Leistung von 300 W ist die Standardabweichung > 15 % für Scangeschwindigkeiten unter 400 bzw. über 1000 mm/s. Größere Umschmelztiefen d_{sch}

bei niedrigen Scangeschwindigkeiten v_s und hohen Laserleistungen P_L können durch die größere Streckenenergie erklärt werden, siehe auch Kapitel 4.3.3.4. Bei hohen Scangeschwindigkeiten und niedrigen Laserleistungen nimmt die Umschmelztiefe ab, bis für eine Einzelspur keine Umschmelztiefe mehr gemessen werden kann (z. B. Bild 8.4.5: 100 W, 1200 mm/s). In Bild 8.4.6 werden die Spurhöhen der hier untersuchten Einzelspuren in Abhängigkeit von der Scangeschwindigkeit für verschiedene Laserleistungen dargestellt.

Bild 8.4.6
Spurhöhe h_S umgeschmolzener Einzelspuren auf sandgestrahlter Substratoberfläche
Hier:
AlSi10Mg;
d_S=100µm;
P_L=100W bis 400W;
v_S=50 bis 1400mm/s

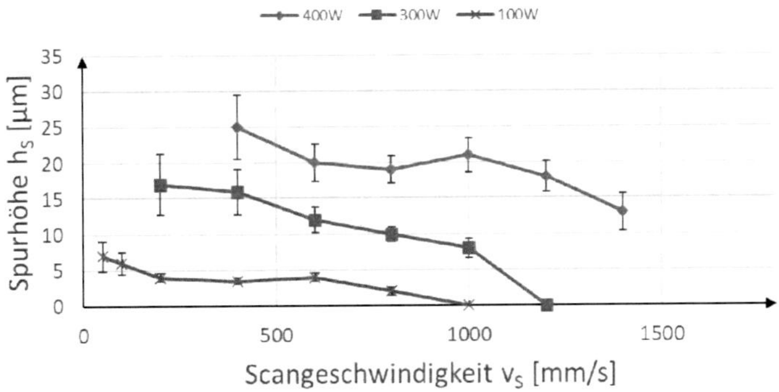

Die Spurhöhe ist ebenfalls abhängig von der Streckenenergie, sie nimmt mit steigender Laserleistung und abnehmender Scangeschwindigkeit, also steigender Streckenenergie und Schmelzvolumina, zu. Die Standardabweichungen bewegen sich dabei im Bereich zwischen 5 und 25 %. Auch hier sind die Standardabweichungen prozentual höher bei niedrigen und hohen Geschwindigkeiten, auch wenn in absoluten Werten die Standardabweichungen bei hohen Geschwindigkeiten deutlich niedriger sind. Bei einer Leistung von 300 W ist die Standardabweichung > 15 % für Scangeschwindigkeiten unter 400 mm/s bzw. über 1000 mm/s. Bei Scangeschwindigkeiten ab 1000 bzw. 1200 mm/s kann für 100 bzw. 300 W keine Spurhöhe mehr gemessen werden, da die eingebrachte Streckenenergie nicht mehr für das Umschmelzen der Substratoberfläche ausreicht. In Bild 8.4.7 ist die Spurbreite in Abhängigkeit von der Scangeschwindigkeit für verschiedene Laserleistungen dargestellt.

Bild 8.4.7
Spurbreite b_S umgeschmolzener Einzelspuren ohne Pulver auf sandgestrahlter Substratoberfläche.
Hier:
AlSi10Mg;
d_S=100µm;
P_L=100W bis 400W;
v_S=50 bis 1400mm/s;

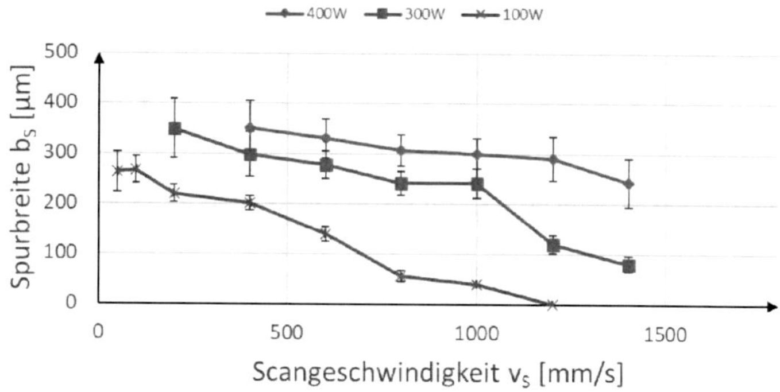

Wie die Umschmelztiefe und die Spurhöhe ist auch die Spurbreite abhängig von der Streckenenergie. Sie nimmt mit sinkender Laserleistung und höherer Scangeschwindigkeit ab, bis keine Umschmelzung auf dem Substrat mehr festgestellt wird (z. B. bei 100 W und 1200 mm/s). Auch hier sind die Standardabweichungen prozentual höher bei niedrigen und hohen Scangeschwindigkeiten, sie liegen im Bereich zwischen 10 und 25 %. In Bild 8.4.8 wird das Verhältnis der Umschmelztiefe zu Spurbreite (d_{sch}/b_s) der Einzelspuren in Abhängigkeit von der Scangeschwindigkeit für verschiedene Laserleistungen dargestellt.

Bild 8.4.8
Verhältnis d_{sch}/b_s umgeschmolzener Einzelspuren ohne Pulver auf sandgestrahlter Substratoberfläche
Hier:
AlSi10Mg;
d_S=100µm;
P_L=100W bis 400W;
v_S=50 bis 1400mm/s;

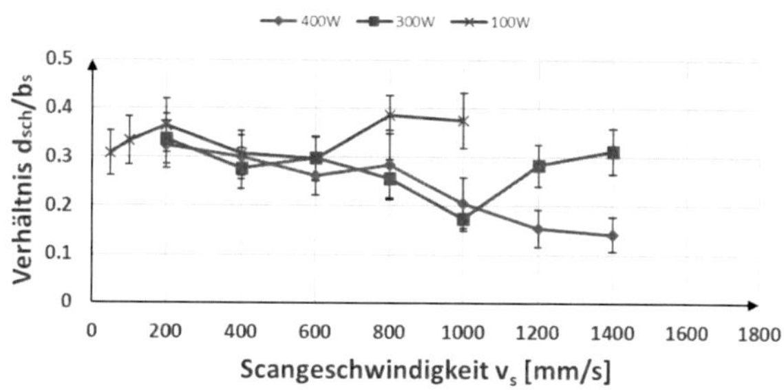

Nicht nur für Einzelspuren in Bild 8.4.3, sondern für alle hier untersuchten Einzelspuren ist das Verhältnis < 0,5. Es liegt also das Wärmeleitungsregime vor, obwohl die Intensitäten für das Tiefschweißregime ausreichen (vgl. Tabelle 8.1.1). Dies bestätigt, dass die Überschreitung des Intensitätsschwellenwertes keine hinreichende Bedingung für das Auftreten eines möglichen Schmelzregimes ist. Dazu werden zusätzliche Informationen wie z. B. der Absorptionsgrad benötigt. In Bild 8.4.9 werden die Stabilitätsfaktoren der AlSi10Mg-Einzelspuren ohne Pulver in Abhängigkeit von der Scangeschwindigkeit für verschiedene Laserleistungen dargestellt.

Bild 8.4.9
Stabilitätsfaktoren der AlSi10Mg-Einzelspuren ohne Pulver auf sandgestrahlter Substratoberfläche
Hier:
AlSi10Mg;
d_S=100µm;
P_L=100W bis 400W;
v_S=50 bis 1400mm/s;

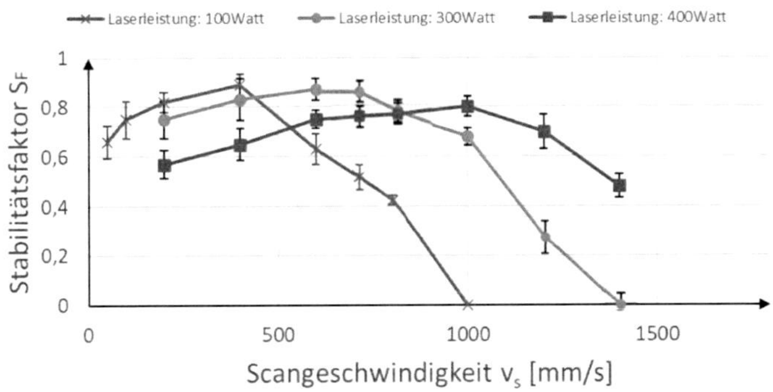

Die Stabilitätsfaktoren werden größer mit abnehmender Laserleistung. Der höchste Stabilitätsfaktor liegt bei 400 mm/s für 100 W und beträgt 0,89. Damit werden ähnliche Werte wie beim Laserpolieren erreicht, vgl. Kap. 8.3. Die höchsten Stabilitätsfaktoren verschieben sich in Richtung höherer Scangeschwindigkeiten für höhere Leistungen und nehmen dabei ab: 0,87 für 300 W (700 mm/s) und 0,8 für 400 W (1000 mm/s). Die Streckenenergie bleibt somit für die höchsten Stabilitätsfaktoren annähernd konstant. Die höchsten Stabilitätsfaktoren liegen in dem Bereich der kleinsten Standardabweichungen der geometrischen Kenngrößen, vgl. Bilder 8.4.5 bis 8.4.7.

Während die Absolutwerte der geometrischen Kenngrößen keine Aussage über die Qualität der Spuren ermöglichen, kann über deren Schwankungen entlang der Spur auf die Qualität der Spur geschlossen werden. Der Stabilitätsfaktor fasst zwei dieser Kenngrößen zusammen und ermöglicht damit eine Beurteilung der Gleichmäßigkeit und damit der Qualität der Spur.

Durch die Untersuchungen zum Laserpolieren und zum Umschmelzen ohne Pulver ist eine Einordnung der Spurqualität und der Reproduzierbarkeit des PBF-Verfahrens mit diesen Verfahren möglich. Der Vergleich zeigt auch, dass die durch das Pulver verursachten komplexen Wechselwirkungsprozesse (Kap. 4.3.3) zu einer deutlichen Verschlechterung der Spurqualität und Reproduzierbarkeit führen.

8.5 Umschmelzen von AlSi10Mg-Einzelspuren mit Pulver

Als nächstes werden Einzelspuren (Spurlänge: 10 mm) untersucht, die durch Umschmelzen einer AlSi10Mg Pulverschicht auf einer artgleichen Substratoberfläche erzeugt werden. Wie in Kapitel 8.4 (Bild 8.4.2) werden die Stabilitätsfaktoren der fünf Einzelspuren, deren Mittelwert und Standardabweichung (Bild 8.5.1 A) bestimmt, wobei jede Spur mit drei Querschliffen untersucht wird. Bild 8.5.1 A zeigt fünf Einzelspuren bei einer Scangeschwindigkeit von 400 mm/s. Die Stabilitätsfaktoren sind deutlich geringer als bei den Spuren ohne Pulver und auch deren Schwankungen von Spur zu Spur sind deutlich größer, d. h. die Reproduzierbarkeit ist geringer. In Bild 8.5.1 B ist die Aufsicht einer Einzelspur mit Anhaftungen einzelner nicht komplett aufgeschmolzener Pulverpartikel zu sehen. Neben der Einzelspur sind erstarrte Spritzer erkennbar. In diesem Kapitel werden die geometrischen Kenngrößen der Einzelspuren näher untersucht. Spritzer außerhalb der Spur (vgl. Kap. 4.3.3.4) werden hier nicht betrachtet.

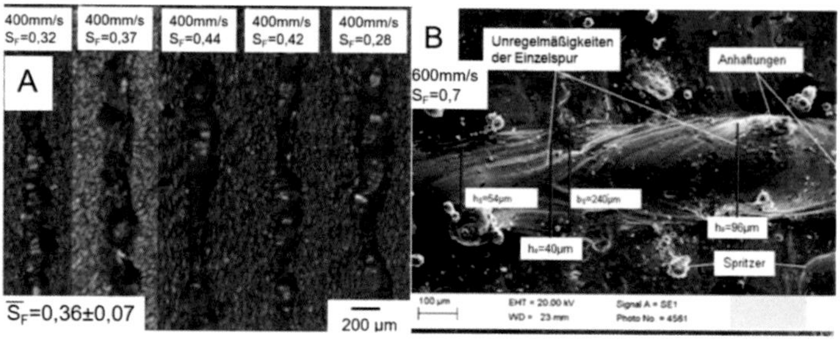

Bild 8.5.1
A: Aufnahmen umgeschmolzener Einzelspuren gleicher Verfahrensparameter (Infinite Focus)
B: REM-Aufnahme umgeschmolzener Einzelspur, Spurbreite b_S und Spurhöhe h_S gemessen
Hier:
AlSi10Mg, sandgestr. Substrat Korngrößenverteilung 25-40µm, P_L=300W, v_s=400(A) und 600mm/s (B), d_S=100µm; D_S=40µm.

Sowohl die Breiten als auch die Höhen entlang der Einzelspur unterscheiden sich nicht nur in ihren Werten, sondern auch in ihren Schwankungen signifikant. Für die Einzelspur ohne Pulver in Bild 8.5.2 A ergibt sich ein Mittelwert der Breite von 272 µm mit einer Standardabweichung von 28 µm, also ca. 10 % und ein Mittelwert der Höhe von 28 µm mit einer Standardabweichung von 5,2 µm (ca. 20 %). Der Stabilitätsfaktor S_F beträgt dabei 0,87. In Bild 8.5.2 B (Spur mit Pulverschicht) ergibt sich ein Mittelwert der Breite von 254 µm bei einer Standardabweichung von 50 µm (ca. 20 %). Der Mittelwert der Höhe beträgt ca. 51 µm bei einer Standardabweichung von 20 µm, also ca. 39 %. Beide Einzelspuren werden im Wärmeleitungsregime umgeschmolzen (d_{sch}/b_s < 0,5). Bei der Spur mit Pulverschicht haben sich die Standardabweichungen nahezu verdoppelt, ein deutlicher Hinweis auf die zeitlich nicht konstante Zufuhr der Pulverpartikel in die Schmelze. Der geringere Stabilitätsfaktor von 0,71 im Vergleich zu den Stabilitätsfaktoren von umgeschmolzenen Einzelspuren ohne Pulver wie z. B. beim Laserpolieren, vgl. Kap. 8.3, bestätigt dieses Ergebnis. Während bei 400 mm/s bei fünf Einzelspuren ohne Pulver der gemittelte Stabilitätsfaktor 0,83 ± 0,03 beträgt (vgl. Bild 8.4.2), beträgt er bei den gleichen Bedingungen bei fünf Einzelspuren mit Pulver 0,36 ± 0,07 (Bild 8.5.1 A). Der Stabilitätsfaktor wird damit mehr als halbiert und die Standardabweichung knapp verdoppelt. Noch stärker ist der Unterschied bei kleineren Scangeschwindigkeiten.

Erklärungen, für die nicht konstante Zufuhr der Pulverpartikel in die Schmelze, sind z. B. die Vorgänge zur Entstehung des pulverfreien Saums (Interaktion zwischen der Pulverschicht und dem „Dampfjet“, die zum Transport von Pulver aus der Pulverschicht in die Schmelze führt, siehe auch Kap. 4.3.3.3) sowie die Bildung von Pulveragglomeraten unterschiedlicher Größe und deren zeitlich veränderliche Aufnahme in die Schmelze. Dabei entsteht um die Einzelspur herum eine pulverfreie Zone von ca. 100 µm Breite (gemessene Breiten der pulverfreien Zone sind ca. 80 - 130 µm mit Standardabweichungen bis zu 40 %), die z. B. mit Hochgeschwindigkeitsaufnahmen visualisiert wird. Dies weist darauf hin, dass auch Pulver außerhalb des Schmelzbades an der Schmelzspurbildung beteiligt ist. Damit verbunden ist folgende Beobachtung der Spurhöhe: Bei einer Schichtdicke von 40 µm und einer Pulverpackungsdichte von ca. 50 % (unterschiedliche Quellen nennen z. T. sehr unterschiedliche Packungsdichten, von ca. 30 - 50 %, bis zu ca. 60 – 80 %, hier wird 50 % angenommen [37]), beträgt die erwartete Höhe der resultierenden umgeschmolzenen Einzelspur (Schichtdicke multipliziert mit der Packungsdichte) ca. 20 µm, vorausgesetzt dass durch das Umschmelzen eine Dichte von ca. 100 % erzielt wird. Die gemessene Höhe ist jedoch mit ca. 50 µm über zwei Mal so hoch. Mögliche Ursachen sind zum einen die Spuraufwölbung (vgl. Kap. 8.4, Bild 8.4.4), der pulverfreie Saum (Kapitel 4.3.3.3) und die „Schollenbildung". In Hochgeschwindigkeitsaufnahmen wird beobachtet, dass sich „Schollen" bilden, die in direktem Kontakt zur Schmelze stehen und so in die Schmelze aufgenommen werden. Diese Schollen bestehen aus Pulveragglomerationen, die aus den Pulvereigenschaften (z. B. Kornfraktion und -form) und dem Verdichtungsgrad des Pulvers resultieren können. Auch die Reibung beim Pulverauftrag mit dem Auftragswerkzeug kann über elektrostatische Kräfte zu Pulveragglomerationen führen. Durch thermische Beeinflussung des Pulvers durch die Laserstrahlung (Überlapp zwischen Laserstrahlung und Pulverbett) können sich Sinterhälse zwischen den Partikeln bilden, die zu Pulveragglomerationen und/oder versintertem Pulver führen. Diese Agglomerate bzw. versintertes Pulver werden als Scholle bezeichnet und treten in unterschiedlicher Größe und zeitlich veränderlich entlang einer Schmelzspur auf. Wenn diese Schollen vollständig oder teilweise in das Schmelzbad gelangen, bedeutet dies eine Fluktuation der Pulverzufuhr in die Schmelze. Dies führt zu einer Veränderung des umzuschmelzenden Volumens und damit u. U. zu einer Änderung der Spurgeometrie und -topografie. Je nach Ausprägung der Scholle ist der Einfluss auf die Spurgeometrie und -topografie stärker oder schwächer. U. U. wird ein Teil der Scholle nicht aufgeschmolzen, sondern verbleibt als Pulveragglomerat auf der Oberfläche der Spur [110].

Das Entstehen des pulverfreien Saums zeigt, dass durch eine Interaktion von Schmelze, Schutzgas und Pulverpartikeln nicht nur Pulverpartikel in direktem Kontakt mit der Schmelze mit dieser wechselwirken, sondern auch Pulverpartikel, die sich bis zu ca. 100 µm entfernt von der Schmelze befinden (siehe Kap. 4.3.3.3). Die Überprüfung dieser Hypothese erfolgt durch eine Begrenzung der zum Umschmelzen zur Verfügung stehenden Pulvermenge: Durch die Querschliffe der Spuren wird die Breite des Schmelzbades sowohl mit als auch ohne Pulver auf etwa 250 µm bestimmt und ist damit erheblich größer als der Laserstrahldurchmesser d_S von 100 µm (Bild 8.5.2).

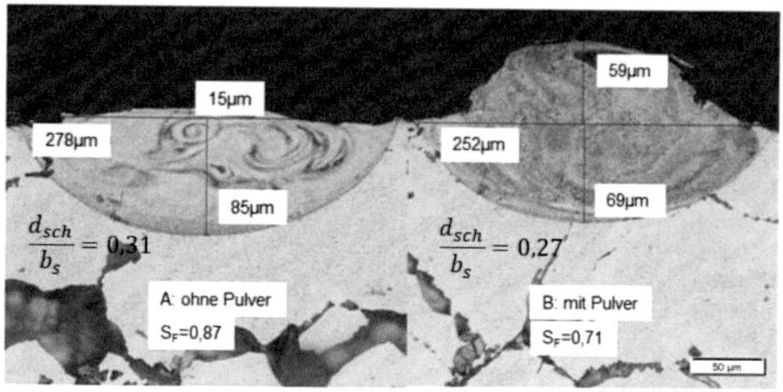

Bild 8.5.2
Querschliffe zweier Einzelspuren,
A: umgeschmolzene Oberfläche einer sandgestrahlten Substratplatte
B: umgeschmolzene AlSi10Mg Pulverschicht mit 40µm Schichtdicke
Hier:
AlSi10Mg, Korngrößenverteilung 25-40µm, P_L=300W, v_s=600mm/s, d_S=100µm;

Zunächst werden mit Hilfe einer Schablone (Bild 8.5.3 A) definierte Pulverstreifen mit Breiten von 500, 400, 300 und 250 µm auf die Substratplatte aufgetragen und diese anschließend mittig umgeschmolzen (Bild 8.5.3 B).

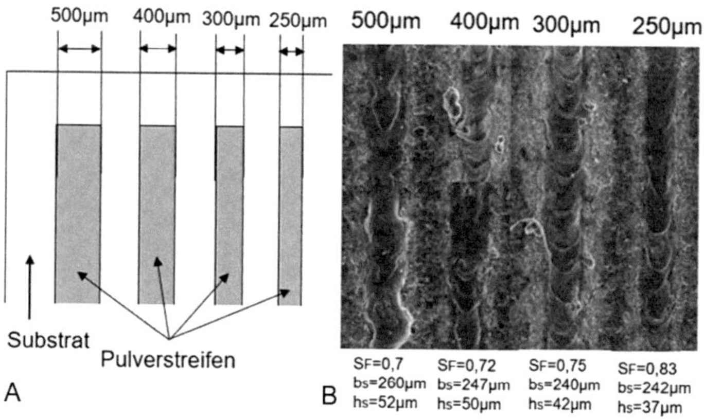

Bild 8.5.3
S_F-Werte, Breite und Höhe von Einzelspuren auf sandgestrahlter Substratoberfläche. Breite der Pulverstreifen vor dem Belichten: 500, 400, 300 und 250µm. Die Pulverbreite wurde mit einer Genauigkeit von +/-20µm aufgetragen.
Hier:
AlSi10Mg, Korngrößenverteilung 25-40µm, P_L=300W, v_s=600mm/s, d_S=100µm; D_S=40µm.

Die Genauigkeit der Streifenbreite beträgt ca. ± 20 µm. Die Pulverstreifen werden so aufgetragen, dass bei einer Spurbreite von ca. 250 µm zusätzliche Pulverstreifen auf jeder Seite der Spur mit Breiten von 125, 75 und 25 µm erzeugt werden, entsprechend der gewählten Schablone. Die resultierenden Einzelspuren (Aufsicht Bild 8.5.3 B) sehen optisch im Vergleich zu IN718- und 1.4404-Einzelspuren (vgl. Bild A3.3 und A3.13) eher unregelmäßig aus, die gemessenen Stabilitätsfaktoren liegen jedoch bei ≥ 0,7. Die Spur auf dem 500 µm breiten Pulverstreifen verhält sich wie eine reguläre Einzelspur, die keine Begrenzungen bzgl. der zur Verfügung stehenden Pulvermenge hat. Es ergeben sich nahezu identische Werte für die Breite: b_S = 260 µm, verglichen mit 254 µm bei einer „regulären" Einzelspur. Die Höhe ist mit etwa 52 µm verglichen mit 51 µm ebenfalls nahezu identisch. Das gleiche gilt für den Stabilitätsfaktor S_F mit 0,71 im Vergleich zu 0,7. Mit abnehmender Pulvermenge (schmalere Pulverstreifen) werden Veränderungen beobachtet: Während die Breite der Spur relativ konstant bleibt, nimmt die Höhe der Spur mit der Reduktion des zur Verfügung stehenden Pulvers von 52 µm (Pulverstreifenbreite 500 µm) auf 37 µm (Pulverstreifenbreite: 250 µm) ab. Der Stabilitätsfaktor S_F erhöht sich von $S_F = 0{,}7$ bis auf 0,83 für die Spur auf dem 250 µm breiten Pulverstreifen. Damit wird der Nachweis geführt, dass Pulver aus dem pulverfreien Saum zumindest zum Teil in die Schmelze transportiert und umgeschmolzen wird. Dabei beeinflusst dieser Vorgang den Stabilitätsfaktor der Einzelspuren negativ. Je geringer die Breite des zur Verfügung stehenden Pulverstreifens, desto weniger Pulver wird in die Schmelze transportiert, desto geringer ist die Spurhöhe und desto höher ist der Stabilitätsfaktor.

Als nächstes wird eine Leistungs- und Scangeschwindigkeitsvariation ohne eine Schablone durchgeführt, dabei wird die Breite des pulverfreien Saums b_{ps} gemessen, siehe Bild 8.5.4.

Bild 8.5.4
Breite des pulverfreien Saumes b_{ps}, Einzelspuren auf sandgestrahlter Substratoberfläche.
Hier:
AlSi10Mg;
d_S=100µm;
D_S=40 µm;
P_L=100W bis 400W;
v_S=50 bis 1400mm/s;

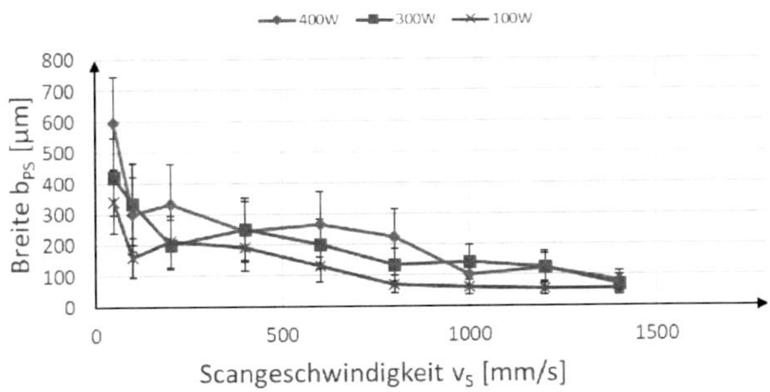

Die Breite des pulverfreien Saums nimmt mit zunehmender Leistung und zunehmender Streckenenergie zu. Dies entspricht den Ergebnissen im Stand der Technik, vgl. Bild 4.3.10. Bei kleinen Scangeschwindigkeiten (von ca. 200 bis 50 mm/s) nimmt die Breite des Saumes rapide zu: Für 400 W ändert sich die Breite von 80 µm bei 1400 mm/s über etwa 230 µm bei 400 mm/s auf 600 µm bei 50 mm/s. Das kann die Abnahme der Spurqualität bei hohen Streckenenergien erklären wie dies auch z. B. bei [15] beobachtet wird, vgl. Bild 4.4.7. Zwischen ca. 400 und 1400 mm/s nimmt die Breite des pulverfreien Saums annähernd linear ab, allerdings mit sehr hohen Standardabweichungen (bis zu 40 %). Selbst bei Verfahrensparametern die zu keiner umgeschmolzenen Einzelspur führen, (z. B. 100 W, 1400 mm/s) wird durch eine Interaktion mit dem Dampfjet ein pulverfreier Saum festgestellt (55 µm). Ein weiterer u. U. relevanter Faktor ist die Partikelgeschwindigkeit der Pulverkörner im Vergleich zu der Scangeschwindigkeit. Bei hohen Scangeschwindigkeiten haben die Pulverpartikel u. U. "nicht genug Zeit", um ins Schmelzbad zu gelangen. Die Partikelgeschwindigkeit konnte im Rahmen dieser Arbeit nicht gemessen werden, deswegen kann dieser Einflussfaktor nicht quantifiziert werden.

Analog zu den Untersuchungen der Einzelspuren ohne Pulverschicht (Kapitel 8.4, Bilder 8.4.3 und 8.4.4) wird eine Variation der Scangeschwindigkeit für Einzelspuren mit Pulverschicht durchgeführt, siehe Bild 8.5.5.

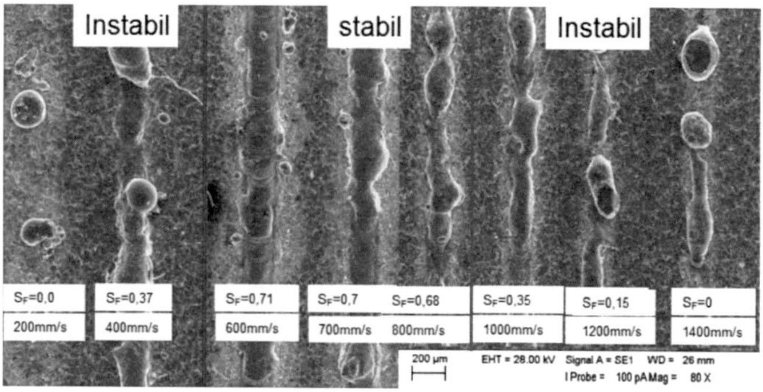

Bild 8.5.5
REM-Aufnahme von PBF-Einzelspuren, Pulverschicht umgeschmolzen auf sandgestrahlter Substratoberfläche mit eingetragenen Mittelwerten der Stabilitätsfaktoren.
Hier:
AlSi10Mg,
Korngrößenverteilung 25-40µm, P_L=300W, v_s=50 bis 1400mm/s, d_S=100µm; D_S=40µm;

Optisch lassen sich die Spuren in drei Bereiche einteilen: es gibt einen instabilen Bereich bei niedrigen Scangeschwindigkeiten bis etwa 400 mm/s, einen instabilen Bereich ab etwa 1200 mm/s und einen stabilen Bereich dazwischen, siehe auch Kap. 8.6.1. Während die Spur bei 1200 mm/s nicht zusammenhängend erscheint, wird bei einer Topografiemessung auch in einigen optisch als „unterbrochen“ erscheinenden Bereichen eine geringe Spurhöhe gemessen. Der Stabilitätsfaktor beträgt 0,15. Die Stabilitätsfaktoren S_F variieren von 0 für nicht zusammenhängende Spuren bis zu 0,71 bei der Scangeschwindigkeit von 600 mm/s. In Bild 8.5.6 werden Querschliffe der Einzelspuren dargestellt. Bei hohen Geschwindigkeiten nimmt die Umschmelztiefe ab, von ca. 120 µm bei 50 mm/s bis zu ca. 20 µm bei 1200 und 1400 mm/s. Ab 1200 mm/s wird teilweise Nichtanbindung der Einzelspuren an das Substrat und Tropfenbildung beobachtet (z. B. werden bei 1200 mm/s sowohl zusammenhängende als auch nicht zusammenhängende Einzelspuren beobachtet, der Mittelwert beträgt S_F = 0,15. Bei 1400 mm/s werden ausschließlich nicht zusammenhängende Einzelspuren beobachtet, der Mittelwert beträgt S_F = 0; vgl. Bild 8.5.5). Eine mögliche Ursache für die Anbindungsprobleme an das Substrat ist die geringe Umschmelztiefe (ca. 20 µm, das entspricht etwa der halben Schichtdicke, Bild 8.5.6). Dies ist in Übereinstimmung mit der Literatur [45], die für eine ausreichende Anbindung zwischen den Schichten und damit hohe Dichten Umschmelztiefen vom 1,5-3-fachen der Schichtdicke vorschlägt.

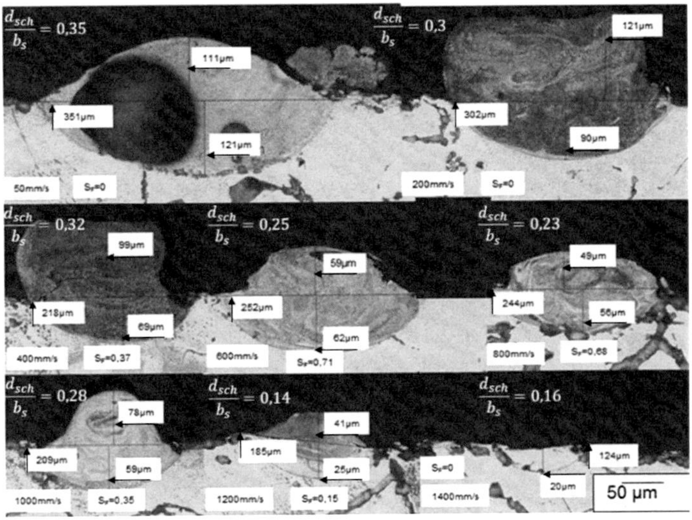

Bild 8.5.6
Geätzte Querschliffe der umgeschmolzenen Einzelspuren mit Pulverschicht mit eingetragenen geometrischen Kennwerten und Mittelwerten der Stabilitätsfaktoren
Hier:
AlSi10Mg, Korngrößenverteilung 25-40µm, P_L=300W, v_s=50 bis 1400mm/s, d_S=100µm; D_S=40µm. sandgestrahlte Substratoberfläche

Trotz einer Intensität von $3{,}64*10^6$ W/cm^2, die für das Tiefschweißregime ausreicht (siehe Kap. 4.3.2) liegt das Verhältnis der Umschmelztiefe zu Spurbreite d_{sch}/b_s bei allen Spuren unter 0,5, d. h. es liegt wie bei den Spuren ohne Pulver in Bild 8.4.8 das Wärmeleitungsregime vor. Die beobachtete Tropfenbildung bei hohen Geschwindigkeiten wird also auf Balling und nicht auf Humping zurückgeführt (siehe Kap. 4.3.3.1). Bei kleinen Scangeschwindigkeiten (bis zu ca. 200 mm/s) werden große Volumina umgeschmolzen. Allerdings ist die Ausprägung der Spurgeometrie sehr ungleichmäßig entlang der Spuren, es entstehen signifikante Defekte wie Poren und große Schmelztropfen (die Querschliffe bei 50 und 200 mm/s in Bild 8.5.6 zeigen ein Beispiel für solche Poren und Tropfen). Die Defekte bei niedrigen Geschwindigkeiten werden zurückgeführt auf die Verdampfung von Pulverpartikeln, den Dampfjet der u. a. für den pulverfreien Saum verantwortlich ist und Schmelzbewegungen auf der Schmelzoberfläche induzieren kann (Auswirkungen des ungleichmäßigen Gasdruckes auf die Schmelzbadoberfläche), und interne Strömungen in der Schmelze (u. U. getrieben durch Marangoni-Konvektion), die bei hohen Streckenenergien deutlich stärker ausgeprägt sind (Bild 8.5.4, vgl. auch Kap. 4.3.2, 4.3.3.3, 4.3.3.4 und 4.4.1). Die gleichmäßigste Spur mit dem größten Stabilitätsfaktor von 0,71 wird bei v_s = 600 mm/s erzielt. In Bild 8.5.7 ist die Umschmelztiefe in Abhängigkeit von der Scangeschwindigkeit für verschiedene Laserleistungen dargestellt.

Bild 8.5.7
Umschmelztiefe d_{Sch} in Abh. von der Scangeschwindigkeit für verschiedene Laserleistungen. Substratoberfläche sandgestrahlt
Hier:
AlSi10Mg,
Korngrößenverteilung 25-40µm,
P_L=100, 300, 400W,
v_s=50 bis 1600mm/s,
d_S=100µm;
D_S=40µm.

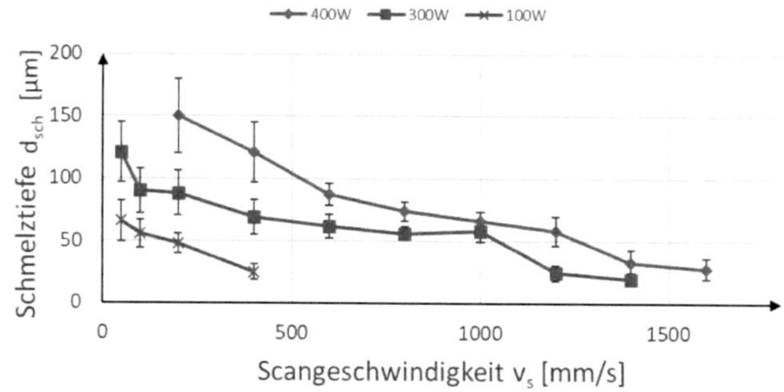

Wie in Bild 8.4.5 nimmt die Umschmelztiefe mit zunehmender Scangeschwindigkeit und abnehmender Laserleistung, also auch abnehmender Streckenenergie, ebenfalls ab. Aus der Literatur [45] ist bekannt, dass Umschmelztiefen im Bereich der 1,5 bis 3-fachen Schichtdicke für entsprechende Scangeschwindigkeiten, hier von 600 bis 800 mm/s, hohe Dichten und geringe Rauheiten beim PBF von Aluminiumlegierungen ergeben. Für die entsprechenden Umschmelztiefen (Literatur: ca. 60 bis 120 µm, gemessen bei $S_F \geq 0{,}6$: 55 bis 66 µm) werden die höchsten Stabilitätsfaktoren erreicht. Große prozentuale Standardabweichungen von über 20 % ergeben sich für hohe und niedrige Scangeschwindigkeiten, auch wenn diese bei hohen Scangeschwindigkeiten wegen kleiner Werte der Schmelztiefe nicht deutlich erkennbar sind.

In Bild 8.5.8 und 8.5.9 sind die Spurhöhen und -breiten in Abhängigkeit der Scangeschwindigkeit für verschiedene Laserleistungen dargestellt. Die Verläufe entsprechen qualitativ denen in Bild 8.4.5 und 8.4.6. Auffallend sind die großen Standardabweichungen von bis zu 30 % bei Scangeschwindigkeiten unter 400 mm/s und von bis zu 15 % bei Scangeschwindigkeiten über 1000 mm/s bei 300 W Laserleistung.

Bild 8.5.8
Spurhöhe h_S von Einzelspuren auf sandgestrahlter Substratoberfläche in Abhängigkeit der Scangeschwindigkeit für verschiedene Laserleistungen
Hier:
AlSi10Mg,
Korngrößenverteilung 25-40µm,
P_L=100 bis 400W,
v_s=50 bis 1600mm/s,
d_S=100µm;
D_S=40µm.

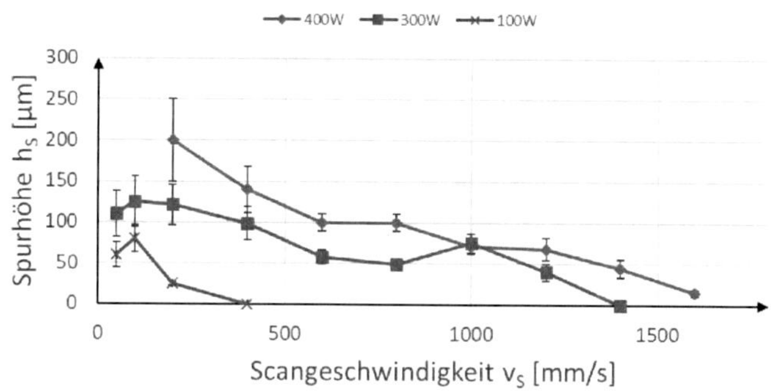

Die Spurhöhe nimmt mit zunehmender Scangeschwindigkeit ab. Das lässt sich zunächst durch die Abnahme der Breite des pulverfreien Saums bei sinkender

Streckenenergie erklären. Dadurch wird weniger Pulver in das Schmelzbad transportiert und die Spurhöhe nimmt ab, vgl. Bild 8.5.4. Bei weiter steigender Scangeschwindigkeit reicht die Streckenenergie nicht mehr zum vollständigen Umschmelzen der Pulverschicht aus. Die Spurhöhe nimmt weiter ab, bis diese nicht mehr messbar ist. Weiterhin fällt auf, dass bei sehr niedrigen Scangeschwindigkeiten (ca. 100 mm/s und weniger) die Spurhöhe abnimmt. Dies wird auf eine Verdampfung von kleineren Pulverpartikeln und von Legierungselementen bei hohen Streckenenergien zurückgeführt (Kap. 4.3.3.4 [76], [81]) sowie auf eine Interaktion mit dem „Dampfjet". Dabei wird Pulver nach oben durch den Dampfjet wegtransportiert und über die Sekundärströmung im Nachlaufbereich der Schmelze zum Teil wieder zugeführt. Bei hohen Streckenenergien nimmt der wieder zugeführte Teil ab (vgl. Kap. 4.3.3.3).

Bild 8.5.9
Spurbreite b_S von Einzelspuren auf sandgestrahlter Substratoberfläche in Abhängigkeit der Scangeschwindigkeit für verschiedene Laserleistungen
Hier:
AlSi10Mg,
Korngrößenverteilung 25-40µm,
P_L=100 bis 400W,
v_s=50 bis 1600mm/s,
d_S=100µm;
D_S=40µm.

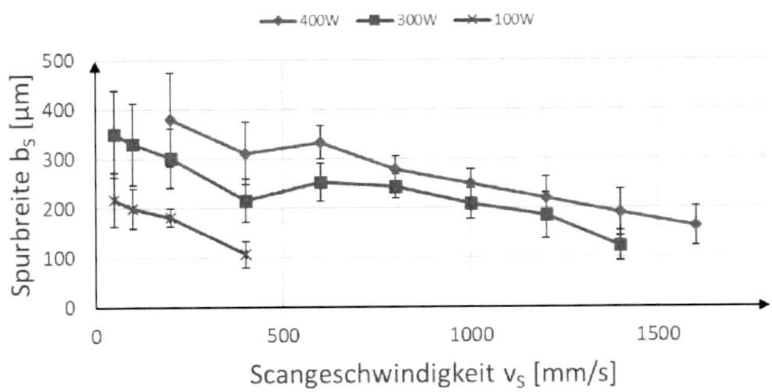

In Bild 8.5.10 ist das Verhältnis der Umschmelztiefe zu Spurbreite für die untersuchten AlSi10Mg Einzelspuren dargestellt.

Bild 8.5.10
Verhältnis d_{sch}/b_s von Einzelspuren auf sandgestrahlter Substratoberfläche
Hier:
AlSi10Mg,
Korngrößenverteilung 25-40µm,
P_L=100 bis 400W,
v_s=50 bis 1600mm/s,
d_S=100µm;
D_S=40µm.

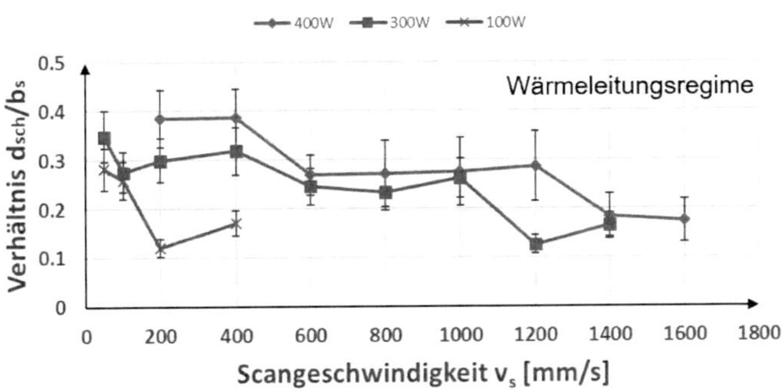

Für diese Einzelspuren ist das Verhältnis < 0,5. Das heißt, dass für diese Einzelspuren, genau wie für die Schmelzspuren ohne Pulver, das Wärmeleitungsregime vorliegt. Dies bestätigt, dass die Überschreitung des Intensitätsschwellenwertes auch für die PBF-Einzelspuren eine notwendige aber keine hinreichende Bedingung für das Auftreten des Übergangs- oder Tiefschweißregimes ist.

In Bild 8.5.11 werden die Stabilitätsfaktoren der AlSi10Mg-Einzelspuren mit Pulver in Abhängigkeit von der Scangeschwindigkeit für verschiedene Laserleistungen dargestellt.

Bild 8.5.11 Stabilitätsfaktoren der AlSi10Mg-Einzelspuren mit Pulver auf sandgestrahlter Substratoberfläche
Hier:
AlSi10Mg;
d_S=100µm;
D_S=40µm;
P_L: 100W bis 400W;
v_S: 50 bis 1400mm/s;

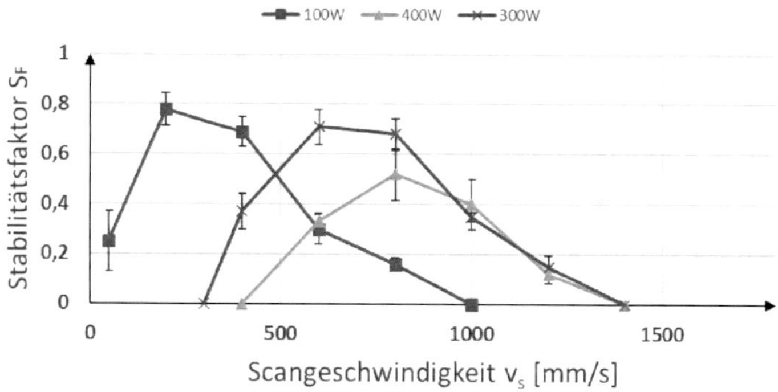

Beim Vergleich mit dem Bild 8.4.8 (Einzelspuren ohne Pulver) fällt auf, dass wie erwartet (vgl. Kap. 8.3) die Pulverschicht einen zusätzlichen „Störfaktor" darstellt, der die Stabilitätsfaktoren signifikant senkt. Qualitativ bleiben die Verläufe ähnlich: auch hier werden die Stabilitätsfaktoren größer mit abnehmender Laserleistung. Die größten Stabilitätsfaktoren verlagern sich allerdings um ca. 200 mm/s in Richtung niedrigerer Scangeschwindigkeiten. Das lässt sich mit der zum Umschmelzen der Pulverschicht benötigten zusätzlichen Streckenenergie erklären. Der höchste Stabilitätsfaktor liegt bei 200 mm/s für 100 W und beträgt 0,78 und ist somit um 0,11 niedriger als der höchste Stabilitätsfaktor für die Einzelspuren ohne Pulver. Auch hier verschiebt sich die Lage der höchsten Stabilitätsfaktoren in Richtung höherer Scangeschwindigkeiten für höhere Leistungen, und nimmt dabei ab: 0,71 für 300 W und 0,55 für 400 W. Die Streckenenergie bleibt somit für die höchsten Stabilitätsfaktoren annähernd konstant. Die höchsten Stabilitätsfaktoren liegen in dem Bereich der kleinsten Standardabweichungen der geometrischen Kenngrößen, vgl. Bilder 8.5.7 bis 8.5.9, Tabelle 8.5.1.

Tabelle 8.5.1 Vergleich der Stabilitätsfaktoren der Einzelspuren mit und ohne Pulver.

Stabilitätsfaktoren S_F, mit und ohne Pulver (AlSi10Mg 300W)									
v_S [mm/s]	100	200	400	600	700	800	1000	1200	1400
S_F (ohne Pulver)	0,65	0,74	0,83	0,87		0,78	0,68	0,27	0
S_F (mit Pulver)	0	0	0,37	0,7	0,7	0,68	0,35	0,15	0

Es fällt auf, dass die höchsten S_F-Werte bei relativ niedrigen Geschwindigkeiten liegen, z. B. 800 mm/s für 300 W, wie in Tabelle 8.5.1 gezeigt, während Literaturwerte für PBF zeigen, dass dichte AlSi10Mg Volumenkörper bei Scangeschwindigkeiten von 1300 mm/s und höher aufgebaut werden, vgl. z. B. [30], [38], [86]. Hier wird zunächst vermutet, dass zusätzliche Effekte beim Überlapp mehrerer Einzelspuren bzw. Einzelschichten eine Rolle spielen, genauer werden solche Effekte in den Kapiteln 10.2, 10.3 und 11.3 untersucht.

Die Ergebnisse für IN718 und 1.4404 für Einzelspuren mit Pulver auf artgleichem Substrat werden im Anhang A3 dargestellt (IN718: A3.1-10; 1.4404: A3.11-19). Die höchsten Stabilitätsfaktoren für eine Laserleistung von 300 W liegen dabei bei 2000 mm/s für IN718 und betragen 0,63 (polierte Substratplatte) und 0,6 (sandgestrahlte Substratplatte), bzw. bei 600 mm/s für 1.4404, respektive 0,63 (poliert) und 0,6 (sandgestrahlt). Die Ergebnisse entsprechen qualitativ den Ergebnissen für AlSi10Mg.

8.6 Definition der Grenzwerte für Stabilitätsfaktoren

In Anlehnung an Untersuchungen zu Einzelspuren in der Literatur (z. B. von Yadroitsev, Makoana, Gunentham und anderen (Bilder 4.4.1, 4.4.3 und 4.4.5) [15], [41], [81]) und in den Bildern 8.5.5 für AlSi10Mg, bzw. A3.4 und A3.14 im Anhang 3 für IN718 und 1.4404, werden die Einzelspuren nach visueller Beurteilung lediglich qualitativ in stabile und instabile Einzelspuren unterteilt.

Im Vergleich zu diesen früheren Untersuchungen von Einzelspuren in der Literatur kann aber in dieser Arbeit die Qualität von Einzelspuren mit dem Stabilitätsfaktor quantitativ erfasst werden. Dabei wird festgestellt, dass für die drei untersuchten Werkstoffe die Stabilitätsfaktoren folgendermaßen mit diesen qualitativen „stabilen" und „instabilen" Bereichen korrelieren:

- $S_F < 0{,}4$: Einzelspuren mit diesen Stabilitätsfaktoren liegen immer in den „instabilen" Bereichen. Deshalb werden nachfolgend Einzelspuren mit Stabilitätsfaktoren in diesem Bereich als „instabil" bezeichnet.

- $0{,}4 \leq S_F < 0{,}6$: Einzelspuren mit diesen Stabilitätsfaktoren werden sowohl in „stabilen" als auch in „instabilen" Bereichen gefunden. Einzelspuren mit entsprechenden Stabilitätsfaktoren werden deswegen nachfolgend als „semistabil" bezeichnet.

- $S_F \geq 0{,}6$: Einzelspuren mit diesen Stabilitätsfaktoren liegen immer in „stabilen" Bereichen. Die entsprechenden Einzelspuren werden deswegen nachfolgend als „stabil" definiert.

Die Untersuchung der Zusammenhänge zwischen der Einordnung der Einzelspuren in stabile, semistabile und instabile Spuren und dem Aufbau von Volumenkörpern (Würfeln) durch Korrelation der S_F-Werte von Einzelspuren mit der Oberflächenrauheit und der Dichte von Würfeln für gleiche Einflussgrößen/Verfahrensparameter erfolgt in Kap. 10.2.

8.7 Auswahl und Vergleich von Ausgangsparametern der Einzelspuren mit Pulver der Werkstoffe AlSi10Mg, IN718 und 1.4404

In Kap.9 werden Variationen der Einflussgrößen und deren Auswirkungen auf die Einzelspuren für die drei Werkstoffe untersucht. Die Ausgangsparameter werden folgendermaßen definiert: Für die drei Werkstoffe werden die in Kap. 8.5 untersuchten stabilen Einzelspuren betrachtet. Für AlSi10Mg wird dabei z. B. festgestellt, dass bei einer Leistung von 400 W bei keiner Scangeschwindigkeit eine stabile Einzelspur hergestellt werden konnte, siehe Bild 8.5.11, während für 100 W die Scangeschwindigkeitsbereiche für „stabile“ Einzelspuren 200 - 400 mm/s, und für 300 W von 600 bis 800 mm/s betragen. Da eine Erhöhung der Aufbaurate ebenfalls ein wichtiges Ziel der Weiterentwicklung des PBF-Verfahrens ist, wird eine stabile Einzelspur mit dem höchsten Stabilitätsfaktor bei maximaler Leistung ausgewählt, für AlSi10Mg ist dies die Einzelspur bei 300 W und 600 mm/s, siehe Bild 8.7.1. Für IN718 und 1.4404 wird analog verfahren. Der Vergleich dieser Parameter für die Werkstoffe AlSi10Mg, IN718 und 1.4404 wird in den Bildern 8.7.1 bis 8.7.5 dargestellt. Die betrachteten Parameter werden als Ausgangsparameter im Kap. 9 verwendet.

In den Bildern 8.7.1 bis 8.7.3 sind die Umschmelztiefe, Spurhöhe und Spurbreite für die drei Werkstoffe dargestellt. Die geometrischen Kenngrößen werden mit Hilfe der Querschliffe bestimmt, vgl. Bilder 8.5.6, A3.5, A3.6, A3.15.

Bild 8.7.1 zeigt den Verlauf der Umschmelztiefe für die drei untersuchten Werkstoffe: Große Umschmelztiefen bei kleinen Scangeschwindigkeiten mit großen Standardabweichungen.

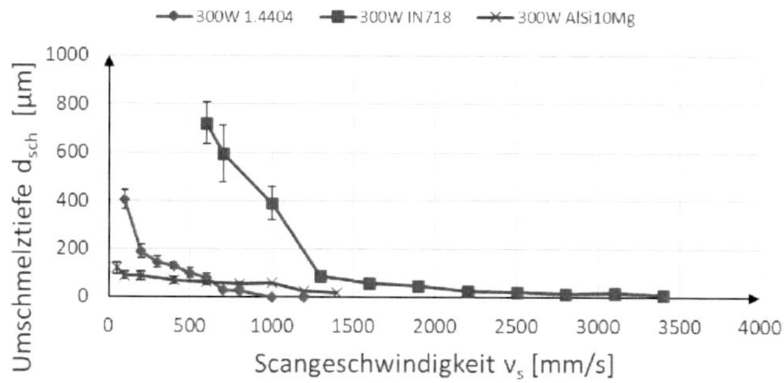

Bild 8.7.1 Umschmelztiefe (mit Pulver) in Abhängigkeit von der Scangeschwindigkeit bei einer Laserleistung von 300 W für drei Werkstoffe. Hier: AlSi10Mg, IN718, 1.4404, Korngrößenverteilung 25-40µm, v_s=50 bis 3250mm/s, d_S=100µm; D_S=40µm.

Die Umschmelztiefe nimmt ab mit steigender Scangeschwindigkeit, also abnehmender Streckenenergie. Bei gleicher eingestrahlter Laserleistung ergeben sich für die drei Werkstoffe unterschiedliche Bereiche für die Scangeschwindigkeit in denen maximale und minimale Umschmelztiefen auftreten.

Die Spurhöhe (Bild 8.7.2) zeigt für die drei Werkstoffe qualitativ den gleichen Verlauf mit einem Maximum in Abhängigkeit von der Scangeschwindigkeit.

Bild 8.7.2
Spurhöhe (mit Pulver) in Abhängigkeit von der Scangeschwindigkeit bei einer Laserleistung von 300 W für drei Werkstoffe.
Hier:
AlSi10Mg, IN718, 1.4404,
Korngrößenverteilung 25-40µm,
v_s=100 bis 4000mm/s,
d_S=100µm;
D_S=40µm.

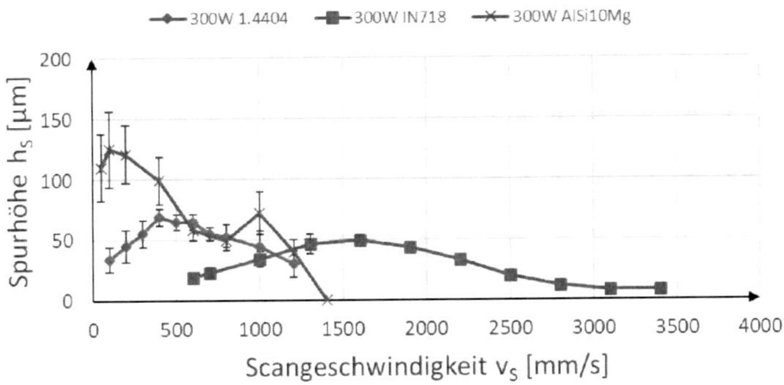

Die Abnahme der Spurhöhe für hohe Streckenenergien wird mit Verdampfung einzelner Legierungselemente und kleinerer Pulverpartikel erklärt, siehe Kap. 4.3.3.4, zum Teil auch mit Tiefschweißungen, siehe Bilder A3.5 und A3.6 für IN718 und A3.15 für 1.4404. Auch bei den Spurbreiten werden für die drei Werkstoffe qualitativ ähnliche Verläufe beobachtet (Bild 8.7.3).

Bild 8.7.3
Spurbreite (mit Pulver) in Abhängigkeit von der Scangeschwindigkeit bei einer Laserleistung von 300 W für drei Werkstoffe.
Hier:
AlSi10Mg, IN718, 1.4404,
Korngrößenverteilung 25-40µm,
v_s=100 bis 4000mm/s,
d_S=100µm;
D_S=40µm.

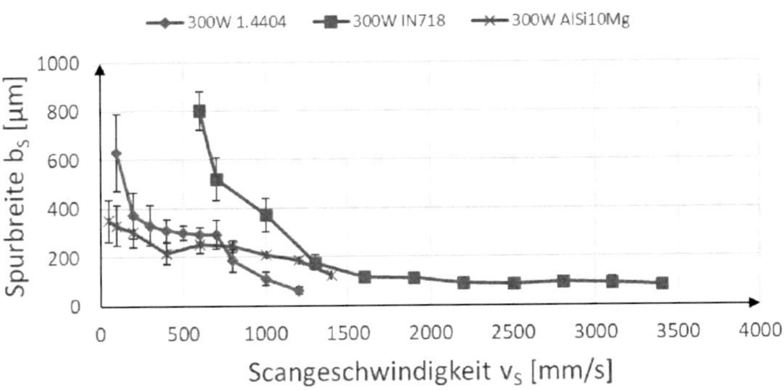

In Bild 8.7.4 ist das Verhältnis der Umschmelztiefe zur Spurbreite für die untersuchten Werkstoffe bei 300 W dargestellt. Während für AlSi10Mg bei allen Scangeschwindigkeiten das Wärmeleitungsregime beobachtet wird, werden bei 1.4404 und IN718 hingegen Bereiche mit Tiefschweiß- und Übergangsregime festgestellt, siehe Bilder A3.5, A3.6a und A3.15.

Bild 8.7.4
Verhältnis d_{sch}/b_s von Einzelspuren mit Pulver auf sandgestrahlter Substratoberfläche bei einer Laserleistung von 300 W für drei Werkstoffe.
Hier: AlSi10Mg, IN718, 1.4404, Korngrößenverteilung 25-40µm, v_s=100 bis 4000mm/s, d_S=100µm; D_S=40µm.

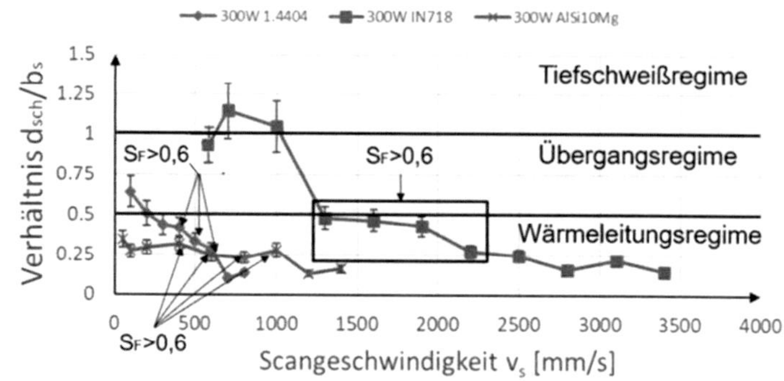

Bei IN718 liegt bis 1000 mm/s Tiefschweiß- bzw. Übergangsregime vor, ab 1300 mm/s das Wärmeleitungsregime. Bei 1.4404 wird bis 300 mm/s das Übergangsregime festgestellt, ab 400 mm/s das Wärmeleitungsregime. Es wird festgestellt, dass Stabilitätsfaktoren > 0,6 (stabile Einzelspuren, Kap. 8.6) für die drei betrachteten Werkstoffe lediglich im Wärmeleitungsregime beobachtet werden. Dies lässt sich vermutlich mit dem Einfluss der Dampfkapillaren auf die Spurbildung erklären. Diese kann im Übergangs- und Tiefschweißregime entstehen, vgl. Kapitel 4.3.2 und 4.3.3.2, Bild A3.5 (IN718), A3.15 (1.4404).

Zusammenfassend wird festgestellt, dass die Graphen der drei Werkstoffe qualitativ ähnlich aussehen, aber bezüglich der Scangeschwindigkeit stark verschoben sind. Insbesondere für den Werkstoff IN718 ist der Unterschied für Bereiche der Scangeschwindigkeiten mit S_F > 0,6 im Vergleich zu AlSi10Mg und 1.4404 signifikant. Zusätzlich wird für IN718 und 1.4404 das Tiefschweiß- bzw. Übergangsregime festgestellt. Dies kann mit dem höheren Absorptionsgrad von IN718 und 1.4404 gegenüber AlSi10Mg (siehe Kap. 4.3.1, 8.1.4), sowie dem Einfluss der unterschiedlichen chemischen Zusammensetzung und damit unterschiedlichen thermophysikalischen Eigenschaften der Werkstoffe erklärt werden (siehe Kap. 9.2.1 und 9.2.2).

In Bild 8.7.5 sind als Beispiel die Stabilitätsfaktoren für die drei Werkstoffe in Abhängigkeit von der Scangeschwindigkeit dargestellt. Da im Weiteren Einzelspuren auf unterschiedlichen Oberflächen hergestellt werden, wird in Bild 8.7.5 explizit die Bezeichnung „Substratoberfläche" benutzt, um klarzustellen, dass die Einzelspuren auf der Oberfläche einer Substratplatte aufgebracht werden, vgl. mit Kap. 9.1.1. Der qualitative Verlauf für die drei Werkstoffe ist gleich. Allerdings unterscheiden sich die Verläufe bezüglich der Breite und der Lage des Maximums des Kurvenverlaufs bezogen auf die Scangeschwindigkeit. Die Spuren mit der besten Qualität mit S_F = 0,71 werden bei AlSi10Mg erreicht. Das Prozessfenster für IN718 ist viel größer als für AlSi10Mg und 1.4404, dies weist auf eine größere Prozessrobustheit für IN718 hin. Damit können mit Hilfe des Stabilitätsfaktors nicht nur die Qualität der Einzelspuren bewertet werden, sondern auch Aussagen über die Prozessrobustheit getroffen werden. Dies wird in Kapitel 10 näher diskutiert. Zusätzlich fällt auf, dass die Scangeschwindigkeiten für Stabilitätsfaktoren > 0,6 nicht den Scangeschwindigkeiten entsprechen, die in der Literatur für den Aufbau von Volumenbauteilen angegeben werden, vgl. Kapitel 4.5. Eine mögliche Erklärung liegt im Einfluss des Spurüberlapps und der Abkühlpause, siehe auch Kap. 8.1.5, 10.1.2 und 10.3.

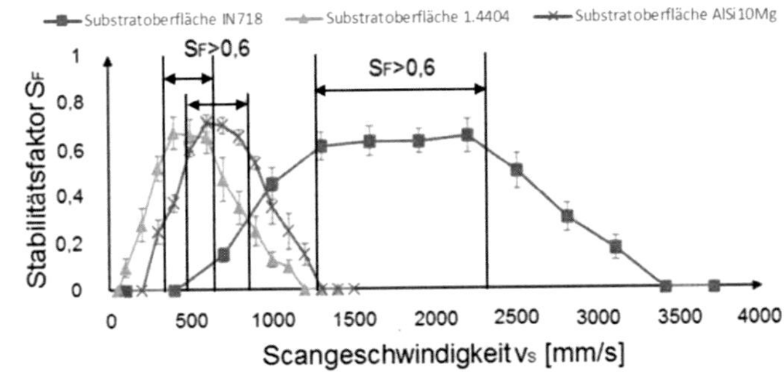

Bild 8.7.5
Stabilitätsfaktor S_F in Abhängigkeit von der Scangeschwindigkeit bei einer Laserleistung von 300 W für drei Werkstoffe.
Hier:
AlSi10Mg, IN718, 1.4404,
Korngrößenverteilung 25-40µm,
P_L=300W,
v_s=100 bis 4000mm/s,
d_S=100µm;
D_S=40µm.

Tabelle 8.7.1 zeigt eine Übersicht der Stabilitätsfaktoren mit Standardabweichungen. Die Ergebnisse zeigen, dass für alle drei Werkstoffe bei 300 W der Bereich hoher Stabilitätsfaktoren ($S_F \geq 0{,}6$; stabile Einzelspuren, siehe Kap. 8.6) erreicht werden konnte. Je nach Scangeschwindigkeit treten bei allen Werkstoffen auch semistabile ($0{,}4 \leq S_F < 0{,}6$) und instabile ($S_F < 0{,}4$) Einzelspuren auf. Mit Standardabweichungen von ca. 0,03 bis 0,06 (stabile Einzelspuren), bis zu ca. 0,09 (semi- und instabile ES.).

Tabelle 8.7.1
Vergleich der Stabilitätsfaktoren (mit Standardabweichung) der Einzelspuren der Werkstoffe AlSi10Mg, 1.4404 und IN718 bei einer Laserleistung von 300W.

300W Einzelspuren mit Pulver in Abh. von Scangeschwindigkeit v_s								
Werkstoff	v_s	100	200	300	400	500	600	700
AlSi10Mg	S_F	0	0	0,25±0,07	0,48±0,053	0,6±0,04	0,71±0,033	0,7±0,038
1.4404	S_F	0,1±0,04	0,28±0,07	0,52±0,062	0,67±0,064	0,66±0,063	0,65±0,06	0,47±0,088
	v_s	100	400	700	1000	1300	1600	1900
IN718	S_F	0	0	0,15±0,032	0,45±0,07	0,61±0,059	0,63±0,063	0,63±0,05
	v_s	800	900	1000	1100	1200	1300	1400
AlSi10Mg	S_F	0,65±0,043	0,54±0,031	0,35±0,08	0,24±0,07	0,15±0,05	0,06±0,011	0
1.4404	S_F	0,35±0,072	0,25±0,058	0,13±0,03	0,1±0,04	0	0	0
	v_s	2200	2500	2800	3100	3400	3700	4000
IN718	S_F	0,65±0,064	0,5±0,08	0,3±0,056	0,17±0,052	0	0	0

Tabelle 8.7.2 zeigt weiterhin, dass die Stabilitätsfaktoren nicht nur für den Vergleich der mit dem PBF-Verfahren hergestellten Einzelspuren verwendet werden können, sondern auch eine Einordnung und ein Vergleich der Spurqualität zu anderen Laserverfahren wie das Polieren und Umschmelzen ermöglicht.

Tabelle 8.7.2
Vergleich der Stabilitätsfaktoren beim Laserpolieren und Umschmelzen ohne und mit Pulver (100W) sowie eine Übersicht der Stabilitätsfaktoren mit und ohne Pulver, stabile und semistabile Bereiche, Umschmelztiefen, Spurhöhen, Spurbreiten und Variation der Scangeschwindigkeit bei einer Laserleistung von 300W.
Hier:
AlSi10Mg, IN718, 1.4404,
Korngrößenverteilung 25-40µm,
P_L=300W,
v_s=50 bis 3900mm/s,
d_S=100µm;
D_S=40µm.

P_L=108W	Reineisen	1.2343	
Stabilitätsfaktoren S_F (Laserpolieren)	bis zu 0,95 (v_s=50mm/s; d_s=240µm)	bis zu 0,97 (v_s=100mm/s; d_s=240µm)	
P_L=100W	AlSi10Mg	IN718	1.4404
Stabilitätsfaktoren S_F (ohne Pulver)	bis zu 0,89 (400mm/s)	bis zu 0,84 (1500mm/s)	bis zu 0,81 (300mm/s)
Stabilitätsfaktoren S_F (mit Pulver)	bis zu 0,8 (200mm/s)	bis zu 0,72 (1250mm/s)	bis zu 0,7 (200mm/s)
P_L=300W	AlSi10Mg	IN718	1.4404
Stabilitätsfaktoren S_F (ohne Pulver)	bis zu 0,87 (700mm/s)	bis zu 0,82 (2400mm/s)	bis zu 0,83 (600mm/s)
Stabilitätsfaktoren S_F (mit Pulver)	bis zu 0,71 (600mm/s)	bis zu 0,63 (2200mm/s)	bis zu 0,67 (400mm/s)
stabile Spuren (ohne Pulver, $S_F \geq 0{,}6$)	$100 \leq v_S \leq 1000$ [mm/s]	$700 \leq v_S \leq 3100$ [mm/s]	$200 \leq v_S \leq 900$ [mm/s]
stabile Spuren (mit Pulver, $S_F \geq 0{,}6$)	$500 \leq v_S \leq 800$ [mm/s]	$1300 \leq v_S \leq 2200$ [mm/s]	$400 \leq v_S \leq 600$ [mm/s]
semistabile Spuren (mit Pulver, $0{,}4 \leq S_F < 0{,}6$)	400 und 900 [mm/s]	1000 und 2500 [mm/s]	300 und 700 [mm/s]
Übergangsregime möglich ($d_{sch}/b_s > 0{,}5$)	-	$v_S \leq 1000$mm/s	$v_S \leq 200$mm/s
Umschmelztiefe d_{Sch} (für S_F>0,6)	$51 < d_{Sch} < 66$ [µm]	$37 < d_{Sch} < 96$ [µm]	$94 < d_{Sch} < 137$ [µm]
Standardabweichung d_{Sch}	5% bis 25% Stabw<10% für S_F>0,6	5% bis 20% Stabw<10% für S_F>0,6	5% bis 30% Stabw<10% für S_F>0,6
Spurhöhe h_s ($S_F \geq 0{,}6$)	$42 < h_S < 78$ [µm]	$28 < h_S < 56$ [µm]	$56 < h_S < 72$ [µm]
Standardabweichung hs	5% bis 30% Stabw<10% für $S_F \geq 0{,}6$	5% bis 25% Stabw<10% für $S_F \geq 0{,}6$	5% bis 30% Stabw<10% für $S_F \geq 0{,}6$
Spurbreite bs ($S_F \geq 0{,}6$)	$205 < b_S < 266$ [µm]	$70 < b_S < 189$ [µm]	$288 < b_S < 332$ [µm]
Standardabweichung bs	5% bis 25% Stabw<10% für $S_F \geq 0{,}6$	5% bis 20% Stabw<8% für $S_F \geq 0{,}6$	5% bis 25% Stabw<10% für $S_F \geq 0{,}6$

Dabei wird ein Vergleich ohne und mit Pulver bei 100 W durchgeführt und zeigt die Stabilitätsfaktoren, die Standardabweichungen, die Umschmelzgeometrien sowie die Scangeschwindigkeitsbereiche für stabile und instabile Einzelspuren. Die höchsten S_F-Werte bei Spuren mit Pulver und einer Laserleistung von 300 W werden bei Folgenden Scangeschwindigkeiten erreicht: AlSi10Mg: $S_F = 0{,}71$, $v_s = 600$ mm/s; IN718: $S_F = 0{,}63$, $v_s = 2200$ mm/s; 1.4404: $S_F = 0{,}67$, $v_s = 400$ mm/s.

9 Variation von Einflussgrößen und deren Auswirkungen auf Einzelspuren aus AlSi10Mg, IN718 und 1.4404

In diesem Kapitel werden die Ergebnisse für folgende PBF-Einflussgrößen (siehe Bild 5.1.1) am Beispiel von Einzelspuren vorgestellt:

- Homogenität und Untergrund der Pulverschicht
- Werkstoff und rheologische Eigenschaften
- Unterschiedliche Schutzgase
- Verfahrensparameter

Im Folgenden findet die Auswertung der mit den oben genannten Einflussgrößen hergestellten Einzelspuren mit dem Stabilitätsfaktor statt, eine separate Bewertung der geometrischen Kenngrößen einer Einzelspur wie in Kapitel 8 wird nicht durchgeführt. Die Änderungen des Stabilitätsfaktors ΔS_F in Abhängigkeit von den Einflussgrößen/Verfahrensparametern werden in vier Kategorien für die Signifikanz unterteilt (Tabelle 9.1) Die Definition der Kategorien orientiert sich an den Bereichen des Stabilitätsfaktors für stabile, semistabile und instabile Einzelspuren (Kap. 8.6). Die Signifikanz ist ein Maß für eine Änderung des Stabilitätsbereiches (stabil, semistabil, instabil) von Einzelspuren.

- „Nicht signifikante" Änderungen liegen im Bereich der Standardabweichung und ändern den Stabilitätsbereich einer Einzelspur somit nicht.

- Bedingt signifikante Änderungen können zu einer Stabilitätsbereichsänderung führen.

- Signifikante Änderungen führen in der Regel zu einer Stabilitätsbereichsänderung.

- Sehr signifikante Änderungen führen immer zu einer Stabilitätsbereichsänderung und können u. U. zu einer Änderung von zwei Stabilitätsbereichen führen, also z. B. von „instabil" direkt zu „stabil" oder umgekehrt.

Tabelle 9.1 Relevanz der Stabilitätsfaktorenänderung.

Relevanz der Stabilitätsfaktorenänderung ΔS_F			
nicht signifikant	bedingt signifikant	signifikant	sehr signifikant
$\Delta S_F \leq 0{,}05$	$0{,}05 < \Delta S_F \leq 0{,}15$	$0{,}15 < \Delta S_F < 0{,}25$	$\Delta S_F \geq 0{,}25$

Bei allen Untersuchungen wird der Stabilitätsfaktor in Abhängigkeit der Scangeschwindigkeit dargestellt. Der Variationsbereich der Scangeschwindigkeit wird so gewählt, dass bei den kleinsten und größten Geschwindigkeiten die Stabilitätsfaktoren möglichst Werte nahe Null annehmen. Bei Verfahrensparametern mit einem Wert des Stabilitätsfaktors > 0 können zusammenhängende Einzelspuren hergestellt werden. Die Stabilitätsfaktoren sind Mittelwerte aus drei Messungen für drei Einzelspuren (eine Messung pro Einzelspur). In diesem Kapitel werden ausschließlich Einzelspuren behandelt. Deswegen werden hier für eine bessere Vergleichbarkeit mit der Literatur die Verfahrensparameter für zusammenhängende Einzelspuren ($S_F > 0$) dargestellt (vgl. Betrachtung der zusammenhängenden und nicht zusammenhängenden Einzelspuren in Kap. 4.4.1).

9.1 Homogenität und Untergrund der Pulverschicht

Unebenheiten des Untergrundes und Unregelmäßigkeiten beim Pulverauftrag können lokale Inhomogenitäten der Pulverschicht verursachen. Eine inhomogene Pulverschicht führt zu lokalen Unterschieden in der Pulverschichtdicke. Dadurch wird die Qualität der Einzelspuren beeinflusst [65].

9.1.1 Untergrund der Pulverschicht

Eine homogene Verteilung des Pulvers auf der Oberfläche des Substrats soll zu höherer Qualität der Volumenkörper führen [31]. In der Praxis werden die Substratplatten üblicherweise sandgestrahlt, dies führt zu einer gewissen Oberflächenrauheit. Während des Aufbaus von Schichten mit dem PBF-Prozess entstehen darüber hinaus Ablagerungen wie z. B. Spritzer oder Pulveragglomerate (siehe Kap. 4.3.3.4) auf den Schichten, die einen Einfluss auf den Pulverauftrag der nachfolgenden Schichten haben können.

Als Referenz werden 10x10x10 mm^3 Würfel des jeweiligen Materials auf einer artgleichen Substratplatte in einem Abstand von 15 mm zwischen den Würfeln aufgebaut. Die Würfel in Bild 9.1.1 dienen nur als Untergrund für die Einzelspuren. Dabei wurde die Substratplatte mit hergestellten Würfeln aus dem Bauraum der PBF-Anlage entnommen, die oberen 500 µm, d. h. die Deckfläche der Würfel, abgefräst, die resultierenden Oberflächen anschließend poliert bzw. sandgestrahlt (auf dem Bild 9.1.1 sind sandgestrahlte Deckflächen dargestellt). Auf diese Weise entstehen polierte (Ra ~ 0,1 µm) und sandgestrahlte (Ra ~ 3 µm) Oberflächen mit zum Pulver identischen chemischen Zusammensetzungen. Anschließend wird die Substratplatte mit den Würfeln wieder in dem Bauraum derselben PBF-Anlage montiert, die Zwischenräume zwischen den Würfeln mit entsprechendem Pulver aufgefüllt, die so präparierte Würfeloberfläche auf die Bearbeitungshöhe gebracht, eine neue Pulverschicht (hier 40 µm) mit der Pulverauftragseinheit aufgetragen und entsprechende Einzelspuren hergestellt. Um das Foto in Bild 9.1.1 zu erstellen, wurde die Substratplatte nach der Herstellung der Einzelspuren zusätzlich um 0,2 mm im Bauraum hochgefahren und die obere Pulverschicht durch die Kohlenstofffaserbürste der Pulverauftragseinheit entfernt. Auf diese Weise konnte eine Aufnahme (Bild 9.1.1) erstellt werden, auf der die präparierte sandgestrahlte Würfeloberfläche, die äußeren und inneren Einzelpuren sowie das Pulverbett gleichzeitig zu sehen sind. Diese Würfel werden aufgebaut, damit die „inneren" Spuren, die einer Einzelspur auf der Substratplatte bzw. einer Schraffurspur entsprechen, direkt mit den „äußeren" Spuren verglichen werden können, die im Gegensatz zu inneren Spuren auf einer Seite direkten Kontakt mit dem mehrere Millimeter tiefen Pulverbett haben. Das Ziel der äußeren Einzelspuren ist Einzelspuren herzustellen, die vergleichbar mit den so genannten „Konturspuren“ sind, da diese beim Aufbau von Volumenkörpern die Seitenflächen der Körper bilden und somit die seitliche Rauheit des Volumenkörpers repräsentieren (vgl. Kap. 7.2.1 und 7.2.2 Bilder 7.2.1 C und 7.2.2 D, sowie Kap. 10.3).

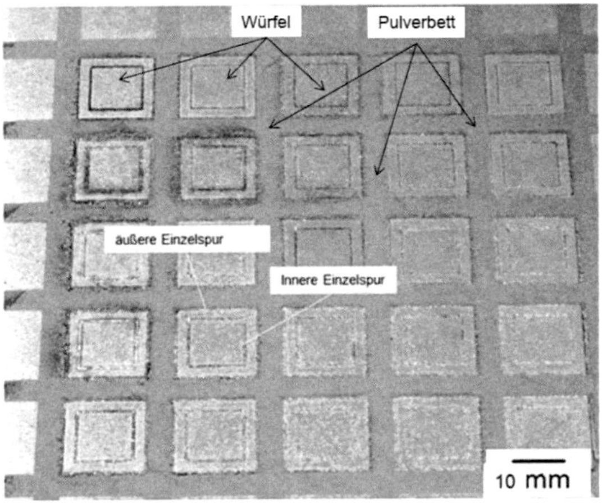

Bild 9.1.1
Übersicht der Belichtungsanordnung von Einzelspuren auf abgefrästen und polierten PBF-Würfeln. Es werden innere und äußere Einzelspuren hergestellt. Innere Spuren in einer 8mmx8mm Kontur, äußere am Würfelrand zur Untersuchung des Einflusses des Pulverbetts. Hier: AlSi10Mg, Korngrößenverteilung 25-40µm, P_L=300W, v_s=100mm/s bis 1500mm/s, d_S=100µm; D_S=40µm.

Nachdem die obere Schicht abgefräst und sandgestrahlt wurde, wird untersucht, ob die auf den entstehenden Oberflächen hergestellten „inneren“ Spuren mit den auf der Oberfläche einer sandgestrahlten Substratplatte vorher hergestellten Einzelspuren möglichst gleich sind. Dazu werden Einzelspuren mit ansonsten gleichen Verfahrensparametern aufgebaut und Stabilitätsfaktoren dieser miteinander verglichen. Wie in Bild 9.1.5 zu sehen, ergeben sich für „innere Spur sandgestrahlt“ und „Spur auf Substratplatte sandgestrahlt (identisch zu Substratoberfläche AlSi10Mg in Bild 8.7.5)“ im Rahmen der Standardabweichung identische Werte, d. h. die inneren Einzelspuren auf der präparierten Würfeloberfläche sind nahezu gleich mit den Einzelspuren auf der Substratoberfläche.

Zum Vergleich werden die Einzelspuren direkt auf Referenzwürfel platziert, ohne dass diese vorher abgefräst werden. Dies erlaubt den Einfluss der Oberflächenbeschaffenheit vorher aufgebauter Schichten auf die Einzelspuren zu bewerten - dies entspricht der Situation beim PBF, siehe Bild 9.1.2.

Bild 9.1.2
Belichtete Einzelspuren auf der Oberfläche eines unbearbeiteten PBF-Würfels. Eine Pulverschicht wird auf die Würfeloberfläche aufgetragen. Die Einzelspuren werden auf dieser Pulverschicht hergestellt, die äußere Spur hat auf einer Seite Kontakt zum Pulverbett.
Hier:
AlSi10Mg,
Korngrößenverteilung 25-40µm, P_L=300W, v_S=400mm/s, d_S=100µm; D_S=40µm.

In den Bildern 9.1.1 und 9.1.2 sind innere und äußere Einzelspuren dokumentiert. Dabei wird die innere Einzelspur auf beiden Seiten von einer Pulverschicht (D_s = 40 µm) umgeben, während die äußere Spur auf einer Seite ebenfalls an die Pulverschicht grenzt und auf der anderen Seite an das mehrere Millimeter tiefe Pulverbett. Die Konturspuren bilden die Oberfläche der PBF-Bauteile und sind direkt für die Oberflächenbeschaffenheit verantwortlich, während die Schraffur maßgeblich die Dichte des resultierenden Volumenkörpers bestimmt. Dies macht die Untersuchungen der „äußeren" und „inneren" Einzelspuren notwendig, um sowohl die Bedingungen für den Aufbau der inneren Bereiche als auch die Bedingungen für den Aufbau der Oberflächen von Volumenkörpern zu untersuchen.

Es werden ebenfalls Einzelspuren direkt auf dem mehrere Millimeter tiefen Pulverbett ohne eine Substratplatte hergestellt. Diese Bedingungen herrschen z. B. beim Aufbau von Überhängen. Dazu werden Kunststoffbehälter (Länge 20 mm, Breite 15 mm und Tiefe 8 mm) auf eine Substratplatte in der Prozesskammer der Laboranlage platziert, mit losem Pulver über den Rand gefüllt und mit einer Kohlenstofffaserbürste glattgestrichen, wobei gleichzeitig das überflüssige Pulver von der Bürste entfernt wird (Bild 9.1.3). Das Pulver wird nicht zusätzlich verdichtet oder bearbeitet.

Bild 9.1.3
Belichtete Einzelspuren auf dem Pulverbett in Kunststoffbehältern. Es wird eine Konturfahrt der Länge von 10mm x1,5mm untersucht.
Hier:
AlSi10Mg, Korngrößenverteilung 25-40µm, P_L=300W, v_s=100mm/s bis 1500mm/s, d_S=100µm; Schichtdicke: Pulverbett

Die auf einem Pulverbett aufgebauten Einzelspuren sind sehr unregelmäßig, es gibt kaum zusammenhängende Spuren. Dies entspricht den Erfahrungen beim PBF: Flächen, die aus Überhangspuren entstehen, weisen eine deutlich schlechtere Oberflächenqualität bei ansonsten gleichen Parametern auf.

In Bild 9.1.4 ist eine Einzelspur im Pulverbett dargestellt, bei der „Balling" (siehe Kapitel 4.3.3.1) auftritt. Die Schmelze erstarrt unter dem Einfluss der Oberflächenspannung zu einer Reihe von kugelförmigen Metalltropfen.

Bild 9.1.4
Aufnahme einer Spur im Pulverbett (im Kunststoffbehälter) (AlSi10Mg)
Hier:
AlSi10Mg, Korngrößenverteilung 25-40µm, P_L=300W, v_s=400mm/s, d_S=100µm; Schichtdicke: Pulverbett

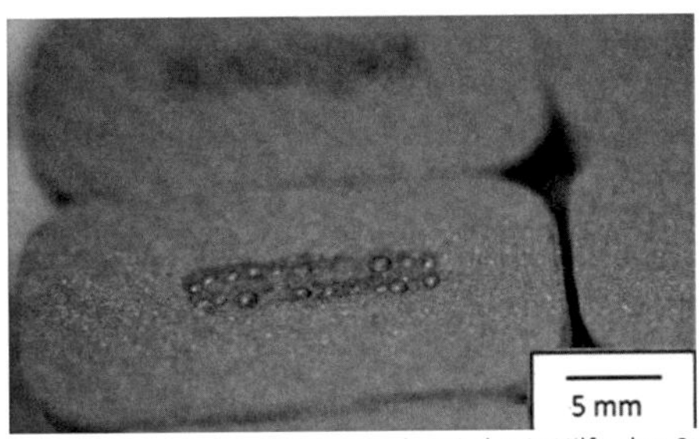

Die Bewertung des Einflusses der Untergründe wird mit Hilfe des Stabilitätsfaktors S_F durchgeführt (Bild 9.1.5 „innere Spur Sandgestrahlt"). Die sonstigen Einflussgrößen werden aus einem Bereich mit stabilen Einzelspuren (S_F > 0,6) ausgewählt, siehe Kurve: „Substratoberfläche AlSi10Mg" Bild 8.7.5, entspricht der Kurve „Spur auf Substratplatte sandgestrahlt" in Bild 9.1.5.

Bild 9.1.5
Bewertung von AlSi10Mg Einzelspuren auf verschiedenen Untergründen. Hier: AlSi10Mg, Korngrößenverteilung 25-40µm, P_L=300W, v_s=100 bis 1600mm/s, d_s=100µm; D_s=40µm.

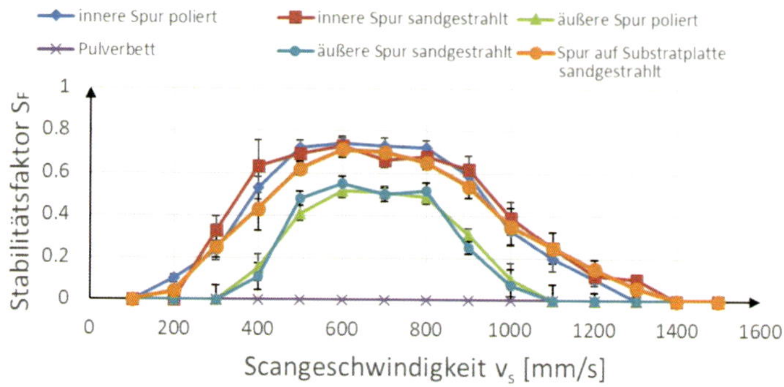

Um den Einfluss der Oberflächenbeschaffenheit der Substratoberfläche auszuschließen, wird diese bis zu einer Rauheit Ra von 0,1 µm poliert. Bei Verwendung von nicht polierten, sandgestrahlten Substratplatten beträgt die Rauheit Ra ca. 3 µm. Obwohl der Reflexionsgrad der polierten Oberfläche um bis zu 18 % höher als der Reflexionsgrad der sandgestrahlten Oberfläche ist (ca. 18 % für AlSi10Mg, ca. 8 % für IN718 und ca. 6 % für 1.4404, siehe Kap. 8.1.4), werden keine statistisch signifikanten Unterschiede bei der umgeschmolzenen Einzelspur beobachtet. Die Unterschiede der Stabilitätsfaktoren der Einzelspuren auf polierten und sandgestrahlten Oberflächen sind nicht statistisch signifikant. Die Verwendung polierter Substratplatten bringt also keinen signifikanten Qualitätsvorteil. Die Ergebnisse für die inneren Spuren (Bild 9.1.5) sind ebenfalls nicht statistisch signifikant im Vergleich zu den Ergebnissen für die Spuren auf der Substratplatte (Bild 8.7.5). Das zeigt die Reproduzierbarkeit der Ergebnisse (Die maximalen Werte der Standardabweichungen der stabilen Einzelspuren liegen bei ca. 0,06, siehe Tabelle 8.7.1).

Die Stabilitätsfaktoren der äußeren Spuren sind deutlich geringer (bis zu 0,3) im Vergleich zu denen der inneren Spuren, aufgrund der Änderung der Randbedingen durch einen direkten Kontakt mit dem Pulverbett. Das lässt vermuten, dass aufgrund unterschiedlicher Randbedingungen zwischen den Kontur- und Schraffurspuren solche Unterschiede bei der Herstellung von Volumenkörpern eine Rolle spielen können, das wird in Kap. 10.3 weiter untersucht. Dabei liegen die höchsten Stabilitätsfaktoren bei 600 mm/s und betragen für die inneren Spuren 0,71 (poliert und Spur auf Substratplatte) bzw. 0,69 (sandgestrahlt) und für die äußeren Spuren 0,53 (poliert) bzw. 0,55 (sandgestrahlt). Der Scangeschwindigkeitsbereich für zusammenhängende Einzelspuren verkleinert sich ebenfalls, von 200 - 1200 mm/s für die inneren Spuren auf 400 - 1000 mm/s für die äußeren Spuren.

Für Einzelspuren, die direkt im Pulverbett hergestellt werden, können mit den untersuchten Parametern (Variation der Laserleistung von 100 bis 400 W und Scangeschwindigkeit von 100 bis 1600 mm/s) keine zusammenhängenden Einzelspuren hergestellt werden. Die Stabilitätsfaktoren sind daher durchgehend Null.

Durch die Wechselwirkung mit dem Dampfjet, die zum Entstehen des pulverfreien Saumes führt (siehe Kap. 4.3.3.3) und den direkten Kontakt der äußeren Spuren mit dem mehrere Millimeter tiefen Pulverbett, wird eine größere Pulvermenge in die Laserstrahl/Werkstoff Wechselwirkungszone transportiert. Resultierende Agglomeration teilweise umgeschmolzener Pulverpartikel und die niedrigere Wärmeleitfähigkeit der Pulverschüttung führen zu unregelmäßigeren umgeschmolzenen Oberflächen verglichen mit den inneren Spuren, siehe Kapitel 4.3.3.4.

Im nächsten Schritt werden auf sandgestrahlten Oberflächen hergestellte Einzelspuren mit Einzelspuren auf unbearbeiteten PBF-Würfeloberflächen verglichen (3 Spuren pro Parameter, Bild 9.1.6).

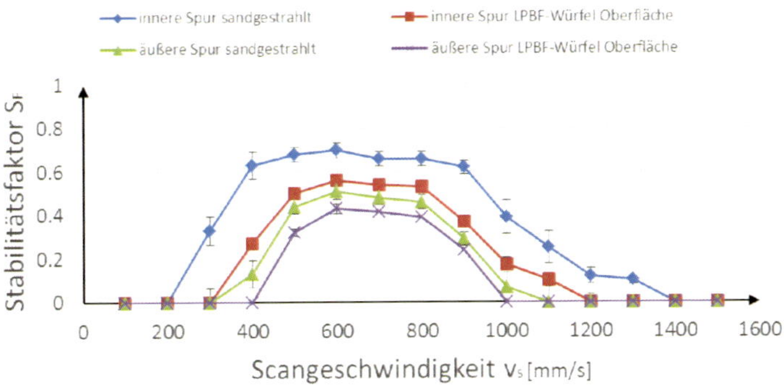

Bild 9.1.6 Stabilitätsfaktoren S_F in Abhängigkeit der Scangeschwindigkeit für AlSi10Mg-Einzelspuren. Es werden die inneren und äußeren Einzelspuren auf sandgestrahlten Oberflächen und unbearbeiteten PBF-Würfeloberflächen verglichen. Hier: AlSi10Mg, Korngrößenverteilung 25-40µm, P_L=300W, v_s=100 bis 1500mm/s, d_s=100µm; D_s=40µm.

Die innere Einzelspur auf der PBF-Würfeloberfläche (Ra ~ 15 µm) weist um bis zu 0,25 niedrigere Stabilitätsfaktoren verglichen mit der inneren Einzelspur auf der sandgestrahlten Oberfläche (Ra ~ 3 µm) auf, während die äußere Spur auf der unbearbeiteten Oberfläche eines PBF-Würfels um bis zu 0,1 niedrigere Stabilitätsfaktoren gegenüber der äußeren Spur auf der sandgestrahlten Oberfläche aufweist. Die maximalen Werte der Stabilitätsfaktoren liegen alle bei einer Scangeschwindigkeit von 600 mm/s. Die maximalen Werte betragen 0,69 für die inneren Spuren auf sandgestrahlter Oberfläche und 0,57 für die inneren Spuren auf einer PBF-Würfeloberfläche. Für die äußeren Spuren betragen die maximalen Werte 0,55 für die sandgestrahlte Oberfläche und 0,43 für die PBF-Würfeloberfläche. Die Differenz zwischen den maximalen Stabilitätsfaktoren beträgt jeweils 0,12 für die inneren und die äußeren Spuren.

Der Scangeschwindigkeitsbereich für zusammenhängende Einzelspuren wird mit steigender Rauheit des Untergrundes sowohl für äußere als auch für innere Spuren kleiner. Für innere Spuren auf der sandgestrahlten Oberfläche liegt dieser Scangeschwindigkeitsbereich zwischen 300 und 1300 mm/s. Für die inneren Spuren auf der PBF-Würfeloberfläche liegt die Scangeschwindigkeit für zusammenhängende Spuren zwischen 400 und 1100 mm/s. Für die äußeren Spuren liegt dieser

Scangeschwindigkeitsbereich zwischen 400 bis 1000 mm/s für die sandgestrahlte und zwischen 500 bis 900 mm/s für die PBF-Würfeloberfläche.

Diese Unterschiede werden auf die größere Rauheit der Würfeloberfläche zurückgeführt. Das führt zu einer inhomogeneren Pulververteilung auf der PBF-Oberfläche gegenüber der sandgestrahlten Oberfläche und dadurch zur Senkung der Stabilitätsfaktoren und Verkleinerung des Scangeschwindigkeitsbereiches für zusammenhängende Spuren. Um diese Annahme zu überprüfen, werden im Folgenden auf sandgestrahltem Untergrund bis zu acht 10x10 mm^2 PBF-Schichten übereinander aufgebaut (für die Belichtungsstrategie siehe Kapitel 7.2.2) und als Untergrund für innere Einzelspuren benutzt. Die Stabilitätsfaktoren der drei Einzelspuren werden gemessen und sowohl miteinander, als auch mit den Stabilitätsfaktoren der Einzelspuren auf sandgestrahlten Oberflächen und auf Oberflächen unbearbeiteter PBF-Würfel verglichen (Bild 9.1.7, dabei werden die Werte für die „sandgestrahlte Oberfläche" aus den Versuchen zu sandgestrahlter innerer Einzelspur, Bild 9.1.6, übernommen).

Bild 9.1.7
Stabilitätsfaktor S_F in Abhängigkeit der Scangeschwindigkeit der inneren AlSi10Mg-Einzelspuren. Es werden Einzelspuren auf sandgestrahlter Substratoberfläche nach zwei bis sechs PBF-Schichten und auf einer PBF-Würfeloberfläche gemessen.
Hier:
AlSi10Mg, Korngrößenverteilung 25-40µm, P_L=300W, v_s=100 bis 1600mm/s, d_S=100µm; D_S=40µm.

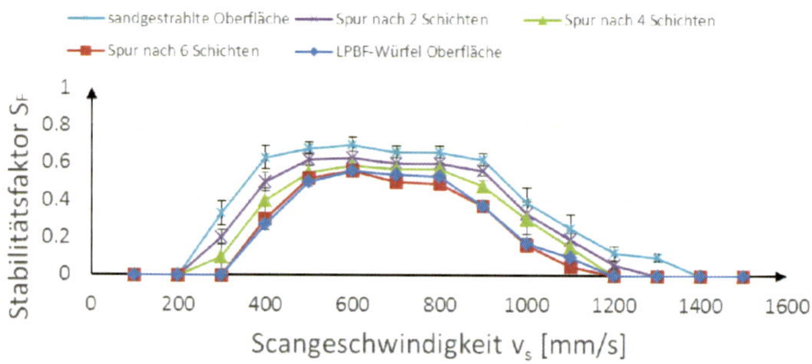

Im Bild 9.1.7 sind Stabilitätsfaktoren der inneren Einzelspuren zu sehen, die auf folgenden Untergründen aufgebaut werden (vgl. Kap. 7.2.1): auf einer sandgestrahlten Oberfläche (Ra ~ 3 µm), auf zwei übereinander aufgebauten 10x10 mm^2 PBF-Schichten (Ra ~ 8 µm), auf vier (Ra ~ 11 µm) und auf sechs (Ra ~ 15 µm) solcher Schichten und auf einer unbearbeiteten PBF-Würfeloberfläche (Ra ~ 15 µm). Mit zunehmender Anzahl von Schichten nimmt die Rauheit zu und entspricht nach sechs Schichten der Rauheit einer PBF-Würfeloberfläche (10x10x10 mm^3).

Die Stabilitätsfaktoren der Einzelspuren und der Scangeschwindigkeitsbereich für zusammenhängende Einzelspuren nehmen mit zunehmender Rauheit des Untergrundes ab. Die maximalen Werte der Stabilitätsfaktoren liegen alle bei einer Scangeschwindigkeit von 600 mm/s und betragen maximal 0,69 für die Einzelspuren auf der sandgestrahlten Oberfläche mit einem Scangeschwindigkeitsbereich für zusammenhängende Einzelspuren zwischen 300 - 1300 mm/s. Die minimalen Werte betragen 0,56 sowohl für die sechs PBF-Schichten als auch für die PBF-Würfeloberfläche mit zusammenhängenden Einzelspuren zwischen 400 - 1100 mm/s. Ab sechs Schichten stimmen sowohl die Stabilitätsfaktoren als auch die Rauheiten des Untergrundes mit den entsprechenden Werten der PBF-Würfeloberfläche überein.

Dies bestätigt die Annahme, dass ein unebener Untergrund sowohl die Stabilitätsfaktoren als auch die Breite des Bereiches der Scangeschwindigkeit für zusammenhängende Spuren negativ beeinflusst. Darüber hinaus wird nach einer gewissen Anzahl von PBF-Schichten eine Rauheit des Untergrundes erreicht, die über die Bauteilhöhe konstant bleibt, in diesem Fall Ra ~ 15 µm nach sechs Schichten. Beim Aufbau von weiteren Einzelspuren nach acht, zehn und zwanzig Schichten und auf der Oberfläche eines 10x10x10 mm^3 PBF-Würfels ergeben sich mit der Standardabweichung für stabile Einzelspuren (≤ 0,06, vgl. Kap. 8.7, Tab. 8.7.1) dieselben Stabilitätsfaktoren.

Dieselben Untersuchungen werden auch für die Werkstoffe IN718 und 1.4404 durchgeführt (Tabelle 9.1.1).

Tabelle 9.1.1
Einfluss des Untergrundes der Pulverschicht auf Stabilitätsfaktoren und Scangeschwindigkeit für zusammenhängende Spuren.
Pulver: AlSi10Mg, IN718, 1.4404.
P_L= 300W,
v_s=50 bis 4000mm/s,
d_s=100µm;
D_s=40µm.

Untergrund der Pulverschicht	AlSi10Mg		IN718		1.4404	
	maximaler S_F	zshg. Spur	maximaler S_F	zshg. Spur	maximaler S_F	zshg. Spur
	S_{Fmax}	V_S [mm/s]	S_{Fmax}	V_S [mm/s]	S_{Fmax}	V_S [mm/s]
innere Spur poliert	0,71	300-1300	0,63	500-3500	0,63	100-1100
innere Spur sandgestrahlt	0,69	300-1300	0,6	500-3500	0,61	100-1100
innere Spur LPBF-Würfel	0,57	400-1100	0,48	750-3250	0,48	200-1100
äußere Spur poliert	0,53	400-1000	0,43	1000-2750	0,41	400-900
äußere Spur sandgestrahlt	0,55	400-1000	0,41	1000-2750	0,38	400-900
äußere Spur LPBF-Würfel	0,43	500-900	0,36	1250-2750	0,29	500-900
Spur nach 2 LPBF-Schichten	0,63	300-1300	0,54	500-3500	0,54	100-1100
Spur nach 4 LPBF-Schichten	0,59	300-1100	0,5	750-3250	0,5	200-1100
Spur nach 6 LPBF-Schichten	0,56	400-1100	0,48	750-3250	0,47	200-1100
Spur in Pulverbett	0		0,15	1750-2250	0	

Qualitativ sind die Ergebnisse ähnlich und die Ergebnisse für die inneren Spuren unterscheiden sich nicht statistisch signifikant von den Ergebnissen für die Spuren auf der Substratoberfläche in Bild 8.7.5. Die Einzelwerte sind in den Tabellen A4.1-3 sowie den Bildern A4.1 bis A4.6 im Anhang A4 dargestellt.

Wie für AlSi10Mg oben beschrieben sind diese Unterschiede auf die Akkumulation von Oberflächenunregelmäßigkeiten über mehrere aufgebaute PBF-Schichten zurückzuführen. Die Stabilitätsfaktoren der Einzelspuren für die Werkstoffe IN718 und 1.4404 befinden sich ab vier Schichten im Bereich der Standardabweichung zu den entsprechenden Stabilitätsfaktoren auf den Oberflächen der PBF-Würfel.

Die Ergebnisse können wie folgt zusammengefasst werden:

- Mit zunehmender Rauheit des Untergrundes sinken sowohl die Stabilitätsfaktoren als auch die Breite des Bereiches der Scangeschwindigkeit für zusammenhängende Einzelspuren für alle drei Werkstoffe.

- Polierte Oberflächen als Untergrund führen zu keiner signifikanten Erhöhung der Stabilitätsfaktoren gegenüber sandgestrahlten Oberflächen.

- Für AlSi10Mg und 1.4404 gelingt es nicht, zusammenhängende Einzelspuren im Pulverbett herzustellen. Lediglich für IN718 werden Einzelspuren geringer Qualität mit $S_F < 0{,}15$ erreicht.

- Direkter Kontakt von Einzelspuren zum Pulverbett (äußere Spuren) führt zur Reduzierung der maximalen Stabilitätsfaktoren im Vergleich zu inneren Spuren um 0,14 für AlSi10Mg, 0,19 für IN718 und 0,23 für 1.4404.

- Die Differenz der maximalen Stabilitätsfaktoren für Einzelspuren auf sandgestrahlten Oberflächen im Vergleich zu Spuren auf PBF-Würfeloberflächen beträgt 0,12 für AlSi10Mg und IN718 und 0,13 für 1.4404.

- Nach vier PBF-Schichten für 1.4404 und IN718 und sechs Schichten für AlSi10Mg auf sandgestrahlten Oberflächen sind die Stabilitätsfaktoren gleich denen von PBF-Würfeloberflächen.

- Während sich die Werte unterscheiden, bleibt der qualitative Verlauf der Stabilitätsfaktoren in Abhängigkeit von den Einflussgrößen gleich für alle drei untersuchten Werkstoffe.

9.1.2 Einfluss der Pulverauftragseinheit auf die Einzelspuren

Wie in den Kapiteln 4.1 und 6.1 dargestellt, werden bei dem PBF-Prozess die Pulverschichten mit einer Pulverauftragseinheit aufgetragen. Dabei wird üblicherweise eine Kohlenstofffaserbürste, Gummilippe oder Klinge verwendet, die im Abstand der Schichtdicke über der Substratplatte positioniert wird und das Pulver möglichst homogen verteilt. Alle bisher betrachteten Einzelspuren wurden mit Hilfe einer Kohlenstofffaserbürste hergestellt. In diesem Unterkapitel wird der Einfluss des Auftrages mit Gummilippe und Klinge auf die Stabilitätsfaktoren der aufgebauten Einzelspuren untersucht. Die Schichten werden auf eine sandgestrahlte Substratplatte aufgetragen. Im Bild 9.1.8 werden die Stabilitätsfaktoren S_F von jeweils drei AlSi10Mg Einzelspuren gezeigt, hergestellt auf Pulverschichten, die mit unterschiedlichen Auftragseinheiten aufgetragen werden. Die Werte für den Pulverauftrag mit Bürste werden aus dem Bild 9.1.6 (sandgestrahlte, innere Einzelspur) übernommen.

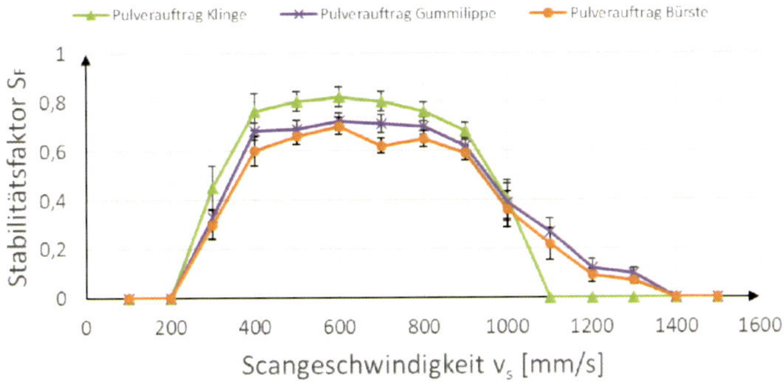

Bild 9.1.8 Stabilitätsfaktor S_F in Abhängigkeit der Scangeschwindigkeit der AlSi10Mg Einzelspuren, aufgetragen mit Klinge, Gummilippe oder Kohlenstofffaserbürste. Hier: Korngrößenverteilung 25-40µm, P_L=300W, v_s=100 bis 1600mm/s, d_S=100µm; D_S=40µm.

Die Unterschiede zwischen den Ergebnissen mit Gummilippe und Kohlenstofffaserbürste bleiben zu großen Teilen im Bereich der Standardabweichung. Der Pulverauftrag mit Hilfe der Klinge ergibt im Vergleich bis zu 0,1 größere Stabilitätsfaktoren, allerdings bei einem verkleinerten Bereich der Scangeschwindigkeit für zusammenhängende Spuren. Die höchsten Stabilitätsfaktoren liegen dabei bei 600 mm/s mit 0,81 für den Klingenauftrag, 0,70 für den Auftrag mit der Gummilippe und 0,69 für den Auftrag mit der Bürste. Scangeschwindigkeitsbereiche der zusammenhängenden Einzelspuren für den Auftrag mit Bürste und Gummilippe liegen zwischen 300 und 1300 mm/s, während der Scangeschwindigkeitsbereich für den Auftrag mit der Klinge zwischen 300 und 1000 mm/s liegt. Zur Klärung der Unterschiede beim Klingenauftrag werden zunächst die Pulverschichten betrachtet, siehe Bild 9.1.9. Zur Vermeidung von Veränderungen der Oberflächenqualität beim Transport der Proben von der Anlage zum Messgerät wird ein Transportwagen mit flüssigkeitsgelagerter Auflagefläche bei ständiger visueller Überwachung eingesetzt. Durch die Messungen der Flächenrauheit Sa der Pulverschichten mit dem Alicona Infinite Focus (siehe Kapitel 6.2), werden deutliche Unterschiede festgestellt. Dabei wird die Rauheit eines 3x3 mm^2 Bereiches im Zentrum der aufgetragenen Pulverschicht gemessen. Wegen dem notwendigen Aufwand wurde nur eine Messung durchgeführt. Die Werte für den Auftrag mit Gummilippe (B) und Bürste (C) sind mit jeweils Sa = 39 und 41 µm nahezu gleich, die Flächenrauheit des Pulverauftrages mit Klinge (A) liegt mit Sa = 31 µm deutlich darunter. Die größere Homogenität und geringere Rauheit dieser Schicht wird auf die kleinere Breite der Korngrößenverteilung (keine Körner > 45 µm) zurückgeführt, vgl. Bild 9.1.12. Es wird vermutet, dass dadurch eine höhere Kompaktheit der Schicht resultiert. Möglicherweise führt dies zu einem gleichmäßigeren PBF-Prozess, der sich in höheren Stabilitätsfaktoren äußert. Der verkleinerte Scangeschwindigkeitsbereich für zusammenhängende Spuren kann vermutlich ebenfalls durch eine höhere Kompaktheit der Schicht erklärt werden: Eine höhere Kompaktheit der Schicht resultiert in mehr Material zum Umschmelzen. Dazu ist eine höhere Streckenenergie notwendig. Bei gleichbleibender Laserleistung werden dazu kleinere Scangeschwindigkeiten benötigt.

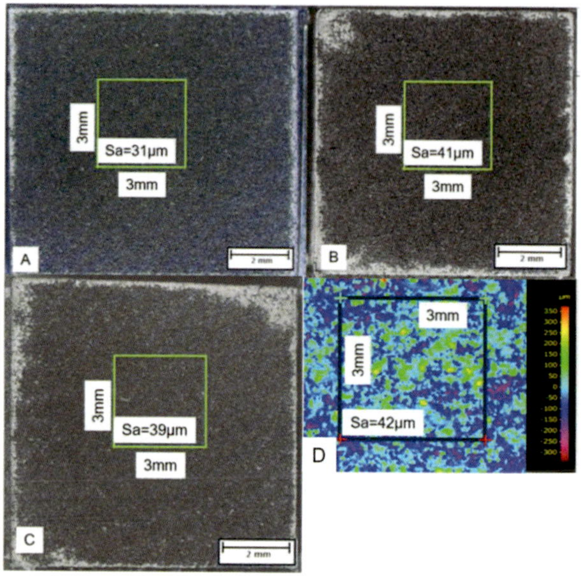

Bild 9.1.9
Flächenrauheit Sa der AlSi10Mg Pulverschichten aufgetragen mit Klinge (A), Gummilippe (B) und Kohlenstofffaserbürste (C). Gemessen mit Alicona Infinite Focus Topographiemessgerät, siehe Falschfarbenbild D (Auftrag mit Kohlenstofffaserbürste).
Hier: Korngrößenverteilung 25-40µm mit Feinanteil D_S=40µm.

Als nächstes wird die Korngrößenverteilung vor und nach dem Auftrag verglichen. Dazu wird das mit der jeweiligen Pulverauftragseinheit bereits aufgetragene Pulver wieder gesammelt und mit der Korngrößenverteilung des ursprünglichen Pulvers verglichen (siehe Kap. 7.3). Die Messungen der Korngrößenverteilung wurden im Rahmen einer RWTH-Kooperation von Kollegen am Institut für Eisenhüttenkunde durchgeführt und für diese Arbeit zur Verfügung gestellt. Bei der verwendeten Messmethode wird eine Dispergierung mittels Druckluft verwendet, die Fehlerbalken werden durch das so genannte „single frame evaluation" aus mehreren Aufnahmen ermittelt [21]. Üblicherweise werden die Partikel mit ihrem Volumen gewichtet dargestellt. Dies hat zur Folge, dass kleinere Partikel trotz ihrer relativ hohen Anzahl in der Darstellung als vernachlässigbar erscheinen. Im Bild 9.1.10 wird eine volumengewichtete Darstellung mit einer anzahlgewichteten Darstellung desselben Pulvers, hier AlSi10Mg der Körnung 25 - 40 µm, verglichen. Bei beiden Verteilungen liegt der Hauptanteil bei 25 - 40 µm (71 % bei der Volumenverteilung und 54 % bei der Verteilung nach Anzahl). Pulverkörner mit Durchmesser < 25 µm kommen trotz eines kleinen Volumenanteils von 9 % in großer Anzahl von 36 % vor. Die Situation ist umgekehrt für Pulverkörner > 40 µm: diese Pulverkörner enthalten 20 % des Volumenanteils bei 10 % der Anzahl aller Pulverkörner.

Bild 9.1.10
Korngrößenverteilung des 25-40µm AlSi10Mg Pulvers mit Feinanteil in Abhängigkeit von Korndurchmesser, anzahl- und volumengewichtet [21].
Hier:
AlSi10Mg
Korngrößenverteilung 25-40µm

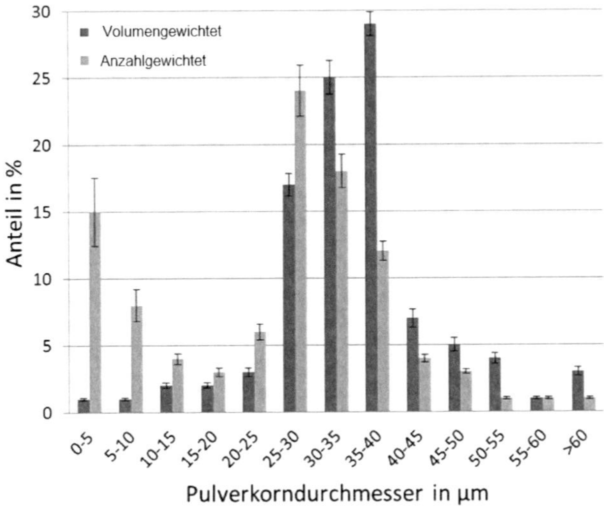

Der Feinanteil (Pulverkörner < 5 µm) erscheint in der volumengewichteten Darstellung mit etwa 1 % des Gesamtvolumens vernachlässigbar. Die Anzahl dieser Pulverkörner ist verglichen mit der Gesamtanzahl aller Pulverkörner mit ca. 15 % aber signifikant. Dies wird mit einer REM-Aufnahme (Bild 9.1.11) auf der ein erheblicher Feinanteil deutlich sichtbar ist, bestätigt.

Bild 9.1.11
REM-Aufnahme des 25-40µm AlSi10Mg Pulvers. Der Feinanteil (Puverkörner mit Durchmesser kleiner 5µm) ist deutlich sichtbar.
Hier:
AlSi10Mg
Korngrößenverteilung 25-40µm

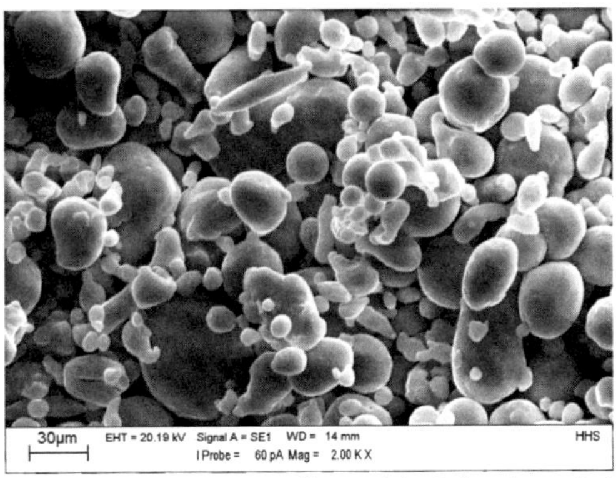

Der Feinanteil hat einen erheblichen Einfluss auf die Pulvereigenschaften wie z. B. die Fließfähigkeit [65], [66]. Deswegen wird im Weiteren die anzahlgewichtete Korngrößenverteilung benutzt, damit mögliche Änderungen der Verteilung der

Pulverkörner mit kleinen Durchmessern nachvollzogen werden können. Im Bild 9.1.12 wird die Korngrößenverteilung des ursprünglichen 25 - 40 µm Pulvers mit dem nach Pulverauftrag mit Bürste, Gummilippe oder Klinge wieder gesammelten Pulver verglichen.

Bild 9.1.12
Anzahlgewichtete Korngrößenverteilung des 25-40µm AlSi10Mg Pulvers mit Feinanteil. Vergleich des ursprünglichen Pulvers mit gesammeltem Pulver nach Auftrag mit Bürste, Gummilippe oder Klinge [21].
Hier:
AlSi10Mg Korngrößenverteilung 25-40µm D_S=40µm

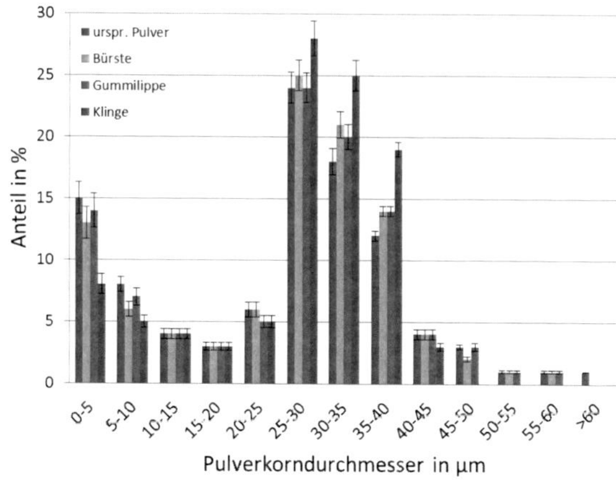

Als erstes wird sichtbar, dass sich die Korngrößenverteilung nach dem Auftrag mit verschiedenen Auftragseinheiten im Vergleich zu dem ursprünglichen Pulver ändert. Diese Änderungen lassen sich insbesondere für die Pulverkörner < 10 µm und Pulverkörner > 40 µm für die Auftragseinheit mit Klinge beobachten. Die Unterschiede zwischen dem Originalpulver und mit Bürste bzw. Gummilippe aufgetragenem Pulver liegen für Pulverkörner < 60 µm im Bereich der Standardabweichung. Pulverkörner > 60 µm werden nach dem Auftrag mit jeder Pulverauftragseinheit nicht mehr festgestellt.

Für das Pulver nach dem Auftrag mit der Klinge gibt es signifikante Unterschiede beim Feinanteil: nur 8 statt 15 % wie bei dem ursprünglichen Pulver. Bei der Korngrößenverteilung 5 - 10 µm sind es 5 statt 8 %. Bei Korngrößenverteilung zwischen 10 und 25 µm liegen die Unterschiede im Bereich der Standardabweichung, bei Korngrößenverteilung zwischen 25 und 40 µm sind es 72 % für den Klingenauftrag gegenüber 54 % für das ursprüngliche Pulver. Für die Korngrößenverteilung zwischen 40 - 45 µm sind es 3 % für den Klingenauftrag und 4 % für das ursprüngliche Pulver. Nach dem Auftrag mit der Klinge sind keine Pulverkörner größer 45 µm feststellbar.

Das Entfernen größerer (> 60 µm für die Gummilippe und Bürste, > 45 µm für die Klinge) Pulverkörner wird folgendermaßen erklärt: Der Abstand zwischen der Substratoberfläche und der Unterkante der Pulverauftragseinheit, der der Pulverschichtdicke entspricht, beträgt 40 µm. Dies wird durch das Ausrichten der Auftragseinheit auf die Substratplatte und Verfahren der Substratplatte mit Hilfe eines Schrittmotors erreicht. Der Abstand wird dabei mit einer Mikrometerschraube an drei Stellen (siehe Bild 6.1.3) gemessen und der Mittelwert gebildet. Die Genauigkeit beträgt ca. 10 µm für Bürste und Gummilippe und ca. 5 µm für die Klinge. Wie in den Bildern 9.1.10 und 9.1.12 zu sehen, sind einige der Pulverkörner größer als 40 µm. Ein Teil dieser Pulverkörner wird von den Pulverauftragseinheiten abgetragen. Bei Verwendung der Bürste oder Gummilippe passt ein Teil der 40 - 60 µm Pulverkörner zwischen die Borsten, bzw. wird durch die Deformation des weichen Kunststoffes der Gummilippe nicht abgetragen, während die starre Klinge eine viel höhere Steifigkeit besitzt, es findet dadurch im Vergleich zu Gummilippe oder Bürste keine Deformation des Auftragswerkzeuges statt, d. h. alle größeren Pulverkörner ab 45 µm werden entfernt.

Das Entfernen kleinerer Pulverkörner ist durch Agglomeration dieser an größere Partikel erklärbar, siehe Bild 9.1.11. Dies kann mit Feuchtigkeit im Pulver erklärt werden, Pulverkörner < 10 µm lagern sich an den größeren Körnern an [66]. Durch das Entfernen solcher größeren Körner mit der Klinge werden auch die agglomerierten kleineren Körner entfernt, dies ergibt die in Bild 9.1.12 gezeigte Änderung der Korngrößenverteilung.

Die gezeigten Vorgänge führen insgesamt zu einer kleineren Varianz der Korngrößenverteilung. Eine kleinere Varianz der Pulvergröße wirkt sich positiv auf die Stabilitätsfaktoren aus bei gleichzeitiger Verkleinerung des Scangeschwindigkeitsbereiches für zusammenhängende Einzelspuren. Darauf wird in Kapitel 9.2.4 näher eingegangen.

Die Ergebnisse für die Werkstoffe IN718 und 1.4404 entsprechen qualitativ den Ergebnissen für AlSi10Mg, siehe Tabelle 9.1.2. In den Bildern A4.7 und A4.8 werden zusätzlich die Einzelergebnisse für IN718 und 1.4404 gezeigt.

Tabelle 9.1.2 Einfluss der Auftragswerkzeuge auf Stabilitätsfaktoren und Prozessfenster. Pulver: AlSi10Mg, IN718, 1.4404 P_L= 300W v_s=50 bis 4000mm/s, d_S=100µm; D_S=40µm,

Auftragverfahren	maximaler Stabilitätsfaktor	lokales Maximum	durchgehende Spur Prozessfenster	
AlSi10Mg	S_{Fmax}	v_s [mm/s]	v_s [mm/s]	Δv_s [mm/s]
Bürste	0.7	600	300-1300	1000
Gummilippe	0.69	600	300-1300	1000
Klinge	0.81	600	300-1000	700
IN718	S_{Fmax}	v_s [mm/s]	v_s [mm/s]	Δv_s [mm/s]
Bürste	0.59	2000	500-3250	2750
Gummilippe	0.6	2000	500-3250	2750
Klinge	0.75	2000	1000-2750	1750
1.4404	S_{Fmax}	v_s [mm/s]	v_s [mm/s]	Δv_s [mm/s]
Bürste	0.61	600	100-1100	1000
Gummilippe	0.58	600	100-1100	1000
Klinge	0.82	600	400-1000	600

Die Ergebnisse können wie folgt zusammengefasst werden:

- Während sich die absoluten Werte unterscheiden, bleibt der qualitative Verlauf der Stabilitätsfaktoren in Abhängigkeit von der Scangeschwindigkeit gleich für die drei Werkstoffe.

- Die Unterschiede der Stabilitätsfaktoren für Gummilippe und Kohlenstofffaserbürste liegen im Bereich der Standardabweichung.

- Die Verwendung einer Klinge verbessert die absoluten Werte der Stabilitätsfaktoren bei gleichzeitiger Verkleinerung des Bereiches der Scangeschwindigkeit für zusammenhängende Einzelspuren.

9.1.3 Einfluss einer Pulverfixierung auf die Einzelspuren

Als nächstes wird der Einfluss einer „Pulverfixierung" auf die Stabilitätsfaktoren S_F der Einzelspuren untersucht. In Kapitel 4.3.3.3 und Kapitel 8.5 wird gezeigt, dass durch den „pulverfreien Saum" auch Pulverpartikel, die sich zum Teil mehr als 100 µm seitlich der Laserstrahl/Werkstoff-Wechselwirkungszone befinden, in die Schmelze transportiert werden können. Im Folgenden wird untersucht, welchen Einfluss das auf die Stabilitätsfaktoren der Einzelspuren hat. Dazu werden Stabilitätsfaktoren von Einzelspuren aus einer nicht fixierten Pulverschicht (Werte in Kap. 9.1.2, Bild 9.1.8) mit den Einzelspuren aus einer mit Bindemittel fixierten Pulverschicht verglichen. Als Bindemittel wird eine von IEHK bereitgestellte flüssige Klebemasse mit einer Verdampfungstemperatur von ca. 180 °C verwendet [21]. Der Auftrag des Pulvers mit dem Bindemittel erfolgt wie folgt: das flüssige Bindemittel wird mit dem Pulver vermischt. Das so vorbereitete Pulvergemisch wird vor einer entsprechend voreingestellten Pulverauftragseinheit (Gummilippe) platziert und mit dieser glattgestrichen. Die Flächenrauheit der Pulverschicht ist mit Sa = 43 µm für die Pulverschicht mit Bindemittel und Sa = 41 µm für die Pulverschicht ohne Bindemittel nahezu gleich. Eine artgleiche sandgestrahlte Substratplatte wird verwendet. Die aufgetragene Schicht wird über eine Zeitdauer von 24 Stunden bei 50 °C getrocknet, danach werden Einzelspurversuche durchgeführt, siehe Bild 9.1.13. Die Temperatur in der Laserstrahl/Werkstoff-Wechselwirkungszone ist größer als die Schmelztemperatur der verwendeten Werkstoffe (d. h. > 660 °C für AlSi10Mg), so dass das Bindemittel bei dem Prozess verdampft. Es konnten keine negativen Auswirkungen des verdampften Bindemittels auf den PBF-Prozess beobachtet werden. Die EDX-Analyse der chemischen Zusammensetzung der mit und ohne Bindemittel hergestellten Einzelspuren ergibt keine Differenzen, das Bindemittel verdampft vollständig.

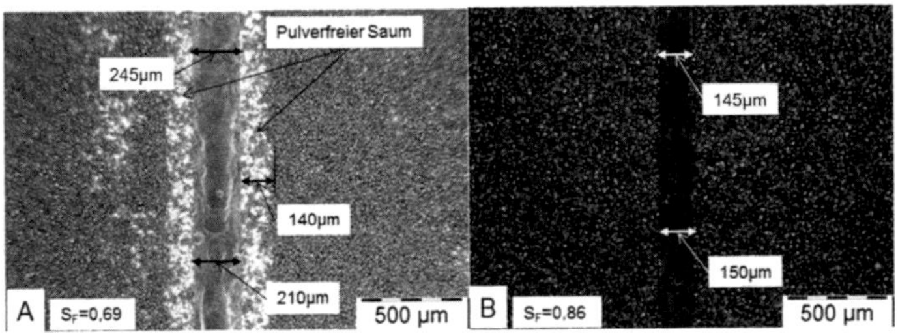

Bild 9.1.13
Einzelspuren auf einer Substratplatte hergestellt ohne (A) und mit (B) Bindemittel.
Hier:
AlSi10Mg
Korngrößenverteilung 25-40µm, P_L=300W, v_s=600mm/s, d_S=100µm; D_S=40µm

Folgende Auswirkungen auf die Einzelspuren werden festgestellt: bei der Pulverschicht ohne Bindemittel ist ein etwa 140 µm breiter pulverfreier Saum sichtbar, (Mittelwert aus Messungen von drei Einzelspuren) während dieser bei Einzelspuren mit Bindemittel fehlt. Dies zeigt, dass das Bindemittel die Pulverkörner auch während des PBF-Prozesses fixiert. Die Breite der Einzelspuren (Bild 9.1.13) ist ebenfalls unterschiedlich. Die Einzelspur der Pulverschicht ohne Bindemittel ist etwa 230 µm breit (Mittelwert aus Messungen von drei Einzelspuren), während die Einzelspur der Pulverschicht mit Bindemittel lediglich 150 µm breit ist. Dies lässt sich mit dem geringeren Schmelzvolumen der Einzelspuren mit Bindemittel erklären: Aufgrund der Fixierung wird kein zusätzliches Pulver aus dem Bereich des „pulverfreien Saumes" in das Schmelzbad transportiert. Weiterhin wird festgestellt, dass die Spurbreite der Spur mit Bindemittel regelmäßiger ist (b_s-Variation ca. 20 % ohne und < 10 % mit Bindemittel, vgl. Kap 8.5). Die Stabilitätsfaktoren von AlSi10Mg-Einzelspuren mit Pulverfixierung sind bis zu 0,2 größer als ohne Fixierung (Bild 9.1.14).

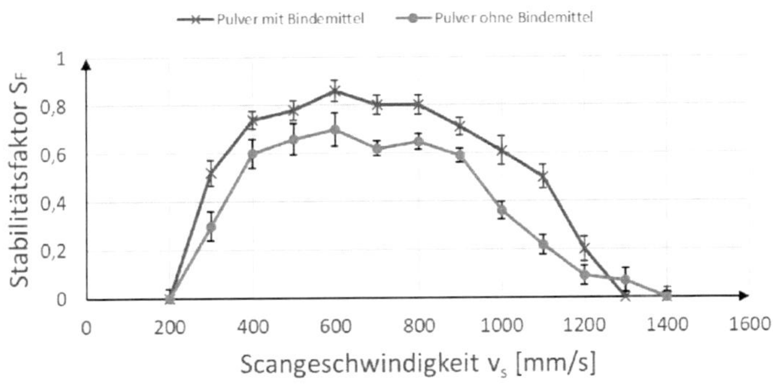

Bild 9.1.14
Stabilitätsfaktor S_F in Abhängigkeit der Scangeschwindigkeit der AlSi10Mg Einzelspuren, hergestellt mit und ohne Bindemittel. Bei den Werten ohne Bindemittel handelt es sich um neue Versuche
Hier:
Korngrößenverteilung 25-40µm, P_L=300W, v_s=100 bis 1600mm/s, d_S=100µm; D_S=40µm

Zusammenhängende Einzelspuren werden dabei bei ähnlichen Scangeschwindigkeiten hergestellt (300 bis 1300 mm/s ohne Bindemittel, 300 bis 1200 mm/s mit Bindemittel). Der Scangeschwindigkeitsunterschied von 100 mm/s lässt sich mit statistischer Ungenauigkeit erklären, da nur 2 ohne Bindemittel hergestellte Einzelspuren bei 1300 mm/s S_F-Werte > 0 erreichen. Die höchsten Stabilitätsfaktoren (0,86 für die Einzelspur auf fixierter Pulverschicht und 0,69 für die Einzelspur auf nicht fixierter Pulverschicht) liegen bei 600 mm/s.

Der pulverfreie Saum wird nicht mehr beobachtet, siehe Bild 9.1.13 B. Es wird also kein Pulver aus dem Saum in die Laserstrahl/Werkstoff-Wechselwirkungszone transportiert, was sehr ungleichmäßig erfolgen kann, wie die Schwankungen des pulverfreien Saums von bis zu 50 % zeigen, vgl. Kap. 4.3.3.3 und 4.4.1. Dies resultiert in einer regelmäßigeren Pulverzufuhr und einem kleineren Schmelzvolumen (Abnahme der Pulvermenge in der Laserstrahl/Werkstoff-Wechselwirkungszone), wodurch die Spur regelmäßiger wird. Die Fixierung der Pulverschicht verbessert die Stabilitätsfaktoren der Einzelspuren um bis zu 0,25 für IN718 und für 1.4404. Die Ergebnisse für die Werkstoffe IN718 und 1.4404 entsprechen qualitativ den Ergebnissen für AlSi10Mg, siehe Tabelle A4.4. „Qualitativ entsprechen" bedeutet in dieser Arbeit, dass sich die S_F-Verläufe in Abhängigkeit der Scangeschwindigkeit ähneln (Die höchsten Stabilitätsfaktoren der Einzelspuren mit Bindemittel sind für alle drei Werkstoffe um ca. 0,2 höher als die ohne Bindemittel. Generell sind die Stabilitätsfaktoren der Einzelspuren mit Bindemittel für alle drei Werkstoffe ca. 20 % höher als entsprechende Stabilitätsfaktoren der Einzelspuren ohne Bindemittel, siehe auch Bilder A4.9 und A4.10). Es gibt keine Verschiebung des lokalen Maximums des Stabilitätsfaktors bezüglich der Scangeschwindigkeit zwischen den Spuren mit und ohne Bindemittel und die Scangeschwindigkeitsbereiche für Herstellung zusammenhängender Einzelspuren aus Pulver mit und ohne Bindemittel ändern sich nicht signifikant. Die Einzelwerte für IN718 und 1.4404 werden in Anhang 4, Tabelle A4.4 und Bilder A4.9 und A4.10 dargestellt. Die höchsten Stabilitätsfaktoren liegen bei 2000 mm/s für IN718 und bei 600 mm/s für 1.4404. Die Maximalwerte der Stabilitätsfaktoren für IN718 sind 0,81 für die fixierte und 0,6 für die nicht fixierte Pulverschicht. Für den Werkstoff 1.4404 ergeben sich 0,84 für die fixierte und 0,62 für die nicht fixierte Pulverschicht.

9.2 Werkstoff

Im Rahmen der Untersuchungen zum Einfluss des Werkstoffes werden zum einen die Werkstoffeigenschaften der Legierungen AlSi10Mg, IN718 und 1.4404 und zum anderen die Dotierung von 1.4404 mit Kupfer sowie die Pulvercharakteristika (Feinanteil, Korngrößenverteilung und -form) betrachtet.

9.2.1 Vergleich der AlSi10Mg, IN718 und 1.4404 Einzelspuren

Für die drei Werkstoffe AlSi10Mg, IN718 und 1.4404 werden die Stabilitätsfaktoren der Einzelspuren miteinander verglichen. Zur Überprüfung der Reproduzierbarkeit werden jeweils drei neue Einzelspuren mit gleichen Parametern und gleichem Pulver wie in Kapitel 8, Bild 8.7.5, hergestellt und mit den Einzelspuren aus Kapitel 8 verglichen, siehe Bild 9.2.1. Die Reproduzierbarkeit ist im Rahmen der Standardabweichung für stabile Spuren (bis zu max. 0,06, siehe Tab. 8.7.1) gegeben. Im Weiteren werden die neu für Kap. 9 hergestellten Einzelspuren untersucht.

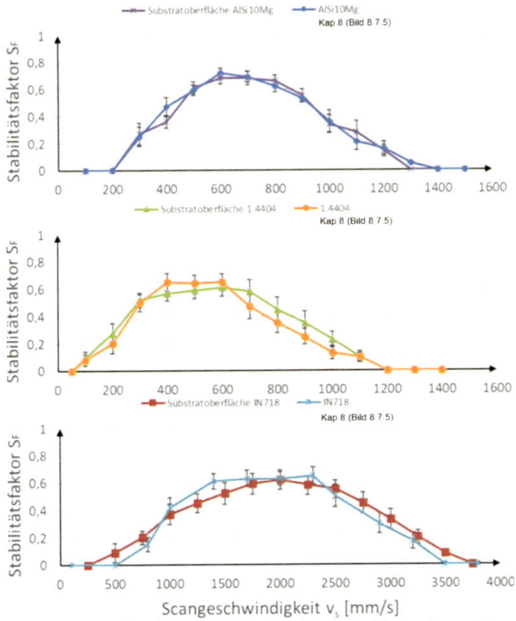

Bild 9.2.1
Stabilitätsfaktoren S_F in Abhängigkeit der Scangeschwindigkeit der Einzelspuren der Werkstoffe AlSi10Mg, IN718 und 1.4404. Hier: Korngrößenverteilung 25-40µm, P_L=300W, v_s=50 bis 4000mm/s, d_S=100µm; D_S=40µm.

Die signifikanten Unterschiede zwischen den Werkstoffen zeigen sich nicht nur in verschiedenen Maxima der Stabilitätsfaktoren, sondern auch in deutlich unterschiedlichen Scangeschwindigkeitsbereichen für zusammenhängende Einzelspuren. Mit 0,69 wird der höchste Stabilitätswert bei AlSi10Mg gemessen, gefolgt von 0,62 für IN718 und 0,61 für 1.4404. Die Scangeschwindigkeitsbereiche zusammenhängender Einzelspuren befinden sich bei oben genannten Verfahrensparametern zwischen 300 - 1200 mm/s für AlSi10Mg, zwischen 500 - 3500 mm/s für IN718 und zwischen 100 - 1100 mm/s für 1.4404. Die Auswahl der Scangeschwindigkeiten für IN718 wurde zwischen den Kapiteln 8 und 9 leicht verändert (unregelmäßig in Kap. 8, von 250 bis 3750 mm/s in 250 mm/s Schritten in Kap. 9). Die Reproduzierbarkeit ist im Rahmen der Standardabweichung trotzdem gegeben. Die höchsten Stabilitätsfaktoren befinden sich bei 600 mm/s für AlSi10Mg und 1.4404 (wobei für 1,4404 die Stabilitätsfaktoren bei 400 bis 600 mm/s im Bereich der Standardabweichung zueinander liegen) und bei 2000 mm/s für IN718. Die Einzelergebnisse können der Tabelle A4.5 im Anhang A4 entnommen werden.

Der qualitative Verlauf bleibt bei allen Werkstoffen ähnlich - es gibt einen Bereich mit Stabilitätsfaktor Null, bei dem keine zusammenhängenden Einzelspuren hergestellt werden können, einen Bereich niedriger Stabilitätsfaktoren bei niedrigen und hohen Scangeschwindigkeiten, und einen Bereich mit maximalen Stabilitätsfaktoren für die gewählten Parameter. Es wird erwartet, dass in diesem Bereich die

Probekörper höchster Dichte und niedrigster Oberflächenrauheit aufgebaut werden können. Dies wird im Kapitel 10 genauer untersucht.

- Quantitativ unterscheiden sich die Stabilitätsfaktoren und die Scangeschwindigkeitsbereiche für zusammenhängende Spuren der drei Werkstoffe, der qualitative Verlauf ist aber gleich.
- Die höchsten Stabilitätsfaktoren sind 0,69 für AlSi10Mg, 0,62 für IN718 und 0,61 für 1.4404.
- Die Scangeschwindigkeitsbereiche zusammenhängender Einzelspuren für AlSi10Mg und 1.4404 liegen mit 300 - 1200 mm/s bzw. 100 - 1100 mm/s nahe beieinander. Der Scangeschwindigkeitsbereich für IN718 unterscheidet sich mit 500 - 3500 mm/s signifikant davon.
- Die Reproduzierbarkeit der Stabilitätsfaktoren von Einzelspuren liegt innerhalb der Standardabweichung (Bild 9.2.1).

9.2.2 Einfluss der chem. Zusammensetzung am Beispiel der Dotierung von 1.4404 mit Kupfer

In diesem Kapitel wird der Einfluss von rheologischen Eigenschaften (wie Viskosität und Oberflächenspannung) auf die Spurbildung durch eine Dotierung des Werkstoffes 1.4404 mit dem Legierungselement Cu untersucht. Zunächst wurde eine direkte Verarbeitung einer Pulvermischung aus 1.4404-Pulver und Kupfer-pulver mittels PBF-Prozesses versucht. Dies führte zu keinen reproduzierbaren Ergebnissen: Einzelspuren, die mit gleichen Verfahrensparametern hergestellt wurden, wiesen zum Teil Stabilitätsfaktorenunterschiede > 0,25 auf. Vermutlich konnte keine homogene Pulvermischung hergestellt werden. Der Herstellungsprozess des Pulvers musste deswegen geändert werden: Zunächst wurde der Werkstoff 1.4404 und das Legierungselement Cu, beide in Pulverform, zusammen im Tiegel umgeschmolzen und eine Stangenware aus der resultierenden Legierung gezogen. Anschließend wurde diese verdüst und das erhaltene Pulver auf entsprechende Korngrößenverteilung gesiebt (siehe Bild A1.11, Anhang 1). Die dotierte Stangenware wurde bei einem früheren Projekt des RWTH-Exzellenzclusters hergestellt und verwendet. Anschließend wurde ein Teil des hergestellten Werkstoffes sowie die rheologischen Kennwerte von Kollegen am Institut für Eisenhüttenkunde (IEHK) im Rahmen einer RWTH-Kooperation für diese Arbeit zur Verfügung gestellt. Laut einer Auskunft des IEHK sollen die Änderungen der Schmelztemperatur T_m sowie der mechanischen Kennwerte bei einer Dotierung mit bis zu 3 Gew.-% Kupfer weitgehend unverändert zum undotierten Werkstoff bleiben. Eigene Messungen zur Überprüfung dieser Aussagen konnten im Rahmen der Arbeit mangels notwendiger Messmittel nicht stattfinden. Die zur Verfügung gestellten Werte für die Viskosität und Oberflächenspannung für den Werkstoff 1.4404 und die Dotierungen werden in der Tabelle 9.2.1 dargestellt.

Tabelle 9.2.1
Viskosität und Oberflächenspannung des Werkstoffes 1.4404 mit Dotierung von 1 und 3% Cu [21].

	1.4404	**1.4404 + 1% Cu**	**1.4404 + 3% Cu**
Viskosität der Schmelze c bei T_m [mPa*s]	3,8	4,3	5,0
Oberflächenspannung γ_0 bei T_m [mN/m]	1600	1570	1520

Als nächstes werden aus den drei Pulvern bei ansonsten gleichen Randbedingungen drei Einzelspuren pro Parameter hergestellt und die Stabilitätsfaktoren verglichen, siehe Bild 9.2.2. Die Werte für 1.4404 ohne Cu-Dotierung werden früheren Versuchen entnommen (Bild A4.2, innere Spur, sandgestrahlt).

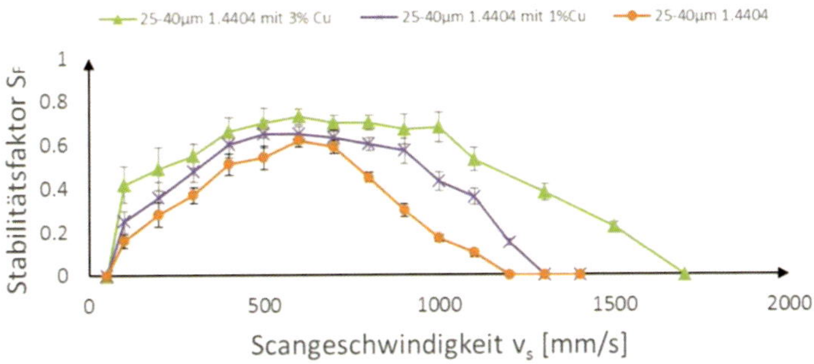

Bild 9.2.2
Stabilitätsfaktoren S_F der Einzelspuren der Werkstoffe 1.4404 und 1.4404 mit 1% und 3% Cu Dotierung. Hier: Korngrößenverteilung 25-40µm, P_L=300W, v_s=50 bis 1800mm/s, d_S=100µm; D_S=40µm

In Bild 9.2.2 und 9.2.3 wird gezeigt, dass mit zunehmender Cu-Dotierung die Stabilitätsfaktoren steigen. Diese Ergebnisse deuten an, dass sich steigende Viskosität und sinkende Oberflächenspannung tendenziell positiv auf die Spurbildung auswirken. Das bestätigt die Untersuchungen von Kruth et al., vgl. Kap. 4.3.3.1, [36], dass eine Dotierung von Fe-Legierungen mit Kupfer zu einer Reduzierung von Balling und dadurch zu einer Verbesserung der Qualität von Einzelspuren führen kann.

Während die Untersuchungen von Kruth et al. die dotierten Einzelspuren lediglich qualitativ mit undotierten Einzelspuren verglichen, wird in dieser Arbeit die Verbesserung mit dem Stabilitätsfaktor quantifiziert. Bei einer Scangeschwindigkeit von 600 mm/s steigt der Stabilitätsfaktor nur um 0,11 von 0,61 auf 0,72, eine nur bedingt signifikante Verbesserung im Vergleich zum undotierten Werkstoff. Der Scangeschwindigkeitsbereich der stabilen Einzelspuren (S_F > 0,6) von 100 mm/s (zwischen 600 und 700 mm/s) für den undotierten Werkstoff steigt auf 600 mm/s (zwischen 400 und 1000 mm/s) für den Werkstoff dotiert mit 3 Gew.-% Kupfer, eine sechsfache Steigerung.

In Bild 9.2.3 wird gezeigt, wie bei einer Scangeschwindigkeit von 1000 mm/s der Stabilitätsfaktor durch die Dotierung von 0,17 (instabile Einzelspur) auf 0,68 (stabile Einzelspur) gesteigert wird.

Die maximale Scangeschwindigkeit für zusammenhängende Einzelspuren ($S_F > 0$) wird ebenfalls signifikant vergrößert, von 1100 mm/s ohne Dotierung auf 1500 mm/s mit 3 % Dotierung, siehe auch Anhang A4, Tabelle A4.6.

Damit wird gezeigt, dass eine solche Dotierung zu einem stabileren PBF-Prozess und damit zu einer verbesserten Spurqualität führt.

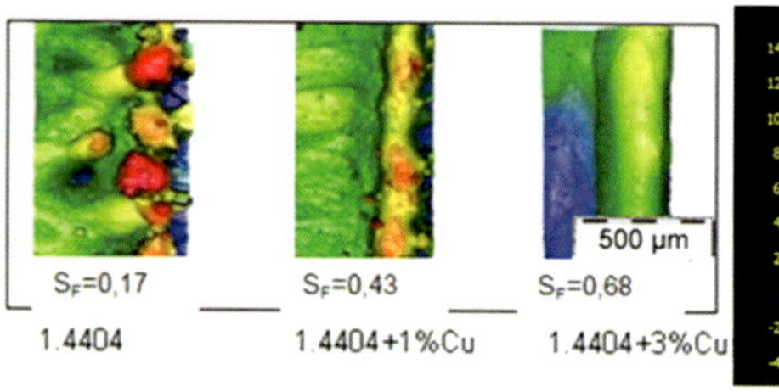

Bild 9.2.3 Topographieaufnahmen von Einzelspuren des 1.4404 Werkstoffes, undotiert und dotiert mit 1% und 3% Kupfer. Hier: Korngrößenverteilung 25-40µm, P_L=300W, v_s=1000mm/s, d_s=100µm; D_S=40µm

Die Ergebnisse bestätigen frühere Erkenntnisse, dass eine Cu-Dotierung von Fe-Legierungen die Qualität von PBF-Einzelspuren verbessern kann, und deuten darauf hin, dass Viskosität und Oberflächenspannung wichtige Werkstoffeigenschaften für die Spurbildung sind.

Die Ergebnisse zeigen weiterhin, dass durch Anpassung der chemischen Zusammensetzung des Werkstoffs das Schmelzverhalten bzw. die Spurbildung signifikant positiv beeinflusst werden können.

Allerdings sind weitere Untersuchungen mit dotierten Materialien notwendig, um dies zu überprüfen, da eine Werkstoffmodifikation umfangreiche Untersuchungen der Funktionseigenschaften (wie z. B. der mechanischen Eigenschaften) notwendig macht.

- Die maximalen Stabilitätsfaktoren erhöhen sich mit zunehmender Cu-Dotierung von 0,61 ohne Dotierung, auf 0,64 mit 1 % Cu und auf 0,72 mit 3 % Cu bei 600 mm/s, bzw. 0,16 ohne Dotierung, 0,43 bei 1 % und 0,68 bei 3 % bei 1000 mm/s (Bild 9.2.3).

- Die maximale Scangeschwindigkeit für zusammenhängende Einzelspuren vergrößert sich ebenfalls mit zunehmender Cu-Dotierung, von maximal 1100 mm/s ohne Dotierung über 1300 mm/s bei 1 % Dotierung, auf 1500 mm/s bei 3 % Dotierung.

9.2.3 Einfluss des Substratplattenwerkstoffes

Es wird festgestellt, dass artgleiche und artähnliche Substratwerkstoffe zum Aufbau von Einzelspuren geeignet sind. Als Beispiel liegen die Stabilitätsfaktoren der Einzelspuren, die auf den Substratplatten aus den Aluminiumlegierungen AlSi10Mg und AlMg4,5Mn hergestellt werden, nahe beieinander, die S_F-Unterschiede sind < 0,06.

Die Einzelergebnisse können der Tabelle A4.7 und den Bildern A4.11-13 im Anhang A4 entnommen werden. Folgende untersuchte Werkstoffe sind als Substrate geeignet:

Pulver: AlSi10Mg -> Substrate: AlSi10Mg, AlMg4,5Mn

Pulver: 1.4404 -> Substrate: 1.4404, Baustahl S280

Pulver: IN718 -> Substrate: IN718, Baustahl S280

9.2.4 Einfluss der Pulvereigenschaften

In diesem Kapitel wird der Einfluss der geometrischen Pulverpartikeleigenschaften genauer untersucht. Es werden Einzelspuren mit den in Kapitel 7.3 beschriebenen Pulverwerkstoffen hergestellt, ausgewertet und mit Einzelspuren aus Originalpulver, die in Kapitel 9.2.1 gezeigt werden (Bild 9.2.1, Tabelle A4.8) verglichen. Im Folgenden werden die Ergebnisse für 1.4404 dargestellt. Die Bilder 9.2.4 und 9.2.5 zeigen, dass sowohl die Korngrößenverteilung als auch der Feinanteil des Pulvers (Pulverkörner < 5 µm) einen Einfluss auf die Stabilitätsfaktoren und auf die Scangeschwindigkeitsbereiche für zusammenhängende Einzelspuren haben. Nicht nur die Werte ändern sich, auch die lokalen Maxima der S_F-Graphen verschieben sich.

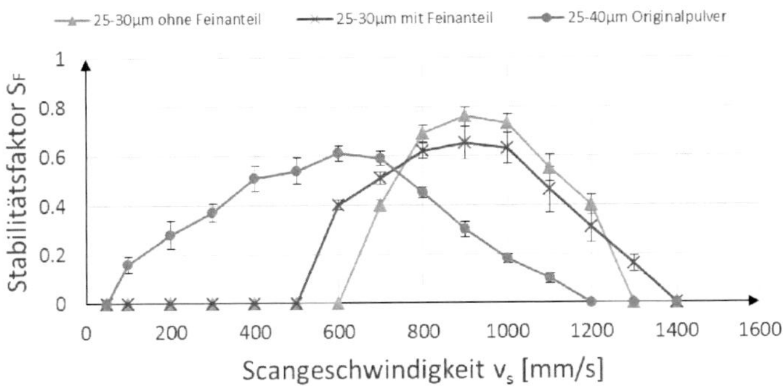

Bild 9.2.4 Stabilitätsfaktoren S_F der 1.4404 Einzelspuren der Korngrößenverteilung 25-40µm (Originalpulver, siehe Bild 9.2.2), 25-30µm mit Feinanteil und 25-30µm ohne Feinanteil.
Hier:
P_L=300W,
v_s=50 bis 1400mm/s,
d_S=100µm;
D_S=40µm

Bild 9.2.5
Stabilitätsfaktoren S_F von 1.4404 Einzelspuren der Korngrößenverteilung 25-40µm (Originalpulver), 29-31µm ohne Feinanteil und 30-40µm ohne Feinanteil.
Hier:
P_L=300W,
v_s=50 bis 1200mm/s,
d_s=100µm;
D_s=40µm

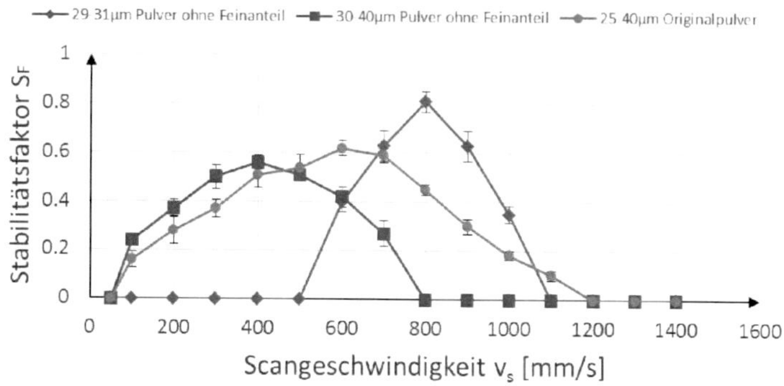

Für das 25 - 30 µm Pulver mit Feinanteil verschiebt sich das lokale Maximum im Vergleich zu dem ursprünglichen Pulver der Korngrößenverteilung 25 - 40 µm mit Feinanteil in Richtung höherer Scangeschwindigkeiten von 600 auf 900 mm/s. Der Reflexionsgrad der beiden Pulver ist mit 0,39 für das ursprüngliche Pulver und 0,41 für die 25 - 30 µm Kornfraktion nahezu gleich und erklärt den Unterschied nicht, siehe Tabelle 8.1.2. Diese Verschiebung lässt sich mit der geringeren Streckenenergie erklären, die zum Umschmelzen kleinerer Kornfraktionen benötigt wird (siehe Kap. 4.4.3, insb. [43], [58]). Der höchste Stabilitätsfaktor für das 25 - 30 µm Pulver mit Feinanteil ist mit 0,65 nur geringfügig größer als der des ursprünglichen Pulvers (0,61). Durch das Entfernen des Feinanteils findet keine weitere Verschiebung des lokalen Maximums statt. Die absoluten Werte des Stabilitätsfaktors erhöhen sich jedoch von 0,61 auf 0,76 (Verdampfung kleiner Partikel führt zu Störungen der Schmelze, vgl. Kap. 4.3.3.4 und 4.4.3.2). Das ist eine Gesamtverbesserung von knapp 25 % gegenüber dem ursprünglichen Pulver. Für das 29 - 31 µm Pulver (Bild 9.2.5) ergibt sich ein maximaler Stabilitätsfaktor von 0,82, 34 % höher gegenüber dem ursprünglichen Pulver. Das lokale Maximum verschiebt sich dabei um 200 mm/s in Richtung höherer Scangeschwindigkeiten auf 800 mm/s. Für das 30 - 40 µm Pulver ohne Feinanteil verschiebt sich das lokale Maximum im Vergleich zu dem ursprünglichen Pulver um 200 mm/s in Richtung niedrigerer Scangeschwindigkeiten, von 600 auf 400 mm/s. Obwohl der Reflexionsgrad dieses Pulvers 29 % und damit 10 % kleiner als bei dem ursprünglichen Pulver ist, findet aufgrund der Zunahme der Korngrößenverteilung die Verschiebung in Richtung kleinerer Scangeschwindigkeiten statt, da eine höhere Streckenenergie zum Umschmelzen größerer Pulverkörner notwendig ist (siehe Kap. 4.4.3, insb. [43], [58]). Der höchste Stabilitätsfaktor ist mit 0,55 um 0,06 geringer als der des ursprünglichen Pulvers (Bild 9.2.5). Ebenfalls wird beobachtet, dass mit kleinerer Varianz der Korngrößenverteilung der Scangeschwindigkeitsbereich für zusammenhängende Einzelspuren kleiner wird.

Als nächstes wird der Einfluss der Kornform (siehe Bild 7.3.3) auf die Stabilitätsfaktoren der Einzelspuren untersucht, siehe Bilder 9.2.6 und 9.2.7.

Bild 9.2.6
Stabilitätsfaktoren S_F der 1.4404 Einzelspuren der Korngrößenverteilung 25-40µm Originalpulver, und 25-40µm spratzig.
Hier:
P_L=300W,
v_s=50 bis 1600mm/s,
d_S=100µm;
D_S=40µm

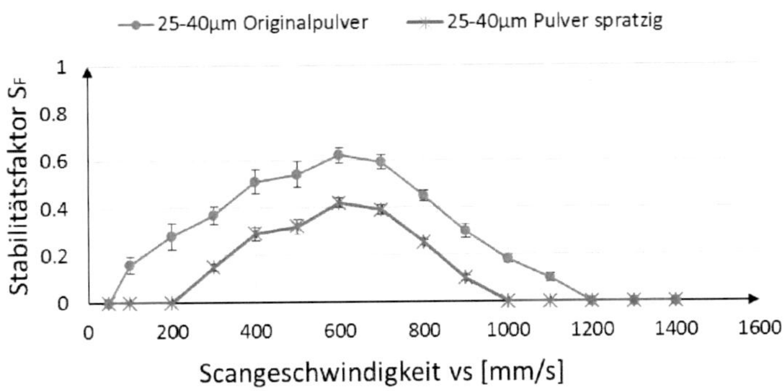

Bild 9.2.7
Stabilitätsfaktoren S_F der 1.4404 Einzelspuren der Korngrößenverteilung 25-30µm sphärisch und spratzig und 30-40µm sphärisch und spratzig.
Hier:
P_L=300W,
v_s=50 bis 1600mm/s,
d_S=100µm;
D_S=40µm

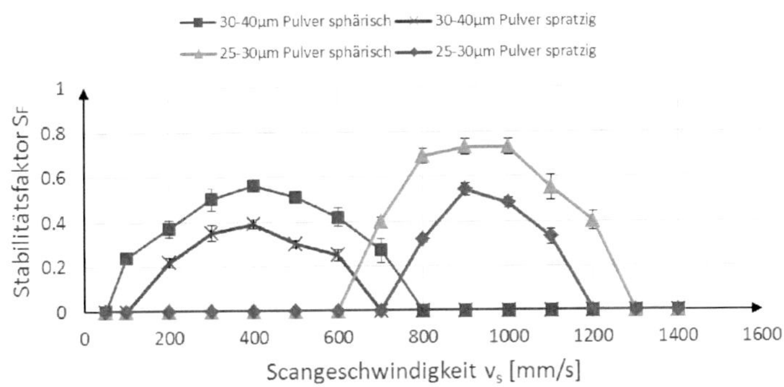

Die spratzige Pulverkornform hat einen deutlich negativen Einfluss auf die Stabilitätsfaktoren, die S_F-Werte für spratzige Pulver sind um ca. 0,2 geringer als für sphärische Pulver derselben Korngrößenverteilung. Die lokalen Maxima bleiben gegenüber den sphärischen Pulverchargen gleich, die Verschiebung des Scangeschwindigkeitsbereiches hängt also nicht von der Kornform, sondern von der Korngrößenverteilung ab, siehe Bild 9.2.6. Die Scangeschwindigkeitsbereiche für zusammenhängende Einzelspuren werden aber im Schnitt um etwa 200 mm/s kleiner. Das ist auf die niedrigere Stabilität der Einzelspuren aus dem spratzigen Pulver zurückzuführen. Die unregelmäßige Oberfläche und geringere Packungsdichte der Pulverschicht (wegen der spratzigen Pulverkörner) resultieren in einer höheren Flächenrauheit der mit Bürste aufgetragenen Pulverschichten, siehe auch Tabelle 9.2.3 (gemessen mit Infinite Focus Topographiemessgerät). Die Stabilitätsfaktoren und der Scangeschwindigkeitsbereich der zusammenhängenden Spuren werden in der Tabelle A4.8 im Anhang A4 dargestellt.

Tabelle 9.2.3
Pulver 1.4404, Flächenrauheiten Sa der Pulverschichten unterschiedlicher Pulverkornfraktion D_S=40µm.

Flächenrauheit Sa in µm 1.4404	Pulverkorngröße			
	25-40µm	25-30µm	30-40µm	29-31µm
sphärisch	42	32		
sphärisch ohne Feinanteil	46	40	45	28
spratzig	58	50	55	

Die Messung wird analog zur Messung in Kap. 9.1.2, Bild 9.1.9 durchgeführt. Auch hier wird jeweils nur eine Pulverschicht vermessen. Wie bei 1.4404 führt auch für AlSi10Mg und IN718 Pulver die spratzige Pulverkornform zu bis zu 0,25 geringeren Stabilitätsfaktoren gegenüber der sphärischen Kornform. Die lokalen Maxima verschieben sich, analog zu 1.4404, gegenüber den sphärischen Pulverchargen. Die Scangeschwindigkeiten für zusammenhängende Einzelspuren sind gegenüber sphärischen Pulvern im Schnitt etwa um 200 mm/s kleiner. In Tabelle 9.2.4 sind die Ergebnisse für die drei Werkstoffe dargestellt. Qualitativ entsprechen diese den Werten für 1.4404, die Einzelergebnisse können den Tabellen A4.9 und A4.10 sowie den Bildern A4.14-21 in Anhang A4 entnommen werden.

Tabelle 9.2.4
Einfluss der Partikeleigenschaften auf Stabilitätsfaktoren und Scangeschwindigkeitsbereiche der zusammenhängenden Spuren.
Pulver: AlSi10Mg, IN718, 1.4404.
P_L= 300W,
v_s=50 bis 4000mm/s,
d_s=100µm;
D_S=40µm.

Partikeleigenschaften	AlSi10Mg		IN718		1.4404	
	maximaler S_f	durchg. Spur	maximaler S_f	durchg. Spur	maximaler S_f	durchg. Spur
	S_{Fmax}	v_s [mm/s]	S_{Fmax}	v_s [mm/s]	S_{Fmax}	v_s [mm/s]
25-40µm (Originalpulver)	0,72	300-1300	0,62	500-3500	0,61	100-1100
25-30µm	0,75	700-1300	0,73	1500-3500	0,65	600-1300
25-30µm ohne Feinanteil	0,79	800-1200	0,82	1750-2750	0,76	700-1200
30-40µm ohne Feinanteil	0,61	100-700	0,52	500-2000	0,56	100-700
29-31µm ohne Feinanteil	0,87	700-1000	0,85	2250-3000	0,82	600-1000
25-40µm spratzig	0,40	400-1000	0,36	1250-2750	0,41	300-900
25-30µm spratzig	0,52	800-1200	0,51	2000-3250	0,58	800-1100
30-40µm spratzig	0,38	300-700	0,32	750-1750	0,37	200-600

Die Ergebnisse können wie folgt zusammengefasst werden:

- Bei allen drei Werkstoffen werden eindeutige Zusammenhänge zwischen Korngrößenverteilung, Pulverkornform und Stabilitätsfaktoren festgestellt.
- Der Feinanteil (Pulverkörner < 5 µm) beeinflusst die Stabilitätsfaktoren negativ.
- Schmalere Pulverkornfraktionen führen zu größeren Stabilitätsfaktoren. Mit geringerer Korngrößenvarianz werden die Scangeschwindigkeitsbereiche für zusammenhängende Einzelspuren kleiner.
- Die höchsten Stabilitätsfaktoren ergeben sich bei Pulvern schmalerer Korngrößenverteilung, 29 - 31 µm, bei gleichzeitiger Abnahme des Scangeschwindigkeitsbereiches für zusammenhängende Einzelspuren.
- Spratzige Pulverkornformen verringern die Stabilitätsfaktoren im Vergleich zu sphärischem Pulver der gleichen Kornfraktion.

- Pulver größerer Kornfraktionen verschieben die Maxima der S_F-Graphen zu kleineren Scangeschwindigkeiten, während die Pulver kleinerer Kornfraktionen die Maxima der S_F-Graphen zu größeren Scangeschwindigkeiten verschieben.

9.3 Einfluss unterschiedlicher Schutzgase

Die am häufigsten eingesetzten Schutzgase bei dem PBF-Prozess sind Argon und Stickstoff. Bei allen bisherigen Untersuchungen in dieser Arbeit wurde ausschließlich Argon verwendet. Im Folgenden werden die Auswirkungen von Helium und Stickstoff auf die Stabilitätsfaktoren von Einzelspuren im Vergleich zu Argon für die Werkstoffe AlSi10Mg, IN718 und 1.4404 untersucht, siehe Bild 9.3.1, wobei die Werte für Einzelspuren mit Argon aus vorhergehenden Versuchen (Bild 9.2.1, Substratoberfläche) übernommen werden. Die Prozesskammer wird bei den Versuchen mit den Schutzgasen vollständig geflutet (Sauerstoffanteil < 50 ppm).

Bild 9.3.1 Stabilitätsfaktoren S_F der AlSi10Mg Einzelspuren, hergestellt mit unterschiedlichen Schutzgasen, He, Ar, N_2. Hier: Pulverauftrag: Kohlenstofffaserbürste, Korngrößenverteilung 25-40µm, P_L=300W, v_s=100 bis 1600mm/s, d_S=100µm; D_S=40µm

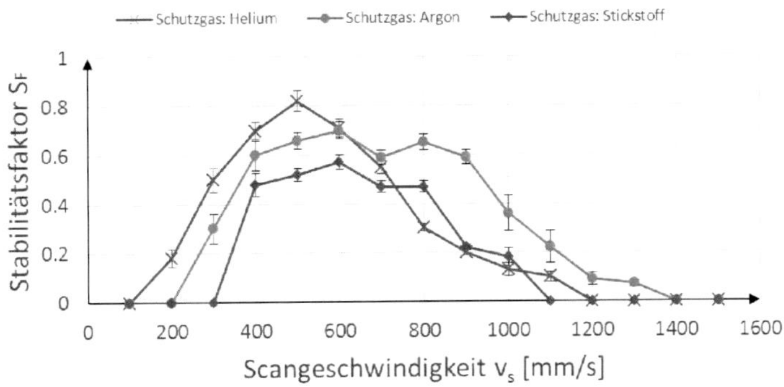

Das Schutzgas beeinflusst sowohl die Stabilitätsfaktoren als auch den Scangeschwindigkeitsbereich der zusammenhängenden Einzelspuren. Bei Verwendung von Helium verschiebt sich das lokale Maximum von 600 auf 500 mm/s verglichen mit Argon. Diese Verschiebung lässt sich vermutlich mit der hohen spezifischen Wärmekapazität von Helium erklären, die knapp eine Größenordnung über der von Argon und Stickstoff liegt und so zusätzliche Kühlung bietet, was eine höhere Streckenenergie für das Umschmelzen erfordert. Die Stabilitätsfaktoren werden um etwa 0,1 erhöht, der höchste Stabilitätsfaktor für Helium liegt bei 0,82 und damit um 0,16 höher als bei Argon. Der Scangeschwindigkeitsbereich für zusammenhängende Spuren verschiebt sich ebenfalls von 300 - 1300 mm/s für Argon auf 200 - 1100 mm/s für Helium. Der Scangeschwindigkeitsbereich bleibt mit einem Δv_S von 1000 mm/s für Argon im Vergleich zu 900 mm/s für Helium ähnlich.

Die Verwendung von Stickstoff führt zu kleineren Stabilitätsfaktoren. Der höchste Stabilitätsfaktor für Stickstoff liegt bei 0,58 während der höchste Wert für Argon bei

0,66 liegt. Der Scangeschwindigkeitsbereich für zusammenhängende Spuren wird von 300 - 1300 mm/s für Argon auf 400 - 1000 mm/s für Stickstoff signifikant verkleinert. Die Position des lokalen Maximums bleibt unverändert. Im Gegensatz zu Argon und Helium ist Stickstoff kein Edelgas. Es gilt jedoch als inert, also sehr reaktionsträge. Aus dem Lichtbogenschweißen ist bekannt [132], dass es unter bestimmten äußeren Bedingungen zu chemischen Reaktionen zwischen Stickstoff, Lichtbogenplasma und Schmelzbad kommen kann, die eine zusätzliche Störungsquelle für den Bearbeitungsprozess darstellen. Beim Laserschweißen kommt es ebenfalls zu einer Plasmaentwicklung [113], die u. U. ebenfalls zu ähnlichen chemischen Reaktionen wie beim Lichtbogenschweißen führen kann. Ob ähnliche Wechselwirkungen auch beim PBF-Prozess auftreten, die zu einer Störung des Umschmelzprozesses führen können, kann im Rahmen der Arbeit nicht geklärt werden.

Die Ergebnisse für IN718 und 1.4404 entsprechen qualitativ den Ergebnissen für AlSi10Mg. Die Einzelergebnisse können der Tabelle A4.11 sowie den Bildern A4.22 und A4.23 im Anhang A4 entnommen werden.

- Unterschiedliche Schutzgase beeinflussen sowohl die Stabilitätsfaktoren als auch den Scangeschwindigkeitsbereich für zusammenhängende Spuren.
- Für Helium erhöhen sich die Stabilitätsfaktoren um bis zu 0,15 für AlSi10Mg und IN718, und um bis zu 0,1 für 1.4404 im Vergleich zu Argon.
- Für Stickstoff werden die Stabilitätsfaktoren um bis zu 0,1 niedriger für AlSi10Mg und um bis zu 0,2 für IN718 und 1.4404.

9.4 Verfahrensparameter

9.4.1 Laserleistung

Die bisherigen Untersuchungen wurden bei einer Laserleistung von 300 W durchgeführt, siehe Kap. 8.6.2. In diesem Kapitel werden für alle Werkstoffe die Laserleistungen von 100 – 400 W in 100 W-Schritten variiert. In Bild 9.4.1 sind als Beispiel einige AlSi10Mg-Einzelspuren bei 100 und 400 W dargestellt. Bei 400 W werden bei allen Einzelspuren Unregelmäßigkeiten erkannt, bei 100 W nur bei geringen und hohen Scangeschwindigkeiten. Bild 9.4.2 zeigt die S_F-Werte für AlSi10Mg Einzelspuren.

Bild 9.4.1
LIM-Aufnahmen von AlSi10Mg-Einzelspuren, sandgestrahlte Substratoberfläche.
Hier:
Korngrößenverteilung 25-40µm, P_L=100W, 400W
v_s=100 bis 1000mm/s,
d_s=100µm;
D_s=40µm

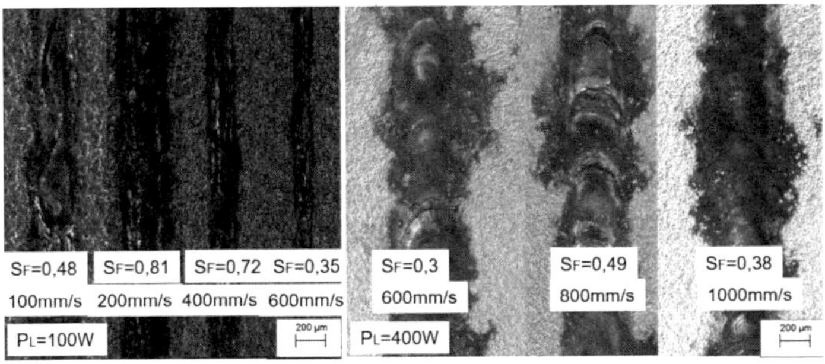

Bild 9.4.2
Stabilitätsfaktoren S_F von AlSi10Mg Einzelspuren in Abhängigkeit der Scangeschwindigkeit für verschiedene Laserleistungen.
Hier:
Korngrößenverteilung 25-40µm, P_L=100W, 200W, 300W, 400W
v_s=100 bis 1600mm/s,
d_s=100µm;
D_s=40µm

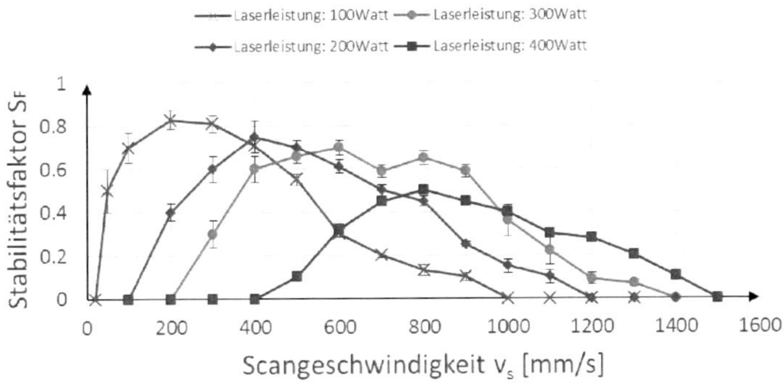

Die Stabilitätsfaktoren werden größer mit abnehmender Laserleistung. Der Graph für 300 W wird als Referenz betrachtet. Im Vergleich dazu sind die Stabilitätsfaktoren bei 200 W um etwa 0,05 größer und um 0,15 größer bei 100 W. Bei 400 W werden die Stabilitätsfaktoren um etwa 0,15 geringer. Das Maximum des Scangeschwindigkeitsbereiches der zusammenhängenden Spuren verschiebt sich um ca. 200 mm/s pro 100 W. Bei höherer Laserleistung verschiebt sich der Scangeschwindigkeitsbereich der zusammenhängenden Spuren. Die Streckenenergie im Maximum bleibt somit annähernd konstant. Die Scangeschwindigkeiten der zusammenhängenden Einzelspuren werden mit abnehmender Laserleistung kleiner, die Breite des Scangeschwindigkeitsbereiches bleibt aber mit Δv_S von ca. 900 mm/s ebenfalls annähernd konstant.

In den Bildern 9.4.3 und 9.4.4 werden die Ergebnisse für IN718 und 1.4404 dargestellt.

Bild 9.4.3
Stabilitätsfaktoren S_F von IN718 Einzelspuren in Abhängigkeit der Scangeschwindigkeit für verschiedene Laserleistungen.
Hier:
Korngrößenverteilung 25-40µm, P_L=100W, 200W, 300W, 400W
v_s=50 bis 4000mm/s, d_S=100µm;
D_S=40µm

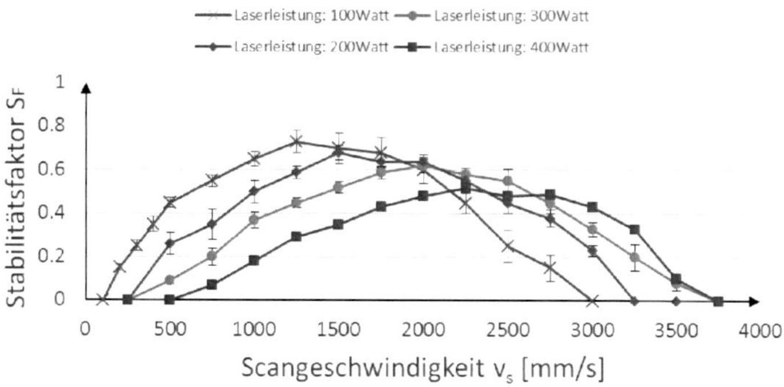

Bild 9.4.4
Stabilitätsfaktoren S_F von 1.4404 Einzelspuren in Abhängigkeit der Scangeschwindigkeit für verschiedene Laserleistungen.
Hier:
Korngrößenverteilung 25-40µm, P_L=100W, 200W 300W, 400W
v_s=50 bis 1400mm/s, d_S=100µm;
D_S=40µm

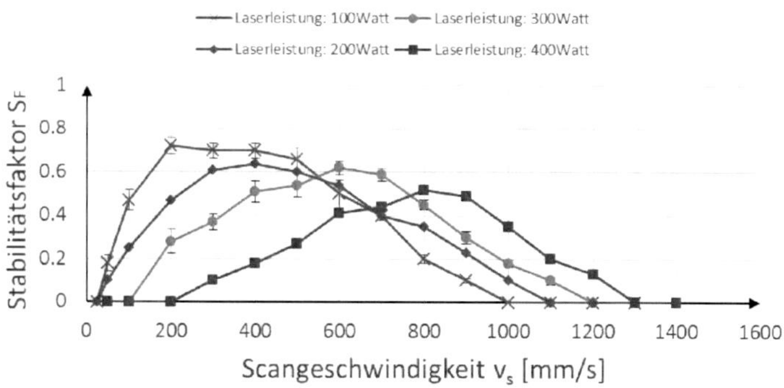

Die Ergebnisse für IN718 und 1.4404 entsprechen qualitativ den Ergebnissen für AlSi10Mg. Die Stabilitätsfaktoren nehmen mit abnehmender Laserleistung zu, um ca. 0,05 für 200 W und um 0,1 für 100 W. Für 400 W werden die Stabilitätsfaktoren ca. 0,1 kleiner. Mit abnehmender Laserleistung verschiebt sich das Maximum des Stabilitätsfaktors und der Scangeschwindigkeitsbereich der zusammenhängenden Spuren zu kleineren Scangeschwindigkeiten. Die Streckenenergie und Δ v_S bleiben annähernd konstant. Die Einzelergebnisse für die drei Werkstoffe können der Tabelle A4.12 entnommen werden.

Generell wird der PBF-Prozess bei höheren Scangeschwindigkeiten als hier gezeigt durchgeführt, z. B. findet die Herstellung von AlSi10Mg-Bauteilen häufig bei Scangeschwindigkeiten > 1200 mm/s statt, vgl. auch Tabelle 4.5.1. Die Ursachen für diese Diskrepanz werden bei der Übertragung der Ergebnisse von Einzelspuren auf Volumenkörper diskutiert, siehe Kap. 10.2.

Zusammenfassend gilt:

- Die Stabilitätsfaktoren werden größer um bis zu ca. 0,05 für 200 W und um ca. 0,1 für 100 W für alle Werkstoffe im Vergleich zu 300 W. Bei 400 W verringern sich die Werte für AlSi10Mg um bis zu 0,2 und um bis zu ca. 0,1 für IN718 und 1.4404. Der Scangeschwindigkeitsbereich der zusammenhängenden Spuren verschiebt sich zu kleineren Geschwindigkeiten für kleinere Laserleistungen und zu größeren Scangeschwindigkeiten für größere Laserleistungen.

9.4.2 Scangeschwindigkeit

Der Einfluss der Scangeschwindigkeit wird in Kapitel 7.1.2 und in Kapitel 8.5 diskutiert. Daraus ergeben sich die Bereiche der Scangeschwindigkeitsvariation, die für die drei untersuchten Werkstoffe im Verlauf des Kapitels 9 benutzt werden.

9.4.3 Strahldurchmesser

Der Strahldurchmesser d_S kann mit Hilfe des Linsensystems im VarioScan zwischen 70 µm (im Fokus) und 500 µm verändert werden. Die Intensitätsverteilung (gaußähnlich) ist im Anhang A2 dargestellt. In diesem Kapitel wird der Einfluss des Strahldurchmessers von 70, 100, 150 und 200 µm auf die Stabilitätsfaktoren der Einzelspuren untersucht. Wie in Kapitel 4.3.2 dargestellt, ist eine Mindestintensität notwendig, um den Übergang vom Wärmeleitungsregime zum Tiefschweißregime zu realisieren. Die zugehörigen Intensitäten sind in Tabelle 8.1.1 dargestellt. In Bild 9.4.5 sind als Beispiel einige AlSi10Mg-Einzelspuren bei d_s von 70 und 200 µm dargestellt. Bei 100 mm/s und 200 mm/s sind insbesondere beim Strahldurchmesser von 200 µm Unregelmäßigkeiten erkennbar (Tropfenbildung bei 200 µm Strahldurchmesser bei 100 und 200 mm/s; bei einem Strahldurchmesse von 70 µm sind die Spuren generell gleichmäßiger, optisch sind keine Oberflächenstrukturen klar erkennbar). Im Bild 9.4.6 werden die Stabilitätsfaktoren für AlSi10Mg gezeigt.

Bild 9.4.5
LIM-Aufnahmen von AlSi10Mg-PBF-Einzelspuren, sandgestrahlte Substratoberfläche.
Hier: Korngrößenverteilung 25-40µm, P_l=300W v_s=100 bis 1400mm/s, d_S=70 und 200µm; D_S=40µm

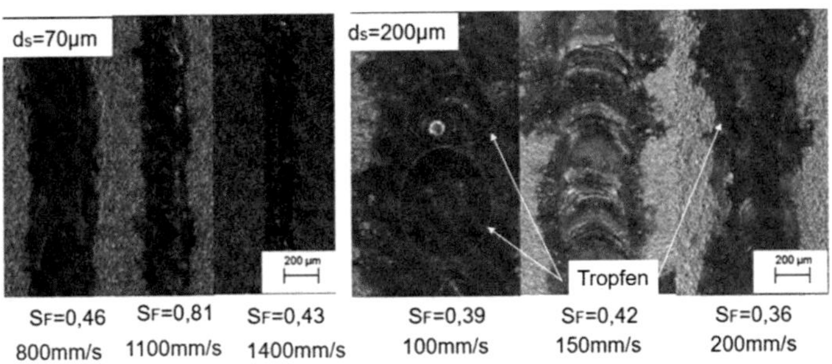

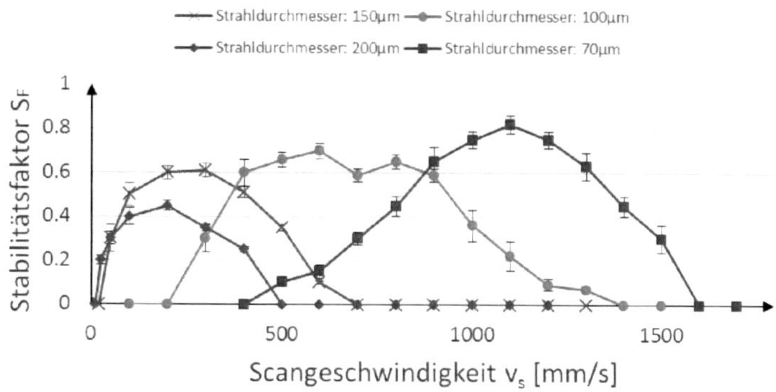

Bild 9.4.6
Stabilitätsfaktoren S_F von AlSi10Mg Einzelspuren in Abhängigkeit der Scangeschwindigkeit für unterschiedliche Strahldurchmesser.
Hier:
Korngrößenverteilung 25-40µm, P_L=300W, v_s=100 bis 1600mm/s, d_s=70-200µm, D_s=40µm.

Unterschiedliche Strahldurchmesser beeinflussen sowohl die Stabilitätsfaktoren als auch die Scangeschwindigkeitsbereiche der zusammenhängenden Spuren. Die Stabilitätsfaktoren werden mit abnehmendem Strahldurchmesser größer. Zunächst werden die möglichen Schmelzregime betrachtet, siehe Bild 9.4.7.

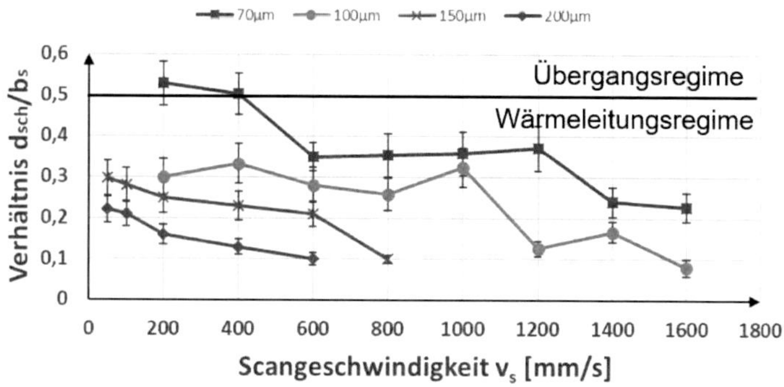

Bild 9.4.7
Verhältnis d_{sch}/b_s (Umschmelztiefe/Breite) von AlSi10Mg-Einzelspuren auf sandgestrahlter Substratoberfläche in Abhängigkeit der Scangeschwindigkeit bei unterschiedlichen Strahldurchmessern.
Hier:
Korngrößenverteilung 25-40µm, P_L=300W, v_s=100 bis 1600mm/s, d_s=70-200µm, D_s=40µm.

Für alle Stabilitätsfaktoren > 0,6 liegt das Wärmeleitungsregime vor. Als nächstes wird das Verhältnis der Schmelzbadlänge L_s (aus Hochgeschwindigkeitsaufnahmen) zu Spurbreite betrachtet, siehe Bild 9.4.8.

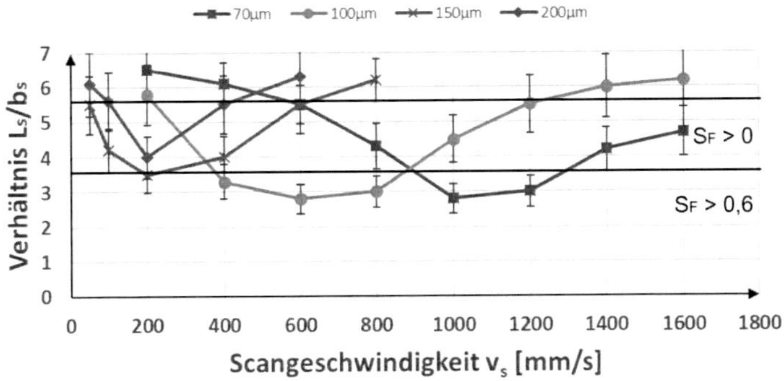

Bild 9.4.8
Verhältnis L_s/b_s von AlSi10Mg Einzelspuren in Abhängigkeit der Scangeschwindigkeit für verschiedene Strahldurchmesser auf sandgestrahlter Substratoberfläche.
Hier:
AlSi10Mg,
Korngrößenverteilung 25-40µm,
P_L=300W,
v_s=50 bis 1600mm/s,
d_S=70, 100, 150, 200µm,
D_S=40µm.

Für Verhältnisse der Schmelzbadlänge zu Spurbreite < 3,5 werden Stabilitätsfaktoren > 0,6 gemessen. Das korreliert mit der Beobachtung von Gunintheram et al. [81] für zusammenhängende Spuren ohne Balling (vgl. Kap. 4.4.1, Bild 4.4.4). Zusammenhängende Spuren (S_F > 0) werden für L_s/b_s < 5,5 beobachtet. Das entspricht ebenfalls in etwa den Beobachtungen von Gunenthiram et al. [81], vgl. Bild 4.4.4. Das zeigt, dass bei größeren Laserstrahldurchmessern, wie in Bild 9.4.5 zu sehen, auch bei großen Streckenenergien Tropfenbildung auftreten kann. Das äußert sich in kleineren Stabilitätsfaktoren. Nach der Betrachtung in Bild 9.4.7 (Wärmeleitungsregime) handelt es sich dabei vermutlich um Balling, vgl. mit der Literatur in Kap. 4.4.1, insbesondere Bild 4.4.5 [81]. Der Graph für den 100 µm Strahldurchmesser wird als Referenz betrachtet. Im Vergleich dazu sind die Stabilitätsfaktoren bei 150 µm um etwa 0,1 und bei 200 µm um 0,25 geringer. Für einen Strahldurchmesser von 70 µm sind die Stabilitätsfaktoren um etwa 0,15 höher. Die Änderungen der Scangeschwindigkeitsbereiche der zusammenhängenden Spuren sind ebenfalls signifikant. Diese Bereiche werden kleiner für größere Strahldurchmesser und verschieben sich in Richtung kleinerer Scangeschwindigkeiten, da eine größere Streckenenergie zum Umschmelzen des Pulvers bei größeren Strahldurchmessern benötigt wird. Die Daten zur Schmelzbadlänge werden nur für AlSi10Mg ermittelt. Der Versuch die Schmelzbadlänge aus der Analyse der Spurgeometrie abzuschätzen hat keine verlässlichen Ergebnisse geliefert.

Die Ergebnisse für das Verhältnis der Umschmelztiefe zu Breite für die Werkstoffe IN718 und 1.4404 entsprechen qualitativ den Ergebnissen für AlSi10Mg. Während für IN718 und 1.4404 bei kleinen Scangeschwindigkeiten und Laserstrahldurchmessern teilweise sogar das Tiefschweißregime vorliegt, vgl. auch Bild 8.7.4, werden Stabilitätsfaktoren > 0,6 im Wärmeleitungsregime festgestellt. Die Stabilitätsfaktoren nehmen mit zunehmendem Strahldurchmesser ab, um ca. 0,1 für 150 µm und um ca. 0,25 für 200 µm. Für den Strahldurchmesser von 70 µm erhöhen sich die Werte dagegen um ca. 0,15. Der Scangeschwindigkeitsbereich der zusammenhängenden Spuren verändert sich ebenfalls zu kleineren Scangeschwindigkeiten für größere Strahldurchmesser. Die Streckenenergie bleibt dabei in etwa konstant. Die

Einzelergebnisse der drei Werkstoffe können der Tabelle A4.13 sowie den Bildern A4.24 und A4.25 (IN718 und 1.4404) im Anhang A4 entnommen werden.

Für kleine Strahldurchmesser von 70 µm erhöhen sich die Stabilitätsfaktoren um bis zu ca. 0,1 für AlSi10Mg und bis zu ca. 0,15 für IN718 und 1.4404 im Vergleich zu einem Strahldurchmesser von 100 µm. Für größere Strahldurchmesser verringern sich die Werte. Für AlSi10Mg um bis zu 0,1 bei 150 µm und bis zu 0,3 für 200 µm. Für IN718 und 1.4404 verringern sich die Stabilitätsfaktoren um bis zu 0,1 für 150 µm und bis zu 0,2 für 200 µm. Die Scangeschwindigkeitsbereiche der zusammenhängenden Spuren verschieben sich zu kleineren Geschwindigkeiten für größere Strahldurchmesser.

9.4.4 Pulverschichtdicke

Pulverschichten (Pulver 25 - 40 µm mit Feinanteil, siehe Bilder A1.1, A1.4, A1.7) der Dicke von 30, 40, 50 und 100 µm werden untersucht (Bild 9.4.10). Die Stabilitätsfaktoren nehmen mit abnehmenden Schichtdicken zu. Der Graph für 40 µm Schichtdicke wird als Referenz betrachtet, für die Referenz werden Werte aus früheren Versuchen (Bild 9.1.5, innere Spur sandgestrahlt) verwendet. Im Vergleich dazu sind die Stabilitätsfaktoren bei 50 µm um etwa 0,1 und bei 100 µm um etwa 0,35 geringer. Für die Schichtdicke von 30 µm ist dagegen das Maximum der Stabilitätsfaktoren um ca. 0,1 höher. Zunächst wird das Verhältnis der Umschmelztiefe zu Spurbreite ausgewertet. Für alle hier untersuchten Parameter ist das Verhältnis < 0,5, die Spuren werden also im Wärmeleitungsregime umgeschmolzen. In Bild 9.4.9 sind als Beispiel einige AlSi10Mg-Einzelspuren bei D_s von 30 und 100 µm dargestellt. Bei 100 µm sind bei allen Einzelspuren, bei 30 µm bei niedrigen und hohen Scangeschwindigkeiten Unregelmäßigkeiten erkennbar.

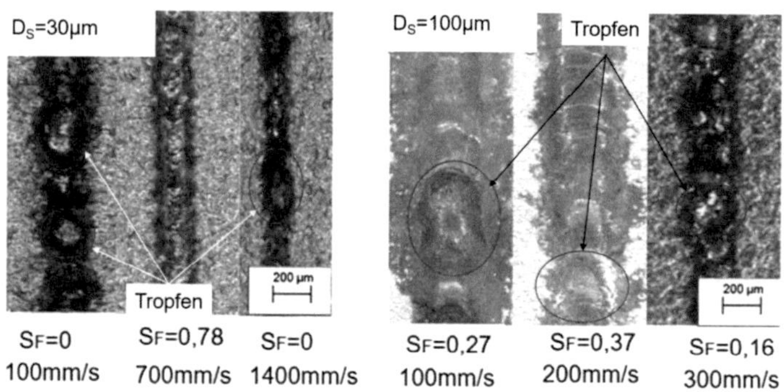

Bild 9.4.9 LIM-Aufnahmen von AlSi10Mg-PBF-Einzelspuren, sandgestrahlte Substratoberfläche. Hier: Korngrößenverteilung 25-40µm, P_L=300W v_s=100 bis 1400mm/s, d_S=100µm; D_S=30 und 100µm

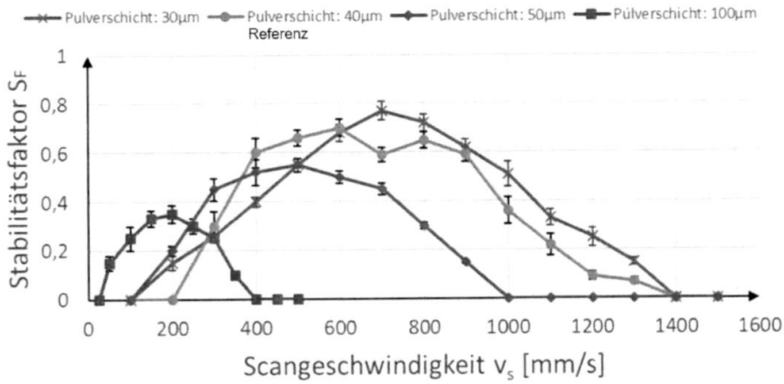

Bild 9.4.10 Stabilitätsfaktoren S_F von AlSi10Mg Einzelspuren in Abhängigkeit der Scangeschwindigkeit für unterschiedliche Schichtdicken D_S. Hier: Korngrößenverteilung 25-40µm, P_L=300W, v_s=100 bis 1600mm/s, d_S=100µm; D_S=30µm, 40µm, 50µm, 100µm

Die kleineren Stabilitätsfaktoren und bevorzugt auftretende nicht zusammenhängende Spuren bei größeren Pulverschichtdicken deuten auf den Balling-Effekt beim Umschmelzen von Pulverschichten größerer Dicke hin.

Die Scangeschwindigkeitsbereiche der zusammenhängenden Spuren verschieben sich zu kleineren Scangeschwindigkeiten für dickere Schichten. Dies lässt sich mit der größeren Streckenenergie erklären, die notwendig ist, um eine größere Pulvermenge aufzuschmelzen.

Die Ergebnisse für IN718 und 1.4404 entsprechen qualitativ den Ergebnissen für AlSi10Mg. Bei Stabilitätsfaktoren > 0,6 liegt das Wärmeleitungsregime vor. Der Stabilitätsfaktor nimmt mit zunehmender Schichtdicke ab, um ca. 0,2 für 50 µm und um ca. 0,3 für 100 µm. Für 30 µm Schichtdicke erhöhen sich die Werte um ca. 0,15. Die Scangeschwindigkeitsbereiche der zusammenhängenden Spuren verändern sich ebenfalls zu kleineren Scangeschwindigkeiten für größere Schichtdicken und zu größeren Scangeschwindigkeiten für dünnere Schichten. Die Einzelergebnisse der drei Werkstoffe können der Tabelle A4.14 sowie den Bildern A4.26 und 27 (IN718 und 1.4404) im Anhang A4 entnommen werden.

- Für Schichtdicken von 30 µm erhöhen sich die Stabilitätsfaktoren um ca. 0,1 für AlSi10Mg und um ca. 0,15 für IN718 und 1.4404. Die Scangeschwindigkeitsbereiche für zusammenhängende Einzelspuren werden kleiner für größere Schichtdicken.

9.4.5 Scanrichtung

Bei der Belichtungsstrategie für Einzelspuren wird überprüft, ob die Scanrichtung einen Einfluss auf die Stabilitätsfaktoren hat. Dazu werden Einzelspuren unterschiedlicher Ausrichtung hergestellt und miteinander verglichen, siehe Bild 7.2.1 C. Die Spuren werden im Zentrum der Substratplatte hergestellt, damit mögliche Änderungen der Schutzgasströmung in Abhängigkeit von der Position im Bauraum die Ergebnisse nicht beeinflussen. In Bild 9.4.11 sind die Stabilitätsfaktoren für die vier AlSi10Mg Einzelspuren unterschiedlicher Ausrichtung dargestellt.

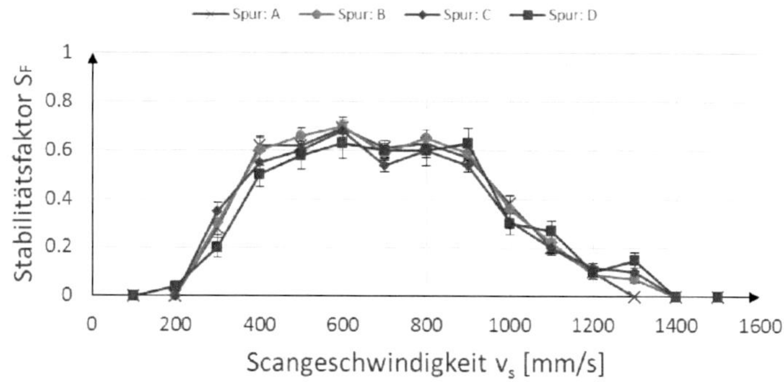

Bild 9.4.11 Stabilitätsfaktoren S_F der AlSi10Mg Einzelspuren in Abhängigkeit der Scangeschwindigkeit für unterschiedliche Ausrichtungen Hier: Korngrößenverteilung 25-40µm, P_L=300W, v_s=100 bis 1600mm/s, d_S=100µm; D_S=40µm, Spuren: A,B,C,D

Die unterschiedliche Ausrichtung beeinflusst die Stabilitätsfaktoren nicht. Die Abweichungen liegen im Bereich der Standardabweichung für stabile Einzelspuren, ≤ 0,06, siehe Tabelle 8.7.1.

Auch für die Werkstoffe IN718 und 1.4404 liegen die Unterschiede im Bereich der Standardabweichung. Die Ausrichtung beeinflusst die Stabilitätsfaktoren nicht. Die Einzelergebnisse können den Bildern A4.28 und 29 im Anhang A4 entnommen werden.

Der Einfluss der Belichtungsstrategie bei Einzelschichten und Volumenkörpern wird in Kapitel 10 diskutiert.

9.5 Referenzparameter

In Kap. 9 und den nachfolgenden Kapiteln werden verschiedene Einflussgrößen/Verfahrensparameter systematisch variiert, um deren Einfluss auf die Stabilitätsfaktoren und damit auf die Qualität von Einzelspuren zu bewerten. Nachfolgend wird ein Satz von Einflussgrößen/Verfahrensparametern definiert, der als Referenz dient und mit dem die Ergebnisse der Einflussgrößenvariation verglichen werden. Damit sollen verbesserte Einflussgrößen/Verfahrensparameter abgeleitet werden. Die Parameter der Referenz sollen mindestens eines der folgenden Kriterien erfüllen:

1. Die Referenz soll mit Ausnahme der Scangeschwindigkeit für die drei Werkstoffe gleich sein

2. Die Referenz soll möglichst anwendungsnahe Einflussgrößen/Verfahrensparameter beinhalten. Anwendungsnah bedeutet, dass Einflussgrößen/Verfahrensparameter verwendet werden, die in der industriellen Anwendung des PBF-Verfahrens verwendet werden. Beispiele dafür sind die Schutzgase Argon und Stickstoff, Pulverkornverteilungen ohne Entfernung des Feinanteils, Bürste als Pulverauftragswerkzeug, Pulverschichtdicken zwischen 30 und 50 µm für Laserleistungen kleiner 300 W, Strahldurchmesser im Bereich von 100 µm sowie artgleiche, sandgestrahlte Substratwerkstoffe

3. Die Referenz ist das Ergebnis einer systematischen Variation in dieser Arbeit
4. Die Referenz soll eine Vergleichbarkeit mit der zweiten PBF-Anlage (SLM 280 HL) ermöglichen
5. Mit der Referenz sollen einfache Volumenkörper (Würfel) mit hoher Dichte (> 99,5 %) und geringer Rauheit (Sa < 100 µm) hergestellt werden können

Als nächstes werden die einzelnen Einflussgrößen/Verfahrensparameter kurz betrachtet. Zum Teil wird auch Bezug auf Ergebnisse aus Kapitel 11 genommen.

- Substratplatten: Sandgestrahlte artgleiche Substratplatten werden bei den Versuchen eingesetzt. Der Einfluss der Substratplatten bzgl. der Oberflächeneigenschaften und chem. Zusammensetzung findet in den Kapiteln 9.1.1 und 9.2.3 statt. Kriterium 1, 2, 3, 4, 5.

- Als Pulverauftragseinheit werden für die PBF-Laboranlage eine Kohlenstofffaserbürste und für die SLM 280 HL-Anlage eine Silikonlippe eingesetzt. Diese Pulverauftragseinheiten entsprechen den gestellten Anforderungen und werden für die genannten Anlagen typischerweise verwendet (Kapitel 9.1.2 und 11.1.3). Kriterium 1, 2, 3, 5.

- Als Schutzgas wird für beide Anlagen Argon verwendet mit einem Sauerstoffgehalt < 50 ppm (Kap. 9.3 bzw. 11.1.4). Kriterium 1, 2, 4, 5.

- Pulver: Für die drei untersuchten Werkstoffe wird wegen der besseren Vergleichbarkeit ein Pulver mit derselben Korngrößenverteilung verwendet, 25 - 40 µm mit Feinanteil. Das erfüllt die oben genannten Anforderungen und entspricht in etwa den Pulvern, die typischerweise beim PBF verwendet werden (Kap. 9.2.4). Kriterium 1, 2, 4, 5.

- Pulverschichtdicke: Typischerweise wird für die verwendeten Anlagen eine Pulverschichtdicke von 30 µm verwendet. In Kap. 9.1.2 wird festgestellt, dass bei einer Schichtdicke die kleiner ist als die verwendete Korngrößenverteilung die Korngrößenverteilung des Pulvers beim Pulverauftrag beeinflusst wird. Ein Teil der Pulverkörner mit einem Korndurchmesser größer als die Schichtdicke (30 µm) wird durch die Pulverauftragseinheit entfernt. Das beeinträchtigt die Vergleichbarkeit. Deswegen wird eine Schichtdicke von 40 µm ausgewählt, die in etwa der oberen Grenze der verwendeten Pulverkornfraktion entspricht (über 90 % der Pulverkörner ≤ 40 µm; 57 % der Pulverkörner ≤ 30 µm [Kap. 9.1.2, siehe Bild 9.1.10, Anzahlgewichtet]). Kriterium 1, 4, 5.

- Ein Strahldurchmesser von 100 µm wird ausgewählt. Dieser Wert ist auf beiden Anlagen gut einstellbar und stellt einen typischen Strahldurchmesser beim PBF dar (Kapitel 9.4.3 und 11.1.1). Kriterium 1,2,4,5.

- Laserleistung: Bei einer Leistung von 100 und 400 W werden bei Variation einiger Verfahrensparameter keine stabilen Einzelspuren erzeugt. Diese Leistungen sind also für die Referenzparameter nicht geeignet (z. B. bei größeren Schichtdicken werden für 100 W keine stabilen Einzelspuren erreicht, für kleine Strahldurchmesser werden für 400 W keine stabilen Einzelspuren erreicht, vgl. Kap. 9.4.3, 9.4.4). Im Gegensatz dazu erfüllen Laserleistungen von 200 und 300 W die oben genannten Anforderungen. Obwohl Laserleistungen von 100 und 200 W hohe Stabilitätsfaktoren ergeben, wird als Referenz eine Leistung von 300 W ausgewählt, da der PBF-Prozess möglichst produktiv sein soll (Kap. 9.4.1). Kriterium 1, 4, 5.

- Scangeschwindigkeit: Die Scangeschwindigkeit wird werkstoffabhängig so gewählt, dass die Stabilitätsfaktoren bei kleinen und großen Geschwindigkeiten Werte nahe Null annehmen und dazwischen ein mehr oder weniger ausgeprägtes Maximum aufweisen. Die genauen Bereiche der Scangeschwindigkeitsvariation werden je nach betrachteten Verfahrensparametern und Werkstoff ausgewählt.

In Tabelle 9.5.1 sind die Referenzparameter für Einzelspuren dargestellt.

Tabelle 9.5.1 Referenzparameter der Einzelspuren.

Referenzparameter								
Untergrund	Substratplatte	Pulverauftrag	Pulver	Schutzgas	Laserleistung	Strahldurchmesser	Pulverschichtdicke	Spurlänge
Substratplatte	artgleich sandgestrahlt	Kohlenstoff-faserbürste	25-40μm mit Feinanteil	Argon <50 ppm	300W	100μm	40μm	10mm

In Kapitel 9 (und in Kapitel 10 für Volumenkörper) wird zur besseren Vergleichbarkeit immer nur eine Einflussgröße variiert. In Kapitel 12 werden dagegen mehrere Einflussgrößen, die zur Erhöhung der Stabilitätsfaktoren führen, gleichzeitig geändert mit dem Ziel, die Qualität (Rauheit, Dichte) von Volumenkörpern zu verbessern.

9.6 Zwischenfazit

Die Tabelle 9.6.1 zeigt die Relevanz der festgestellten Änderungen der Stabilitätsfaktoren in Bezug auf die Referenz. Dabei wird die Quantifizierung der Änderungen in vier Kategorien eingeteilt, siehe Tabelle 9.1.

Tabelle 9.6.1
Übersicht der variierten Einflussgrößen. Plus zeigt dabei die Erhöhung und Minus die Abnahme der Stabilitätsfaktoren gegenüber der Referenz.
Schwarz: keine Daten vorhanden.
Grün: $\Delta S_F \leq 0{,}05$, nicht signifikant,
Gelb: $0{,}05 < \Delta S_F \leq 0{,}15$, bedingt signifikant,
Orange: $0{,}15 < \Delta S_F < 0{,}25$, signifikant
Rot: $\Delta S_F \geq 0{,}25$, sehr signifikant
Harvey Ball Matrix: Leerer Ball, insignifikant
schwarze Bälle: Abnahme der Stabilitätsfaktoren,
blaue Bälle: Zunahme der Stabilitätsfaktoren

Einflussgrößen und ihre Relevanz für Stabilitätsfaktorenänderungen ΔS_F gegenüber der Referenz				
Werkstoffe		AlSi10Mg	IN718	1.4404
Untergrund der Pulverschicht (sandgestrahlte Substratplatte gleichen Materials als Referenz)				
Polieren der Substratplatte	+	$\Delta S_F<0{,}04$		
Aufbau auf Pulverbett	-	nicht möglich	$\Delta S_F<0{,}40$	nicht möglich
Spur im Kontakt zu Pulverbett (Konturspur)	-	$\Delta S_F<0{,}22$	$\Delta S_F<0{,}20$	
Aufbau auf LPBF Oberfläche	-	$\Delta S_F<0{,}12$	$\Delta S_F<0{,}10$	$\Delta S_F<0{,}07$
Auftragverfahren (Kohlenstofffaserbürste als Referenz)				
Gummilippe	+	S_F Änderungen <0,04		
Klinge	+	$\Delta S_F<0{,}10$	$\Delta S_F<0{,}15$	$\Delta S_F<0{,}20$
Pulverfixierung	+	$\Delta S_F<0{,}20$	$\Delta S_F<0{,}25$	
Chemische Zusammensetzung (Pulver gleicher chem. Zusammensetzung ohne Cu als Referenz)				
Cu Dotierung 1%	+			$\Delta S_F<0{,}04$
Cu Dotierung 3%	+			$\Delta S_F<0{,}09$
Substratplatte ähnlicher chem. Zusammensetzung	-	$\Delta S_F<0{,}06$	$\Delta S_F<0{,}07$	$\Delta S_F<0{,}05$

Tabelle 9.6.1
Übersicht der variierten Einflussgrößen. Plus zeigt dabei die Erhöhung und Minus die Abnahme der Stabilitätsfaktoren gegenüber der Referenz.
Schwarz: keine Daten vorhanden.
Grün: $\Delta S_F \leq 0,05$, nicht signifikant,
Gelb: $0,05 < \Delta S_F \leq 0,15$, bedingt signifikant,
Orange: $0,15 < \Delta S_F < 0,25$, signifikant
Rot: $\Delta S_F \geq 0,25$, sehr signifikant
Harvey Ball Matrix: Leerer Ball, insignifikant
schwarze Bälle: Abnahme der Stabilitätsfaktoren,
blaue Bälle: Zunahme der Stabilitätsfaktoren

Einflussgrößen und ihre Relevanz für Stabilitätsfaktorenänderungen ΔS_F gegenüber der Referenz				
Werkstoffe		AlSi10Mg	IN718	1.4404
Partikeleigenschaften wie Form und Größe (Pulver 25-40µm mit Feinanteil als Referenz)				
Entfernung von Feinanteil	+	$\Delta S_F<0,14$	$\Delta S_F<0,08$	$\Delta S_F<0,11$
25-30µm	+	$\Delta S_F<0,08$	$\Delta S_F<0,06$	$\Delta S_F<0,10$
30-40µm	-	$\Delta S_F<0,07$	$\Delta S_F<0,08$	$\Delta S_F<0,10$
29-31µm	+	$\Delta S_F<0,16$	$\Delta S_F<0,23$	$\Delta S_F<0,20$
Spratzige Pulverkörner	-	$\Delta S_F<0,30$	$\Delta S_F<0,25$	$\Delta S_F<0,20$
Schutzgas (Argon als Referenz)				
Helium	+	$\Delta S_F<0,15$		$\Delta S_F<0,10$
Stickstoff	-	$\Delta S_F<0,10$	$\Delta S_F<0,20$	
Laserleistung (300W als Referenz)				
100 Watt	+	$\Delta S_F<0,10$		
200 Watt	+	$\Delta S_F<0,05$		
400 Watt	-	$\Delta S_F<0,20$	$\Delta S_F<0,10$	
Strahldurchmesser (100µm als Referenz)				
70µm	+	$\Delta S_F<0,10$	$\Delta S_F<0,15$	
150µm	-	$\Delta S_F<0,10$		
200µm	-	$\Delta S_F<0,30$	$\Delta S_F<0,20$	
Schichtdicke (40µm als Referenz)				
30µm	+	$\Delta S_F<0,10$	$\Delta S_F<0,15$	
50µm	-	$\Delta S_F<0,10$		$\Delta S_F<0,20$
100µm	-	$\Delta S_F<0,35$	$\Delta S_F<0,30$	
Belichtungsstrategie				
Ausrichtung der Einzelspuren	+	$\Delta S_F<0,04$		

In diesem Kapitel wurden die Auswirkungen verschiedener Einflussgrößen auf die Stabilitätsfaktoren und Scangeschwindigkeitsbereiche der zusammenhängenden Einzelspuren für die Werkstoffe AlSi10Mg, IN718 und 1.4404 untersucht. Dabei wird festgestellt, dass bei allen drei untersuchten Werkstoffen trotz quantitativer Differenzen qualitativ das gleiche Verhalten beobachtet wird.

- **Untergrund der Pulverschicht**
  - Das Polieren der Substratplatten führt nur zu einer geringen Verbesserung (< 0,04) der Stabilitätsfaktoren gegenüber sandgestrahlten Substratplatten.
  - Die Herstellung von zusammenhängenden Einzelspuren im Pulverbett ist nicht möglich für AlSi10Mg und 1.4404 und führt zu Einzelspuren geringer Qualität für IN718.
  - Direkter Kontakt zum Pulverbett während der Herstellung der Einzelspuren führt zur Senkung der Stabilitätsfaktoren. Dies betrifft Konturspuren.
  - Die Stabilitätsfaktoren der Einzelspuren auf sandgestrahlten Substratplatten sind für AlSi10Mg, IN718 und 1.4404 größer im Vergleich zu denen auf Oberflächen von unbearbeiteten PBF-Würfeln.

- **Einfluss der Auftragseinheit der Pulverschicht**
    - Die Unterschiede der Stabilitätsfaktoren für Einzelspuren, bei denen die Pulverschicht mit Gummilippe und Kohlenstofffaserbürste aufgetragen werden, bleiben im Bereich der Standardabweichung.
    - Die Verwendung einer Klinge führt zu höheren Stabilitätsfaktoren im Vergleich zur Gummilippe und Kohlenstofffaserbürste. Der Scangeschwindigkeitsbereich der zusammenhängenden Spuren nimmt dabei ab um 300 mm/s für AlSi10Mg, um 1000 mm/s für IN718 und um 400 mm/s für 1.4404.

- **Einfluss der Pulverfixierung**
    - Durch eine Fixierung der Pulverpartikel mit einem Bindemittel sind die Stabilitätsfaktoren größer als bei einer Pulverschicht ohne Bindemittel. Mit Bindemittel entsteht bei der Herstellung von Einzelspuren kein pulverfreier Saum.

- **Einfluss der chem. Zusammensetzung, am Beispiel der Dotierung von 1.4404 mit Kupfer**
    - Die Stabilitätsfaktoren und die obere Grenze des Scangeschwindigkeitsbereiches der zusammenhängenden Spuren erhöhen sich mit zunehmender Cu-Dotierung.

- **Einfluss des Substratplattenwerkstoffes**
    - Die Verwendung von Substratplatten ähnlicher chemischer Zusammensetzung führt zu geringfügig niedrigeren Stabilitätsfaktoren (max. 0,06) im Vergleich zu Substratplatten gleicher chemischer Zusammensetzung (Anh. A4).

- **Einfluss der Pulvereigenschaften**
    - Der Feinanteil (Pulverkörner < 5 µm) reduziert die Stabilitätsfaktoren. Die Scangeschwindigkeitsbereiche der zusammenhängenden Spuren ändern sich dabei nicht.
    - Pulver kleinerer Kornfraktion führen zu größeren Stabilitätsfaktoren. Die Unterschiede der Korngrößenverteilung verändern die Scangeschwindigkeitsbereiche der zusammenhängenden Spuren. Je kleiner die Pulverkornvarianz desto kleiner der Scangeschwindigkeitsbereich der zusammenhängenden Spuren.
    - Die höchsten Stabilitätsfaktoren ergeben sich bei Pulvern kleiner Korngrößenverteilungsvarianz.
    - Spratzige Pulverkornformen verringern die Stabilitätsfaktoren.
    - Pulver größerer Korngrößenverteilung verschieben die Maxima der S_F-Graphen zu kleineren Scangeschwindigkeiten.

- **Einfluss der Schutzgase (He, N_2, Ar)**
    - Für Helium werden die größten Stabilitätsfaktoren erzielt.

- Für Stickstoff verringern sich die Stabilitätsfaktoren im Vergleich zu Argon.

- **Einfluss der Laserleistung**
  - Für kleinere Leistungen (100 und 200 W) erhöhen sich die Stabilitätsfaktoren. Bei 400 W verringern sich die Werte. Der Scangeschwindigkeitsbereich der zusammenhängenden Spuren verschiebt sich zu kleineren Geschwindigkeiten für kleinere Laserleistungen.

- **Einfluss des Strahldurchmessers**
  - Der maximale Stabilitätsfaktor wird mit steigendem Strahldurchmesser kleiner. Der minimale Strahldurchmesser von 70 µm ergibt den größten Sf-Wert. Bei zunehmendem Strahldurchmesser werden kleinere Scangeschwindigkeiten für zusammenhängende Einzelspuren notwendig.

- **Einfluss der Pulverschichtdicke**
  - Der maximale Stabilitätsfaktor wird mit steigender Schichtdicke kleiner. Der größte Sf-Wert wird bei der kleinsten Schichtdicke von 30µm ermittelt. Bei zunehmenden Pulverschichtdicken werden kleinere Scangeschwindigkeiten für zusammenhängende Einzelspuren notwendig.

- **Einfluss der Scanrichtung**
  - Die Ausrichtung der Einzelspuren hat keinen Einfluss auf die Stabilitätsfaktoren.

- **Positive Einflussgrößen**
  - Zusammenfassend verändern folgende Einflussgrößen die Stabilitätsfaktoren signifikant positiv: Pulverauftrag mit einer Klinge, Pulverfixierung, Pulver der Korngrößenverteilung 29 - 31 µm ohne Feinanteil, Helium als Schutzgas, Laserleistung von 100 W, Strahldurchmesser von 70 µm und Schichtdicke von 30 µm. Der Einfluss der Stabilitätsfaktoren und die Breite der Scangeschwindigkeitsverteilung mit hohen Stabilitätsfaktoren auf die Qualität der Volumenkörper wird in Kap. 10 behandelt.

In den Kapiteln 10 und 11 wird unter anderem die Prozessrobustheit diskutiert. Dabei werden die Stabilitätsfaktoren, die Dichte und die Oberflächenrauheit sowie das Prozessfenster für stabile Einzelspuren ($S_F > 0,6$) gemeinsam betrachtet.

10 Übertragung der Ergebnisse von Einzelspuren auf Einzelschichten und Volumenkörper

In diesem Kapitel wird untersucht, inwieweit die Ergebnisse von Einzelspuren auf Einzelschichten und Volumenkörper übertragen werden können (Kap. 10.2). Darüber hinaus muss mit dem Übergang von einer Einzelspur zu einer Einzelschicht bzw. einem Volumenkörper der Einfluss der Belichtungsstrategie und -reihenfolge auf die Probekörper beachtet werden, siehe Kap. 7.1.5. Dazu wird in Kap. 10.3 eine Variation der Anzahl und Reihenfolge der Belichtung von Schraffur- und Konturspuren durchgeführt.

10.1 Voruntersuchungen

10.1.1 Position im Bauraum und Belichtung von Einzelschichten und Volumenkörpern

Der Einfluss der Positionierung der Einzelspuren im Bauraum und zueinander wird in Kapitel 8.1.2 diskutiert. Dabei wird ermittelt, dass ab einem Abstand ≥ 15 mm zwischen zwei Einzelspuren keine Abhängigkeit der Einzelspurkennwerte von ihrer Position auf der Substratplatte festgestellt wird. Aus der Literatur ist bekannt, dass die Reihenfolge der Belichtung, die Position auf dem Substrat und der Abstand der Einzelschichten und Volumenkörper zueinander die Qualitätsmerkmale wie Dichte und Rauheit beeinflussen können [76]. Ursache dafür sind vor allem die entstehenden Prozessnebenprodukte (Kapitel 4.3.3.4). Um eine Beeinflussung auszuschließen, werden die Einzelschichten und die Volumenkörper so positioniert, dass diese sich möglichst nicht gegenseitig beeinflussen. Nach den Ergebnissen aus Kap. 8.1.2 wird angenommen, dass ein Abstand von ca. 15 mm zwischen den Einzelschichten bzw. Würfeln ausreicht, um eine gegenseitige Beeinflussung zu vermeiden. Diese Annahme wird überprüft, indem Würfel mit gleichen Verfahrensparametern in einem Abstand von 10, 15 und 20 mm zueinander aufgebaut werden. Bei Würfeln mit einem Abstand von 15 und 20 mm wird keine Abhängigkeit der Dichte und Rauheit von der Positionierung und der Belichtungsreihenfolge gemessen. Auch bei einer Strömungsrichtung nicht, bei der Prozessnebenprodukte von der Laser-Material-Wechselwirkungszone in Richtung der noch zu belichtenden Proben transportiert werden, wie in Bild 10.1.1 dargestellt.

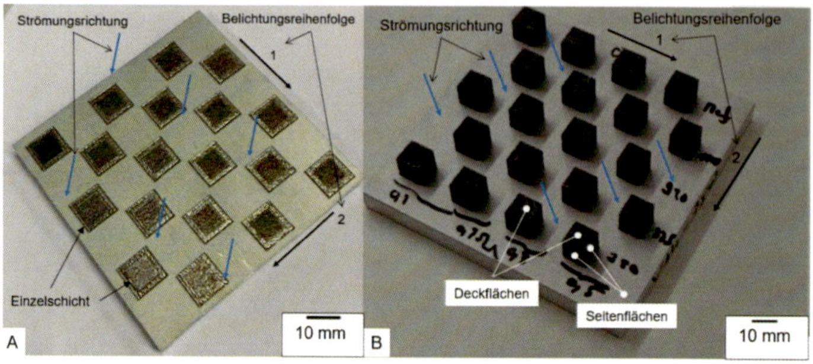

Bild 10.1.1 Positionierung der 10x10mm² Einzelschichten (A) und der 10x10x10mm³ Würfel (B) auf der Substratplatte. Die Belichtungsreihenfolge wird durch die schwarzen Pfeile und Zahlen dargestellt. Die blauen Pfeile stellen die Strömungsrichtung der Umwälzung dar (45°).

Dazu werden Würfel im Abstand von 15 mm zueinander auf einer Substratplatte (AlSi10Mg, P_L = 300 W, d_S = 100 µm, D_S = 40 µm, v_s = 700 mm/s) hergestellt. Dabei erfolgt die Belichtung von links nach rechts und von oben nach unten (schwarze Pfeile), bei einer Strömungsrichtung der Umwälzung in einem 45° Winkel zu den Proben (blaue Pfeile). Die Dichte und Rauheit der Würfel bleibt im Rahmen der Messgenauigkeit gleich.

10.1.2 Fokusshift und thermische Effekte bei Einzelschichten und Volumenkörpern

Der Einfluss des Fokusshifts auf die Einzelspuren wird in Kapitel 8.1.5 diskutiert. Für die in dieser Arbeit hergestellten Einzelspuren (Bild 7.2.2 A) wird kein Einfluss des Fokusshifts festgestellt. Bei der Herstellung mehrerer Einzelspuren in Folge wird zusätzlich die Zeit zwischen der Belichtung der jeweiliger Einzelspuren variiert. Bei der Einhaltung einer Pause von mind. 2 s zur Abkühlung der optischen Elemente liegen die Stabilitätsfaktoren dieser Einzelspuren innerhalb der Standardabweichung. Das bedeutet, dass beim Einhalten dieser Abkühlpause der Fokusshift keinen Einfluss auf den gemessenen Stabilitätsfaktor dieser Einzelspuren hat.

Bei der Herstellung von Einzelschichten (überlappende Einzelspuren) bzw. von Volumenkörpern (überlappende Einzelschichten) findet zusätzlich zum Fokusshift eine gegenseitige Beeinflussung der Spurbildung durch die Temperaturfelder statt. Während der Herstellung eines Volumenkörpers wird dieser durch die aufgenommene Energie der Laserstrahlquelle aufgeheizt. Bei üblichen Verfahrensparametern eines PBF-Prozesses reicht die Zeit bis zur Belichtung des nächsten Vektors nicht zur Abkühlung bis auf die ursprüngliche Umgebungstemperatur aus, es tritt der so genannte „Vorwärmeffekt" auf. Durch diesen Vorwärmeffekt ändern sich, durch die Erhöhung der Umgebungstemperatur, die Randbedingungen des PBF-Prozesses zusätzlich zu den Änderungen durch den Fokusshift. Um die Vergleichbarkeit der Ergebnisse der Einzelspurversuche mit denen der Einzelschichten und Volumenkörper zu ermöglichen, soll dieser Vorwärmeffekt ebenfalls möglichst vermieden werden. Wie in Kap. 8.1.5 dargestellt, kann durch eine Pause von 2 s der Einfluss des Fokusshifts vermieden werden.

Um festzustellen, ob diese Pause ausreicht, um den Vorwärmeffekt zu vermeiden wird folgendermaßen vorgegangen: Fünf Einzelspuren mit 10 mm Länge

(Bild 7.2.1 A) werden hergestellt. Die Temperatur wird mittels eines koaxial im Strahlengang angeordneten Pyrometers (siehe Bild 6.1.2) mit einem Messfleck von 100 µm gemessen. Um den maximalen Einfluss des Vorwärmeffektes zu erreichen, wird die maximale Laserleistung von 400 W bei einem Strahldurchmesser von 70 µm und einer Scangeschwindigkeit von 100 mm/s verwendet. Nach der Herstellung jeder Einzelspur wird der Messfleck in der Mitte der Spur (bei 5 mm) positioniert. Die Temperaturmesswerte werden von 0,5 bis 4 s nach dem Abschalten der Laserstrahlung alle 0,5 s aufgenommen. Für die fünf untersuchten Einzelspuren entsprechen die Temperaturwerte 2 s nach dem Abschalten der Laserstrahlung der Umgebungstemperatur, d. h., eine Pause von 2 s ist ausreichend, um den Vorwärmeffekt zu vermeiden. Diese Pause wird für alle in dieser Arbeit betrachteten Einzelspuren, Flächen und Volumenkörper eingehalten, auf Ausnahmen wird gesondert hingewiesen. Ein weiterer Vorteil einer Abkühlpause ist, insbesondere bei der Herstellung von Volumenkörpern, dass Prozessnebenprodukte durch die Absaugung aus der Wechselwirkungszone entfernt werden und damit eine Wechselwirkung der Laserstrahlung mit den Prozessnebenprodukten weitgehend vermieden wird. Dieser Aspekt wird in Kap. 12.1 noch einmal aufgegriffen. Deswegen wird in allen weiteren Versuchen in Kap. 10 nach der Belichtung jeder Einzelspur/jeden Vektors diese Pause eingehalten. Die Addition dieser Pausen nach jedem belichteten Vektor erhöht jedoch die Belichtungszeit signifikant. Durch die Erhaltung der gleichen Randbedingungen für alle Probekörper können aber die Ergebnisse und Verfahrensparameter der Einzelspuren direkt mit den Ergebnissen und Verfahrensparametern der Einzelschichten und Volumenkörper verglichen werden. Bei dem „realen" PBF-Prozess wird keine solche Pause zwischen der Belichtung einzelner Vektoren eingehalten. Die Pause zwischen der Belichtung aufeinanderfolgender Vektoren entspricht der Zeit, die von dem Scanner benötigt wird, um einen „Sprungvektor" (siehe Kap. 7.1.5) abzuscannen, typischerweise wenige Millisekunden. Ein Vergleich der „Belichtung mit und ohne Pause" findet in Kap. 12.1 und 12.3 statt.

10.1.3 Auswahl der Verfahrens- und Messparameter

Die Qualitätsmerkmale Dichte und Flächenrauheit werden wie die Stabilitätsfaktoren in Kap. 9 in Abhängigkeit der Scangeschwindigkeit dargestellt. Zusätzlich werden Grenzwerte für Dichte und Rauheit definiert, die zur Bestimmung eines Prozessfensters genutzt werden. Die Wahl der Grenzwerte orientiert sich an Anforderungen, die typischerweise an PBF-Bauteile gestellt werden. Für die Dichte wird dabei der Wert $\rho > 99{,}5$ % gewählt, ein Wert der für viele Anwendungen der PBF-Bauteile gefordert wird [31], [35]. Die Anforderungen an die Rauheit variieren erheblich und können je nach Anwendung von mehreren hundert Mikrometern bis zu Werten unter einem Mikrometer betragen, wobei nach dem aktuellen Stand der Technik des PBF-Prozesses (siehe auch Kap. 4.5) die erreichten Rauheiten Ra sich ca. zwischen 5 und 40 µm bewegen (z. B. erreichen Li et al. Rauheitswerte von ca. 10 µm für AlSI10Mg Bauteile [125]). Beim Micro SLM, einer Variante des PBF-Verfahrens, bei dem Laserstrahldurchmesser < 40 µm sowie Schichtdicken und Korngrößenverteilung < 10 µm verwendet werden, können teilweise Rauheitswerte Ra unter 3 µm erreicht werden [121], [124]. Für Anwendungen, die kleine Rauheitswerte benötigen, müssen die Oberflächen der PBF-Bauteile nachbearbeitet werden. Für viele Anwendungen werden in der Literatur Rauheiten unter einem zehntel Millimeter als eine

Mindestanforderung aufgeführt. Deswegen wird im Weiteren diese von der Industrie für viele Anwendungen geforderte Rauheit Sa < 100 µm als erster Grenzwert verwendet. Ein weiterer oft in der Industrie geforderter Grenzwert ist eine Rauheit Sa < 10 µm. In Kap. 12.3 wird die Erreichbarkeit von diesem Grenzwert diskutiert [31], [76], [35], [125].

Scangeschwindigkeiten mit denen Volumenkörper gefertigt werden, bei sonst konstanten Einflussgrößen/Verfahrensparametern, bei denen die Dichte ρ > 99,5 % und die Rauheit Sa < 100 µm ist, werden in dieser Arbeit als Prozessfenster definiert. Der Scangeschwindigkeitsbereich, der die Kriterien für Rauheit und Dichte erfüllt, ist ein Maß für die Prozessrobustheit.

Die in Kap. 9.5 definierten Referenzparameter werden verwendet: sandgestrahlte artgleiche Substratplatte, Pulverauftragseinheit mit Kohlenstofffaserbürste, keine Pulverfixierung, Pulver gleicher Charge der Korngrößenverteilung 25 - 40 µm mit Feinanteil (Bilder A1.1, A1.4, A1.7), Argonatmosphäre mit Sauerstoffgehalt < 50 ppm, Laserleistung von 300 W, Laserspotdurchmesser von 100 µm, Schichtdicke von 40 µm. Der Scangeschwindigkeitsbereich wird nach Möglichkeit ausreichend groß gewählt, damit die Rauheiten Sa der betrachteten Volumenkörper auch Werte größer 100 µm erreichen. Es werden 10x10 mm^2 große Flächen und Würfel der Größe 10x10x10 mm^3 hergestellt. Der Überlapp der Schraffurspuren zueinander und der Überlapp zu der vor der Schraffur belichteten singulären Konturspur beträgt 30 % der Spurbreite der Spur mit dem höchsten Stabilitätswert (Referenzspur). Der Spurversatz der Schraffur Δy_s bzw. der Spurversatz der Konturspuren Δk beträgt also 70 % der Spurbreite, d. h. etwa 180 µm für AlSi10Mg, 65 µm für IN718 und 220 µm für 1.4404, siehe Bild 10.1.2. Die Reihenfolge der Belichtung ist Konturspur vor der Schraffur (KH: Kontur Hatch), siehe Kap. 10.3. Mit den hier dargestellten Verfahrensparametern konnten in Vorversuchen für die drei Werkstoffe Volumenkörper aufgebaut werden.

Bild 10.1.2
Aufsichten und Querschliffe von Einzelspuren mit den höchsten Stabilitätsfaktoren (Referenzspuren) AlSi10Mg, IN718, 1.4404.
Hier: Korngrößenverteilung 25-40µm, P_L=300W, d_S=100µm; D_S=40µm, sandgestrahltes artgleiches Substrat.

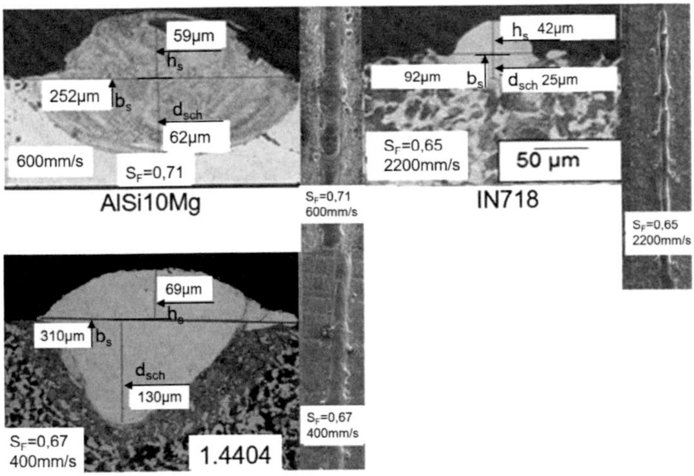

Wie in Kap. 6.2 Bild 6.2.3 dargestellt, wird als Messgröße der Rauheit der Sa-Wert gewählt. Es werden Mittelwerte von drei Sa-Werten der Messflächen 1x1 mm^2 dargestellt.

Zusätzlich werden folgende Parameter für Einzelschichten und Volumenkörper untersucht:

- Variation der Volumenenergiedichte (siehe Kap 4.2) über separate Variation der Laserleistung, der Scangeschwindigkeit, der Schichtdicke und des Spurabstandes
- Variation des Schraffurabstandes
- Variation des Konturspurabstandes, der Konturanzahl, sowie der Belichtungsreihenfolge der Konturen und Reihenfolge Kontur/Schraffur bzw. Schraffur/Kontur

Zur besseren Vergleichbarkeit untereinander und mit den Ergebnissen aus Kapitel 9 wird in diesem Kapitel immer nur eine Einflussgröße variiert.

10.2 Übertragung der Ergebnisse von Einzelspuren auf Einzelschichten und Volumenkörper

Wie in Kapitel 4.4.2 beschrieben, kommen bei dem Übergang von einer Einzelspur zu einer Einzelschicht weitere Verfahrensparameter hinzu. Die verwendeten Belichtungsstrategien werden in Kapitel 7.1.5 und die verwendeten Probengeometrien in Kapitel 7.2.2 und 7.2.3 dargestellt.

Als erstes wird überprüft, ob die Stabilitätsfaktoren aus Kapitel 9 mit den Qualitätsmerkmalen (Flächenrauheit und Dichte) der Einzelschichten und Volumenkörper korrelieren. Dazu werden mit den oben genannten Referenzparametern jeweils drei Einzelschichten und drei Würfel aufgebaut und vermessen, siehe Bilder 10.1.1 und 10.2.1 für Beispiele der Probekörper auf Substratplatten, Pulver entfernt.

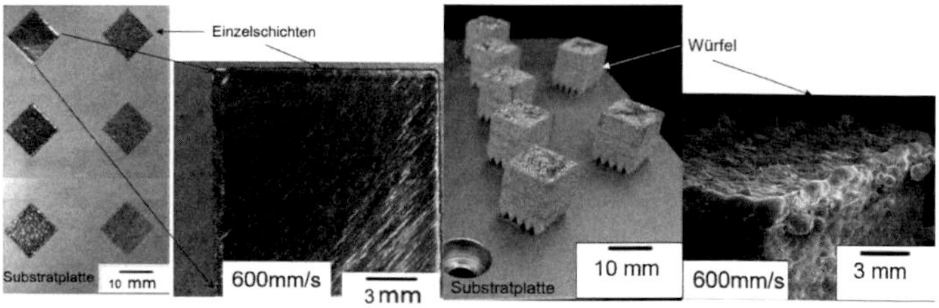

Bild 10.2.1
Belichtete PBF-Einzelschichten und Würfel auf sandgestrahlten artgleichen Substratplatten
Hier:
AlSi10Mg,
Korngrößenverteilung 25-40µm,
P_L=300W,
v_s=100mm/s bis 1500mm/s,
d_s=100µm;
D_s=40µm;
eine Konturspur (KH);
Δy_s, Δk=180µm (70%).

In Bild 10.2.2 werden LIM-Aufnahmen der Ober- und Seitenfläche von drei ALSi10Mg-Würfeln gezeigt. Unterschiede in der Rauheit können mit diesen Aufnahmen nicht festgestellt werden.

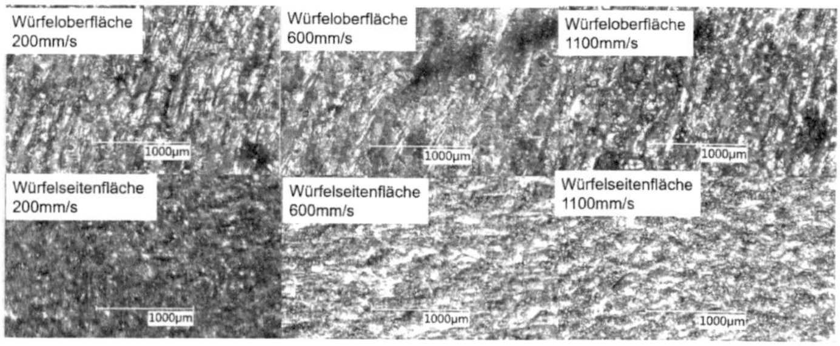

Bild 10.2.2
LIM-Aufnahmen der Ober- und Seitenflächen von PBF-Würfeln
Hier:
AlSi10Mg,
Korngrößenverteilung 25-40µm,
P_L=300W,
v_s=200, 600, 1100mm/s,
d_s=100µm;
D_s=40µm;
eine Konturspur (KH);
Δy_s, Δk=180µm (70%).

Die Flächenrauheitswerte Sa der Einzelschichten und der Deck- und Seitenflächen der PBF-Würfel werden vermessen. Im Bild 10.2.3 werden die Mittelwerte (Messungen der drei Würfel und Flächen) der Flächenrauheitswerte Sa von AlSi10Mg Einzelschichten auf Substratplatten und Würfeln (Deck- und Seitenfläche) gezeigt, wie in den Bildern 10.1.1 und 10.2.1 dargestellt. Die in Bild 10.2.3 dargestellten Stabilitätsfaktoren werden in Kap. 9 ermittelt, siehe Bild 9.1.5 (Spur auf Substratplatte, sandgestrahlt) und Bild 9.2.1 (Substratoberfläche AlSi10Mg).

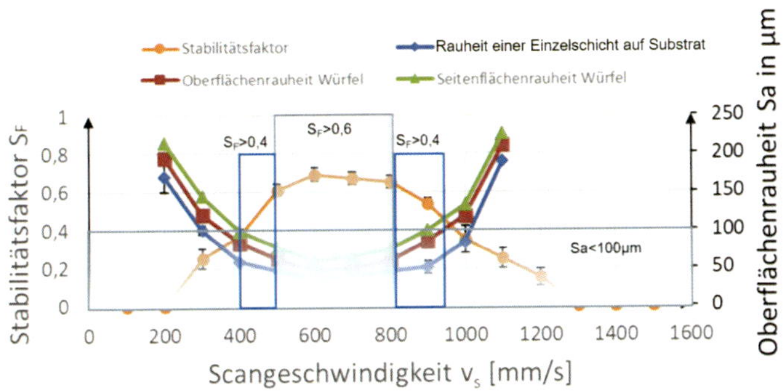

Bild 10.2.3
S_F von AlSi10Mg Einzelspuren und Sa der AlSi10Mg Einzelschichten sowie der Ober- und Seitenflächen von Würfeln. Hier: Korngrößenverteilung 25-40µm, P_L=300W, v_s=100 bis 1500mm/s, d_S=100µm; D_S=40µm, Belichtete PBF-Würfel auf sandgestrahlten artgleichen Substratplatten. eine Konturspur (KH); Δy_s, Δk=180µm (70%).

Die niedrigsten Mittelwerte der Oberflächenrauheiten liegen alle bei 600 mm/s, bei einmal belichteten Schichten auf der Substratplatte mit Sa = 45 µm, bei der Deckfläche des Würfels (180°) mit 52 µm und bei der Seitenfläche des Würfels (90°) mit Sa = 60 µm. Die Rauheiten aller vier Seitenflächen liegen im Bereich der Standardabweichung (bis zu ca. 15 %) zueinander. Deswegen werden hier nur die Werte für eine Seitenfläche dargestellt. Bei höheren und niedrigeren Scangeschwindigkeiten wird die Rauheit größer und kann Werte Sa > 200 µm erreichen.

Bei dem Vergleich mit dem Verlauf der entsprechenden Stabilitätsfaktoren ergeben sich Korrelationen: Der höchste Stabilitätsfaktor von 0,69 liegt genau so wie die niedrigsten Werte der Rauheiten bei 600 mm/s. Bei der Betrachtung des Grenzwertes für die Rauheit, Sa < 100 µm, werden die in Kap. 8.6, definierten Bereiche betrachtet:

- Für Stabilitätsfaktoren $S_F \geq 0{,}6$ liegen alle Sa-Werte unter 100 µm.
- Für Stabilitätsfaktoren $0{,}4 \leq S_F < 0{,}6$ liegen die Sa-Werte teilweise unter 100 µm, wie z. B. die Rauheit der Einzelschichten auf dem Substrat und einige der Werte der Seitenflächenrauheit.
- Für Stabilitätsfaktoren < 0,4 liegen alle Sa-Werte über 100 µm.

Das Prozessfenster ($S_F \geq 0{,}6$) für die Einzelschichten liegt zwischen 400 und 1000 mm/s, für die Würfel liegt es zwischen 400 und 800 mm/s.

Die Gründe für die Erhöhung der Rauheit bei hohen und niedrigen Scangeschwindigkeiten werden in Kapitel 4.3.3 und 4.4.3 diskutiert und werden auf Balling, Humping und Prozessnebenprodukte zurückgeführt. Als nächstes wird der Zusammenhang zwischen der Dichte der Volumenkörper und den Stabilitätsfaktoren untersucht. Bild 10.2.4 zeigt drei Querschliffe von AlSi10Mg-Würfeln bei denen Poren bei höheren und niedrigeren Scangeschwindigkeiten entstehen und in reduzierten Dichten resultieren. Das Pulver wird, wie in Kap. 7.3 beschrieben, vor der Verwendung getrocknet.

Die Porenfreiheit in den Pulverkörnern wurde vor der Verwendung des Pulvers durch Anfertigung von Querschliffen des Pulvers ebenfalls überprüft.

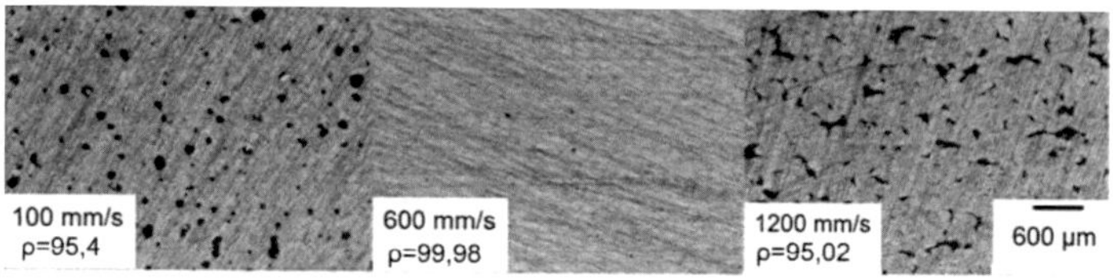

Bild 10.2.4 Querschliffe und Dichte ρ der AlSi10Mg Würfel. Korngrößenverteilung 25-40µm, P_L=300W, v_s=100, 600, 1200mm/s, d_S=100µm; D_S=40µm, Belichtete PBF-Würfel auf sandgestrahlten artgleichen Substratplatten. Eine Konturspur (KH); Δy_s, Δk=180µm (70%).

In Kapitel 9 wird gezeigt, dass für AlSi10Mg bei diesen Bedingungen das Wärmeleitungsregime vorliegt, die Porenbildung wird also nicht aufgrund eines Keyholes erzeugt. Bei IN718 und 1.4404 werden allerdings bei hohen Leistungen das Tiefschweiß- und Übergangsregime beobachtet. Bei niedrigen Geschwindigkeiten und hohen Streckenenergien werden zum Teil Temperaturen nahe dem Siedepunkt erreicht [92]. Dabei wird nicht nur die erstarrte Oberfläche durch starke lokale Schmelzbewegungen vor dem Erstarren unregelmäßig, was zu hohen Rauheiten führt. Es kommt teilweise zur explosionsartigen Verdampfung von niedrigverdampfenden, einzelnen Legierungselementen, wodurch die chemische Zusammensetzung verändert wird und zusätzlich Defekte wie z. B. Poren entstehen können, vgl. Kapitel 4.3.3.4 und 4.4.3.2. Der PBF-Prozess für den Würfel bei 100 mm/s musste wegen einer „Überhöhung der Konturspur“ (Belichtungsstrategie Kontur Hatch) abgebrochen werden. Dabei wird die Konturspur deutlich höher als die Schraffur, so dass die Gefahr besteht, dass die Pulverauftragseinheit mit der überhöhten Konturspur kollidiert. Die Ursache wird in der Wechselwirkung mit dem angrenzenden Pulverbett vermutet (siehe Kap. 8.5). Dort wird gezeigt, dass eine Spur in Kontakt mit dem Pulverbett doppelt so hoch werden kann wie eine Spur ohne Kontakt zum Pulverbett (siehe Bilder 8.5.2 und 8.5.3). Der aufgebaute Teil des Würfels reichte jedoch zur Bestimmung der Dichte. Bei hohen Geschwindigkeiten werden hauptsächlich Balling das zu nicht zusammenhängenden Spuren führen kann (vgl. Bild 4.4.5) und Anbindungsfehler durch eine geringe Umschmelztiefe (vgl. Bild 8.5.6 Einzelspuren bei 1200 und 1400 mm/s) beobachtet. Für eine ausreichende Anbindung zwischen den Schichten und damit hohe Dichten werden in der Literatur Umschmelztiefen vom 1,5 bis 3-fachen der Schichtdicke vorgeschlagen [45]. Bei Einflussgrößen/Verfahrensparametern, die zu nicht zusammenhängenden Einzelspuren führen, wird ebenfalls Porenbildung und erhöhte Rauheit beim Aufbau von Volumenkörpern mit den gleichen Parametern erwartet [15], [41].

In Bild 10.2.5 wird die Dichte ρ von AlSi10Mg Würfeln gezeigt. Wie in Kap. 6.2 dargestellt, werden die Querschliffe von drei mit gleichen Verfahrensparametern hergestellten Würfeln vermessen und die Mittelwerte der Dichtemessungen dargestellt.

Die Dichten > 99,5 % liegen zwischen 400 und 800 mm/s. Bei höheren und niedrigeren Scangeschwindigkeiten wird die Dichte kleiner.

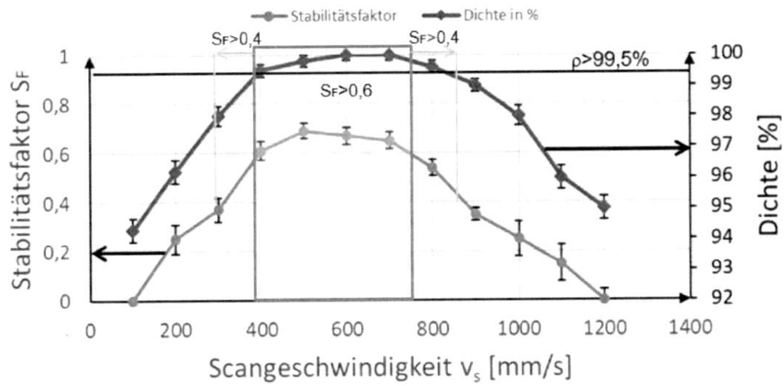

Bild 10.2.5 Stabilitätsfaktoren S_F von AlSi10Mg Einzelspuren und Dichte ρ der AlSi10Mg Würfel. Hier: Korngrößenverteilung 25-40µm, P_L=300W, v_s=100 bis 1200mm/s, d_s=100µm; D_s=40µm, Belichtete PBF-Würfel auf sandgestrahlten artgleichen Substratplatten. eine Konturspur (KH); Δy_s, Δk=180µm (70%).

Bei dem Vergleich mit dem Verlauf der entsprechenden Stabilitätsfaktoren (vgl. Kap. 9, Bild 9.1.5, Spur auf Substratplatte, sandgestrahlt) ergeben sich ähnliche Korrelationen wie bei den Rauheiten: der höchste Stabilitätsfaktor von 0,69 liegt bei 600 mm/s, dies entspricht einer gemessenen Dichte von 99,95 %. Beim Betrachten des Grenzwertes für die Dichten > 99,5 % lassen sich ebenfalls drei Bereiche erkennen:

- Für Stabilitätsfaktoren $S_F \geq 0,6$ liegen alle vier Dichtemessungen über dem Grenzwert von 99,5 %.
- Für Stabilitätsfaktoren $0,4 < S_F < 0,6$ liegen einige Dichtewerte über und einige unter 99,5 % (z. B. 99,6 % bei 800 mm/s, 99,1 % bei 400 mm/s).
- Für Stabilitätsfaktoren < 0,4 liegen die Werte der Dichte unter 99,5 %.

Aus den Bildern 10.2.3 und 10.2.5 wird ersichtlich, dass für Stabilitätsfaktoren ≥ 0,6 beide Bedingungen, Rauheitswerte Sa < 100 µm und Dichte > 99,5 % immer erfüllt werden. Die Breite des Prozessfensters wird benutzt, um Aussagen über die Prozessrobustheit zu treffen. Je breiter dieser Bereich, desto größer ist die Prozessrobustheit.

In den Bildern 10.2.6 und 10.2.7 sind die Ergebnisse für IN718 dargestellt, in den Bildern 10.2.8 und 10.2.9 die für 1.4404.

Bild 10.2.6
Stabilitätsfaktoren S_F von IN718 Einzelspuren und Flächenrauheitswerte Sa der IN718 Einzelschichten sowie Ober- und Seitenflächen von Würfeln.
Hier:
Korngrößenverteilung 25-40µm, P_L=300W, v_s=250 bis 3750mm/s, d_S=100µm;
D_S=40µm,
Belichtete PBF-Würfel auf sandgestrahlten artgleichen Substratplatten.
eine Konturspur (KH);
Δy_s, Δk=65µm (70%).

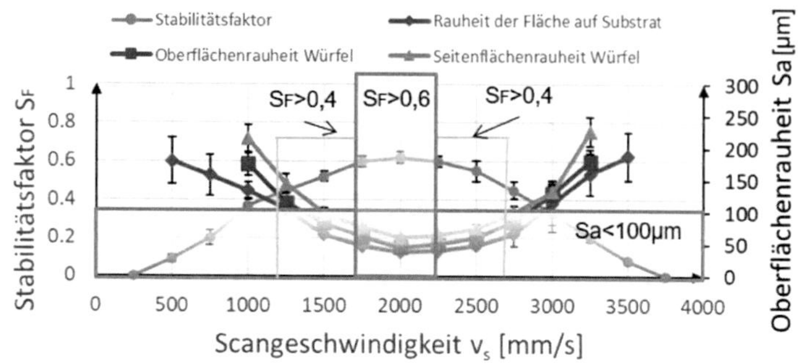

Bild 10.2.7
Stabilitätsfaktoren S_F von IN718 Einzelspuren und Dichte ρ der IN718 Würfel.
Hier:
Korngrößenverteilung 25-40µm, P_L=300W, v_s=250 bis 3750mm/s, d_S=100µm;
D_S=40µm,
Belichtete PBF-Würfel auf sandgestrahlten artgleichen Substratplatten.
eine Konturspur (KH);
Δy_s, Δk=65µm (70%).

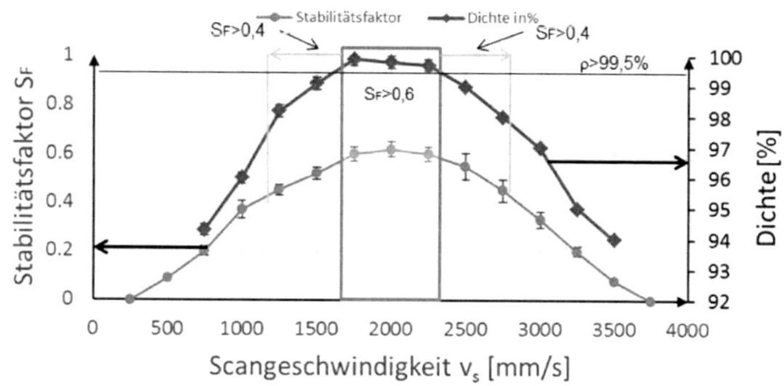

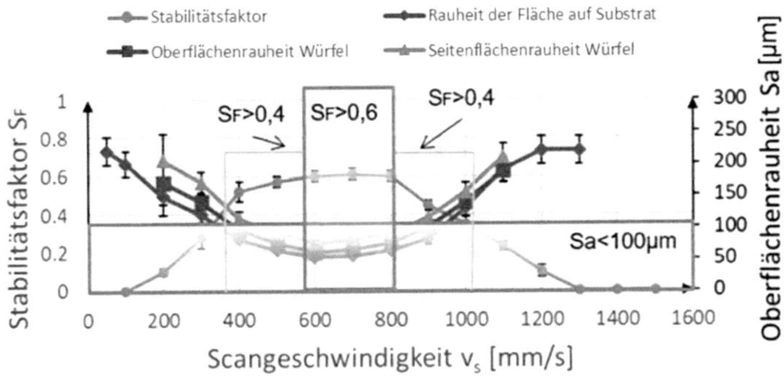

Bild 10.2.8
Stabilitätsfaktoren S_F von 1.4404 Einzelspuren und Flächenrauheitswerte Sa der 1.4404 Einzelschichten sowie Ober- und Seitenflächen von Würfeln.
Hier:
Korngrößenverteilung 25-40µm, P_L=300W, v_s=100 bis 1500mm/s, d_s=100µm;
D_s=40µm,
Belichtete PBF-Würfel auf sandgestrahlten artgleichen Substratplatten.
eine Konturspur (KH);
Δy_s, Δk=220µm (70%).

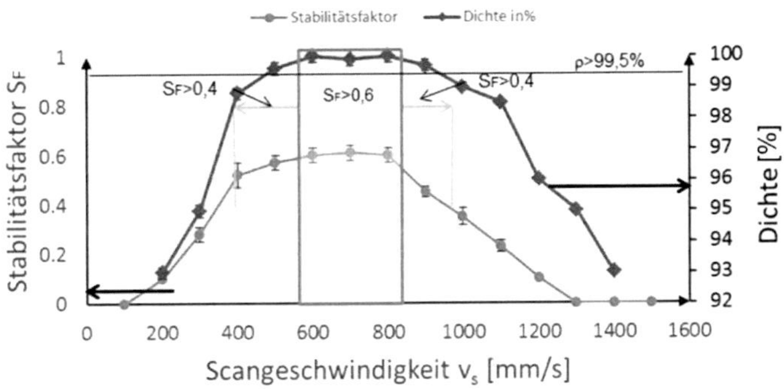

Bild 10.2.9
Stabilitätsfaktoren S_F von 1.4404 Einzelspuren und Dichte ρ der 1.4404 Würfel.
Hier:
Korngrößenverteilung 25-40µm, P_L=300W, v_s=100 bis 1500mm/s, d_s=100µm;
D_s=40µm,
Belichtete PBF-Würfel auf sandgestrahlten artgleichen Substratplatten.
eine Konturspur (KH);
Δy_s, Δk=220µm (70%).

Die Ergebnisse für die Werkstoffe IN718 und 1.4404 entsprechen qualitativ den Ergebnissen für AlSi10Mg. Die Werte der Stabilitätsfaktoren sind Kap. 9 entnommen, siehe Bild 9.2.1 (Substratoberfläche 1.4404 und IN718). In der Tabelle 10.2.1 werden für die drei Werkstoffe Scangeschwindigkeitsbereiche für die Dichte > 99,5 %, Rauheit Sa < 100 µm und Stabilitätsfaktoren > 0,6 dargestellt. Außerdem werden die kleinsten Rauheitswerte (Mittelwerte der Messungen aus drei Würfeln) sowie die Scangeschwindigkeit, bei der diese erreicht wurden, dargestellt. Die IN718 und AlSi10Mg Einzelschichten und Würfel weisen die niedrigsten Rauheiten auf. IN718 weist die größte Prozessrobustheit auf.

Tabelle 10.2.1 Minimale Rauheitswerte sowie Scangeschwindigkeitsbereiche für S_F>0,6, Rauheit <100 µm und Dichte >99,5% für AlSi10Mg, IN718 und 1.4404. Grün zeigt die besten Ergebnisse (niedrigste Rauheiten, breiteste Prozessfenster).

Werkstoff	minimaler Sa-Wert [µm] Einzelschicht	minimaler Sa-Wert [µm] Deckfläche	minimaler Sa-Wert [µm] Seitenfläche	Dichte > 99,5%	Rauheit Sa < 100 µm	S_F > 0,6
AlSi10Mg	45 (600mm/s)	52 (600mm/s)	60 (600 mm/s)	400-800mm/s	400-900mm/s	500-800mm/s
IN718	38 (2000mm/s)	45(2000mm/s)	60 (2000 mm/s)	1750-2250mm/s	1250-2750mm/s	1750-2250mm/s
1.4404	53 (600mm/s)	60 (600mm/s)	75 (600mm/s)	600-900mm/s	400-1000mm/s	600-800mm/s

Die Proben aus 1.4404 zeigen im Vergleich die größten Rauheiten. Die Ergebnisse stimmen für IN718 mit dem Stand der Technik überein, allerdings werden für AlSi10Mg nach dem Stand der Technik die größten Rauheiten erwartet (vgl. Kap. 4.5). Diese Abweichung wird mit der Abkühlpause erklärt, siehe Kapitel 12.3 für den Vergleich des Aufbaus mit und ohne Abkühlpause. Ohne diese Pause werden mehr Agglomerate an den AlSi10Mg Würfeln festgestellt. Dies führt zu Rauheiten, die größer sind als bei 1.4404, wie nach dem Stand der Technik erwartet.

Die kleinsten Oberflächenrauheiten liegen bei 2000 mm/s für IN718 und bei 600 mm/s für 1.4404 und korrespondieren mit den größten Stabilitätsfaktoren. Dabei betragen die minimalen Werte der Einzelschichten 38 µm für IN718 und 53 µm für 1.4404. Für die Seitenflächen betragen diese Werte 60 und 75 µm und für die Deckflächen der Würfel sind es entsprechend 45 und 60 µm. Die Dichten ρ > 99,5 % von PBF-Würfeln werden für Scangeschwindigkeiten zwischen 1750 und 2250 mm/s für IN718 und zwischen 600 und 900 mm/s für 1.4404 erreicht. Bei kleineren und größeren Scangeschwindigkeiten werden die Rauheiten größer und die Dichten kleiner. Dies korreliert mit den Stabilitätsfaktoren, es lassen sich ebenfalls drei Bereiche definieren:

- Ein Bereich mit $S_F \geq 0{,}6$, dabei sind alle Rauheiten Sa < 100 µm und alle Dichten > 99,5 %
- Ein Bereich mit $0{,}4 < S_F < 0{,}6$, dabei liegen die Rauheiten Sa teilweise unter 100 µm und die Dichten sind teilweise > 99,5 %.
- Ein Bereich mit $S_F \leq 0{,}4$, dabei sind alle Rauheiten Sa > 100 µm und alle Dichten sind < 99,5 %.

Die Prozessfenster ($S_F \geq 0{,}6$) für die Scangeschwindigkeiten betragen 500 - 800 mm/s für AlSi10Mg, 1750 - 2250 mm/s für IN718 und 600 - 800 mm/s für 1.4404. Dies bedeutet, dass IN718 die größte Prozessrobustheit besitzt, gefolgt von AlSi10Mg und 1.4404. Im nächsten Schritt werden die ermittelten Prozessfenster mit den Verfahrensparametern aus der Literatur (Kapitel 4.5) verglichen, siehe Tabelle 10.2.2. Zur besseren Vergleichbarkeit wird die Volumenenergiedichte verwendet. Der Spurversatz für 30 % Überlapp wird ausgehend von der Breite der Spur mit dem größten Stabilitätsfaktor für die Verfahrensparameter berechnet und beträgt 180 µm für AlSi10Mg (Spurbreite ca. 250 µm bei 600 mm/s), 65 µm für IN718 (Spurbreite ca. 90 µm bei 2200 mm/s) und 220 µm für 1.4404 (Spurbreite ca. 300 µm bei 400 mm/s), vgl. auch Bilder 8.7.3, 8.5.6 sowie A3.6 und A3.15.

Tabelle 10.2.2
In dieser Arbeit ermittelter E_V-Bereich mit S_F>0,6 im Vergleich zu Literaturwerten für AlSi10Mg, IN718 und 1.4404. Grün: entspr. SdT, Gelb: Abweichung von SdT [18], [28], [30], [38], [45], [46], [85], [86], [96].

Werkstoff	S_F>0.6	Stand der Technik		
AlSi10Mg	52.1-83.3	49.9	54,4	53,3
IN718	55.6-71.4	66.3	61,7	69.4
1.4404	67-89.3	62.5	70,4	83.3
Alle Werte in der Tabelle: E_V in J/mm^3				

Die Volumenenergiedichte für den Bereich der Stabilitätsfaktoren ≥ 0,6 liegen im gleichen Bereich mit den im Kapitel 4.5 betrachteten Verfahrensparametern. Es fällt auf, dass im Stand der Technik teilweise kleinere Volumenenergiedichten angegeben sind. Dies kann damit erklärt werden, dass ohne Abkühlpause eine geringere Volumenenergie benötigt wird als mit Abkühlpause (vgl. Kapitel 10.1.2).

Der Zusammenhang zwischen den Stabilitätsfaktoren der Einzelspuren, den Rauheiten und Dichten von Volumenkörpern wird für die in Kapitel 9 variierten Einflussgrößen untersucht. Dabei ergibt sich, dass die oben aufgeführten drei Bereiche für alle variierten Parameter gelten. Die Werte der höchsten Stabilitätsfaktoren korrelieren mit den Werten der niedrigsten Rauheiten und der höchsten Dichten, siehe auch Tabellen A5.1-3 im Anhang A5.

Die Ergebnisse werden wie folgt zusammengefasst:

- Die Stabilitätsfaktoren der Einzelspuren korrelieren mit den Rauheiten (Einzelschichten und Volumenkörper) und Dichten der Volumenkörper, die Ergebnisse für die Einzelspuren können auf Einzelschichten und Volumenkörper übertragen werden.
- Es werden drei Bereiche betrachtet:
    - Für $S_F \geq 0,6$ (Die entsprechenden Einzelspuren werden als stabil bezeichnet.) können Volumenkörper mit Rauheitswerten Sa < 100 µm und Dichten > 99,5 % aufgebaut werden.
    - Für $0,4 \leq S_F < 0,6$ (Die entsprechenden Einzelspuren werden als semistabil bezeichnet.) können teilweise Volumenkörper mit Rauheitswerten Sa < 100 µm und Dichten > 99,5 % aufgebaut werden.
    - Für $S_F < 0,4$ (Die entsprechenden Einzelspuren werden als instabil bezeichnet.) sind die Rauheiten der Volumenkörper Sa > 100 µm und die Dichten < 99,5 %.

- Als Prozessrobustheit für Volumenkörper wird der Geschwindigkeitsbereich mit $S_F \geq 0{,}6$ definiert.

- Während sich die absoluten Werte für S_F und die Scangeschwindigkeitsbereiche für zusammenhängende Einzelspuren unterscheiden, bleiben die qualitativen (Bedeutung von „qualitativ" definiert in Kap. 9.1.3) Verläufe gleich für die drei untersuchten Werkstoffe.

10.3 Stabilitätsfaktoren, Rauheiten und Dichten der PBF-Probekörper in Abhängigkeit von der Belichtungsstrategie

In Bild 10.3.1 wird schematisch der Aufbau einer PBF-Schicht gezeigt. Bei den Einzelspuren einer PBF-Schicht wird zwischen den Schraffur- und Konturspuren unterschieden. Die Schraffurspuren werden üblicherweise in einem Mäandermuster belichtet und bilden den inneren Teil des Volumenbauteils bis zur Deckfläche, während die Konturspuren am Rand jeder PBF-Schicht platziert werden und die Seitenflächen bilden, siehe auch Kapitel 7.2.2. Der Einfluss der Reihenfolge der Belichtung von Kontur- und Schraffurspuren wird später in diesem Kapitel untersucht.

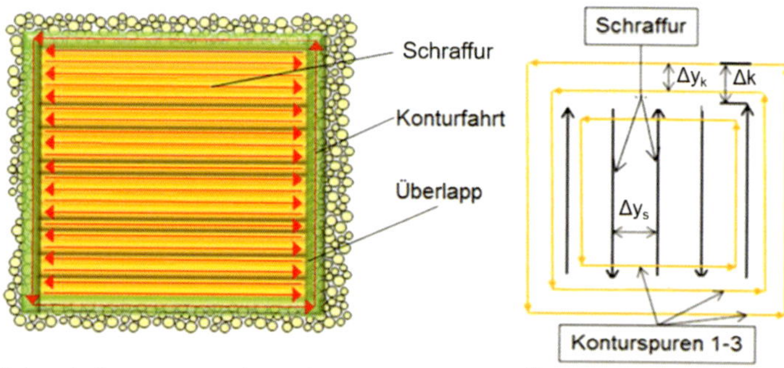

Bild 10.3.1
Schematische Darstellung der Schraffur- und Konturspuren einer PBF-Einzelschicht.
Δy_s: Abstände zwischen den Schraffurspuren
Δy_k: Abstände zwischen den Konturspuren
Δk: Abstand zwischen der Schraffur und der ersten Konturspur

Folgende Parameter werden in diesem Kapitel variiert: Überlapp der Schraffur- und Konturspuren untereinander und zueinander von 10 bis 90 % der Spurbreite, ausgehend von der Einzelspur mit dem höchsten Stabilitätsfaktor (vgl. Kap. 10.1.3), d. h. ein Überlapp von 10 % entspricht ca. 25 µm für AlSi10Mg, ca. 10 µm für IN718 und ca. 30 µm für 1.4404. Die Anzahl der Konturspuren wird von 1 bis 3 variiert, die Belichtungsreihenfolge der Konturspuren und der Schraffur wird ebenfalls untersucht. Bisher wurden Stabilitätsfaktoren nur zur Bewertung von Einzelspuren verwendet. In diesem Kapitel wird versucht, die Stabilitätsfaktoren ebenfalls zur Bewertung überlappender Spuren zu benutzen. Dafür werden drei Einzelspuren (mit 2 s Pause dazwischen, siehe Kap. 10.1.2) mit entsprechendem Überlapp belichtet und als eine zusammenhängende „Mehrfachspur" mit dem Stabilitätsfaktor ausgewertet. In den Bildern 10.3.2 und 10.3.3 werden die Auswirkungen der Variation des Überlapps am Beispiel von jeweils drei Einzelspuren gezeigt (vgl. Bild 7.2.2 B). Alle Mehrfachspuren in diesem Kapitel werden bidirektional belichtet. Die Belichtung erfolgt von links nach rechts. Es ist nicht möglich, die Stabilitätsfaktoren der einzelnen Spuren zu bestimmen, da die jeweilige Spurbreite nicht eindeutig gemessen werden kann.

Die zuerst belichtete (linke) Spur ist höher und weist im Vergleich zu den beiden folgenden Spuren eine regelmäßigere Höhe auf, wird also als „stabiler" betrachtet als die nachfolgenden Spuren. Die größere Höhe der ersten Spur lässt sich auf den Einfluss des pulverfreien Saumes zurückführen: Bei der ersten Spur liegt während der Belichtung eine Pulverschicht auf beiden Seiten der Spur vor. Durch die Wechselwirkung des Dampfjets mit der Pulverschicht, siehe Kap. 8.5, wird zusätzliches Pulver aus dem Pulverbett in die Schmelze transportiert. Für die erste Spur wird Pulver von beiden Seiten dieser Einzelspur in die Schmelze transportiert, dadurch wird diese Spur deutlich höher als die darauffolgende Spur, bei der die verfügbare Pulvermenge durch den Überlapp und die hergestellte Spur geringer ist. Darüber hinaus wird in Kap. 8.5 gezeigt, dass nach der Belichtung der ersten Spur die dadurch gestörte Pulverschicht in der neuen Wechselwirkungszone weniger homogen ist (Bild 8.5.4, große Standardabweichungen in der Breite des pulverfreien Saums). Dadurch wird die Qualität der zweiten Spur zusätzlich negativ beeinflusst.

Die durch den Überlapp resultierende „Mehrfachspur" wird als eine Einzelspur behandelt und mit Hilfe des Stabilitätsfaktors ausgewertet. Bei geringem Überlapp sind die resultierenden Stabilitätsfaktoren bis zu ca. 0,1 niedriger als bei einer Einzelspur mit denselben Parametern, die einen Stabilitätsfaktor von 0,69 aufweist. Bei größerem Überlapp hingegen erhöhen sich die Stabilitätsfaktoren um bis zu ca. 0,1 gegenüber einer Einzelspur. Bei 90 % Überlapp beträgt bei diesem Beispiel der Stabilitätsfaktor der Mehrfachspur 0,78, ist also um 0,09 größer als bei einer entsprechenden Einzelspur.

Bild 10.3.2 Stabilitätsfaktoren von AlSi10Mg Mehrfachspuren, Variation des Überlapps von 10% bis 90%. Hier: Korngrößenverteilung 25-40µm, P_L=300W, v_s=600mm/s, d_S=100µm; D_S=40µm,

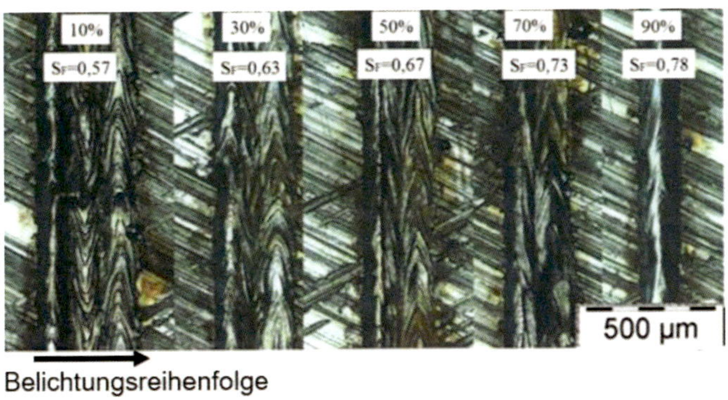

Bild 10.3.3
Querschliffe von AlSi10Mg Mehrfachspuren, Variation des Überlapps von 10 bis 90%.
Hier: Korngrößenverteilung 25-40µm, P_L=300W, v_s=600mm/s, d_S=100µm; D_S=40µm,

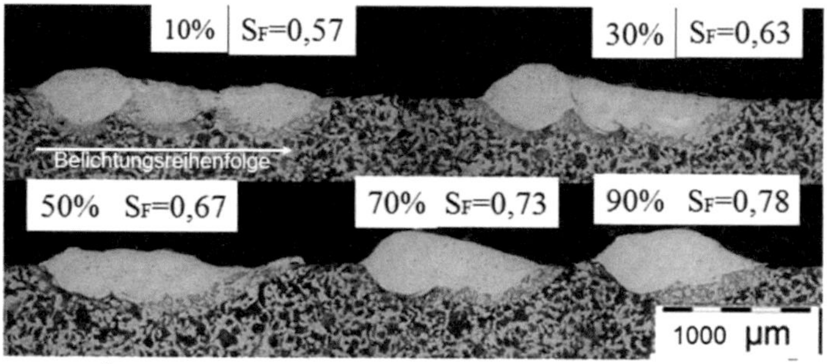

Bei einem Überlapp unter 50 % werden die seitlichen Einzelspurbereiche überlagert. Die Breiten und Höhen dieser Bereiche variieren zum Teil stark, siehe Kapitel 8.5. Dabei spielen zwei Effekte eine Rolle: zum einen die Stabilität der Spur charakterisiert durch den Stabilitätsfaktor. Wie in Kap. 10.2 gezeigt, kann eine weniger gleichmäßige Spur in Poren und höheren Rauheiten der Volumenkörper resultieren. Zum anderen spielt die Spurüberlappung eine Rolle. Bei einer geringen Überlappung der Einzelspuren und der dadurch geringen Umschmelztiefe im Überlappungsbereich können Anbindungsfehler entstehen, siehe Kapitel 4.3.3 und 4.4.1. In diesem Kapitel soll der Einfluss der Überlappung betrachtet werden, deswegen wird eine Einzelspur mit einem hohen Stabilitätsfaktor ausgewählt, so dass der Einfluss der Spurstabilität eine möglichst geringe Rolle spielt.

Bei einem Spurüberlapp größer 50 % werden auch die zentralen Bereiche der Einzelspuren überlagert, diese sind deutlich gleichmäßiger, siehe auch Kapitel 8.5 und 8.6. Die größere Überlappfläche wird mehrfach belichtet, dies führt zur Beseitigung von lokalen Inhomogenitäten. In Bild 10.3.4 werden sowohl die Stabilitätsfaktoren der Mehrfachspuren als auch die Flächenrauheitswerte Sa (1x1 mm Messfläche) der AlSi10Mg-Einzelschichten, Würfeldeckflächen und Würfelseitenflächen gezeigt, dabei wird der Überlapp der Schraffurspuren von 10 bis 90 % der Spurbreite variiert.

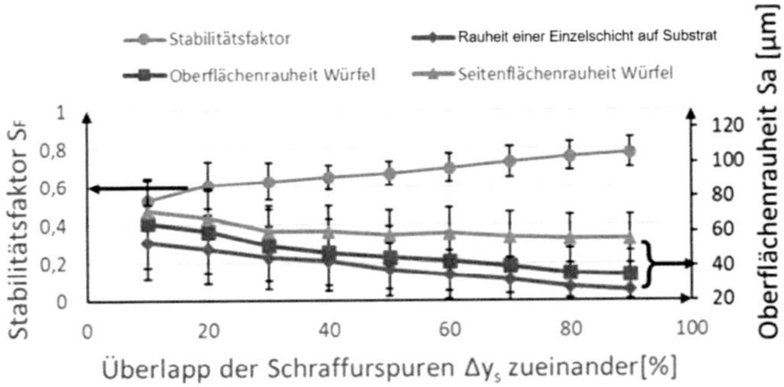

Bild 10.3.4
S_F von AlSi10Mg Mehrfachspuren und Sa der AlSi10Mg Einzelschichten sowie der Deck- und Seitenflächen von Würfeln. Hier: Korngrößenverteilung 25-40µm, P_L=300W, v_s=600mm/s, d_S=100µm; D_S=40µm, Belichtete PBF-Würfel auf sandgestrahlten artgleichen Substratplatten. eine Konturspur (KH); Δk=180µm (70%), Δy_s=227-25µm (90-10%).

Der Ausgangspunkt ist eine AlSi10Mg-Einzelspur auf sandgestrahlter Substratoberfläche, mit dem Mittelwert des Stabilitätsfaktors von 0,71 (Bild 8.5.11) und der Spurbreite von 252 µm (Bild 8.5.9). Der Überlapp zwischen der Schraffur und der Konturspur bleibt mit 30 % der Spurbreite unverändert, die Konturspur wird vor der Schraffur belichtet. Mit zunehmendem Überlapp werden die Stabilitätsfaktoren größer, von 0,57 bei 10 % bis zu 0,78 bei 90 %. Die Oberflächenrauheit nimmt mit zunehmendem Überlapp ab. Die Rauheit Sa einer Einzelschicht nimmt von 54 µm bei 10 % auf 26 µm bei 90 % ab, während der Sa-Wert einer Würfeldeckfläche entsprechend von 65 auf 35 µm abnimmt. Alle Stabilitätsfaktoren ab 20 % Überlapp liegen über 0,6, die zugehörigen Sa-Werte sind kleiner als 100 µm. Dies entspricht den Ergebnissen aus Kapitel 10.2 und zeigt eine Verbesserung der Sa-Werte bei einem größeren Überlapp der Schraffurspuren.

Als nächstes wird die Dichte der AlSi10Mg PBF-Würfel betrachtet (Bild 10.3.5). Ab 20 % Überlapp sind die Werte der Stabilitätsfaktoren ≥ 0,6. Entsprechend der Diskussion in Kapitel 10.2 liegen auch hier die Dichten für alle Stabilitätsfaktoren ≥ 0,6 über 99,5 %. Für IN718 und 1.4404 sind die Werte der Stabilitätsfaktoren ≥ 0,6 erst ab 30 % Überlapp. Da die Aufbaurate des PBF-Verfahrens mit kleiner werdendem Überlapp größer wird, wird der kleinstmögliche Überlapp bei dem die Stabilitätsfaktoren für die drei Werkstoffe den Wert 0,6 oder höher einnehmen als Referenz genommen, d.h. ein Überlapp von 30 %, also ein Spurversatz von 70 %.

Bild 10.3.5
Stabilitätsfaktoren S_F von AlSi10Mg Mehrfachspuren und Dichte ρ der AlSi10Mg Würfel.
Hier: Korngrößenverteilung 25-40µm, P_L=300W, v_s=600mm/s, d_s=100µm; D_S=40µm, Belichtete PBF-Würfel auf sandgestrahlten artgleichen Substratplatten.
eine Konturspur (KH); Δk=180µm (70%), Δy_s=227-25µm (90-10%).

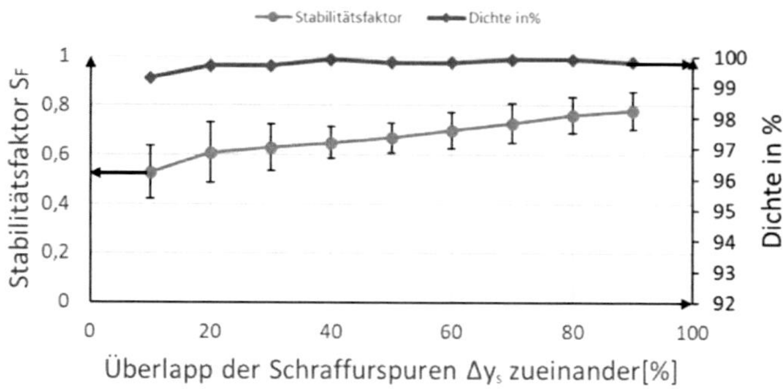

Im nächsten Schritt wird der Abstand Δk zwischen der Schraffur und der Konturspur variiert (Bild 10.3.6).

Bild 10.3.6
Stabilitätsfaktoren S_F von AlSi10Mg Mehrfachspuren und Flächenrauheitswerte Sa der AlSi10Mg Deck- und Seitenflächen.
Hier: Korngrößenverteilung 25-40µm, P_L=300W, v_s=600mm/s, d_s=100µm; D_S=40µm, Belichtete PBF-Würfel auf sandgestrahlten artgleichen Substratplatten.
eine Konturspur (KH); Δy_s=180µm (70%), Δk=227-25µm (90-10%).

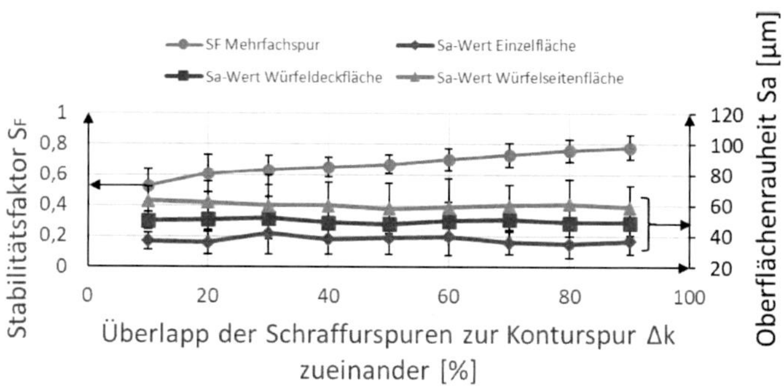

Mit zunehmendem Überlapp ändern sich die Rauheitswerte der Einzelschichten und Würfeloberflächen nicht, diese Werte sind unabhängig von Δk. Die Sa-Werte der Würfelseitenfläche (1x1 mm^2 Messfläche) nehmen mit zunehmendem Überlapp ab (Sa = 75 µm bei 10 % Überlapp auf Sa = 47 µm bei 90 % Überlapp). Der Einfluss von Δk auf die Dichte kann bei geringem Überlapp (10 %) in einem Porensaum resultieren, d. h. die Spuren sind weit genug entfernt voneinander, dass zwischen der Konturspur und den Schraffurspuren eine Reihe von Poren entstehen (vgl. Kap. 11.3, Bild 11.3.5). Dadurch kann die Dichte des Würfels unter den Wert von 99,5 % fallen. Da von den Proben, die mit der Laboranlage gefertigt wurden, keine Fotos von Querschliffen erstellt wurden, die den Porensaum dokumentieren und die Laboranlage ab einem bestimmten Zeitpunkt nicht mehr zur Verfügung stand, wurden im Rahmen der Übertragbarkeitsuntersuchungen nochmals Proben bei Variation von Δk mit der SLM 280 Anlage erstellt. Dabei konnte das Ergebnis, das auf der Laboranlage erzielt wurde, auf der SLM 280 Anlage verifiziert werden (siehe Kap. 11.3). Der Porensaum resultiert aus Anbindungsfehlern zwischen der Schraffur und Kontur, die aufgrund des geringen Überlapps entstehen. Ähnlich dem Schraffurabstand ist der kleinstmögliche Überlapp bei dem die Stabilitätsfaktoren der drei Werkstoffe über 0,6 liegen Δk = 30 %. Dieser wird als Referenz genommen.

Im nächsten Schritt wird die Anzahl und der Überlapp der Konturspuren variiert. Bei einer Konturspur entspricht der Abstand Δy_k dem Abstand Δk zwischen Konturspur und Schraffur. In Bild 10.3.7 werden sowohl die Stabilitätsfaktoren der Mehrfachspuren als auch die Flächenrauheitswerte Sa der Seitenflächen der AlSi10Mg-Würfel gezeigt. Die Variation der Anzahl und des Abstandes der Konturspuren beeinflusst die Sa-Werte der Deckflächen nicht. Dies entspricht den Betrachtungen oben und wird deswegen hier nicht explizit dargestellt. Die Sa-Werte der Seitenflächen werden in Abhängigkeit vom Überlapp der Konturspurbreite Δy_k zwischen den Konturspuren aufgetragen (Bild 10.3.7). Ebenfalls wird die Anzahl der Konturspuren (bis zu drei) variiert.

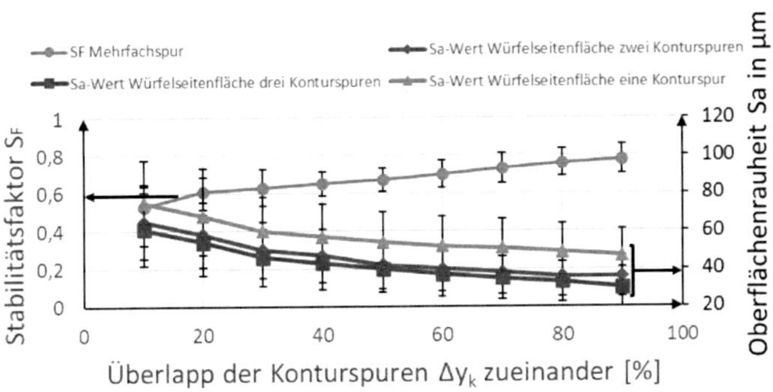

Bild 10.3.7
Stabilitätsfaktoren S_F von AlSi10Mg-Mehrfachspuren und Flächenrauheitswerte Sa der AlSi10Mg Würfelseitenflächen.
Hier:
Korngrößenverteilung 25-40µm, P_L=300W, v_s=600mm/s, d_s=100µm; D_s=40µm,
Belichtete PBF-Würfel auf sandgestrahlten artgleichen Substratplatten.
Konturspuren: 1-3;
Δy_s, Δk=180µm (70%), Δy_k=227-25µm (90-10%).

Mit zunehmendem Überlapp nimmt die Rauheit der Seitenfläche ab. Während eine zweite Konturspur die Rauheit der Seitenfläche weiter reduziert, liegen alle Verbesserungen durch eine dritte Konturspur im Bereich der Standardabweichung (≤ 0,06) der zweiten Konturspur. Da die Verbesserung der dritten Konturspur im Bereich der Standardabweichung der zweiten Konturspur liegt, wird diese im Weiteren nicht betrachtet. Die höchsten Werte der Rauheit betragen bei 10 % Überlapp 75 µm für eine Konturspur und 64 µm für zwei Konturspuren. Die niedrigsten Werte der Rauheit werden bei 90 % Überlapp mit 47 µm für eine Konturspur und 33 µm für zwei Konturspuren erreicht. Die Variation des Überlapps der Konturspuren beeinflusst die Dichte nicht und wird deshalb hier nicht dargestellt. In Bild 10.3.8 links werden die Konturspuren von außen nach innen belichtet. Die Änderung der

Belichtungsrichtung von innen nach außen ergibt etwa 5 bis 10 µm höhere Sa-Werte. Die in dieser Arbeit, bei der Belichtung von außen nach innen, erzielten niedrigeren Rauheitswerte werden wie folgt erklärt: Die als zweite belichtete Spur wechselwirkt nicht mehr direkt mit der Pulverschicht, da diese von der ersten Spur bereits umgeschmolzen wurde. Dabei findet eine Homogenisierung der ersten belichteten Spur statt. Defekte wie z. B. Poren im Übergangsbereich können durch diesen zusätzlichen Schmelzvorgang entfernt werden (siehe Bild 10.3.8 links). Bei einer Belichtung von innen nach außen (Bild 10.3.8 rechts) findet ebenfalls ein zusätzlicher Schmelzvorgang und dadurch eine Homogenisierung der ersten belichteten Spur statt. Zusätzlich wechselwirkt die zweite Konturspur aber auch direkt mit der Pulverschicht, wodurch zusätzliches Pulver in die Schmelze zugeführt wird. Der Pulvertransport in die Schmelze findet ungleichmäßig statt und führt zu zusätzlichen Störungen (vgl. Kap. 4.3.3.3, Kap. 8.5, insbesondere Bild 8.5.3, und Bild 10.3.3). Erfahrungen beim PBF-Prozess bevorzugen tendenziell [129] aber die Belichtung von innen nach außen. Diese Diskrepanz kann mit dem Einfluss der Abkühlpause erklärt werden und wird in Kap. 12.1 aufgegriffen.

Bild 10.3.8
Schema der Belichtung von zwei Konturspuren, von außen nach innen (links) und von innen nach außen.

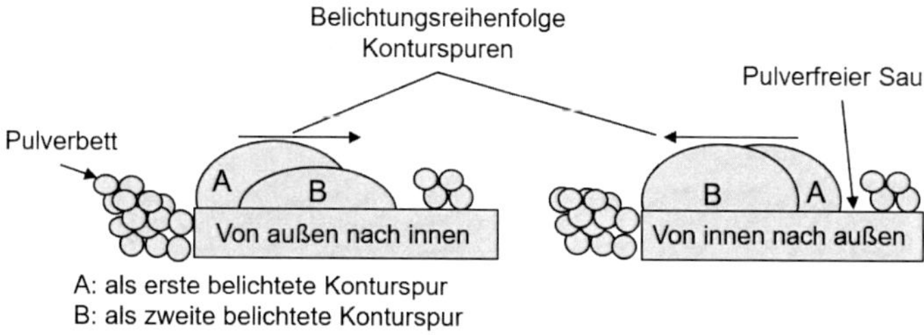

Als nächstes wird der Einfluss der Belichtungsreihenfolge der Konturspuren und Schraffur (Bild 10.3.9) untersucht. Bei der Kontur/Schraffur (K/S) Belichtung wird zunächst die Konturspur und dann die Schraffur belichtet, bei Schraffur/Kontur (S/K) Belichtung wird umgekehrt verfahren. Auch diese Variation beeinflusst die Rauheitswerte der Deckflächen und die Dichte nicht, diese werden deshalb hier nicht dargestellt. Die Reihenfolge der Belichtung beeinflusst die Rauheit der Seitenflächen. Bei der S/K Belichtung sind die Sa-Werte im Schnitt 5 bis 10 µm höher als bei der K/S Belichtung. Die Erklärung ist ähnlich zu der oben betrachteten Reihenfolge der Belichtung der Konturspuren. Die erste belichtete Spur sollte nach Möglichkeit die Seitenfläche bilden. Die Ergebnisse für die Werkstoffe IN718 und 1.4404 entsprechen qualitativ den Ergebnissen für AlSi10Mg, siehe auch Tabellen A5.2 und A5.3 im Anhang A5.

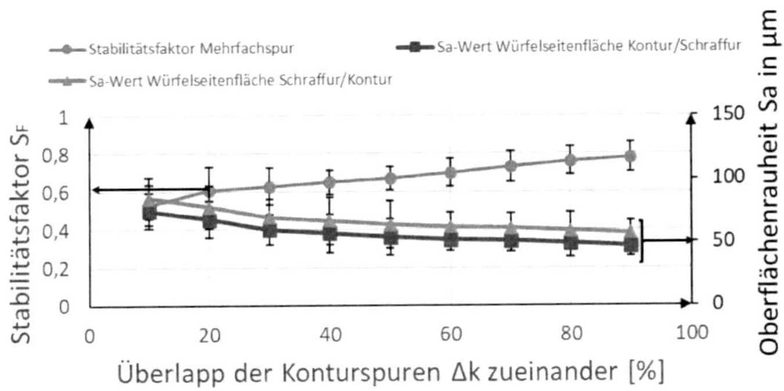

Bild 10.3.9 Stabilitätsfaktoren S_F von AlSi10Mg Mehrfachspuren und Flächenrauheitswerte Sa der AlSi10Mg Würfelseitenflächen. Hier: Korngrößenverteilung 25-40µm, P_L=300W, v_s=600mm/s, d_s=100µm; D_s=40µm, Belichtete PBF-Würfel auf sandgestrahlten artgleichen Substratplatten. Konturspuren: 1; Δy_s=180µm (70%), Δk=227-25µm (90-10%).

Die Ergebnisse werden wie folgt zusammengefasst:

- Die Stabilitätsfaktoren können nicht nur für die Bewertung der Einzelspuren, sondern auch für die Bewertung der Mehrfachspuren angewendet werden und korrelieren mit den Änderungen der Sa-Werte (Einzelschichten und Volumenkörper) und Dichten (Volumenkörper), die durch Variation des Überlapps verursacht werden.

- Ein größerer Überlapp von Schraffur- und Konturspuren resultiert in geringeren Rauheiten und größeren Dichten der Volumenkörper.

- Auch für Stabilitätsfaktoren von Mehrfachspuren werden bei Werten > 0,6 Dichten > 99,5 % und Oberflächenrauheiten Sa < 100 µm erreicht.

- Ab 30 % Überlapp werden für die Mehrfachspuren (siehe Bilder 10.3.2 und 10.3.3) Stabilitätsfaktoren ≥ 0,6 erreicht.

- Die Belichtung der Konturspur vor der Schraffur, bzw. die Belichtung mehrerer Konturspuren von außen nach innen zeigte bessere Ergebnisse (niedrigere Sa-Werte der Würfelseitenflächen). Dieses Ergebnis ist ungewöhnlich, da beim PBF normalerweise die Belichtung Schraffur/Kontur, also von innen nach außen zu einer niedrigeren Rauheit führt. Darauf wird in Kap. 12.1 weiter eingegangen.

10.4 Zwischenfazit

In diesem Kapitel wird gezeigt, dass die Stabilitätsfaktoren von Einzelspuren und Mehrfachspuren mit den Sa-Werten und den Dichten von Einzelschichten und Volumenkörpern korrelieren. Bei allen drei Werkstoffen wird trotz quantitativer Differenzen qualitativ das gleiche Verhalten beobachtet.

Die besten Ergebnisse werden mit einem Überlapp der Schraffurspuren von 90 %, sowie der Belichtungsstrategie mit zwei Konturspuren vor der Schraffur erreicht.

- Übertragung der Ergebnisse aus Einzelspuren auf Einzelschichten und Volumenkörper
    - Die Stabilitätsfaktoren der Einzelspuren korrelieren mit den Rauheiten (Einzelschichten und Volumenkörper) und Dichten der Volumenkörper.
    - Es werden drei Bereiche festgestellt:
        - Für $S_F > 0{,}6$ konnten Volumenkörper mit Rauheitswerten Sa < 100 µm und Dichten > 99,5 % hergestellt werden.
        - Für $0{,}4 < S_F < 0{,}6$ konnten teilweise Volumenkörper mit Rauheitswerten < 100 µm und Dichten > 99,5 % hergestellt werden.
        - Für $S_F < 0{,}4$ weisen die Volumenkörper Rauheiten > 100 µm und Dichten < 99,5 % auf.
    - Die Prozessrobustheit für Volumenkörper wird durch den Bereich der Scangeschwindigkeit mit $S_F > 0{,}6$ definiert.
- Stabilitätsfaktoren, Rauheiten und Dichten der PBF-Probekörper in Abhängigkeit der Belichtungsstrategie.
    - Die Stabilitätsfaktoren können nicht nur für Einzelspuren, sondern auch für Mehrfachspuren angewendet werden und korrelieren ebenfalls mit den Rauheiten und Dichten der Volumenkörper.
    - Der Überlapp von Schraffur- und Konturspuren beeinflusst die Rauheiten und Dichten der Probekörper. Ein höherer Überlapp führt generell zu besseren Ergebnissen.
    - Die Belichtung der Konturspur vor der Schraffur führt zu niedrigeren Rauheiten der Würfelseitenflächen.

11 Übertragbarkeit der Ergebnisse zwischen unterschiedlichen PBF-Anlagen

Die bisherigen Untersuchungen wurden auf einer PBF-Laboranlage durchgeführt (siehe Kap. 6.1.1). Diese stand aber ab einem bestimmten Zeitpunkt nicht mehr zur Verfügung. Stattdessen wird eine kommerzielle SLM280 HL-Anlage (siehe Kap. 6.1.2) eingesetzt. In diesem Kapitel werden folgende Untersuchungen durchgeführt:

- Vergleich der Einflussgrößen und Verfahrensparameter für beide Anlagen
- Untersuchung der Übertragbarkeit der Ergebnisse von der Laboranlage auf die SLM 280HL-Anlage

11.1 Vergleich der Einflussgrößen und Verfahrensparameter für die Laboranlage mit der SLM 280 Anlage

11.1.1 Laserstrahlquelle

Auch bei der SLM 280HL-Anlage wird als Laserstrahlquelle ein 400 W Ytterbium SingleMode Faser Laser der IPG Laser GmbH verwendet, siehe Kap. 6.1.2 und Tabelle A2.1. Damit die Ergebnisse der beiden PBF-Anlagen verglichen werden können, sollten die Laserleistung, der Laserstrahldurchmesser und die Leistungsdichteverteilung für beide Anlagen möglichst gut übereinstimmen. Dazu wird, wie zuvor für die Laboranlage (Bild A2.1), mit Hilfe des Leistungsmesskopfs „Coherent LM1000" eine Laserleistungsmessung in der Prozesskammer in der Bearbeitungsebene der SLM 280 HL-Anlage durchgeführt (Bild A2.3), und beide Messungen miteinander verglichen, siehe Bild 11.1.1.

Bild 11.1.1 Vergleich der Leistungsmessungen der SLM 280 HL und der Laboranlage, eingestellte und gemessene (nach Verlusten) Leistung der Laserstrahlquellen

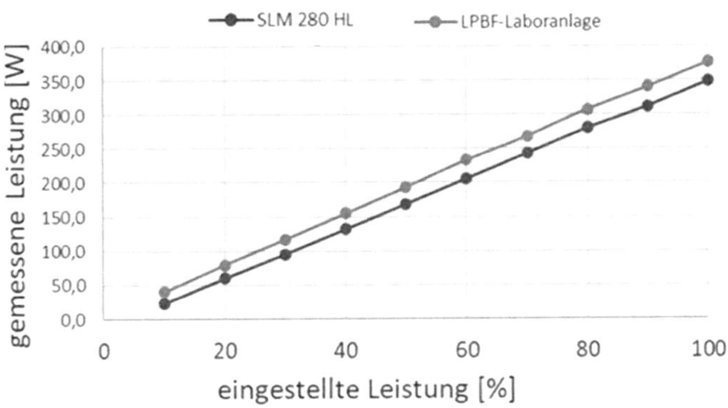

Die beiden Leistungsmessungen sind ähnlich, aber die SLM 280 HL-Anlage hat bei gleicher eingestellter Leistung durchgehend niedrigere gemessene Leistungen, siehe Tabelle 11.1.1.

Tabelle 11.1.1
Korrigierte (gemessen in der Bearbeitungsebene) Leistung (nach Verlusten) für PBF-Laboranlage und SLM280 HL-Anlage

Eingestellte Leistung in %	Gemessene Leistung Laboranlage in W	Gemessene Leistung SLM280 HL in W
20	80	60
40	155	132
60	233	205
80	307	279
100	376	348

Diese Differenz kann mit einem Unterschied in der Strahlführung erklärt werden. Während beide Anlagen Quarzoptiken verwenden, wird in der PBF-Laboranlage ein Varioscan eingesetzt, während die SLM 280 HL-Anlage eine F-Theta Linse verwendet. Dadurch hat die SLM 280 HL-Anlage ein optisches Element mehr im Strahlengang. In der Tabelle 8.1.1 ist die korrigierte Leistung für die PBF-Laboranlage dargestellt. Die Leistung der SLM 280 HL-Anlage kann so eingestellt werden, dass sie der korrigierten Leistung der PBF-Laboranlage in den Bereichen 100 bis 300 W entspricht, siehe Tabelle 11.1.2.

Tabelle 11.1.2
Korrigierte Leistung (nach Verlusten) für PBF-Laboranlage und SLM280 HL-Anlage

Eingestellte Leistung	eingestellte Leistung Laboranlage	Korrigierte Leistung Laboranlage	Eingestellte Leistung SLM 280 HL Anlage	Korrigierte Leistung SLM 280 HL Anlage
in W	in %	in W	in %	in W
100	25	97	31	97
200	50	193	57	193
300	75	286	83	286
400	100	376	100	348

Aus der Tabelle 11.1.2 folgt, dass bei maximal eingestellter Leistung (100 %) bei der PBF-Laboranlage 376 W gemessen werden, während die SLM 280 HL-Anlage 348 W, also ca. 7 % weniger Leistung liefert. Zum Zeitpunkt der Versuchsdurchführung auf der SLM 280 HL-Anlage stand die PBF-Laboranlage nicht mehr zur Verfügung. Deswegen konnten keine vergleichenden Untersuchungen bei einer korr. Leistung von 348 W auf beiden Anlagen durchgeführt werden.

Als nächstes werden die Strahldurchmesser und Leistungsdichteverteilungen vermessen. Dazu wird für die SLM280 HL-Anlage ebenfalls in der Prozesskammer mit einem Primes Focusmonitor eine Kaustikmessung durchgeführt, siehe Bild A2.4, vgl. mit Bild A2.2. Der minimale gemessene Spotdurchmesser für die SLM 280 HL-Anlage beträgt 86 µm. An der Laboranlage werden die gewünschten Strahldurchmesser direkt durch das Verfahren der Linsen innerhalb des Varioscans eingestellt, eine Defokussierung durch das Verfahren der z-Achse ist nicht notwendig (vgl. Bild

A2.2A, B und A2.2C, D). Die Genauigkeit der eingestellten Strahldurchmesser liegt bei ca. 5 %. Die SLM 280 HL-Anlage hat keinen Varioscan, deswegen werden die Strahldurchmesser durch Defokussierung eingestellt. Das wird durch das Verfahren der z-Achse erreicht. Mit zunehmendem Abstand vom Fokus wird sowohl die Genauigkeit der eingestellten Strahldurchmesser geringer (ca. 5 % für 100 µm, ca. 10 % für 150 µm, über 15 % für 200 µm) als auch die Leistungsdichteverteilung beeinflusst (Gaußverteilung im Fokus und bei 100 µm, zunehmende Abweichungen von der Gaußverteilung bei 150 und 200 µm, siehe Bilder A2.4C bis F). Wegen der Veränderungen der Leistungsdichteverteilung bei Defokussierung auf 150 µm und insbesondere 200 µm auf der SLM 280 HL-Anlage werden die Versuche nach Möglichkeit im Fokus oder bei einem Laserstrahldurchmesser von 100 µm durchgeführt.

11.1.2 Verwendeter Pulverwerkstoff

Aus administrativen Gründen (die Anlage war seitens des Anlagenverantwortlichen nur für den Betrieb mit Aluminium Legierungen freigegeben) konnte die kommerzielle SLM 280 HL-Anlage nur mit Aluminium Werkstoffen betrieben werden. Deswegen wird in diesem Kapitel nur AlSi10Mg Pulverwerkstoff mit der Kornfraktion 25-40 µm mit Feinanteil verwendet (Tabelle 7.3.1, Bild A1.1). Vor der Verwendung wird, wie bei den Versuchen an der PBF-Laboranlage, das Pulver 24 Stunden bei 150 °C getrocknet.

11.1.3 Pulverauftrag

Die Pulverauftragseinheit kann mit zwei unterschiedlichen Pulverauftragswerkzeugen betrieben werden (eine Silikonlippe, entspricht in etwa der Gummilippe der PBF-Laboranlage, und eine Klinge aus hartem Kunststoff, entspricht in etwa der Klinge in der PBF-Laboranlage, wobei in der Laboranlage eine Klinge aus Edelstahl verwendet wird). Eine Kohlenstofffaserbürste steht für die SLM 280 HL-Anlage nicht zur Verfügung.

Einzelne Schichtdicken können bei der SLM 280 HL-Anlage nicht zuverlässig gemessen werden. Deswegen wird zur Überprüfung der Pulverauftragseinheit eine Schichtdicke von 40 µm eingestellt (Klinge/Gummilippe wird durch Kalibrierungsschrauben parallel zur Substratplatte ausgerichtet, die Bauplattform wird um 40 µm abgesenkt) und 50 Schichten werden aufgetragen. Die resultierende Schichtdicke von 2 mm wird mit einer Mikrometerschraube kontrolliert, bei einer Differenz von mehr als 40 µm (einer Schicht) wird das Auftragswerkzeug in der Pulverauftragseinheit neu ausgerichtet.

Bei der Laboranlage kann die Substratplatte (durch den Einsatz von bis auf ca. fünf Mikrometer genau ausgefrästen formpassenden Vertiefungen in der Bauplattform und von Kalibrierungsplättchen der Dicke 1 bis 10 µm) bis auf ± 5 µm ausgerichtet werden, so dass schon die erste Pulverschicht auf der Substratplatte homogen ist, also eine definierte und gleichmäßige Dicke aufweist. Die Substratplatten auf der Bauplattform der SLM 280 HL-Anlage können nicht entsprechend genau ausgerichtet werden. Das bedeutet, dass die Homogenität (gleiche Schichtdicke) der ersten Schicht nicht garantiert werden kann, die Schichtdicke D_s der ersten Schicht variiert.

Um trotzdem eine homogene Pulverschicht zu erhalten, werden mit der SLM 280 HL-Anlage auf sandgestrahltem Untergrund sechs 14x14 mm^2 PBF-Schichten übereinander aufgebaut (Rauheit Ra ca. 13 µm, vergleichbar mit der Rauheit des Untergrundes in Kap. 9.1.1, Ra ca. 15 µm), um sie als Untergrund für Einzelspuren, Einzelschichten und Volumenkörper zu benutzen. Die Positionierung der Substratplatte im Bauraum der SLM 280 HL-Anlage ist weniger präzise als im Bauraum der Laboranlage. Die im Vergleich zu den 10x10 mm^2 größeren 14x14 mm^2 Schichten werden als Untergrund verwendet, um sicherzustellen, dass im Fall einer Entnahme und Neupositionierung der Substratplatte die darauf zu positionierenden Einzelspuren, Einzelschichten und Volumenkörper sich vollständig auf dem vorbereiteten Untergrund befinden. Nach dem Aufbau des Untergrundes wird nach Möglichkeit ohne Entnahme der Substratplatte eine neue Pulverschicht aufgetragen (Abstand mit Mikrometerschraube eingestellt und kontrolliert). Diese erreicht dadurch homogen eine definierte Dicke. Diese Pulverschicht wird zur Herstellung von Einzelspuren, Einzelschichten bzw. als erste Schicht bei der Herstellung von Volumenkörpern verwendet.

11.1.4 Schutzgasführung

Sowohl die PBF-Laboranlage als auch die SLM 280 HL-Anlage verfügen über eine Gasumwälzung. Helium, Argon und Stickstoff stehen für beide Anlagen als Schutzgas zur Verfügung. Ein Sauerstoffgehalt < 50 ppm in der Prozesskammer wird bei beiden Anlagen erreicht.

Bei der Laboranlage besteht die Schutzgasführung aus einer 3 mm hohen entlang der ganzen Grundplatte verlaufenden Schlitzdüse (Breite der Düse 200 mm bei einem Durchmesser der Arbeitsplatte von 170 mm), durch die das Schutzgas zugeführt wird. Die Absaugung, die während des PBF-Prozesses entstehende Prozessnebenprodukte (z. B. Metallkondensat) aus der Prozesskammer abtransportiert, erfolgt ebenfalls durch eine Schlitzdüse (5 mm Höhe und 200 mm Breite), die entlang der anderen Seite der Grundplatte verläuft. Beide Düsen sind weniger als 3 mm über dem Boden der Prozesskammer positioniert. Bei der SLM 280 HL-Anlage werden für die Schutzgasführung ebenfalls zwei Schlitzdüsen auf beiden Seiten von der Grundplatte verwendet, wobei die Abmessungen der Düsen ca. 20 mm Höhe und 320 mm Breite betragen. Die Düsen sind ca. 10 mm über dem Boden der Prozesskammer platziert.

Die Substratplatten werden so positioniert, dass die Orientierung der Schutzgasströmung zu den Spuren, Flächen und Volumenkörpern in beiden Anlagen gleich ist, siehe Bild 7.2.1. An der Schutzgasführung wird bei beiden Anlagen nichts verändert. Der Volumenstrom der SLM 280 HL-Anlage war fest eingestellt auf 65 m^3/h, während in der Laboranlage ein Volumenstrom von 80 m^3/h eingesetzt wurde.

11.2 Übertragbarkeit der Ergebnisse für Einzelspuren

Wie in Kap. 11.1.3 dargestellt, werden bei der SLM 280 HL-Anlage für das Erreichen einer homogenen Pulverschicht zunächst sechs 14x14 mm^2 PBF-Schichten übereinander aufgebaut. Dies entspricht dem Untergrund, der mit der PBF-Laboranlage in Kap. 9.1.1 hergestellt wurde. Auf diesem Untergrund werden Einzelspuren mit der SLM 280 HL hergestellt, siehe Bild 11.2.1. Wegen der eingeschränkten Anlagenverfügbarkeit werden pro Parameter nur jeweils zwei Einzelspuren hergestellt. Drei Messungen der Stabilitätsfaktoren werden durchgeführt (eine Einzelspur der Länge von 10 mm, siehe Bild 7.2.1, wird zweimal vermessen, von 0 bis 5 mm und von 5 bis 10 mm. Die zweite Einzelpur wird einmal von 0 bis 5 mm vermessen, die Messmethode wird in Kap. 8.2 beschrieben).

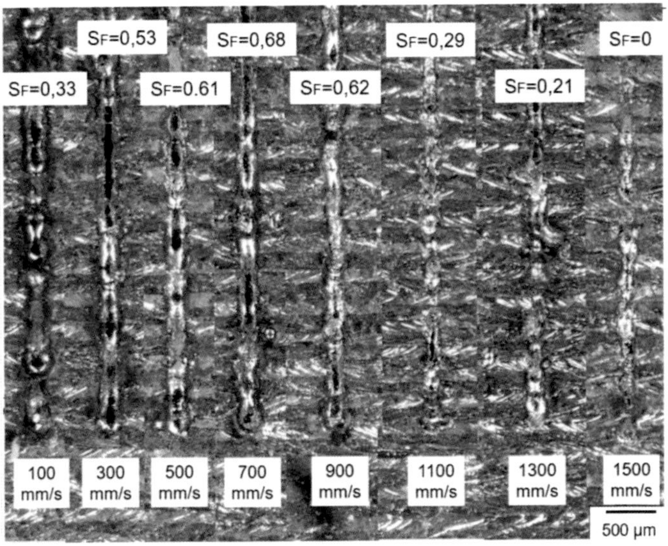

Bild 11.2.1 LIM-Aufnahmen von AlSi10Mg-Einzelspuren hergestellt auf sechs PBF-Schichten. Die Mittelwerte der Stabilitätsfaktoren (2 Einzelspuren) sind dargestellt. Hier: SLM 280 HL, Pulverauftrag: Silikonlippe Korngrößenverteilung 25-40µm, P_L=300W v_s=100 bis 1500mm/s, d_S=100µm; D_S=40µm

Die Mittelwerte der Stabilitätsfaktoren dieser Einzelspuren werden bestimmt und mit den Mittelwerten der Stabilitätsfaktoren der Einzelspuren, die mit der PBF-Laboranlage auf der Oberfläche von sechs PBF-Schichten hergestellt werden, verglichen (siehe Bild 9.1.7 „Spur nach 6 Schichten" und Bild 11.2.2).

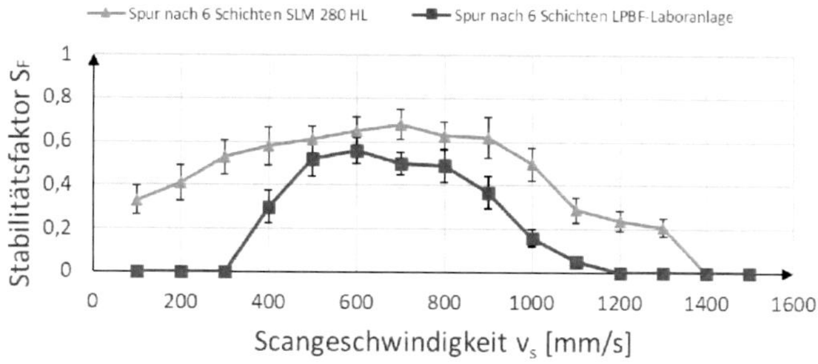

Bild 11.2.2 Stabilitätsfaktoren S_F von AlSi10Mg Einzelspuren auf 6 PBF-Schichten in Abhängigkeit der Scangeschwindigkeit für unterschiedliche PBF-Anlagen (Werte der Laboranlage aus Bild 9.1.7). Die S_F-Werte der Spuren mit der SLM 280 Anlage sind min. 0,09 (600mm/s) und max. 0,53 (300mm/s) höher als für die Laboranlage. Hier: Korngrößenverteilung 25-40µm, P_L=300W, v_s=100 bis 1600mm/s, d_S=100µm, D_S=40µm

Tabelle 11.2.1 zeigt eine Übersicht der Stabilitätsfaktoren mit Standardabweichungen für die SLM 280 HL-Anlage und die PBF-Laboranlage.

Tabelle 11.2.1 Vergleich der Stabilitätsfaktoren (mit Standardabweichung) der AlSi10Mg-Einzelspuren bei einer Laserleistung von 300W für die Laboranlage und die SLM 280 Anlage.

AlSi10Mg 300W Einzelspuren nach 6 Schichten in Abh. von Scangeschw. v_s, Laboranlage und SLM 280 HL								
Anlage	v_s	100	200	300	400	500	600	700
SLM280	S_F	0,33±0,07	0,41±0,08	0,53±0,08	0,58±0,09	0,61±0,06	0,65±0,05	0,68±0,06
Laboranlage	S_F	0	0	0	0,3±0,08	0,52±0,08	0,56±0,06	0,5±0,05
	v_s	800	900	1000	1100	1200	1300	1400
SLM280	S_F	0,63±0,06	0,62±0,08	0,5±0,07	0,29±0,06	0,24±0,05	0,21±0,04	0
Laboranlage	S_F	0,49±0,07	0,37±0,07	0,16±0,04	0,05±0,02	0	0	0

Die Ergebnisse zeigen, dass bei 300 W auch mit der SLM 280 HL-Anlage mit AlSi10Mg stabile Einzelspuren ($S_F \geq 0,6$) hergestellt werden können. Je nach Scangeschwindigkeit werden bei beiden Anlagen auch semistabile ($0,4 \leq S_F < 0,6$) und instabile ($S_F < 0,4$) Einzelspuren hergestellt (vgl. Kap. 8.6.1). Die Standardabweichungen für stabile Einzelspuren liegen bei 0,05 bis 0,06 (ein Ausreißer bei 900 mm/s mit 0,08 wird durch eine zufällige Unregelmäßigkeit beim Pulverauftrag verursacht) wobei die Standardabweichungen für semistabile und instabile Einzelspuren Werte bis zu ca. 0,09 annehmen können. Mit der SLM 280 HL-Anlage werden im Scangeschwindigkeitsbereich zwischen 500 - 900 mm/s stabile Einzelspuren hergestellt. Die Stabilitätsfaktoren für die Spuren mit der SLM 280 HL-Anlage sind generell deutlich größer als die Stabilitätsfaktoren der Einzelspuren, die auf der PBF-Laboranlage hergestellt wurden. Für Geschwindigkeiten bis zu 300 mm/s, konnten mit der PBF-Laboranlage keine zusammenhängenden Einzelspuren hergestellt werden, während mit der SLM 280 HL Einzelspuren mit Stabilitätsfaktoren zwischen 0,33 und 0,53 hergestellt werden. Im Bereich der hohen Scangeschwindigkeiten werden bei 1200 und 1300 mm/s mit der SLM 280 HL-Anlage ebenfalls zusammenhängende Einzelspuren mit Stabilitätsfaktoren von 0,24 und 0,21 hergestellt. Dies führt zu einer Breite des Scangeschwindigkeitsbereiches für zusammenhängende Spuren von

1200 mm/s für die SLM 280 HL, gegenüber 700 mm/s für die Laboranlage. Der höchste Wert des Stabilitätsfaktors für SLM 280 HL liegt bei 700 mm/s und beträgt 0,68 gegenüber 0,56 bei 600 mm/s für die Laboranlage. Entsprechend der Betrachtung in Kap. 8.6.2 werden die Verfahrensparameter aus Bild 11.2.1. und 11.2.2 als Referenzparameter für die SLM 280 HL-Anlage festgelegt. In der Tabelle 11.2.2 werden die Referenzparameter (AlSi10Mg) für die Laboranlage und die SLM 280 HL-Anlage dargestellt. Die Ergebnisse des Vergleiches werden wie folgt zusammengefasst: Trotz der weitgehend gleichen Einflussgrößen/Verfahrensparameter unterscheiden sich die Verläufe der Stabilitätsfaktoren in Abhängigkeit der Scangeschwindigkeit erheblich. Für die SLM 280 Anlage werden größere Stabilitätsfaktoren und ein größerer Scangeschwindigkeitsbereich für stabile ($S_F > 0,6$) Einzelspuren erzielt. Eine Analyse der Ursachen für die Unterschiede konnte im Rahmen der Arbeit nicht durchgeführt werden. Mögliche Ursachen sind die noch vorhandenen Unterschiede in den Verfahrensparametern (z. B. Leistungsdichteverteilung, Strahldurchmesser), aber insbesondere die Schutzgasführung (z. B. wird bei der Laboranlage wegen der Positionierung der Absaugdüse nur wenige mm über dem Boden der Prozesskammer zum Teil ein direktes Absaugen von Pulverpartikeln aus der Pulverschicht beobachtet) und die Schwierigkeiten bei der Einstellung einer definierten Schichtdicke bei der SLM 280 Anlage (vgl. Anhang A2 und Kap. 11.1).

Tabelle 11.2.2 Korrigierte Leistung (nach Verlusten) und Referenzparameter für die PBF-Laboranlage und die SLM280 HL-Anlage

Referenzparameter AlSi10Mg									
Anlage	Untergrund	P_L [W]	P_{Lkorr} [W]	v_{scan} [mm/s]	d_s [µm]	D_s [µm]	Schutzgas	Pulverauftrag	Schutzgasführung
SLM 280	6 LPBF-Schichten	300	286	100-1600	100	40	Argon	Siliconlippe	SLM 280
Laboranlage Bild 11.2.2	6 LPBF-Schichten	300	286	100-1600	100	40	Argon	Bürste	Laboranlage
Laboranlage generell	sandgestrahlte Substratplatte	300	286	100-1600	100	40	Argon	Bürste	Laboranlage

Die für die Herstellung von Einzelspuren mit der SLM 280 Anlage insgesamt variierten Verfahrensparameter und Einflussgrößen sind in Tabelle A5.4 dargestellt. Exemplarisch werden nachfolgend einige Ergebnisse dieser Variationen vorgestellt. Nach dem Vergleich mit der Laboranlage im Bild 11.2.2 zeigt Bild 11.2.3 den Einfluss des Pulverauftragswerkzeuges und des Schutzgases im Vergleich zu den Referenzparametern.

Bild 11.2.3
Stabilitätsfaktor S_F in Abhängigkeit der Scangeschwindigkeit von AlSi10Mg Einzelspuren im Vergleich zur Referenz. Pulverauftrag: Klinge; Schutzgas: Helium, Stickstoff.
Hier:
SLM280HL
Korngrößenverteilung 25-40µm, P_L=300W, v_s=100 bis 1500mm/s, d_S=100µm; D_S=40µm.

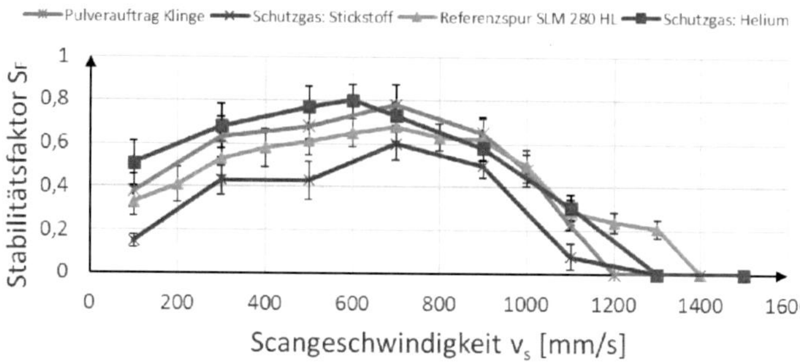

Aus Bild 11.2.3 wird deutlich, dass die für die PBF-Laboranlage festgestellten Abhängigkeiten auch für die SLM 280 HL-Anlage gelten. Für den Pulverauftrag mit der Klinge werden die Stabilitätsfaktoren um bis zu 0,1 größer bei einem verkleinerten Bereich der Scangeschwindigkeit für zusammenhängende Spuren. Dabei liegen die höchsten Stabilitätsfaktoren bei 700 mm/s und betragen 0,78 für den Klingenauftrag gegenüber 0,68 für die Referenz. Der Scangeschwindigkeitsbereich der zusammenhängenden Einzelspuren für die Referenz liegt zwischen 100 und 1400 mm/s, während der Scangeschwindigkeitsbereich der zusammenhängenden Einzelspuren für den Pulverauftrag mit der Klinge zwischen 100 und 1200 mm/s liegt. Dies entspricht den Ergebnissen für die PBF-Laboranlage, siehe Kap. 9.1.2, A5.1. Eine Übersicht der Ergebnisse im Vergleich zur Referenz und zur PBF-Laboranlage für AlSi10Mg ist in der Tabelle 11.2.3 dargestellt.

Als nächstes wird der Einfluss des Schutzgases betrachtet. Dazu werden Stickstoff und Helium im Vergleich zu Argon (Referenz) eingesetzt. Bei Verwendung von Helium werden die Stabilitätsfaktoren um bis zu 0,15 erhöht, der höchste Stabilitätsfaktor liegt bei 0,8 und ist somit um 0,12 höher als bei Argon. Dabei verschiebt sich das lokale Maximum von 700 auf 600 mm/s verglichen mit Argon und Stickstoff. Bei Verwendung von Stickstoff sind die Stabilitätsfaktoren um bis zu 0,15 niedriger als die Referenz, der höchste Stabilitätsfaktor beträgt 0,6 und ist somit um 0,08 niedriger als bei Argon. Der Scangeschwindigkeitsbereich für zusammenhängende Spuren liegt zwischen 100 und 1300 mm/s und ist somit gegenüber den Werten für Argon verkleinert. Die Position des lokalen Maximums bleibt unverändert. Dies entspricht ebenfalls den Ergebnissen mit der PBF-Laboranlage, vgl. Kap. 9.3. Im Bild 11.2.4 sind Einzelspuren für den Pulverauftrag mit der Klinge (A) und mit Helium als Schutzgas (B) dargestellt.

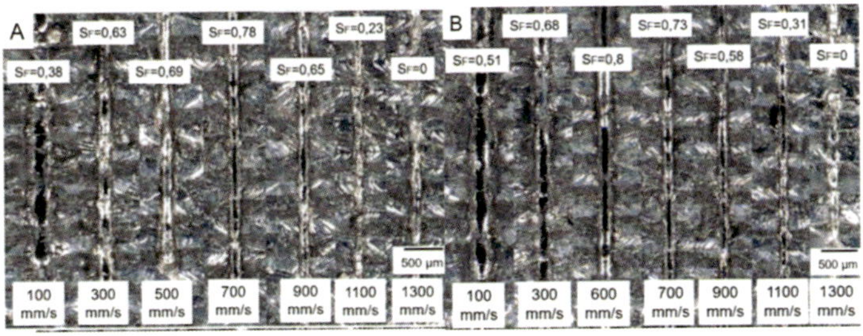

Bild 11.2.4 LIM-Aufnahmen von AlSi10Mg-Einzelspuren nach sechs PBF-Schichten. A: Pulverauftrag Klinge B: Schutzgas: Helium Hier: SLM 280 HL Korngrößenverteilung 25-40µm, P_L=300W v_s=100 bis 1300mm/s, d_S=100µm; D_S=40µm

In der Tabelle 11.2.3 werden die Veränderungen der Stabilitätsfaktoren bei Variation der Einflussgrößen/Verfahrensparameter im Vergleich mit den Referenzparametern für die SLM 280 HL-Anlage und PBF-Laboranlage dargestellt.

Tabelle 11.2.3 Variierte Einflussgrößen/Verfahrensparameter für die SLM 280 HL-Anlage und Vergleich mit der PBF-Laboranlage und Referenzparametern. „+“ repräsentiert eine Zunahme und „-“ eine Abnahme des Stabilitätsfaktors. Schwarz: keine Daten vorhanden. Grün: $\Delta S_F \leq 0{,}05$, nicht signifikant, Gelb: $0{,}05 < \Delta S_F \leq 0{,}15$, bedingt signifikant, Orange: $0{,}15 < \Delta S_F < 0{,}25$, signifikant Rot: $\Delta S_F \geq 0{,}25$, sehr signifikant

Einflussgrößen und ihre Relevanz für Stabilitätsfaktorenänderungen ΔSF gegenüber der Referenz (LPBF-Laboranlage und SLM 280 HL)			
Werkstoff		AlSi10Mg	
LPBF-Anlagen		Laboranlage	SLM 280 HL
Untergrund der Pulverschicht			
sandgestrahlte Substratplatte		Referenz	
Aufbau auf 6 LPBF Schichten	-	ΔSF<0,12	Referenz
Auftragverfahren			
Gummilippe	+	SF Änderungen <0,04	Referenz
Kohlenstofffaserbürste		Referenz	
Klinge	+	ΔSF<0,20	ΔSF<0,10
Schutzgas (Argon als Referenz)			
Helium	+	ΔSF<0,15	
Stickstoff	-	ΔSF<0,10	ΔSF<0,15
Laserleistung (300W als Referenz)			
100 Watt	+	ΔSF<0,10	
200 Watt	+	ΔSF<0,05	
400 Watt	-	ΔSF<0,20	
Strahldurchmesser (100µm als Referenz)			
70µm (86µm SLM280)	+	ΔSF<0,10	ΔSF<0,05
150µm	-	ΔSF<0,10	
200µm	-	ΔSF<0,30	ΔSF<0,40
Schichtdicke (40µm als Referenz)			
30µm	+	ΔSF<0,10	
50µm	-	ΔSF<0,10	
100µm	-	ΔSF<0,35	ΔSF<0,30

Die Tabelle zeigt, dass die für die PBF-Laboranlage und SLM 280 HL festgestellten Abhängigkeiten von den Einflussgrößen/Verfahrensparametern gleich sind. Die

Variation der gleichen Einflussgrößen /Verfahrensparameter führt zu nahezu gleichen Änderungen der Stabilitätsfaktoren für beide Anlagen gegenüber der Referenz.

11.3 Übertragbarkeit der Ergebnisse für Einzelschichten und Volumenkörper

Zunächst wird untersucht, ob die Stabilitätsfaktoren der Einzelspuren mit den Qualitätsmerkmalen (Flächenrauheit und Dichte) der Einzelschichten und Volumenkörper korrelieren. Dazu werden mit den Referenzparametern aus Kapitel 11.2 (Tabelle 11.2.2) Einzelschichten und Würfel aufgebaut und vermessen, siehe Bild 11.3.1. Dabei werden die Belichtungsstrategien aus den Versuchen mit der Laboranlage übernommen.

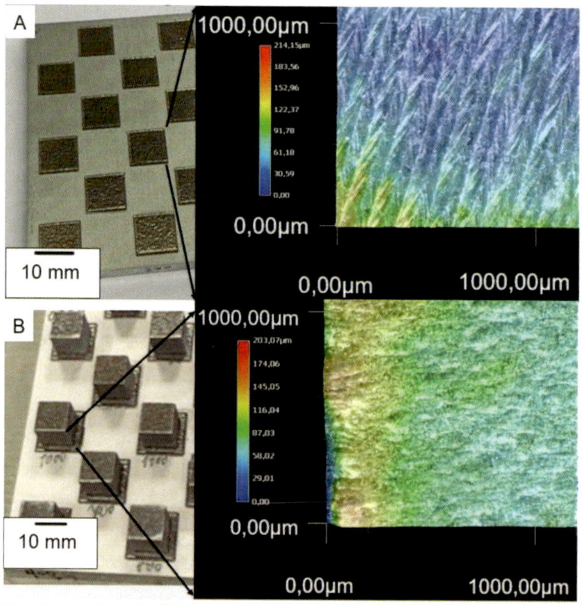

Bild 11.3.1
Belichtete PBF-Einzelschichten (A) auf vorbereitetem Untergrund und Würfel (B), SLM280HL
Hier:
AlSi10Mg,
Korngrößenverteilung 25-40µm,
P_L=300W,
v_f=100mm/s bis 1500mm/s,
d_S=100µm;
D_S=40µm;
eine Konturspur(KH);
Δy_s, Δk=180µm.

Im Bild 11.3.2 werden die Flächenrauheitswerte Sa von AlSi10Mg Einzelschichten auf Substratplatten und Würfeln (Deck- und Seitenfläche) gezeigt. Für die Messung der Rauheiten werden drei Messungen je Würfel mit Messflächen 1x1mm^2 durchgeführt.

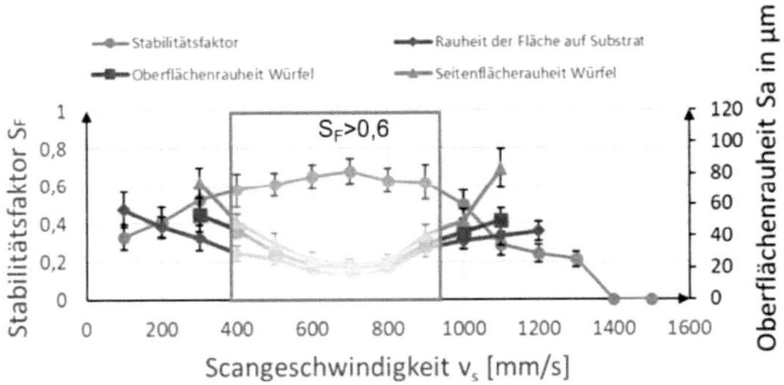

Bild 11.3.2
S_F von AlSi10Mg Einzelspuren und Sa von AlSi10Mg Einzelschichten sowie Ober- und Seitenflächen von Würfeln.
Hier:
Korngrößenverteilung 25-40µm, P_L=300W, v_s=100 bis 1500mm/s, d_s=100µm;
D_s=40µm,
eine Konturspur(KH);
Δy_s,Δk=180µm.
Belichtete PBF-Würfel, SLM 280 HL.

Die niedrigsten Oberflächenrauheiten liegen alle bei 700 mm/s. Die Werte der Rauheit (Deckfläche) betragen bei Einzelschichten Sa = 15 µm, bei der Deckfläche des Würfels 20 µm und bei der Seitenfläche des Würfels Sa = 22 µm. Bei höheren und niedrigeren Scangeschwindigkeiten wird die Rauheit größer und kann Sa-Werte über 80 µm erreichen. Bei Geschwindigkeiten unter 300 mm/s (Überhöhung) und über 1100 mm/s (Anbindungsfehler) konnten wegen Aufbaufehlern keine Würfel hergestellt werden, der PBF-Prozess für diese Geschwindigkeiten musste abgebrochen werden. Bei „Überhöhung" werden bestimmte Bereiche der Würfel (normalerweise die Kontur) höher als die anderen Bereiche (normalerweise die Schraffur) aufgebaut, dies kann zur Beschädigung der Beschichtungseinheit führen. Bei Geschwindigkeiten über 1100 mm/s konnte optisch festgestellt werden, dass Teile der aufgebauten Einzelschichten der Würfel wegen unzureichender Anbindung an die darunter liegenden Schichten beim Auftragen einer neuen Pulverschicht von der Silikonlippe mitgerissen werden. Die mitgerissenen Teile können ebenfalls die Beschichtungseinheit behindern und können die Homogenität der neuaufgetragenen Pulverschicht beeinflussen. In beiden Fällen wird der PBF-Prozess für diese Würfel abgebrochen.

Bei dem Vergleich mit dem Verlauf der entsprechenden Stabilitätsfaktoren ergeben sich die gleichen Korrelationen wie bei der PBF-Laboranlage: der höchste Stabilitätsfaktor von 0,68 liegt genau so wie der niedrigste Wert der Rauheit bei 700 mm/s. Die niedrigsten Rauheiten korrelieren mit Stabilitätsfaktoren S_F > 0,6. Der Verlauf entspricht dem Verlauf für die PBF-Anlage, vgl. Kap. 10.2, Bild 10.2.3 und wird dort sowie in den Kapiteln 4.3.3 und 4.4.3 diskutiert.

Nachfolgend wird der Zusammenhang zwischen der Dichte der Volumenkörper und den Stabilitätsfaktoren am Beispiel der Querschliffe von AlSi10Mg Würfeln untersucht, siehe Bild 11.3.3.

Bild 11.3.3
Querschliffe von AlSi10Mg Würfeln
Hier:
SLM 280HL
Korngrößenverteilung 25-40µm, P_L=300W, v_s=400, 700, 1000mm/s, d_S=100µm; D_S=40µm
eine Konturspur(KH); Δy_s, Δk=180µm.

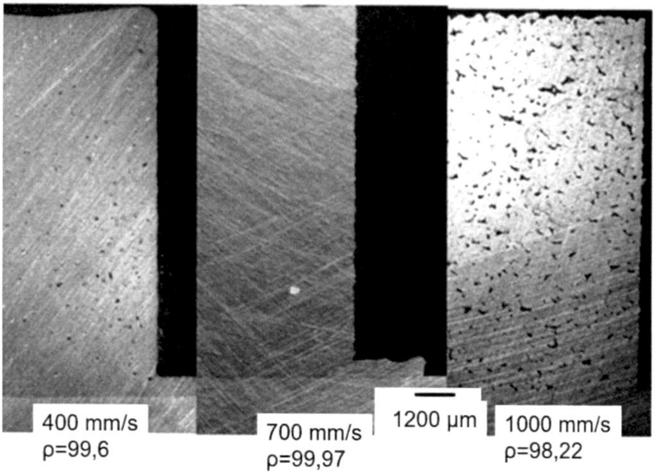

In Bild 11.3.4 wird die Dichte ρ von AlSi10Mg Würfeln gezeigt. Die Dichten > 99,5 % liegen zwischen 400 und 900 mm/s. Bei höheren und niedrigeren Scangeschwindigkeiten wird die Dichte kleiner.

Bild 11.3.4
Stabilitätsfaktoren S_F der AlSi10Mg Einzelspuren und Dichte ρ der AlSi10Mg Würfel.
Hier:
SLM 280 HL
Korngrößenverteilung 25-40µm, P_L=300W, v_s=100 bis 1500mm/s, d_S=100µm; D_S=40µm,
eine Konturspur(KH); Δy_s, Δk=180µm.
Belichtete PBF-Würfel auf sandgestrahlten artgleichen Substratplatten.

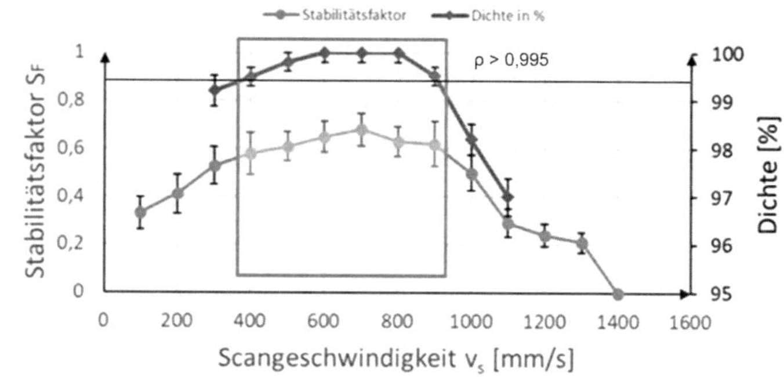

Bild 11.3.4 entspricht den Ergebnissen mit der PBF-Laboranlage, vgl. Kap. 10.2, Bild 10.2.5. Es ergeben sich ähnliche Korrelationen zu den Rauheiten: der höchste Stabilitätsfaktor von 0,68 liegt bei 700 mm/s, dies entspricht einer gemessenen höchsten Dichte von knapp 100 %. Volumendefekte werden nicht beobachtet. Für Stabilitätsfaktoren $S_F \geq 0{,}6$ liegen alle Dichtemessungen über dem Grenzwert von 99,5 %.

Da in Kap. 10.3, Bild 10.3.6 bei der Untersuchung des Einflusses des Abstandes (Δk) zwischen Schraffur und Konturspur das Auftreten eines Porensaumes bei einem Überlapp von 10 % festgestellt jedoch nicht dokumentiert wurde, wird diese

Untersuchung noch einmal mit der SLM 280 Anlage wiederholt. Die Würfel werden allerdings bei einer Scangeschwindigkeit von 700 mm/s aufgebaut im Vergleich zu 600 mm/s bei der Laboranlage, da der höchste Stabilitätsfaktor für die SLM 280 HL-Anlage bei 700 mm/s liegt. In Bild 11.3.5 sind zwei Querschliffe für einen Überlappungsgrad von 10 % und 20 % dargestellt. Bei einem Überlapp von 10 % ist ein Porensaum entlang der Konturspur erkennbar, die Dichte beträgt 99,1 %. Bei 20 % Überlapp ist dieser Porensaum nicht mehr vorhanden, die Dichte steigt auf 99,8 %. Damit wird das Ergebnis auf der Laboranlage mit der SLM 280 Anlage verifiziert.

Bild 11.3.5
Querschliffe von AlSi10Mg Würfeln
Hier:
SLM 280HL
Korngrößenverteilung 25-40µm, P_L=300W,
v_s= 700mm/s,
d_S=100µm;
D_S=40µm
eine Konturspur(KH);
Δy_s,=180µm,
Δk = 230µm (10%),
205µm (20%)

11.4 Zwischenfazit

Die absoluten Werte der Stabilitätsfaktoren, Rauheiten und Dichten von Einzelspuren, Einzelschichten und Würfeln, die mit beiden Anlagen bei gleichen Einflussgrößen/Verfahrensparametern hergestellt werden, unterscheiden sich teils deutlich, wobei mit der SLM 280 HL-Anlage durchgehend bessere Ergebnisse erzielt werden. Die grundsätzlichen Abhängigkeiten der Stabilitätsfaktoren, Rauheiten und Dichten von den untersuchten Einflussgrößen/Verfahrensparametern sind für beide Anlagen gleich.

12 Ableitung von Maßnahmen zur Verbesserung der Bauteilqualität

Die in den Kapiteln 9 bis 11 identifizierten Einflussgrößen/Verfahrensparameter, die zu einer Erhöhung der Stabilitätsfaktoren geführt haben, werden in diesem Kapitel gleichzeitig angewendet, um den Einfluss auf die Qualität von Mehrfach-/Einzelspuren und Volumenkörpern zu untersuchen. Dazu werden im ersten Schritt auf der Basis der durchgeführten Quantifizierung (Tabellen A5.1 bis A5.3 und Tabelle 11.2.3) die Einflussgrößen/Verfahrensparameter ausgewählt, die eine relevante (> 0,05) Erhöhung der Stabilitätsfaktoren für die Mehrfach-/Einzelspuren bewirken (Tabelle 12.1). Die Pulverfixierung und Cu-Dotierung werden hier nicht weiter berücksichtigt, da für die Pulverfixierung der Aufwand für die Präparation zu groß und die Praktikabilität für die Anwendung nicht gegeben ist, während die zur Verfügung stehende Menge des Pulvers mit Cu-Dotierung nicht für den Aufbau von Volumenkörpern ausreicht.

Tabelle 12.1 Einflussgrößen/Verfahrensparameter, die die Stabilitätsfaktoren relevant (>0,05) positiv beeinflussen, für AlSi10Mg, IN718 und 1.4404 (PBF-Laboranlage) und für AlSi10Mg (SLM 280 HL-Anlage). Vergleich mit den Referenzparametern. „+“ repräsentiert eine Zunahme und „-“ eine Abnahme des Stabilitätsfaktors, Schwarz: keine Daten vorhanden. Grün: $\Delta S_F \leq 0{,}05$, nicht signifikant, Gelb: $0{,}05 < \Delta S_F \leq 0{,}15$, bedingt signifikant, Orange: $0{,}15 < \Delta S_F < 0{,}25$, signifikant

Verfahrensparameter die Stabilitätsfaktorenänderungen ΔS_F (>0,05) positiv beeinflussen, Vergleich gegenüber der Referenz					
LPBF-Anlage		Laboranlage			SLM280HL
Werkstoff		AlSi10Mg	IN718	1.4404	AlSi10Mg
Untergrund der Pulverschicht					
Sandgestrahlte Substratplatte		Referenz			
Aufbau auf 6 LPBF-Schichten	-	$\Delta S_F<0{,}12$	$\Delta S_F<0{,}10$	$\Delta S_F<0{,}07$	Referenz
Auftragverfahren					
Kohlenstofffaser-bürste		Referenz			
Gummilippe	+	$\Delta S_F<0{,}04$			Referenz
Klinge	+	$\Delta S_F<0{,}10$	$\Delta S_F<0{,}15$	$\Delta S_F<0{,}20$	$\Delta S_F<0{,}10$
Partikeleigenschaften wie Form und Größe (Pulver 25-40µm mit Feinanteil als Referenz)					
Entfernung von Feinanteil	+	$\Delta S_F<0{,}14$	$\Delta S_F<0{,}08$	$\Delta S_F<0{,}11$	
25-30µm	+	$\Delta S_F<0{,}08$	$\Delta S_F<0{,}06$	$\Delta S_F<0{,}10$	
29-31µm	+	$\Delta S_F<0{,}16$	$\Delta S_F<0{,}23$	$\Delta S_F<0{,}20$	
Schutzgas (Argon als Referenz)					
Helium	+	$\Delta S_F<0{,}15$		$\Delta S_F<0{,}10$	$\Delta S_F<0{,}15$
Laserleistung (300W als Referenz)					
100 Watt	+	$\Delta S_F<0{,}10$			
Strahldurchmesser (100µm als Referenz)					
70(86)µm (SLM280)	+	$\Delta S_F<0{,}10$	$\Delta S_F<0{,}15$		$\Delta S_F<0{,}05$
Schichtdicke (40µm als Referenz)					
30µm	+	$\Delta S_F<0{,}10$	$\Delta S_F<0{,}15$		$\Delta S_F<0{,}10$
Belichtungsstrategie (30% als Referenz)					
Überlapp 90%	+	$\Delta S_F<0{,}09$	$\Delta S_F<0{,}11$		$\Delta S_F<0{,}10$

Der Tabelle 12.1 kann entnommen werden, dass für die betrachteten Werkstoffe und Anlagen die grundsätzlichen Abhängigkeiten und Änderungen der

Stabilitätsfaktoren von den Einflussgrößen/Verfahrensparametern gleich sind, auch wenn sich die absoluten Werte der Stabilitätsfaktoren unterscheiden. D. h. falls die Änderung eines Verfahrensparameters zu höheren Stabilitätsfaktoren führt, gilt dies auch für die drei Werkstoffe und für beide Anlagen.

12.1 Zusammenführung der Einflussgrößen/Verfahrensparameter für die Laboranlage

In Tabelle 12.1.1 sind die Einflussgrößen/Verfahrensparameter für die Referenz und für „verbesserte" Parameter angegeben (Kap. 9, Kap. 10.3, Kap. 11.2 und 11.3).

Tabelle 12.1.1
Für die Laboranlage verwendete Referenzparameter und verbesserte Parameter. Grün: verbesserte Parameter.

Verwendete Verfahrensparameter PBF-Laboranlage		
Verfahrensparameter	Referenz	Verbessert
Für Einzelspuren		
Substratplatte	artgleich sandgestrahlt	artgleich sandgestrahlt
Pulverauftrag	Kohlenstoff-faserbürste	Klinge
Pulver	25-40µm mit Feinanteil	29-31µm ohne Feinanteil
Schutzgas	Argon	Helium
Laserleistung	300W	100W
Strahldurchmesser	100µm	70µm
Schichtdicke	40µm	30µm
zusätzlich für Mehrfachspuren		
Spurabstand	70%	10%
zusätzlich für Volumenkörper		
Konturspuren	1	2
Schraffurabstand	70%	10%
Konturabstand	70%	10%
Belichtungsreihenfolge	KH (Kontur Hatch)	KH (Kontur Hatch)
10% entspricht für: AlSi10Mg 25µm; IN718 9µm; 1.4404 30µm		

Mit den verbesserten Verfahrensparametern werden im ersten Schritt Mehrfachspuren hergestellt (drei Einzelspuren, die mit einer bestimmten Überlappung hergestellt werden, vgl. Kap. 10.3, Bilder 10.3.2 und 10.3.3). Diese Spuren (siehe Bild 7.2.2) werden aus den drei Werkstoffen auf der Laboranlage hergestellt und mit der Referenz verglichen. Fünf Mehrfachspuren werden mit den gleichen Verfahrensparametern hergestellt und jeweils zwei Messungen pro Mehrfachspur durchgeführt. Der Überlapp beträgt dabei 90 %. Bei diesem Überlapp können die Mehrfachspuren optisch nicht von Einzelspuren unterschieden werden, vgl. 90 % Überlapp in Bild 10.3.2. In Bild 12.1.1 sind die „verbesserten" AlSi10Mg Spuren mit den Mittelwerten der Stabilitätsfaktoren dargestellt, im unteren Teil sind Einzelspuren mit den Referenzparametern zu sehen (siehe Kap. 8, Bild 8.5.5).

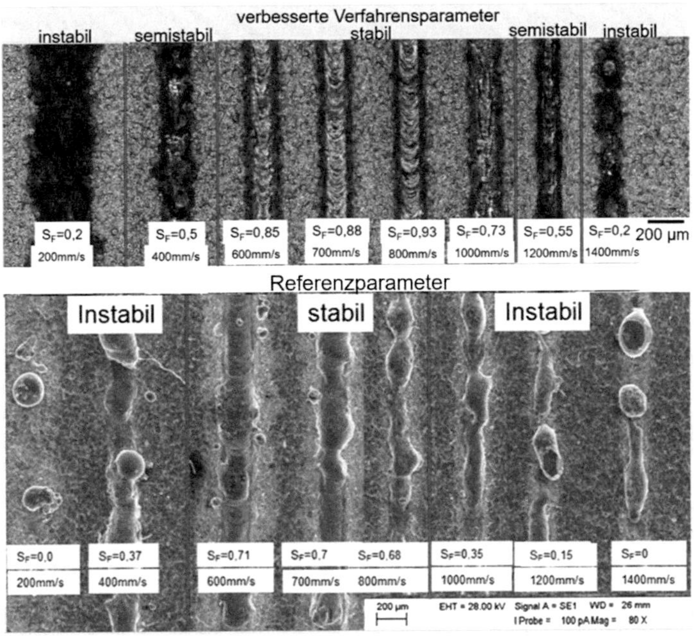

Bild 12.1.1
LIM-Aufnahme von verbesserten Mehrfachspuren (oben), unten das Bild 8.5.5 mit den Referenzspuren.
Hier
oben:
AlSi10Mg,
Schutzgas: Helium,
Auftrag: Klinge,
Korngrößenverteilung 29-31µm, P_L=100W,
v_s=200 bis 1400mm/s,
d_S=70µm,
D_S=30µm,
Δy_s=25µm (10%)
unten: Referenz, siehe Bild 8.5.5

In Bild 12.1.2 werden die Mittelwerte der Stabilitätsfaktoren der Mehrfachspuren hergestellt mit verbesserten Parametern in Abhängigkeit von der Scangeschwindigkeit dargestellt und mit den Stabilitätsfaktoren der mit den Referenzparametern hergestellten Einzelspuren verglichen.

Bild 12.1.2
Vergleich der Stabilitätsfaktoren in Abh. von der Scangeschwindigkeit für Mehrfachspuren mit verbesserten Parametern mit der Referenz für AlSi10Mg.

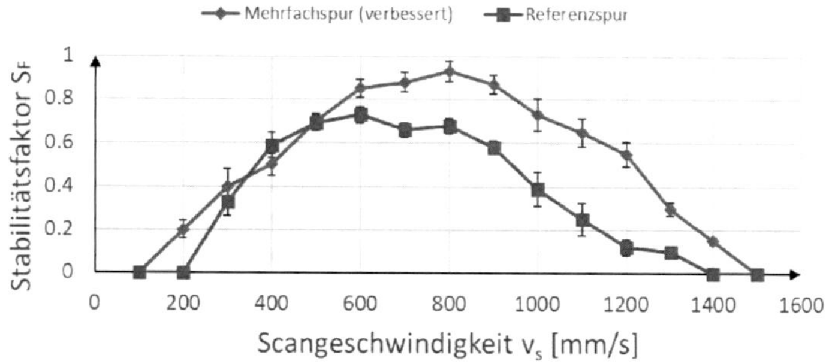

Im Vergleich zur Referenzspur (Stabilitätsfaktor 0,69 bei 600 mm/s) liegt das Maximum des Stabilitätsfaktors der verbesserten Spuren bei 800 mm/s und erhöht sich um 0,22 auf 0,91. Das Prozessfenster für $S_F > 0,6$ erhöht sich von 300 auf 600 mm/s. Die Stabilitätsfaktoren und deren Änderung gegenüber der Referenz für die einzelnen Einflussgrößen/Verfahrensparameter können der Tabelle 12.1.2 entnommen werden. Bei der „verbesserten Mehrfachspur“ werden alle verbesserten Einflussgrößen/Verfahrensparameter aus der Tabelle 12.1.2 gleichzeitig angewendet.

Tabelle 12.1.2
Übersicht der Stabilitätsfaktoren und Prozessfenster für verbesserte AlSi10Mg-Einzel/Mehrfachspuren.

AlSi10Mg	höchster Stabilitätsfaktor	Änderung des Stabilitätsfaktors	lokales Maximum S_F	Prozessfenster S_F>0,6	Maß der Prozessrobusthei
	S_{Fmax}	ΔS_{Fmax}	v_S [mm/s]	v_S [mm/s]	Δv_S [mm/s]
Klinge	+ 0,81	+ 0,12	600	+ 400-900	+ 500
29-31µm ohne Feinanteil	+ 0,87	+ 0,18	+ 900	- 700-900	- 200
Helium	+ 0,83	+ 0,14	- 500	400-700	300
100Watt	+ 0,81	+ 0,12	- 200	100-400	300
70µm	+ 0,81	+ 0,12	+ 1100	+ 900-1300	+ 400
30µm	+ 0,78	+ 0,09	+ 700	600-900	300
Spurversatz 10% (25µm)	+ 0,78	+ 0,09	600	+ 400-900	+ 500
verbesserte Mehrfachspur	+ 0,91	+ 0,22	+ 800	+ 500-1100	+ 600
Grün: Verbesserung gegenüber der Referenz; Rot: Verschlechterung gegenüber der Referenz					

Als nächstes wird mit den verbesserten Einflussgrößen/Verfahrensparametern (siehe Tabelle 12.1.1) bei einer Scangeschwindigkeit von 800 mm/s (höchster Stabilitätsfaktor) ein Volumenkörper (Würfel) aufgebaut (Ein Probekörper, drei Messungen der Rauheit Sa in 1x1 mm^2 Bereichen und drei Querschliffe zur Messung der Dichte. Die Messungen werden analog zu den entsprechenden Messungen in Kap. 10 durchgeführt). Entsprechend den Ergebnissen aus Kapitel 10.3 werden zwei Konturspuren verwendet, die vor der Schraffur belichtet werden. Sowohl die Konturspuren als auch die Schraffur werden mit 90 % Überlapp (Spurversatz 25 µm) hergestellt (vgl. Kap. 10.3).

In Kap. 10.2 wird festgestellt, dass die niedrigsten Mittelwerte der Oberflächenrauheiten für die AlSi10Mg-Referenzparameter bei 600 mm/s liegen, entsprechend dem höchsten Stabilitätsfaktor. Diese Rauheiten Sa betragen 52 µm für die Deckfläche und 60 µm für die Seitenfläche des Würfels. Bei dem mit verbesserten Verfahrensparametern hergestellten Probekörper beträgt die Rauheit Sa der Deckfläche 5 µm und die der Seitenfläche 8 µm, eine deutliche Verbesserung gegenüber der Referenz. Visuell (ohne optische Hilfsmittel) ist erkennbar, dass der „verbesserte“

Volumenkörper glattere Flächen aufweist. Bei Betrachtung mit dem Lichtmikroskop konnten, ähnlich wie in Bild 10.2.2 für die Referenzparameter, keine Unterschiede in der Rauheit festgestellt werden. Die Rauheit wird mit dem Infinite Focus Gerät vermessen.

Im nächsten Schritt wird die Dichte des Volumenkörpers bei Referenzparametern mit dem entsprechend höchsten Stabilitätsfaktor (S_F von 0,69 bis 0,71 bei 600 mm/s) mit der Dichte des Volumenkörpers bei verbesserten Verfahrensparametern (ein Probekörper mit drei Querschliffen) mit dem entsprechend höchsten Stabilitätsfaktor (S_F = 0,91 bei 800 mm/s) verglichen. In Bild 12.1.3 sind Querschliffe der Würfel mit den verbesserten (links) und Referenzparametern dargestellt.

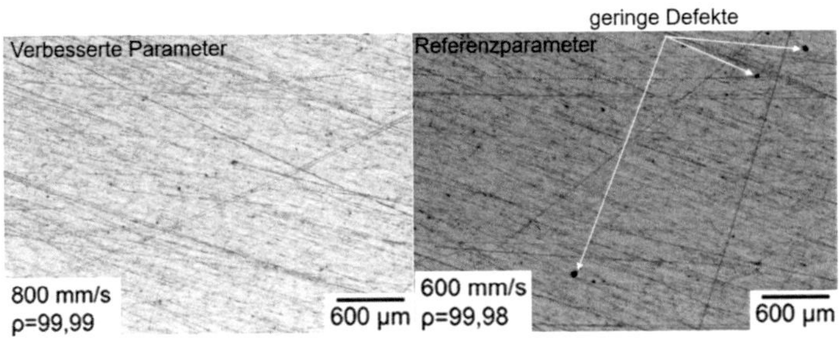

Bild 12.1.3 Querschliffe und Dichte ρ der AlSi10Mg Würfel. Links: verbesserte Parameter Links: Korngrößenverteilung 29-31μm, P_L=100W, v_s=800 mm/s, d_s=70μm; D_s=30μm, PBF-Würfel auf sandgestrahlter artgleicher Substratplatte. 2 Konturspuren (KH); Δy_s, Δk=25μm (10%). Rechts: Referenzparameter, vgl. Bild 10.2.4

Die gemessene Dichte des Probekörpers bei den Referenzparametern beträgt 99,98 %, siehe Bild 10.2.4 und 12.1.3. Die Dichte des verbesserten Volumenkörpers bei 800 mm/s beträgt 99,99 % (Bild 12.1.3). Da die Messungenauigkeit bei maximal 0,05 % liegt, sind die Dichten für beide Parameter gleich. Da die Dichte des Referenzkörpers bereits nahe bei 100 % liegt, kann keine signifikante Verbesserung gegenüber der Referenz erwartet werden. In Bild 12.1.3 rechts werden bei dem Referenzprobekörper einige Poren sichtbar, während bei dem verbesserten Probekörper keine Defekte erkennbar sind.

Die Untersuchung der Mehrfachspuren sowie der Rauheiten und Dichten der Volumenkörper (senkrechte Würfel) der Werkstoffe IN718 und 1.4404 verläuft analog. In den Tabellen 12.1.3 und 12.1.4 sind die Ergebnisse für IN718 und 1.4404 dargestellt.

Tabelle 12.1.3
Übersicht der Stabilitätsfaktoren und Prozessfenster für verbesserte IN718-Einzel- und Mehrfachspuren

IN718	höchster Stabilitätsfaktor	Änderung des Stabilitätsfaktors	lokales Maximum S_F	Prozessfenster S_F>0,6	Maß der Prozessrobustheit
	S_{Fmax}	ΔS_{Fmax}	v_s [mm/s]	v_s [mm/s]	Δv_s [mm/s]
Klinge	+ 0,75	+ 0,15	2000	+ 1500-2250	+ 750
29-31µm ohne Feinanteil	+ 0,85	+ 0,25	+ 2500	- 2250-2500	- 250
Helium	+ 0,78	+ 0,18	- 1250	+ 750-1750	+ 1000
100Watt	+ 0,75	+ 0,15	- 1250	+ 1000-2000	+ 1000
70µm	+ 0,78	+ 0,18	+ 4000	3750-4250	500
30µm	+ 0,77	+ 0,17	+ 2500	+ 2000-3000	+ 1000
Spurversatz 10% (ca. 9 µm)	+ 0,71	+ 0,11	2000	+ 1500-2500	+ 1000
verbesserte Mehrfachspur	+ 0,88	+ 0,29	+ 2500	+ 1500-3500	+ 2000
Grün: Verbesserung gegenüber der Referenz; Rot: Verschlechterung gegenüber der Referenz					

Tabelle 12.1.4
Übersicht der Stabilitätsfaktoren und Prozessfenster für verbesserte 1.4404-Einzel- und Mehrfachspuren

1.4404	höchster Stabilitätsfaktor	Änderung des Stabilitätsfaktors	lokales Maximum S_F	Prozessfenster S_F>0,6	Maß der Prozessrobusthei
	S_{Fmax}	ΔS_{Fmax}	v_s [mm/s]	v_s [mm/s]	Δv_s [mm/s]
Klinge	+ 0,82	+ 0,21	600	+ 500-900	+ 400
Pulverfixierung	+ 0,82	+ 0,21	600	+ 400-900	+ 500
29-31µm ohne Feinanteil	+ 0,82	+ 0,21	+ 800	+ 700-900	200
Helium	+ 0,68	+ 0,08	- 400	- 200-500	+ 300
100Watt	+ 0,72	+ 0,11	- 200	- 200-500	+ 300
70µm	+ 0,76	+ 0,15	+ 1200	+ 1000-1300	+ 300
30µm	+ 0,75	+ 0,14	+ 800	+ 700-900	200
Spurversatz 10% (ca. 30 µm)	+ 0,71	+ 0,1	600	+ 400-800	+ 400
verbesserte Mehrfachspur	+ 0,91	+ 0,3	+ 700	+ 500-900	+ 400
Grün: Verbesserung gegenüber der Referenz; Rot: Verschlechterung gegenüber der Referenz					

In Kap. 10.2 werden Oberflächenrauheiten für die mit den Referenzparametern hergestellten Einzelflächen und Würfel aus IN718 und 1.4404 gezeigt (Bild 10.2.6 und 10.2.8). Die niedrigsten Rauheiten liegen bei den gleichen Scangeschwindigkeiten wie die höchsten Stabilitätsfaktoren der Referenzparameter, 2000 mm/s für IN718 und 600 mm/s für 1.4404. Die Rauheiten Sa betragen ca. 45 µm (Deckfläche) und 60 µm (Seitenfläche) für IN718 und ca. 60 µm (Deckfläche) und 75 µm (Seitenfläche) für 1.4404 bei diesen Scangeschwindigkeiten. Bei Anwendung der verbesserten Einflussgrößen/Verfahrensparameter für die Herstellung der Probekörper (jeweils ein Probekörper mit drei Messungen) werden, wie für AlSi10Mg bei den Rauheiten, deutliche Verbesserungen festgestellt. Für IN718 wird bei der Scangeschwindigkeit des höchsten Stabilitätsfaktors der verbesserten Verfahrensparameter (2500 mm/s) eine Rauheit Sa der Deckfläche von 8 µm und der Seitenfläche von 12 µm gemessen, für 1.4404 wird bei 700 mm/s eine Rauheit Sa der Deckfläche von 11 µm und der Seitenfläche von 14 µm gemessen. Wie bei AlSi10Mg wird mit den verbesserten Parametern nur eine geringe Erhöhung der Dichte gemessen, da mit den Referenzparametern bereits Dichten > 99,5% erreicht werden.

Bei den bisher gezeigten Versuchen wird zwischen der Belichtung zweier Scanvektoren (Kap. 7.1.5) eine „Abkühlpause" von zwei Sekunden eingehalten, siehe Diskussion in Kap. 8.1.5 und 10.1.2. Bei einem „realen" PBF-Prozess wird keine solche Pause verwendet. Eine „Pause" bei der Belichtung mehrerer Scanvektoren entspricht der Zeit, die von dem Scanner benötigt wird, um einen „Sprungvektor" (Kap. 7.1.5) abzuscannen, typischerweise wenige Millisekunden. Um den Einfluss der Pause zu dokumentieren, werden je ein Würfel mit den Referenzparametern und den verbesserten Parametern aufgebaut und die Rauheiten und Dichten vermessen. Für die

Referenzparameter ohne Pause (600 mm/s) betragen die Rauheiten Sa = 64 µm für die Deckfläche und 73 µm für die Seitenfläche des Würfels. Bei dem mit den verbesserten Verfahrensparametern (800 mm/s) ohne Pause hergestellten Probekörper beträgt die Rauheit Sa der Deckfläche 19 und die der Seitenfläche 22 µm. In beiden Fällen wird eine signifikante Verschlechterung gegenüber den Ergebnissen mit Pause beobachtet. Als nächstes wird eine Messung der Dichte (ein Probekörper mit drei Querschliffen) mit den oben genannten Parametern ohne Pause durchgeführt, siehe Bild 12.1.4.

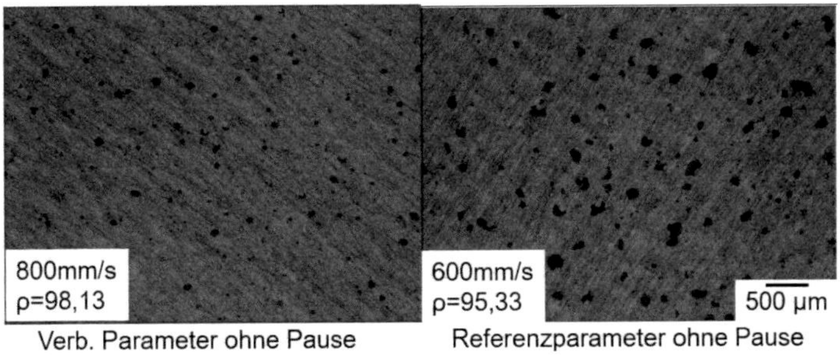

Bild 12.1.4 Querschliffe und Dichte ρ der AlSi10Mg Würfel. Links: verbesserte Parameter ohne Pause Links: Korngrößenverteilung 29-31µm, P_L=100W, v_s=800 mm/s, d_s=70µm; D_S=30µm, PBF-Würfel auf sandgestrahlter artgleicher Substratplatte. 2 Konturspuren (KH); Δy_s, Δk=25µm (10%). Rechts: Referenzparameter ohne Pause, vgl. Bild 10.2.4

Sowohl für die Referenzparameter als auch für verbesserte Verfahrensparameter ohne Pause nimmt die Dichte ab, in beiden Fällen unter den Schwellenwert von 99,5 %, wobei die Abnahme für die Referenzparameter mit 4,7 % gegenüber 1,9 % für verbesserte Parameter deutlich stärker ausfällt.

Die Ergebnisse für die Werkstoffe IN718 und 1.4404 sind ähnlich. In der Tabelle 12.1.5 sind die Ergebnisse für die drei Werkstoffe dargestellt.

Tabelle 12.1.5
Übersicht der Rauheiten, Dichten und Stabilitätsfaktoren für Referenzparameter und verbesserte Parameter mit und ohne Abkühlpause, für AlSi10Mg, IN718 und 1.4404

Werkstoff	Verfahrensparameter	Bester S_F Wert	Scangeschwindigkeit [mm/s]	Sa-Wert Seitenfläche [µm]	Sa-Wert Deckfläche [µm]	Dichte [%]
AlSi10Mg	Referenz	0,69	600	60	52	99,98
	Ref. ohne Pause K/H			73	64	95,33
	Ref. ohne Pause H/K			68	60	95,42
	Verbessert	0,93	800	8	5	99,99
	Verb. ohne Pause			22	19	98,13
IN718	Referenz	0,6	2000	60	45	99,81
	Ref. ohne Pause			65	43	97,01
	Verbessert	0,88	2500	12	8	99,97
	Verb. ohne Pause			17	12	98,13
1.4404	Referenz	0,61	600	75	60	99,92
	Ref. ohne Pause			72	52	95,4
	Verbessert	0,91	700	14	11	99,99
	Verb. ohne Pause			19	15	97,41

Durch das Weglassen der Pause werden die Dichte und Rauheit signifikant beeinflusst. Während für alle Werkstoffe bei Weglassen der Pause die Dichte deutlich unter 99,5 % fällt (bis zu 95,33 % für AlSi10Mg für Referenzparameter ohne Pause) und die Rauheiten bei den verbesserten Parametern ohne Pause ebenfalls signifikant steigen, sind die Rauheiten für die Referenzparameter von IN718 und 1.4404 kleiner, die Deckflächen haben sogar tendenziell kleinere Rauheiten. Die Standardabweichungen der Rauheiten liegen bei ca. 15 % für die Referenzparameter (mit und ohne Pause, K/H, H/K), ca. 10 % für verbesserte Parameter ohne Pause und bei 5 - 10 % bei verbesserten Parametern mit Pause. Ebenfalls fallen zwei Abweichungen zu den Literaturwerten auf. Zum einen zeigt in der Literatur IN718 i. d. R. die niedrigste Oberflächenrauheit, gefolgt von 1.4404 und AlSi10Mg [18], [38], [85]. Hier wird festgestellt, dass diese Reihenfolge u. U. durch die Abkühlpause beeinflusst wird. Bei Verfahrensparametern mit Abkühlpause (sowohl bei Referenz- als auch bei verbesserten Parametern) zeigt AlSi10Mg die niedrigste Rauheit, gefolgt von IN718 und 1.4404. Beim Aufbau von Würfeln ohne Pause, siehe Tabelle 12.1.5, entspricht die beobachtete Reihenfolge der Reihenfolge der Rauheiten in der Literatur, vgl. [18], [38], [85]. Das entspricht den Beobachtungen von Jauer, der 2018 am Beispiel von Magnesium zeigt, dass bei der Herstellung von Volumenkörpern aus Metallpulvern mit einer niedrigen Schmelz- und Verdampfungstemperatur eine Belichtungspause zwischen zwei aufeinanderfolgenden Scanvektoren zu einer Verbesserung der Bauteilqualität führen kann, da u. a. durch diese zusätzliche Pause der entstehende Rauch und Metallkondensat effektiver aus der Laserstrahl/Schmelze Wechselwirkungszone entfernt wird [120].

Zum anderen führt bei PBF die Belichtung von innen nach außen (H/K) in der Regel zu geringeren Rauheiten [64], während in dieser Arbeit bei Herstellung von Volumenkörpern mit einer Abkühlpause die Belichtung von außen nach innen (K/H) zu geringeren Rauheiten führt (vgl. Kap. 10.3). Für die Referenzparameter von AlSi10Mg wird ohne eine Abkühlpause sowohl ein Würfel mit der Belichtung von innen nach außen (H/K) als auch mit der Belichtung von außen nach innen (K/H) durchgeführt. Bei einer Belichtung ohne Pause ergeben sich Sa-Werte von 68 µm für die H/K und

73 µm für die K/H Belichtung, siehe Tabelle 12.1.5. Diese Reihenfolge entspricht den Erfahrungswerten, vgl. [64]. Die Abkühlpause hat also einen Einfluss, welche Bearbeitungsreihenfolge zu den geringsten Rauheiten führt. In Kap. 8.5 wird gezeigt, dass die erste umgeschmolzene Spur deutlich gleichmäßiger als nachfolgende Spuren ist, vgl. auch Kap. 4.4.2, Bild 4.4.9 und Kap. 10.3, Bild 10.3.3. Daher wird zunächst eine niedrigere Rauheit bei einer Belichtung von außen nach innen erwartet. Es wird aber zusätzlich gezeigt, dass diese gleichmäßige erste Spur fast doppelt so hoch wie die nachfolgenden Spuren sein kann, vgl. Kap. 8.5, 10.2 und 10.3. Diese „Überhöhung" kann bei der Herstellung eines Würfels zu einer Abnahme der Oberflächenqualität und schlimmstenfalls zur Beschädigung der Pulverauftragseinheit führen, vgl. Kap. 10.2 und Kap. 11.3. Ohne eine Abkühlpause wirkt der Vorwärmeffekt, vgl. Kap. 10.1.2, es wird erwartet, dass dieser das Entstehen von Überhöhungen begünstigt. In [120] wird gezeigt, dass bei Belichtung ohne eine Pause diverse Defekte, darunter auch Überhöhungen entstehen können, während beim Einhalten einer Pause diverse Defekte vermieden werden, wobei bei der Betrachtung in [120] die Entstehung der Defekte hauptsächlich auf die Interaktion zwischen dem Laserstrahl und dem Rauch in der Prozesskammer zurückgeführt wird. In vorliegender Arbeit wird vermutet, dass beim Vermeiden einer „Überhöhung" (begünstigt durch die Abkühlpause) das Belichten von außen nach innen zu geringeren Rauheiten führt, während die Belichtung von innen nach außen hilft, eine Überhöhung zu vermeiden.

Eine Anwendung der verbesserten Einflussgrößen/Verfahrensparameter mit Pause führt zu deutlichen Verbesserungen der Rauheit. Darüber hinaus wurde gezeigt, dass die Abkühlpause eine signifikante Rolle spielt. Eine Reihe von Experimenten zur Untersuchung des Einflusses der verbesserten Parameter und der Abkühlpause waren geplant, z. B. eine Variation der Scangeschwindigkeit für die verbesserten Parameter mit Pause und Variation der Pausenlänge bei Herstellung von Volumenkörpern. Da die Laboranlage ab einem bestimmten Zeitpunkt nicht mehr zur Verfügung stand, konnten diese Experimente nicht durchgeführt werden. Ein Teil der Versuche wird auf der SLM 280 HL-Anlage durchgeführt. Eine umfangreichere Untersuchung des Einflusses der Abkühlpause auf die Ergebnisse sollte in weiterführenden Arbeiten erfolgen.

12.2 Festlegung der verbesserten Einflussgrößen/Verfahrensparameter für die SLM 280 Anlage

Wie in Kap. 12.1 für die Laboranlage werden in diesem Kapitel die Referenzparameter und die „verbesserten" Parameter für die SLM 280 Anlage festgelegt. Dazu werden aus der Tabelle 12.1 die Einflussgrößen/Verfahrensparameter ausgewählt, die zu einer Erhöhung der Stabilitätsfaktoren geführt haben. Beim Vergleich der in Tabelle 12.1 variierten Einflussgrößen/Verfahrensparameter für beide Anlagen sowie den erzielten Erhöhungen der Stabilitätsfaktoren gegenüber der jeweiligen Referenz fällt auf, dass die Änderungen der Stabilitätsfaktoren für den AlSi10Mg Werkstoff bei beiden Anlagen nahezu identisch sind.

Für die SLM 280 HL-Anlage werden darüber hinaus, wie in Kap. 11.1.3 dargestellt, PBF-Schichten als Untergrund aufgebaut, um möglichst die Homogenität der ersten Schicht sicherzustellen.

Das Pulver wird mit einer Klinge aufgetragen, da das zu ca. 0,1 höheren Stabilitätsfaktoren führt. Die Versuche mit der SLM 280 HL-Anlage werden zeitlich viel später als die Versuche mit der Laboranlage durchgeführt. Daher steht nur das AlSi10Mg Pulver der Korngrößenverteilung 25-40 µm mit Feinanteil zur Verfügung.

Die Verwendung von Helium ergibt bis zu 0,15 höhere Stabilitätsfaktoren. Eine Laserleistung von 100 W ergibt für beide Anlagen die höchsten Stabilitätsfaktoren. Diese Leistung wird trotzdem nicht für die SLM 280 HL-Anlage gewählt. Zum einen zeigt sich, dass die SLM 280 HL-Anlage bei dieser Leistung häufig nicht stabil arbeitet (Bei 100 W werden in Querschliffen der Würfel vereinzelt Volumendefekte > 100 µm festgestellt bei einer Dichte > 99,5 %. Bei gleicher Streckenenergie mit höherer Leistung entstehen solche Volumendefekte nicht, die Dichte ist durchgehend > 99,5 %). Zum anderen soll der PBF-Prozess möglichst produktiv sein (siehe auch Kap. 9.5). Eine Leistung von 200 W bietet keine signifikante Verbesserung der Stabilitätsfaktoren gegenüber der Leistung von 300 W, die Verbesserung der Stabilitätsfaktoren ist nicht signifikant, $\Delta S_F \leq 0{,}05$, siehe Tabelle 11.2.3. Deswegen und wegen der für die Laboranlage ausgewählten Leistung von 300 W als Referenz (s. Kap. 9.5) wird für beide Anlagen eine Laserleistung von 300 W gewählt.

Für beide Anlagen wird bei den verbesserten Parametern der minimale Strahldurchmesser verwendet, da dieser ebenfalls zu größeren (bis zu 0,1) Stabilitätsfaktoren führt. Dies bedeutet für die Laboranlage einen Strahldurchmesser von etwa 70 µm. Für die SLM 280 Anlage wird der minimale Strahldurchmesser von 86 µm eingestellt, vgl. Anhang A2, Bild A2.4.

Schichtdicken von 30 µm und ein Überlapp von 90 % führen ebenfalls jeweils zu bis zu ca. 0,1 höheren Stabilitätsfaktoren und werden deshalb für beide Anlagen verwendet.

Somit werden die in der Tabelle 12.2.1 zusammengefassten Einflussgrößen/Verfahrensparameter für die Einzelspuren verwendet, der Überlapp und die Bearbeitungsstrategie werden bei Herstellung von Volumenkörpern relevant.

Tabelle 12.2.1
Referenzparameter und verbesserte Parameter für die SLM 280 Anlage
Grün: verbesserte Parameter.

Verwendete Verfahrensparameter SLM280 HL Anlage		
Verfahrensparameter	Referenz	Verbessert
Für Einzelspuren		
Substratplatte	artähnlich sandgestrahlt	artähnlich sandgestrahlt
Untergrund	6 LPBF-Schichten	6 LPBF-Schichten
Pulverauftrag	Silikonlippe	Klinge
Pulver (AlSi10Mg)	25-40µm mit Feinanteil	25-40µm mit Feinanteil
Schutzgas	Argon	Helium
Laserleistung	300W	300W
Strahldurchmesser	100µm	86µm
Schichtdicke	40µm	30µm
zusätzlich für Mehrfachspuren		
Spurabstand	70%	10%
zusätzlich für Volumenkörper		
Konturspuren	1	2
Schraffurabstand	70% (180µm)	10% (25µm)
Konturabstand	70% (180µm)	10% (25µm)
Belichtungs-reihenfolge	KH (Kontur Hatch)	KH (Kontur Hatch)
10% entspricht für: AlSi10Mg 25µm;		

12.3 Verbesserte Einzelspuren und Würfel

Zunächst werden Einzelspuren mit den verbesserten Parametern aus der Tabelle 12.2.1 hergestellt. In Bild 12.3.1 sind die über zwei Spuren und drei Messungen pro Spur gemittelten Stabilitätsfaktoren dargestellt. Für die SLM 280 HL-Anlage liegt der höchste Stabilitätsfaktor bei mit verbesserten Parametern hergestellten Einzelspuren bei 0,84 (900 mm/s), eine deutliche Verbesserung gegenüber dem höchsten Stabilitätsfaktor bei Referenzparametern von 0,68 (700 mm/s), siehe Bild 11.2.1. Die Verschiebung des lokalen Maximums zu höheren Scangeschwindigkeiten kann durch den kleineren Strahldurchmesser erklärt werden, vgl. Bild 9.4.6.

In Bild 12.3.2 werden die S_F-Mittelwerte in Abhängigkeit von der Scangeschwindigkeit von Einzelspuren dargestellt, die sowohl mit den Referenzparametern als auch mit den verbesserten Parametern auf beiden Anlagen hergestellt werden. Da, wie oben erwähnt, zu dem Zeitpunkt als die Versuche mit der SLM 280 Anlage durchgeführt werden die Laboranlage nicht mehr zur Verfügung stand, konnten die Einflussgrößen/Verfahrensparameter nicht exakt übereinstimmend gewählt werden (Tabelle 12.1.1 und 12.2.1). In Bild 12.3.2 sind die Stabilitätsfaktoren in Abhängigkeit von der Scangeschwindigkeit für die jeweiligen Referenzparameter und „verbesserten“ Parameter dargestellt, siehe Tabelle 12.3.1. Die Unterschiede sind farbig unterlegt.

Tabelle 12.3.1 Referenzparameter und verbesserte Parameter für die Laboranlage und SLM 280 Anlage. +: Verbesserung; -: Verschlechterung; ~: kein signifikanter Einfluss

Verwendete Verfahrensparameter PBF-Anlagen Änderung der Stabilitätsfaktoren im Vergleich zur Laboranlage						
Verfahrensparameter	Referenz Labor	Referenz SLM280	verbessert Labor	ΔS_f Laboranlage	verbessert SLM280	ΔS_f SLM280
Für Einzelspuren						
Substratplatte	artgleich sandgestrahlt	~ artähnlich sandgestrahlt	artgleich sandgestrahlt	Referenz	~ artähnlich sandgestrahlt	Referenz
Pulverauftrag	Kohlenstoff-faserbürste	~ Silikonlippe	Klinge	+ < 0,1	Klinge	+ < 0,1
Untergrund	Substratplatte	- 6 LPBF-Schichten	Substratplatte	+ < 0,12	- 6 LPBF-Schichten	Referenz
Pulver	25-40µm mit Feinanteil	25-40µm mit Feinanteil	29-31µm ohne Feinanteil	+ < 0,16	- 25-40µm mit Feinanteil	Referenz
Schutzgas	Argon	Argon	Helium	+ < 0,15	Helium	+ < 0,15
Laserleistung	300W	300W	100W	+ < 0,1	- 300W	Referenz
Strahldurchmesser	100µm	100µm	70µm	+ < 0,1	~ 86µm	+ < 0,08
Schichtdicke	40µm	40µm	30µm	+ < 0,1	30µm	+ < 0,11
zusätzlich für Mehrfachspuren						
Spurabstand	70%	70%	10%	+ < 0,09	10%	+ < 0,1
zusätzlich für Volumenkörper						
Konturspuren	1	1	2		2	
Schraffurabstand	70%	70% (180µm)	10%		10% (25µm)	
Konturabstand	70%	70% (180µm)	10%		10% (25µm)	
Belichtungs-reihenfolge	KH (Kontur Hatch)	KH (Kontur Hatch)	KH (Kontur Hatch)		KH (Kontur Hatch)	
10% entspricht für: AlSi10Mg 25µm; grün: ΔS_f<0,05; gelb: ΔS_f<0,15; orange: ΔS_f<0,25						

Bei den Referenzparametern ergeben sich folgende Unterschiede:

1. Untergrund. Die geringen Unterschiede in den S_F-Werten zwischen einer artgleichen bzw. einer artähnlichen Substratplatte spielen hier keine Rolle, da bei der SLM 280 Anlage die Einzelspuren nicht direkt auf der Substratoberfläche, sondern auf der Oberfläche von 6-PBF Schichten aufgebaut werden. Bei der Laboranlage werden die Einzelspuren auf einer Substratplatte hergestellt. Dadurch ergeben sich bis zu 0,12 höhere S_F-Werte.

2. Auftragswerkzeug. Da eine Kohlenstofffaserbürste als Pulverauftragswerkzeug für die SLM 280 Anlage nicht zur Verfügung steht, wird für die SLM 280 Anlage eine Silikonlippe verwendet. Bei erwarteten Änderungen der Stabilitätsfaktoren unter 0,05 (vgl. Kap 9.1.2) sollte das keinen signifikanten Einfluss haben.

Bei den verbesserten Parametern gibt es größere Unterschiede:

1. Der im letzten Absatz beschriebene Unterschied bei den Untergründen.

2. Strahldurchmesser: Während bei der Laboranlage ein Strahldurchmesser von 70 µm eingestellt werden kann (Verbesserung der Stabilitätsfaktoren um bis zu 0,1), ist der kleinstmögliche Strahldurchmesser für die SLM 280 Anlage 86 µm (Verbesserung der Stabilitätsfaktoren um bis zu 0,08). Der Unterschied zwischen diesen

Verbesserungen im S_F-Wert liegt mit 0,02 unter 0,05, d. h. dieser Unterschied wird nicht als signifikant angesehen.

3.Pulver: Während für die Laboranlage Pulver der Korngrößenverteilung 29-31 µm ohne Feinanteil verwendet wird (Verbesserung der Stabilitätsfaktoren um bis zu 0,16), wird für die SLM 280 Anlage Pulver der Korngrößenverteilung 25-40 µm mit Feinanteil verwendet (Referenz).

4. Laserleistung: 100 W für die Laboranlage (Verbesserung der Stabilitätsfaktoren um bis zu 0,1) und 300W für die SLM 280 (Referenz).

Das bedeutet, dass ein direkter Vergleich sowohl bei den Referenzparametern als auch bei den verbesserten Parametern nicht möglich ist und dass die Laboranlage „Vorteile" beim Pulver (bis zu 0,16), beim Untergrund (bis zu 0,12) und bei der Laserleistung (bis zu 0,1) hat.

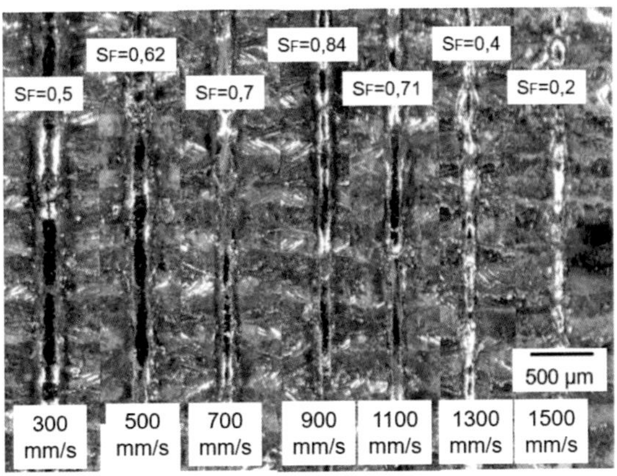

Bild 12.3.1 LIM-Aufnahmen von AlSi10Mg-Einzelspuren
Hier:
SLM 280 HL
Schutzgas: Helium, Klingenauftrag, Korngrößenverteilung 25-40µm, P_L=300W, 2s Pause, v_s=100 bis 1400mm/s, d_S=86µm; D_S=30µm

Bild 12.3.2
Vergleich der S_F-Werte (mit Pause) in Abhängigkeit von der Scangeschwindigkeit für Referenzspuren und „verbesserten" Spuren für beide Anlagen für AlSi10Mg.

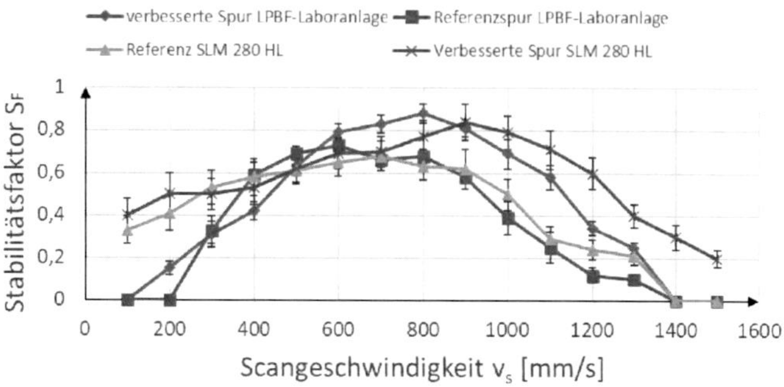

Beim Vergleich der S_F-Verläufe in Abhängigkeit der Scangeschwindigkeit ergeben sich ähnliche Verläufe sowohl für die Spuren mit Referenzparametern als auch für die mit verbesserten Parametern. Trotz der verschiedenen Untergründe sind die höchsten Stabilitätsfaktoren für beide Anlagen nahezu gleich (0,69 bei 600 mm/s für die Laboranlage; 0,68 bei 700 mm/s für die SLM 280 Anlage). Bei den verbesserten Parametern betragen die höchsten Stabilitätsfaktoren 0,91 (800 mm/s) für die Laboranlage und 0,84 (900mm/s) für die SLM 280 Anlage. Das Prozessfenster ($S_F > 0,6$) erhöht sich für die SLM 280 Anlage von 400 (Referenz) auf 700 mm/s („verbessert"). Für die Laboranlage erhöht sich das Prozessfenster von 300 mm/s (Referenz) auf 600 mm/s („verbessert"). Dieses Ergebnis ist in Übereinstimmung mit den Aussagen zu Bild 11.2.2, dass die Stabilitätsfaktoren für die SLM 280 Anlage bei gleichen Einflussgrößen/Verfahrensparametern größer sind als für die Laboranlage. Bei den Verläufen in Bild 12.3.2 müssen die oben diskutierten Unterschiede in den Einflussgrößen/Verfahrensparametern berücksichtigt werden. Dabei haben die Parameter für die Laboranlage „deutliche Vorteile" gegenüber der SLM 280 Anlage. Insgesamt erhöht die Anwendung von verbesserten Einflussgrößen/Verfahrensparametern die Stabilitätsfaktoren um bis zu 0,21 für die Laboranlage und um bis zu 0,16 für die SLM 280 HL-Anlage gegenüber der jeweiligen Referenz.

Als nächstes werden mit den verbesserten Einflussgrößen/Verfahrensparametern Volumenkörper (Würfel) auf der SLM 280 HL-Anlage aufgebaut, siehe Bild 12.3.3.

Bild 12.3.3
Vergleich einiger ausgewählter Referenz PBF-Probekörper (A) mit PBF-Probekörpern hergestellt mit verbesserten Parametern (B) zur Untersuchung des Einflusses auf die Qualitätsmerkmale, SLM 280. Hier: Korngrößenverteilung 25-40µm, P_L=300W, 2s Pause, Untergrund: 6 PBF- Schichten
A: Schutzgas Argon, Pulverauftrag: Gummilippe
v_s=400 bis 800mm/s, d_S=100µm; D_S=40µm, eine Konturspur(KH); Δy_s,Δk=180µm.
B:Schutzgas: Helium, Pulverauftrag: Klinge, v_s=400 -800mm/s, d_S=86µm; D_S=30µm zwei Konturspuren(KH); Δy_s,Δk=25µm.

Visuell ist kein Unterschied zwischen den Probekörpern erkennbar. In den Bildern 12.3.4 bis 12.3.6 werden die Rauheiten und Dichten der mit der SLM 280 HL-Anlage hergestellten Volumenkörper dargestellt, wobei im Bild 12.3.4 einige Querschliffe der mit verbesserten Parametern hergestellten Würfel (Variation von v_s) gezeigt werden. Wegen der begrenzten Anlagenverfügbarkeit wird nur jeweils ein Würfel pro Parametersatz erstellt. Pro Würfel werden drei Querschliffe erstellt und entsprechend drei Dichtemessungen durchgeführt.

Bild 12.3.4
Querschliffe von AlSi10Mg Würfeln
Hier:
SLM 280HL
Schutzgas: Helium,
Pulverauftrag: Klinge,
Korngrößenverteilung 25-40µm, P_L=300W,
2s Pause,
v_s=200 -1400mm/s,
d_S=86µm,
D_S=30µm,
zwei Konturspuren(KH);
Δy_s,Δk=25µm

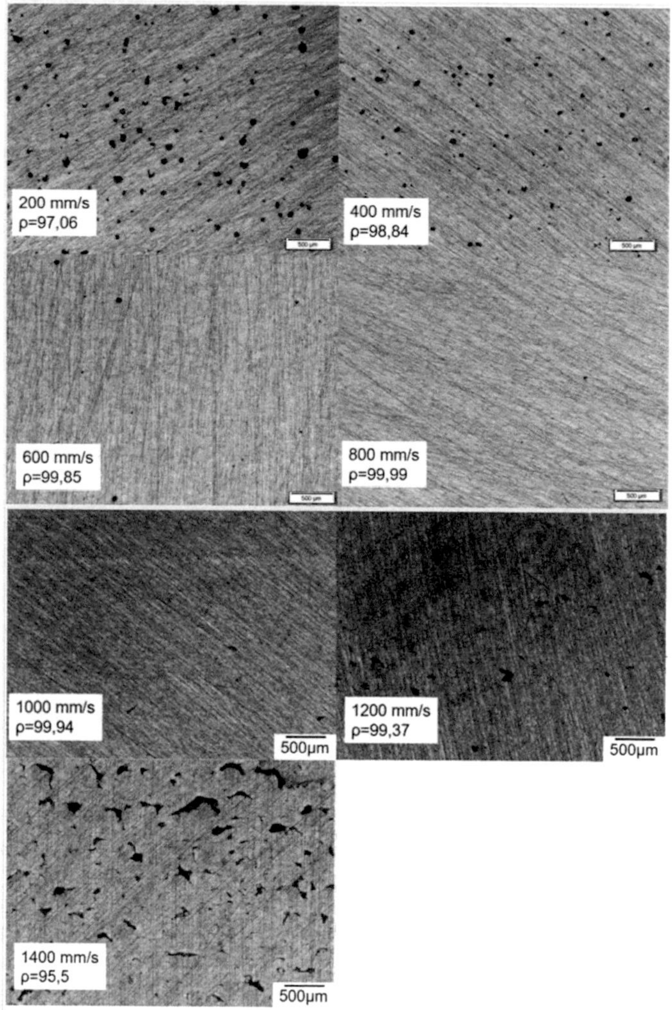

Bild 12.3.5 zeigt die Dichte in Abhängigkeit der Scangeschwindigkeit. Für $S_F \geq 0{,}6$ ist die Dichte des Würfels mit verbesserten Parametern und 2 Sekunden Pause ≥ 99,5 %. Für die Würfel, die ohne 2 Sekunden Pause aufgebaut werden, ist der Einfluss des

Vorwärmeffektes sichtbar, der Bereich hoher Dichte verschiebt sich in Richtung höherer Scangeschwindigkeiten. Das stimmt mit den Ergebnissen auf der Laboranlage überein (Kapitel 12.1). In Bild 12.3.5 fällt die Dichte für Scangeschwindigkeiten von 500 und 600 mm/s von einem Wert über 99,5 % für Parameter mit Pause auf 97,2 bzw. 98,4 % für Parameter ohne Pause. Das entspricht der Situation in Bild 12.1.4, wo die Dichte für verbesserte Parameter von 99,99 % auf 98,13 % abnimmt.

In Bild 12.3.6 ist die Rauheit Sa in Abhängigkeit der Scangeschwindigkeit dargestellt. Die niedrigsten Rauheiten Sa liegen bei $S_F \geq 0{,}6$ und verbesserten Parametern mit 2 Sekunden Pause, zwischen 15,5 und 44 µm. Bei den Würfeln, die ohne 2 s Pause aufgebaut werden, ist der Einfluss des Vorwärmeffektes sichtbar. Der Bereich niedriger Rauheiten wird in Richtung höherer Scangeschwindigkeiten verschoben, wobei die niedrigsten Rauheiten sich immer noch im Bereich $S_F \geq 0{,}6$ befinden. Die Rauheiten Sa liegen für $S_F \geq 0{,}6$ zwischen 24,2 und 46,11 µm. Dies entspricht den Ergebnissen der Laboranlage, vgl. Tabelle 12.1.5. Diese Erhöhung der Rauheit kann u. a. mit zunehmender Agglomeration von Pulverpartikeln bei höherer Umgebungstemperatur aufgrund des Vorwärmeffektes und zunehmender Interaktion des Laserstahls mit Rauch und Metallkondensat erklärt werden, vgl. Kap. 4.3.3.4 [120].

Bild 12.3.5 Stabilitätsfaktoren S_F von verbesserten AlSi10Mg-Einzelspuren und Dichten ρ der Referenz (mit 2s Pause) und des verbesserten Volumenkörpers mit und ohne 2s Pause. (SLM 280 HL)

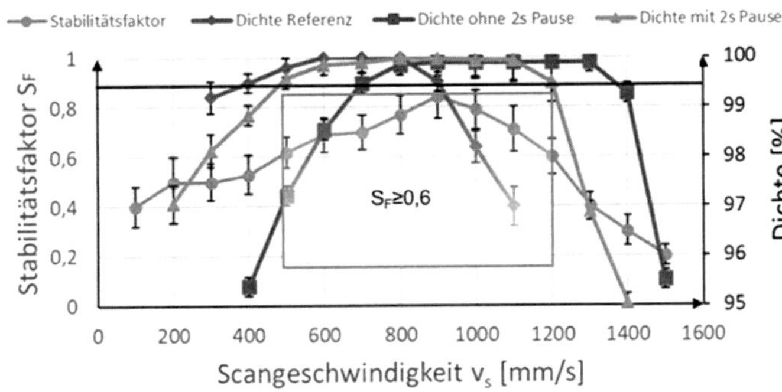

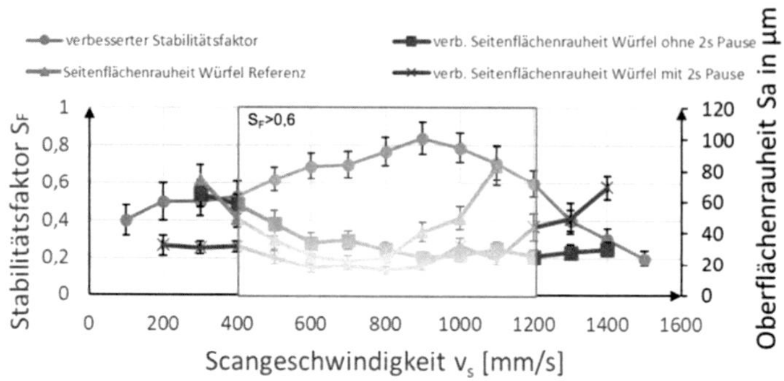

Bild 12.3.6 Stabilitätsfaktoren S_F von verbesserten AlSi10Mg-Einzelspuren und Flächenrauheitswerte Sa des AlSi10Mg Referenzvolumenkörpers (mit Pause) und des verbesserten Volumenkörpers (mit und ohne Pause). (SLM 280 HL)

Die Rauheit und die Dichte werden durch die Anwendung der verbesserten Einflussgrößen/Verfahrensparameter signifikant verbessert. Z. B. verbessert sich die Rauheit, der mit verbesserten Parametern hergestellten Würfel, um bis zu 60 µm (bei 1100 mm/s) gegenüber den mit den Referenzparametern hergestellten Würfeln, siehe Bild 12.3.6. Eine Dichte ≥ 99,5 % wird bei den Referenzparametern mit der SLM 280 HL-Anlage im Scangeschwindigkeitsbereich von 400 bis 900 mm/s erreicht. Bei den verbesserten Einflussgrößen/Verfahrensparametern wird diese Dichte bei Werten von 700 bis 1400 mm/s erreicht, Bild 12.3.5. Ohne eine Pause von 2 s verschiebt sich sowohl der Bereich der hohen Dichten als auch der Bereich niedriger Rauheiten in Richtung höherer Scangeschwindigkeiten. Das kann mit dem Einfluss des Vorwärmeffektes erklärt werden. Dichten > 99,5 % werden sowohl mit als auch ohne 2 s Pause erreicht. Für die verbesserten Verfahrensparameter ohne Pause werden höhere Rauheiten festgestellt (geringste Rauheit Sa mit Pause: 15,5 µm, geringste Rauheit Sa ohne Pause: 24,2 µm). Das wird mit zunehmender Agglomeration bei höheren Umgebungstemperaturen und möglicher zunehmender Interaktion des Laserstahls mit Rauch und Metallkondensat erklärt.

12.4 Zwischenfazit

Die Ergebnisse mit den verbesserten Einflussgrößen/Verfahrensparametern können wie folgt zusammengefasst werden:

- Durch die Anwendung von verbesserten Einflussgrößen/Verfahrensparametern können die Rauheitswerte Sa der gefertigten Würfel gegenüber den Rauheitswerten der Referenzvolumenkörper signifikant verbessert werden. Eine Verbesserung um bis zu ca. 60 µm wird sowohl für die Laboranlage als auch für die SLM 280 HL-Anlage erreicht, vgl. Tabelle 12.1.5, Bild 12.3.7.

- Bei Verwendung von verbesserten Parametern wird eine Dichte > 99,5 % bei breiteren Prozessfenstern erreicht (bis zu 200 mm/s breitere Prozessfenster, siehe Bild 12.3.7).

- Der Vergleich der Ergebnisse mit der Laboranlage für nahezu alle verbesserten Parameter (Kap.12.1) mit den Parametern für den Vergleich mit der

SLM 280 Anlage zeigt, dass durch den Einsatz von multiplen verbesserten Verfahrensparametern die Rauheiten zum Teil deutlich reduziert werden können, vgl. Tabelle 12.1.5, wo die Seitenrauheit Sa teilweise von 60 µm auf 5 µm reduziert werden konnte.

- Beim Vergleich der beiden Anlagen zeigt sich für AlSi10Mg, dass die grundsätzlichen Abhängigkeiten und Änderungen der Stabilitätsfaktoren von den Einflussgrößen/Verfahrensparametern gleich sind.
- Die Verwendung einer Abkühlpause von 2s zwischen den Scanvektoren bei der Herstellung von Würfeln mit Referenzparametern und verbesserten Parametern hat einen deutlichen Einfluss auf deren Dichten und Rauheiten. Ohne Abkühlpause erhöhen sich die Rauheiten und die Dichten werden geringer, darüber hinaus verschieben sich die Bereiche hoher Dichte und geringer Rauheiten in Richtung höherer Scangeschwindigkeiten.

13 Zusammenfassung und Ausblick

In der vorliegenden Arbeit werden grundlegende Untersuchungen der Einfluss-Wirk-Zusammenhänge zwischen verschiedenen Einflussgrößen/Verfahrensparametern und der Ausprägung von Einzelspuren, Einzelschichten und Volumenkörpern beim Powder Bed Fusion of Metal with Laser Beam (PBF-LB/M-Prozess, in der Arbeit abgekürzt als PBF-Prozess bezeichnet) vorgenommen. Die Ausprägung der Schmelzspuren wird dabei durch geometrische Größen (z. B. Abmessungen und Gleichmäßigkeit der Schmelzspur) charakterisiert, während die Einzelschichten und Volumenkörper mit ihren Qualitätsmerkmalen wie die Oberflächenrauheit für die Einzelschichten sowie die Oberflächenrauheit und die Dichte für die Volumenkörper bewertet werden. Korrelationen zwischen den geometrischen Größen der Einzelspuren und Qualitätsmerkmalen der Einzelschichten und Volumenkörper werden durchgeführt. Daraus ergibt sich die übergeordnete Forschungsfrage, ob durch diese Untersuchungen Maßnahmen zur Verbesserung der Oberflächenqualität und der Dichte von PBF-Volumenkörpern abgeleitet werden können (Kap. 3).

Zur Untersuchung dieser übergeordneten Frage sollen folgende fünf Forschungsfragen beantwortet werden:

1. Inwieweit werden Qualitätskenngrößen wie Rauheit und Dichte von PBF-Volumenkörpern durch die Einzelschmelzspurbildung beeinflusst?
2. Welche Einflussgrößen/Verfahrensparameter sind für die Abweichungen von einer idealen Schmelzspur (konstante Umschmelzgeometrie entlang der gesamten Spurlänge, siehe Kap. 8.3) relevant und wie wirken sich diese Einflussgrößen auf die Schmelzspurbildung aus?
3. Wie wirken sich verschiedene Werkstoffeigenschaften auf die Schmelzspurbildung aus?
4. Wie und inwiefern lassen sich die Ergebnisse für Einzelspuren auf Einzelschichten und Volumenkörper übertragen?
5. Inwiefern kann das Anwenden der Stabilitätsfaktoren und daraus resultierende Ergebnisse von einer PBF-Anlage auf eine andere Anlage übertragen werden?

Zu Beantwortung dieser Fragen werden für die drei Werkstoffe AlSi10Mg, IN718 und 1.4404 und zwei PBF-Anlagen (PBF-Laboranlage und kommerzielle SLM280 HL-Anlage) Untersuchungen von Einzelspuren, Einzelschichten und Würfeln durchgeführt.

Zunächst werden Untersuchungen der Einzelspuren durchgeführt. Zur quantitativen Bewertung der Gleichmäßigkeit (Höhe, Breite) und Vergleichbarkeit von Einzelspuren über deren Länge wird der Stabilitätsfaktor eingeführt. Der Stabilitätsfaktor ist eine dimensionslose Größe und variiert zwischen 0 und 1, wobei ein Stabilitätsfaktor von 1 eine Spur mit konstanter Spurhöhe und -breite über die Spurlänge repräsentiert, während ein Stabilitätsfaktor von 0 eine nicht zusammenhängende Spur anzeigt.

Durch Laserpolieren und durch Umschmelzen von Substratplatten ohne und mit Pulver hergestellte Einzelspuren werden mit dem Stabilitätsfaktor (S_F-Wert) bewertet. Die höchsten S_F-Werte (0,97) bei einer Laserleistung von 100W werden beim Laserpolieren erreicht. Die S_F-Werte beim Umschmelzen ohne (0,89) und mit Pulverschicht (0,8) (siehe Tabelle 8.7.2) sind deutlich geringer. Als wesentliche Ursachen für die Abweichungen von einer idealen Spur werden Balling, Humping, der pulverfreie Saum, die „Schollenbildung" und die Prozessnebenprodukte identifiziert, die in Abhängigkeit von den Einflussgrößen/Verfahrensparametern unterschiedlich stark auftreten. Diese Effekte werden durch die Wechselwirkung der Laserstrahlung mit der Schmelze, mit dem Dampfjet und dem Pulver dominiert.

Der S_F-Wert wird in dieser Arbeit in Abhängigkeit von der Scangeschwindigkeit dargestellt. Diese wird werkstoffabhängig so gewählt, dass bei geringen und hohen Geschwindigkeiten geringe S_F-Werte auftreten und dazwischen ein mehr oder weniger ausgeprägtes Maximum auftritt. In der Arbeit wird gezeigt, dass für S_F-Werte > 0,6 von Einzelspuren die Anforderungen bezüglich Dichte (> 99,5 %) und Rauheit (Sa < 100 µm) von Volumenkörpern erreicht werden. Das Kriterium $S_F > 0,6$ wird genutzt, um Aussagen zur Prozessrobustheit zu treffen: Je breiter der Scangeschwindigkeitsbereich von Einzelspuren für den S_F-Werte größer 0,6 erreicht werden, desto größer ist die Prozessrobustheit.

Die systematische Variation verschiedener Einflussgrößen/Verfahrensparameter, die aus dem Stand der Technik abgeleitet werden, zeigt im Ergebnis einen sehr unterschiedlichen Einfluss auf die Stabilitätsfaktoren der Einzelspuren und reicht von nicht signifikant ($\Delta S_F \leq 0,05$) bis sehr signifikant ($\Delta S_F \geq 0,25$). Eine Erhöhung der Stabilitätsfaktoren wird für folgende Einflussgrößen/Verfahrensparameter erreicht: Artgleiche oder artähnliche Substratplatten, Pulverauftrag mit der Klinge als Auftragswerkzeug, möglichst kleine Varianz der Korngrößenverteilung, sphärische Kornform des Pulvers, Helium als Prozessgas, eine Laserleistung von 100 W, der minimale Strahldurchmesser der jeweiligen Anlage und eine Schichtdicke von 30 µm. Weiterhin kann gezeigt werden, dass eine Pulverfixierung und eine Werkstoffmodifikation durch eine Dotierung des Werkstoffes 1.4404 mit Kupfer zu einer deutlichen Erhöhung der Stabilitätsfaktoren führen. Diese beiden Maßnahmen können jedoch aus Gründen des Aufwandes und der Praktikabilität (Pulverfixierung) und der Verfügbarkeit (dotiertes Pulver) nicht für die Herstellung von Volumenkörpern umgesetzt werden (Forschungsfrage 2: Welche Einflussgrößen/Verfahrensparameter sind für die Spurbildung relevant?)

Die Experimente in dieser Arbeit werden mit einer Abkühlpause von 2 s zwischen den einzelnen Scanvektoren durchgeführt, um Einflüsse von Fokusshift, Vorwärmung und Prozessnebenprodukten zu vermeiden und um eine Vergleichbarkeit der Ergebnisse für Einzelspuren mit denen von Einzelschichten und Volumenkörpern zu ermöglichen. Bei der Herstellung von Volumenkörpern ohne und mit Pause bei sonst gleichen Einflussgrößen/Verfahrensparametern zeigt sich, dass die „Würfel ohne Pause" geringere Dichten und größere Rauheiten aufweisen. Durch Anpassung der

Scangeschwindigkeit bei der Prozessführung ohne Pause werden Würfel hoher Dichte (> 99,5 %, bis zu 99,9 %) und geringer Rauheit (Sa < 100 µm, bis zu 5 µm) realisiert (vgl. Tabelle 12.1.5, insb. „Verbessert“).

Bei dem Übergang von Einzelspuren zu Einzelflächen und Volumenkörpern müssen verschiedene Parameter der Belichtungsstrategie (z. B. Abstände für die Schraffur und die Konturspuren, Anzahl der Konturspuren, Reihenfolge der Belichtung) berücksichtigt werden. Mit zunehmendem Überlappungsgrad und zwei Konturspuren werden die besten Resultate erzielt (Kap. 10.3). Einzelschichten und Würfel werden mit Referenzparametern (Kap. 8.6.2 und 10.1.3) aufgebaut und die Dichte und Rauheit der Würfel mit den Stabilitätsfaktoren der entsprechenden Einzelspuren verglichen (Kap. 10.2). Die Referenzparameter werden auf der Basis verschiedener Kriterien (z. B. anwendungsnahe Einflussgrößen/Verfahrensparameter) definiert, um die Vergleichbarkeit der Ergebnisse bei Variation verschiedener Einflussgrößen/Verfahrensparameter zu ermöglichen und um „verbesserte“ Parameter abzuleiten, die zur Fertigung von Volumenkörpern hoher Dichte und geringer Rauheit genutzt werden. Im Ergebnis zeigt sich, dass die Stabilitätsfaktoren mit der „Qualität von Volumenkörpern“ korrelieren, d. h. hohe Werte der Stabilitätsfaktoren entsprechen Würfeln mit hoher Dichte und niedriger Rauheit bei den gleichen Einflussgrößen/Verfahrensparametern. Damit wird gezeigt, dass Einflussgrößen/Verfahrensparameter, die zu gleichmäßigen Einzelspuren führen, auch zur Fertigung von Volumenkörpern hoher Qualität genutzt werden können (Forschungsfrage 4: Lassen sich Ergebnisse für Einzelspuren auf Einzelschichten und Volumenkörper übertragen und Forschungsfrage 1: Werden Qualitätskenngrößen von Volumenkörpern durch die Einzelspurbildung beeinflusst?)

Die Frage nach der Übertragbarkeit der Ergebnisse zwischen zwei verschiedenen PBF-Anlagen (Forschungsfrage 5) wird für den Al-Werkstoff dadurch untersucht, dass bei nahezu gleichen Einflussgrößen/Verfahrensparametern Einzelspuren, Einzelschichten und Volumenkörper mit der PBF-Laboranlage und einer kommerziellen SLM 280 HL-Anlage hergestellt und miteinander verglichen werden. Im Ergebnis sind die grundsätzlichen Abhängigkeiten und Änderungen der Stabilitätsfaktoren von den Einflussgrößen/Verfahrensparametern gleich. Teilweise werden die gleichen Änderungen des S_F-Wertes für einzelne Einflussgrößen/Verfahrensparameter erreicht. Trotz der weitgehend gleicheingestellten Einflussgrößen/Verfahrensparameter unterscheiden sich die Verläufe der Stabilitätsfaktoren in Abhängigkeit der Scangeschwindigkeit für beide Anlagen erheblich. Eine Analyse der Ursachen für die Unterschiede konnte im Rahmen der Arbeit nicht durchgeführt werden. Mögliche Ursachen sind die noch vorhandenen Unterschiede in den Verfahrensparametern (z. B. Leistungsdichteverteilung, Strahldurchmesser), aber insbesondere die Schutzgasführung und die Schwierigkeiten bei der Einstellung einer definierten Schichtdicke bei der SLM 280 Anlage.

Nahezu alle Untersuchungen werden für die drei Werkstoffe durchgeführt. Im Ergebnis zeigt sich, dass die grundsätzlichen Abhängigkeiten und Änderungen der Stabilitätsfaktoren, der Dichte und der Rauheit von den Einflussgrößen/Verfahrensparametern gleich sind. Allerdings ergeben sich werkstoffspezifisch unterschiedliche Werte und Änderungen sowohl der Stabilitätsfaktoren als auch der Rauheit in

Abhängigkeit der Einflussgrößen/Verfahrensparameter. Dichten nahe 100 % werden für die drei Werkstoffe bei angepassten Parametern erreicht. Mit der Dotierung des Stahls 1.4404 sowie durch die systematische Variation der Pulvereigenschaften wird gezeigt, dass durch Werkstoffmodifikation und Anpassung der Pulvereigenschaften die Spurbildung signifikant beeinflusst werden kann. (Forschungsfrage 3: Einfluss verschiedener Werkstoffeigenschaften).

Im letzten Schritt (Kap. 12) werden Maßnahmen zur Verbesserung der Bauteilqualität abgeleitet und durchgeführt (Übergeordnete Forschungsfrage). Dazu werden möglichst viele der identifizierten Einflussgrößen/Verfahrensparameter, die zu einer deutlichen Erhöhung der Stabilitätsfaktoren für Einzelspuren führen gleichzeitig für die Herstellung von Volumenkörpern (Würfel) angewendet. Diese „verbesserten Parameter“ führen sowohl für die PBF-Laboranlage als auch für die SLM 280 Anlage zu signifikanten Verbesserungen der Rauheiten gegenüber den mit den Referenzparametern gefertigten Würfeln. Teilweise werden Reduzierungen der Rauheiten von über 60 µm gemessen bei Dichten von nahezu 100 %. Insgesamt können im Rahmen der Arbeit Einflussgrößen/Verfahrensparameter identifiziert werden, die zu einer deutlichen Verbesserung der Qualität (Rauheit, Dichte) von Volumenkörpern führen. Im Einzelnen muss entschieden werden, ob die Umsetzung dieser Maßnahmen auf kommerzielle PBF-Anlagen aus wirtschaftlicher Sicht sinnvoll ist (z. B. Pulver mit geringer Korngrößenverteilungsvarianz).

Die Arbeit zeigt, dass die Analyse von Einzelspuren Erkenntnisse liefert, die auf Einzelschichten und Volumenkörper übertragbar sind und zur Verbesserung der Oberflächenqualität und Dichte von Volumenkörpern führen (Forschungsfrage 4).

Trotz der umfangreichen Untersuchungen in dieser Arbeit bleiben sowohl aus wissenschaftlicher aber insbesondere auch aus Anwendungssicht zahlreiche Themen für zukünftige Arbeiten:

- Die Prozessführung ohne die Abkühlpause, die dem realen PBF-Prozess entspricht, sollte für Einzelschichten und Volumenkörper detailliert untersucht werden.
- Die Einflüsse von Fokusshift und Abkühlpause auf Einzelschichten und Volumenkörper sollten intensiver analysiert werden.
- Die Erweiterung der Verfahrensparameter, insbesondere der Laserleistung in den kW-Bereich, zur Bestimmung „verbesserter“ Parameter ist vor dem Hintergrund einer Produktivitätssteigerung des Verfahrens sinnvoll.
- In weiteren Arbeiten könnte untersucht werden, ob mit der Bewertung von Einzel- und Mehrfachspuren mit der in dieser Arbeit vorgestellten Methodik Hinweise für die Auslegung der Prozessführung für komplexere Volumenbauteile und/oder für bisher mit dem PBF noch nicht verarbeitete Werkstoffe ermittelt werden können und damit eine Reduzierung des Aufwandes für die Ermittlung von Prozessfenstern möglich ist.

- Die identifizierten „verbesserten" Einflussgrößen/Verfahrensparameter sollten auf die Fertigung komplexerer Volumenbauteile und weitere Werkstoffe angewendet werden.

- Die Übertragbarkeit von Ergebnissen von einer PBF-Anlage auf andere PBF-Anlagen ist ein wichtiges Thema für die Akzeptanz des Verfahrens im industriellen Umfeld. Hierzu hat die Arbeit gezeigt, dass möglichst gleiche Verfahrensparameter nicht hinreichend für gleiche Ergebnisse auf verschiedenen Anlagen sind.

- Das Thema „Werkstoffmodifikation" bietet großes Zukunftspotenzial. Dabei geht es sowohl um die Verbesserung der PBF-Verarbeitbarkeit (z. B. Vermeidung von Defekten, Erhöhung der Qualität (z. B. Rauheit) von Werkstoffen als auch um die Entwicklung von „PBF-gerechten" Werkstoffen.

14 Literatur

[1] Wohlers T.
Wohlers Report 2022, 3D Printing and Additive Manufacturing Global State of the Industry.
Wohlers Associates, 9780991333295, 2022

[2] Bourell D.L.; Rosen D.W.; Leu M.C.
The roadmap for additive manufacturing and its impact.
3D Printing and Additive Manufacturing, Vol. 1, pp. 6-9, 2014

[3] Milewski J.O.
Additive manufacturing of metals.
Springer series in materials science, Vol. 258, 9783319582054, 2017

[4] King W.E.; Anderson A.T.; Ferencz R.M.; Hodge N.E.; Kamath C.; Khairallah S.A. et al.
Laser powder bed fusion additive manufacturing of metals; physics, computational, and materials challenges.
Applied Physics Reviews Vol. 2, 2015

[5] David Becker.
Selektives Laserschmelzen von Kupfer und Kupferlegierungen
Dissertation RWTH Aachen, Apprimus Wissenschaftsverlag, 9783863592172, 2014

[6] Lewandowski J.J.; Seifi M.
Metal additive manufacturing: a review of mechanical properties.
Annual Review of Materials Research, Vol. 46, pp. 151-186, 2016

[7] Strano G.; Hao L.; Everson R.M.; Evans K.E.
Surface roughness analysis, modelling and prediction in selective laser melting.
Journal of Materials Processing Technology, Vol. 213, No. 4, pp. 589–597, 2013

[8] Kazanas P.; Deherkar P.; Almeida P.; Lockett H.; Williams S.
Fabrication of geometrical features using wire and arc additive manufacture.
Proceedings of the Institution of Mechanical Engineers, Part B: Journal of Engineering Manufacture Vol. 226, No.6, pp. 1042-1051, 2012

[9] Gusarov A.V.; Yadoirtsev I.; Bertrand P.; Smurov I.
Model of radiation and heat transfer in laser-powder interaction zone at selective laser melting.
Journal of Heat Transfer Vol. 131, No.7, 072101, 2009

[10] Mukherjee T.; Zhang W.; DebRoy T.
An improved prediction of residual stresses and distortion in additive manufacturing.
Computational Materials Science, Vol. 126, pp. 360-372, 2017

[11] Hodge N.E.; Ferencz R.M.; Solberg J.M.
Implementation of a thermomechanical model for the simulation of selective lasermelting.
Computational Mechanics, Vol. 54, No. 1, pp. 33-51, 2014

[12] Brice C.; Shenoy R.; Kral M.; Buchannan K.
Precipitation behavior of aluminum alloy 2139 fabricated using additive manufacturing.
Materials Science and Engineering: Part A, vol. 648, No. 11, pp. 9-14, 2015

[13] Chen J.; Mutoh Y.; Miyashita Y.; Koide D.; Borrisutthekul R.
Computational investigation on molten Pool of single and twin beam laser welding.
Journal of Solid Mechanics and Materials Engineering, Vol. 1, No. 5, pp. 624-634, 2007

[14] Wohlers T.
Wohlers Report 2019, State of the Industry - Annual worldwide Progress Report.
Wohlers Associates, 9780991333257, 2019

[15] Makoana N. W.; Yadroitsava I.; Möller H.; Yadroitsev I.
Characterization of 17-4PH Single Tracks Produced at Different Parametric Conditions towards Increased Productivity of PBF Systems - The Effect of Laser Power and Spot Size Upscaling.
Metals - Open Access Metallurgy Journal, Vol. 8, No. 7, 2018

[16] Mazumder J.; Steen W.M.
Heat transfer model for CW laser material processing.
Journal of Applied Physics, Vol. 51, No. 941, 1980

[17] Khairallah S.A.; Anderson A.
Mesoscopic simulation model of selective laser melting of stainless steel powder.
Journal of Materials Processing Technology, Vol. 214, No. 11, pp. 2627-2636, 2014

[18] Koutiri I.; Pessard E.; Peyre P.; Amlou O.; de Terris T.
Influence of SLM process parameters on the surface finish, porosity rate and fatigue behavior of as-built Inconel 625 parts.
Journal of Materials Processing Technology, Vol. 255, pp. 536-546, 2018

[19] Körner C.; Attar E.; Heinl P.
Mesoscopic simulation of selective beam melting processes.
Journal of Materials Processing Technology, Vol. 211, No. 6, pp.978-987, 2011

[20] Lee J.; Kiyose A.; Tanaka M.; Tanaka T.
Surface tension of liquid Fe-Ti alloys at 1823K.
ISIJ international, Vol. 46, No. 4; pp. 467-471, 2006

[21] Bültmann J.
Auskunft im Rahmen des X-Clusters Projektes „Integrative Produktionstechnik für Hochlohnländer"
RWTH Aachen, Institut für Eisenhüttenkunde, XCluster, 2012

[22] Li Y.; Gu D.
Parametric analysis of thermal behavior during selective laser melting additive manufacturing of aluminum alloy powder.
Materials and Design, Vol. 63, pp. 856-867, 2014

[23] Schwartz M.M.
Fundamentals of Brazing Metal Handbook.
ASM International, Vol. 6, pp. 114-125, 9781627081733, 1993

[24] Jurrens K. et al.
Measurement Science Roadmap for Metal-Based Additive Manufacturing.
https://www.nist.gov/system/files/documents/el/isd/NISTAdd_Mfg_Report_FINAL-2.pdf
National Institute of Standards and Technology workshop summary report, 2013

[25] Mendez P.; Brown S.
Modeling of selected SFF process limits.
International Solid Freeform Fabrication Symposium Austin, Conference Proceedings, 1994

[26] Zhang Y.; Faghri A.
Melting of a subcooled mixed powder with constant heat flux heating.
International Journal of Heat and Mass Transfer, Vol. 42, No. 5, pp. 775-788, 1999

[27] Khairallah A. S.; Anderson A. T.; Rubenchik A.; King W.E.
Laser powder-bed fusion additive manufacturing: physics of complex melt flow and formation mechanisms of pores, spatter and denudation zones.
Acta Materialia, Vol. 108, pp. 36-45, 2016

[28] Koutiri I.; Pessard E.; Peyre P.; Amlou O.; deTerris T.
Influence of SLM process parameters on the surface finish, porosity rate and fatigue behavior of as-built Inconel 625 parts.
Journal of Materials Processing Technology, Vol. 255, pp. 536-546, 2018

[29] Kolossov S.; Boillat E.; Glardon R.; Fischer P.; Locher M.
3D FE Simulation for temperature evolution in the selective laser sintering process.
International Journal of Machine Tools and Manufacture, Vol.44, No. 2-3, pp. 117-123, 2004

[30] Materialdatenbank EOS
https://www.eos.info/werkstoffe-m
2019

[31] Yadroitsev I.
Selective laser melting: direct manufacturing of 3D-objects by selective laser melting of metal powders.
LAP Lambert Academic Publishing, 9783838317946, 2009

[32] The Economist.
The third industrial revolution.
http://www.economist.com/node/21553017 April 21st, 2012

[33] Chen J.; Zhang Z.; Chen X.; Zhang C.; Zhang, G.; Xu Z.
Design and manufacture of customized dental implants by using reverse engineering and selective laser melting technology.
The Journal of Prosthetic Dentistry, Vol.112, No. 5, pp. 1088-1095, 2014

[34] Heß A.
Vorteile und Herausforderungen beim Laserstrahlschweißen mit Strahlquellen höchster Fokussierbarkeit.
Dissertation Universität Stuttgart, utzverlag, 9783831641987, 2012

[35] Brecher C.
Integrative Produktionstechnik für Hochlohnländer
Springer Heidelberg, 9783642206924, 2011

[36] Rombouts M.; Kruth J.P.; Froyena L.; Mercelisb P.
Fundamentals of Selective Laser Melting of alloyed steel powders
CIRP Annals Vol. 55, Issue 1, pp. 187-192, 2006

[37] Rombouts M.
Selective laser sintering/melting of iron based powders.
PhD thesis, KU Leuven - Faculty of Engineering Science, 9789056827311, 2006

[38] Boschetto A.; Bottini L.; Veniali F.
Roughness modeling of AlSi10Mg parts fabricated by selective laser melting.
Journal of Materials Processing Technology Vol. 241, pp. 154-163, 2017

[39] Xiao B.; Zhang Y.
Analysis of melting of alloy powder bed with constant heat flux.

International Journal of Heat and Mass Transfer, Vol. 50, No. 11-12, pp. 2161-2169, 2007

[40] Wagner C.
Untersuchungen zum selektiven Lasersintern von Metallen.
Dissertation RWTH Aachen, Shaker Verlag, 9783832215385, 2002

[41] Yadroitsev I.; Gusarov A.; Yadroitsava I.; Smurov I.
Single track formation in selective laser melting of metal powders.
Journal of Materials Processing Technology, Vol. 210, No. 12, pp. 1624-1631, 2010

[42] Thomas Kiedrowski.
Oberflächenstrukturbildung beim Laserstrahlpolieren von Stahlwerkstoffen.
Dissertation RWTH Aachen, Shaker Verlag, 9783832287412, 2009

[43] Spierings A.B.; Levy G.
Comparison of density of stainless steel 316L parts produced with Selective Laser Melting using different powder grades.
Solid Freeform Fabrication Proceedings, pp. 342-353, 2009

[44] Diatlov A.; Thombansen U.; Meiners W.; Stoyanov S.D.
Final report: "Increase of energy efficiency by the means of additive manufacturing process SLM".
GenErgie, BMBF Reference Nr. 01LY1014A, 2014

[45] Buchbinder D.F.S.
Selective Laser Melting von Aluminiumgusslegierungen.
Dissertation RWTH Aachen, Shaker Verlag, 9783844024395, 2013

[46] Bremen S.; Meiners W.; Wissenbach K.; Poprawe R.
Correlation of the High Power PBF Process with Resulting Material Properties for IN718.
BHM Berg- und Hüttenmännische Monatshefte Vol.162 No.5, pp. 179-187, 2017

[47] Aboulkhair N.T.; Maskery I.; Tuck C.; Ashcroft I.; Everitt N.M.
On the formation of AlSi10Mg single tracks and layers in selective laser melting: microstructure and nano-mechanical properties.
Journal of Materials Processing Technology, Vol. 230, pp. 88-98, 2016

[48] Pirch N.; Kreutz E.W.
Melt dynamics in surface processing with laser radiation: calculations and applications.
Proceedings of SPIE - The International Society for Optical Engineering, 1991

[49] Poprawe, R.
Lasertechnik für die Fertigung.
Springer Verlag, 9783540214069, 2005

[50] Meindl, M.
Beitrag zur Entwicklung generativer Fertigungsverfahren für das Rapid Manufacturing.
Dissertation Technische Universität München, utzverlag, 9783831604654, 2004

[51] Yadroitsev, I.; Smurov, I.
Surface Morphology in Selective Laser Melting of Metal Powders.
Physics Procedia, Vol.12, Part A, pp. 264-270, 2011

[52] Sehrt J.T.
Möglichkeiten und Grenzen bei der generativen Herstellung metallischer Bauteile durch das Strahlschmelzverfahren.
Dissertation Duisburg-Essen Universität, Shaker Verlag, 9783832292294, 2010

[53] Simchi A.; Petzoldt F.; Pohl H.
On the development of direct metal laser sintering for rapid tooling.
Journal of Materials Processing Technology. Vol. 141, No. 3, pp. 319-328, 2003

[54] Meiners W.
Direktes Selektives Laser Sintern einkomponentiger metallischer Werkstoffe.
Dissertation RWTH Aachen, Shaker Verlag, 9783826565717, 1999

[55] Kammer, C. et al.
Aluminium-Taschenbuch 3: Weiterverarbeitung und Anwendung.
Beuth Verlag, 9783410223115, 2014

[56] VDM Metals Datenblätter.
Alloy 718 Nicrofer 5219 Nb.
https://www.vdm-metals.com/fileadmin/user_upload/Downloads/Data_Sheets/Datenblatt_VDM_Alloy_718.pdf
Werkstoffdatenblatt Nr.4127, 2016

[57] Acidur 4404 Datenblätter.
1.4404 Werkstoffdatenblatt.
https://www.dew-stahl.com/fileadmin/files/dew-stahl.com/documents/Publikationen/Werkstoffdatenblaetter/RSH/1.4404_de.pdf
X2CrNiMo17-12-2, 2014

[58] Spierings A.B.; Herres N.; Levy G.
Influence of the particle size distribution on surface quality and mechanical properties in AM steel parts.
Rapid Prototyping Journal, Vol. 17, No. 3, pp. 195-202, 2011

[59] Schleifenbaum, J.
Verfahren und Maschine zur Individualisierten Produktion mit High Power Selective Laser Melting.
Dissertation RWTH Aachen, Shaker Verlag, 9783844006896, 2012

[60] Krakhmalev P.; Yadroitsava I.; Fredriksson G.; Yadroitsev I.
Microstructural and thermal stability of selective laser melted 316L stainless steel single tracks.
South African Journal of Industrial Engineering, Vol. 28, No. 1, 2017

[61] Hofele M.; Schanz J.; Burzic B.; Lutz S.; Merkel M.; Riegel H.
Laser based post processing of additive manufactured metal parts.
Lasers in Manufacturing Conference Proceedings, 2017

[62] Yadroitsev I.; Krakhmalev P.; Yadroitsava I.
Hierarchical design principles of selective laser melting for high quality metallic objects.
Additive Manufacturing Journal, Vol. 7, pp. 45-56, 2015

[63] Maamoun A.H.; Xue J.; Elbestawi M.; Veldhuis S.C.
Effect of Selective Laser Melting Process Parameters on the Quality of Al Alloy Parts: Powder Characterization, Density, Surface Roughness and Dimensional Accuracy.
Materials, Vol.11, No. 12, 2018

[64] Bremen S., Buchbinder D., Jauer, L.
Auskunft im Rahmen des gemeinsamen RWTH/ILT Projektes „GenSat".
RWTH Aachen, Lehrstuhl für Lasertechnik, 2016

[65] Bidare P.; Bitharas I.; Ward R.M.; Attallah M.M.; Moore A.J.
Fluid and particle dynamics in laser powder bed fusion.
Acta Materialia, Vol. 142, No. 1, pp. 107-120, 2018

[66] Spierings A.B.; Voegtlin M.; Bauer T.; Wegener K.
Powder flowability characterisation methodology for powder-bed-based metal additive manufacturing.
Progress in Additive Manufacturing, Vol.1, No. 1-2, pp. 9-20, 2016

[67] Hügel H.
Strahlwerkzeug Laser: Eine Einführung.
Teubner Verlag, 9783663115359, 1992

[68] Fabbro R.; Slimani S.
Melt pool dynamics during deep penetration CW Nd-Yag laser welding.
Proceedings of the 4th International WLT-Conference on Lasers in Manufacturing, pp. 259-264, 2007

[69] Fabbro R.; Slimani S.; Frederic C.; Briand F.
Analysis of basic processes inside the keyhole during deep penetration ND-YAG CW laser welding.
ICALEO Proceedings, 2006, Published online by LIA Journal of Laser Applications, 2018

[70] Assuncao E.; Williams S.; Yapp D.
Interaction time and beam diameter effects on the conduction mode limit.
Optics and Lasers in Engineering, Vol. 50, No. 6, pp. 823-828, 2012

[71] Lutter-Günther M.; Horn M.; Seidel C.; Reinhart G.
Influence of Particle Size Distribution on Powder Flowability and Part Properties in Laser Beam Melting.
Proceedings of the 14th Rapid. Tech Conference Erfurt, Germany, 2017

[72] Diatlov A.; Meiners W.
Final report: Additive manufacturing of satellite components.
GenSat, DLR/BMBF Reference Nr. 50YB1017, 2014

[73] McLouth T. D.; Bean G.E.; Witkin D.B.; Sitzman S.D. et al.
The effect of laser focus shift on microstructural variation of Inconel 718 produced by selective laser melting.
Materials and Design, Vol.149, No. 5, pp. 205-213, 2018

[74] Over C.
Generative Fertigung von Bauteilen aus Werkzeugstahl X38CrMoV5-1 und Titan TiAl6V4 mit Selective Laser Melting.
Dissertation RWTH Aachen, Shaker Verlag, 3832222456, 2003

[75] Wohlers T.
Wohlers Report 2020, State of the Industry - Annual worldwide Progress Report
Wohlers Associates, 9780991333264, 2020

[76] DebRoy T.; Wei H.L.; Zuback J.S.; Mukherjee T.; Elmer J.W.; Milewski J.O.; Beese A.M.; Wilson-Heid A.; Ded A.; Zhang W.
Additive manufacturing of metallic components – Process, structure and properties.
Progress in Materials Science, Vol. 92, pp. 112-224, 2018

[77] Milewski J.O.
Additive manufacturing of metals.
Springer Verlag, materials science Vol. 258, 9783319582047, 2017

[78] Standard terminology for additive manufacturing technologies
ASTM Int 2013; F2792–12a.

[79] Gusarov A.; Smurov I.
Modeling the interaction of laser radiation with powder bed at selective laser melting.
Physics Procedia, Vol.5 Part B, pp. 381-394, 2010

[80] Gusarov A.V.; Yadroitsev I.; Bertrand P.; Smurov I.
Heat transfer modelling and stability analysis of selective laser melting.
Applied Surface Science, Vol. 254, No. 4, pp. 975-979, 2007

[81] Gunenthiram V.; Peyre P.; Schneider M.; Dal M.; Coste F.; Fabbro R.
Analysis of laser–melt pool–powder bed interaction during the selective laser melting of a stainless steel.
Journal of Laser Applications, Vol. 29, 2017

[82] Yadroitsava I.; Elsll J.; Booysen G.; Yadroitsev I.
Peculiarities of single-track formation from TI6AL4V alloy at different laser power densities by selective laser melting.
South African Journal of Industrial Engineering, Vol.26, No. 3, 2015

[83] Li R.; Liu J.; Shi Y.; Wang L.; Jiang W.
Balling behavior of stainless steel and nickel powder during selective laser melting process.
International Journal of Advanced Manufacturing Technology, Vol. 59, No. 9, 2012

[84] Gong H.; Gu H.; Zeng K.; Dilip J.J.S. et al.
Melt Pool Characterization for Selective Laser Melting of Ti-6Al-4V Pre-alloyed Powder.
25th Annual International Solid Freeform Fabrication Symposium, Proceedings, 2014

[85] Kirchheim A.; Zumofen L.; Gehrig M.
Additive Fertigung mit 1.4404 (316L): Prozess- und Charakterisierungsergebnisse
https://pd.zhaw.ch/publikation/upload/207325.pdf
Fachapéro Fachgruppe Mechanik & Industrie Zentrum für Produkt- und Prozessentwicklung ETH Zürich 2014

[86] Geyer C.
Auskunft aus der ILT Materialdatenbank der Abteilung Rapid Manufacturing
Fraunhofer ILT Aachen, 2019

[87] Materialdatenblatt Ni-Alloy IN718/2.4668
https://www.slm-solutions.com/fileadmin/user_upload/MDS_Ni-Alloy_IN718_2.4668_0219.pdf
SLM Solutions, 2018

[88] Materialdatenblatt Al-Alloy AlSi10Mg/EN AC-43000/EN AC-AlSi10Mg
https://www.slm-solutions.com/fileadmin/user_upload/MDS_Al-Alloy_AlSi10Mg_0219.pdf
SLM Solutions, 2018

[89] Bonhoff T.; Schniedenharn M.; Stollenwerk J.; Loosen, P.
Experimental and theoretical analysis of thermo-optical effects in protective window for selective laser melting.
International Conference on Lasers in Manufacturing (LiM), Conference Proceedings, pp. 1-10, 2017

[90] Thijs L.; Verhaeghe F.; Craeghs T.; Van Humbeeck J.; Kruth J.P.
A study of the micro structural evolution during selective laser melting of Ti-6Al-4V.
Acta Materialia, Vol. 58, No. 9, 2010

[91] Klassen A.; Scharowsky T.; Korner C.
Evaporation model for beam based additive manufacturing using free surface lattice Boltzmann methods.
Journal of Physics D Applied Physics, Vol. 47, No. 27, 2014

[92] Slotwinski J.A.; Garboczi E.J.;
Metrology Needs for Metal Additive Manufacturing Powders.
JOM Journal of The Minerals, Metals & Materials Society, Vol. 67, No. 3, pp. 538-543, 2015

[93] Darvish K.; Chen Z.W.; Pasang T.
Reducing lack of fusion during selective laser melting of CoCrMo alloy: effect of laser power on geometrical features of tracks.
Materials and Design, Vol. 112, pp. 357-366, 2016

[94] Semiatin S.L.; Ivanchenko V.G.; Akhonin S.V.; Ivasishin O.M.
Diffusion models for evaporation losses during electron-beam melting of alpha/beta-titanium alloys.
Metallurgical and Materials Transactions B, Vol. 35, No. 2, pp. 235-245, 2004

[95] Mukherjee T.; Zuback J.S.; De A.; DebRoy T.
Printability of alloys for additive manufacturing.
Scientific Reports, Vol. 6, pp. 1-6, 2016

[96] Bremen S.W.
Korrelation der High Power SLM-Prozessführung mit der Produktivität, Effizienz und den Materialeigenschaften für den Werkstoff Inconel 718.
Dissertation RWTH Aachen, Apprimus Verlag, 9783863595166, 2017

[97] Svensson M.; Ackelid U.; Ab A.
Titanium alloys manufactured with electron beam melting mechanical and chemical properties.
Proceedings of the Materials and Processes Conference and Exposition American Society for Metals, 2009

[98] King W.E.; Barth H.D.; Castillo V.M.; Gallegos G.F.; Gibbs J.W.; Hahn D.E. et al.
Observation of keyhole-mode laser melting in laser powder-bed fusion additive manufacturing.
Journal of Materials Processing Technology, Vol. 214, No. 12, pp. 2915-2925, 2014

[99] Sames W.J.; List F.A.; Pannala S.; Dehoff R.R.; Babu S.S.
The metallurgy and processing science of metal additive manufacturing.
International Materials Reviews, Vol. 61, No. 5, pp. 315-360, 2016

[100] Herzog D.; Seyda V.; Wycisk E.; Emmelmann C.
Additive manufacturing of metals.
Acta Mater, Vol. 117, pp. 371-392, 2016

[101] Bourell D.L.
Perspectives on additive manufacturing.
Annual Review of Materials Research, Vol. 46, No. 1, 2016

[102] Strano G.; Hao L.; Everson R.M.; Evans K.E.
Surface roughness analysis, modelling and prediction in selective laser melting.
Journal of Materials Processing Technology, Vol. 213, No. 4, pp. 589-597, 2013

[103] Carlton H.D.; Haboub A.; Gallegos G.F.; Parkinson D.Y.; MacDowell A.A.
Damage evolution and failure mechanisms in additively manufactured stainless steel.
Materials Science and Engineering: A, Vol. 651, No. 10, pp. 406-414, 2016

[104] Kazanas P.; Deherkar P.; Almeida P.; Lockett H.; Williams S.
Fabrication of geometrical features using wire and arc additive manufacture.
Proceedings of the Institution of Mechanical Engineers, Part B, Vol. 226, No. 6, pp. 1042-1051, 2012

[105] Gunenthiram V.; Peyre P.; Schneider M.; Dal M.; Coste F.; Koutiri I.; Fabbro R.
Experimental analysis of spatter generation and melt-pool behavior during the powder bed laser beam melting process.
Journal of Materials Processing Technology, Vol. 251, pp. 376-386, 2018

[106] Graf T.; Berger, P.; Weber R.; Hügel H.M.; Stritt P.; Heider A.
Analytical expressions for the threshold of deep-penetration laser welding.
Laser Physics Letters, Vol. 12, No. 5, 2015

[107] Zhou X.; Liu X.; Zhang D.; Shen D.; Liu W.
Balling phenomena in selective laser melted tungsten.
Journal of Materials Processing Technology, Vol. 222, pp. 33-42, 2015

[108] Jia Q.B.; Gu D.D.
Selective laser melting additive manufacturing of Inconel 718 superalloy parts: densification, microstructure and properties.
Journal of Alloys and Compounds, Vol. 585, No. 5, pp. 713-721, 2014

[109] Yadroitsev I.; Smurov I.
Surface morphology in selective laser melting of metal powders.
Physics Procedia, Vol. 12 Part A, pp. 264-270, 2011

[110] Matthews M.J.; Guss G.; Khairallah S.A.; Rubenchik A. M.; Depond P.J.; King W.E.
Denudation of metal powder layers in laser powder bed fusion processes.
Acta Materialia, Vol. 114, pp. 33-42, 2016

[111] Olakanmi E.O.; Cochrane R.F.; Dalgarno K.W.
Densification mechanism and microstructural evolution in selective laser sintering of Al-12Si powders.
Journal of Materials Processing Technology, Vol. 211, No. 1, pp. 113-121, 2011

[112] Morgan R.; Sutcliffe C.J.; O'Neill W.
Density analysis of direct metal laser re-melted 316L stainless steel cubic primitives.
Journal of Materials Science, Vol. 39, No. 4, pp. 1195-1205, 2004

[113] Rai R.R.; Elmer J.W.; Palmer T.A.; Debroy T.
Heat transfer and fluid flow during keyhole mode laser welding of tantalum, Ti–6Al–4V, 304L stainless steel and vanadium.
Journal of Physics D Applied Physics, Vol. 40, No. 18, 2007

[114] Liu B.; Wildman R.; Tuck C.; Ashcroft I.; Hague R.
Investigation the effect of particle size distribution on processing parameters optimisation in selective laser melting process.
Proceedings of ISFF symposium, University of Texas, Austin, 2011

[115] Rahmati S.; Vahabli E.
Evaluation of analytical modeling for improvement of surface roughness of FDM test part using measurement results.
International Journal of Advanced Manufacturing Technology, Vol.79, No. 5-8, 2015

[116] Sutton A.; Kriewall C.; Leu M.C.; Newkirk J.W.
Powders for additive manufacturing processes: characterization techniques and effects on part properties.
Virtual and Physical Prototyping, Vol. 12, No. 1, pp. 1-27, 2016

[117] Parteli E.J.R.; Poschel T.
Particle-based simulation of powder application in additive manufacturing.
Powder Technology, Vol. 288, pp. 96-102, 2016

[118] Olakanmi E.O.
Selective laser sintering/melting (SLS/SLM) of pure Al, Al-Mg, and Al-Si powders: Effect of processing conditions and powder properties.
Journal of Materials Processing Technology, Vol. 213, No. 8, pp. 1387-1405, 2013

[119] Slotwinski J.A.; Garboczi E.J.; Stutzman P.E.; Ferraris C. F.; Watson S.S.; Peltz M.A.

Characterization of metal powders used for additive manufacturing.
Journal of research of the National Institute of Standards and Technology, Vol.119, pp. 460-493, 2014

[120] Jauer L.
Laser Powder Bed Fusion von Magnesiumlegierungen.
Dissertation RWTH Aachen, Apprimus Verlag, 9783863596828, 2018

[121] Masseling L.; Gayer C.
Micro-Powder Bed Fusion (μ-PBF) - Extremely high resolution for small-scale applications Laser Powder Bed Fusion.
Conference proceedings ASPE/euspen, Summer topical meeting on Advancing Precision in Additive Manufacturing, 2018

[122] Seiler M.; Patschger A.; Bliedtner J.
Investigations of welding instabilities and weld seam formation during laser microwelding of ultrathin metal sheets.
Journal of Laser Applications, Vol. 28, Issue 2, 7 pages, 2016

[123] Katz-Demyanetz A.; Popov Jr. V.; Kovalevsky A.; Safranchik D.; Koptyug A.
Powder-bed additive manufacturing for aerospace application: Techniques, metallic and metal/ceramic composite materials and trends.
Manufacturing Rev., Vol. 6, Article Nr. 5, 13 pages, EDP Sciences, 2019

[124] Nagarajan B.; Hu Z.; Song X.; Zhai W.; Zhai W.; Wei J.
Development of Micro Selective Laser Melting: The State of the Art and Future Perspectives.
Engineering, Vol. 5, Issue 4, pp. 702-720, 2019

[125] Li B.; Li Z.; Bai P.; Liu B.; Kuai Z.
Research on Surface Roughness of AlSi10Mg Parts Fabricated by Laser Powder Bed Fusion.
Metals, Vol. 8, Issue 7, online only, pdf 10 pages, 2018

[126] Schniedenharn M.
Einfluss von Fokusshift und Prozessnebenprodukten auf den Laser Powder Bed Fusion Prozess.
Dissertation RWTH Aachen, Apprimus Verlag, 9783863599102, 2020

[127] Praetzsch N.; Sturzebecher H.; Pirch N.; Fischer F.; Haefner C.L.
Detection of contamination of protective windows in Laser Powder Bed Fusion by means of a line scan camera
Laser-Induced Damage in Optical Materials, SPIE Proceedings Vol. 11910, online only, pdf 15 pages, 2021

[128] Day R.
Einfluss des Laserstrahldurchmessers auf das Bearbeitungsergebnis beim Laser

Powder Bed Fusion.
Dissertation RWTH Aachen, Apprimus Verlag, 9783985551231, 2022

[129] Saewe J., Gayer C.
Auskunft im Rahmen von ILT Kooperation
Fraunhofer ILT Aachen, 2020; 2022

[130] Sanjay, K.; Kruth, J.
Effect of bronze infiltration into laser sintered metallic parts.
Materials & Design Vol. 28, Nr. 8, online only, pdf 8 pages, 2007

[131] Brown, C.; Jacob, G.; Stoudt, M.; Moylan, S.; Slotwinski, J.; Donmez, A.
Interlaboratory Study for Nickel Alloy 625 Made by Laser Powder Bed Fusion to Quantify Mechanical Property Variability.
Journal of Materials Engineering and Performance 25, Nr. 2, pp. 400-407, 2007

[132] Zeng, L., Cheng-lei, F., Zhu, M., Chao, C., Ang, L., Chun-li, Y., San-bao, L., Lang-ping, W.
Gas metal arc welding of high nitrogen stainless steel with Ar-N2 -O2 ternary shielding gas.
Defence Technology Vol. 17, Issue 3, pp. 923-931, 2021

[133] Yadroitsev, I.; Krakhmalev, P.; Yadroitsava, I.; Du Plessis, A.
Qualification of Ti6Al4V ELI Alloy Produced by Laser Powder Bed Fusion for Bio-medical Applications.
Journal of Materials Processing Technology 70, Nr. 3, pp. 372-377, 2018

15 Abkürzungsverzeichnis und Formelzeichen

316L	entspricht 1.4404 (amerikanische Bezeichnung)
1.4404	Edelstahllegierung
A	Absorptionsgrad
a	Temperaturleitfähigkeit
A_d	Prüffläche eines Volumenkörpers
AlMg4,5Mn	Aluminium-Magnesium Legierung
AlSi10Mg	Aluminium Gusslegierung
A_p	Porenfläche in der Prüffläche eines Volumenkörpers
A_R	Normierungsfaktor der Messfläche für Sa
A_{spot}	Fläche des Laserspots
ASTM	American Society for Testing and Materials
b_{ps}	Breite des pulverfreien Saums
b_s	Breite der Einzelspur
c	Viskosität der Schmelze
CAD	Computer-aided Design
cw	continous wave (zeitlich konstante abgestrahlte Welle)
Δk	Versatz der Konturspuren
Δy_k	Versatz der ersten Konturspur zu Schraffur
Δy_s	Versatz der Schraffurspuren
d_{50}	mittlerer Pulverkorndurchmesser mit mindestens 50% der Partikel kleiner als der angegebene Wert
d_s	Laserstrahldurchmesser

Dampfjet	von der Laserstrahlung/Material Wechselwirkungszone abströmende Metalldampf
DED	Directed Energy Deposition
DZ	Denudation Zone
Denudation Zone	Pulverfreier Saum links und rechts inklusive der Einzelspur
DMLS	Direct Metal Laser Sintering
D_s	Schichtdicke
D_{Sb}	Durchmesser des Schmelzbades
d_{sch}	Umschmelztiefe der Einzelspur
EB	Electron Beam
E_F	Flächenenergiedichte
E_S	Streckenenergie
E_V	Volumenenergiedichte
g	Gravitationsfeldkonstante
HK	Belichtungsreihenfolge Hatch Kontur
HIP	Hot Isostatic Pressing
h_s	Höhe der Einzelspur
I_L	Intensität der Laserstrahlung
IN718	Nickelbasislegierung
Keyhole	Für Tiefschweißen notwendige Dampfkapillare
KH	Belichtungsreihenfolge Kontur Hatch
λ	Wellenlänge
λ_c	cut-off Wellenlänge
λ_{Th}	Wärmeleitfähigkeit
LDED	Laser Directed Energy Deposition

LF	Anbindungsindex (Schmelzbadtiefe/Pulverschichtdicke)
L_R	Normierungslänge für Ra
L_S	Schmelzbadlänge
l_{SB}	Schmelzbadbreite
l_{spur}	Spurlänge
LIM	Lichtmikroskopie
PBF	Laser Powder Bed Fusion
PBF-Laboranlage	Am Fraunhofer ILT entwickelte PBF-Laboranlage
M^2	dimensionsloses Qualitätsmerkmal eines Laserstrahls ($M^2 = 1$ ideale Gaußverteilung)
PA	Plasma Arc
PBF	Power Bed Fusion
P_L	Laserleistung
PNP	Prozessnebenprodukte (Spritzer, Metalldampf, Pulver)
ppm	Parts per Million
PR	Plateau-Rayleigh
PSD	Partikelgrößenverteilung
R	Reflexionsgrad
Ra	Linienrauheitsparameter, mittlere Rauheit
REM	Rasterelektronenmikroskopie
ρ	Dichte
r_{spot}	Radius des Laserspots
Rz	Rautiefe
Rzi	einzelne Rautiefewerte
S280	Baustahl

Sa	Flächenrauheit
S_F	Stabilitätsfaktor
SLM	Selective Laser Melting
SLM280HL	Kommerzielle PBF-Anlage (SLM Solutions)
STL	Standard Tessellation Language
T	Transmissionsgrad
T_0	Raumtemperatur
Top-Hat	gleichmäßige Intensitätsverteilung über die Fläche des Laserspots
T_V	Verdampfungstemperatur
v_g	Geschwindigkeit des Schutzgases
v_l	Geschwindigkeit des flüssigen Metalls im Schmelzbad
v_S	Scangeschwindigkeit
WL	Wärmeleitungsschweißen
WW-Zone	Laserstrahl/Werkstoff Wechselwirkungszone
$z_R(x)$	Funktion des Messweges zur Bestimmung von Ra
$z_R(x, y)$	Funktion der Messfläche zur Bestimmung von Sa

16 Anhänge

16.1 Anhang A1 Verwendete Werkstoffe und Korngrößenverteilungen der Pulver

Die Gusslegierung AlSi10Mg wird vor allem beim Druckgießen in der Großserienproduktion verwendet. Typische Anwendungsgebiete sind z. B. im Automobilbau für Motorengehäuse, Getriebegehäuse und andere thermomechanisch hochbelastete Maschinenteile, aber auch beim Antennenbau sowie beim Aufbau von Wellenleitern [23], [55], [88].

Tabelle A1.1 Chemische Zusammensetzung von AlSi10Mg

AlSi10Mg

Element	Gewichtsanteil [%]	Element	Gewichtsanteil [%]
Ti	0,15	Mn	max. 0,4
Zn	0,1	Si	9-11
Fe	0,3	Cu	0,03
Mg	0,2-0,5		

IN718 ist eine korrosionsbeständige aushärtbare Nickel-Chrom-Eisen-Molybdän Legierung und wird vor allem in Hochtemperaturumgebungen und/oder korrosiven Umgebungen eingesetzt. Die Legierung ist gut warm und kalt umformbar und wird oft für den Bau von statischen und rotierenden Komponenten in stationären Gasturbinen, Raketentriebwerken und Flugzeugtriebwerken eingesetzt [56], [87].

Tabelle A1.2 Chemische Zusammensetzung von IN718

IN718

Element	Gewichtsanteil [%]	Element	Gewichtsanteil [%]
Ni	50,0-55,0	Mn	max. 0,35
Cr	17,0-21,0	Co	max 1,00
Fe	Rest	C	max. 0,08
Nb	4,75-5,50	Si	max. 0,35
Mo	2,80-3,30	Cu	max. 0,30
Ti	0,65-1,15	P	max. 0,015
Al	0,20-0,80	S	max. 0,015

1.4404 ist ein austenitischer Chrom-Nickel-Stahl mit Molybdänzusatz, der eine sehr hohe Korrosionsbeständigkeit aufweist. Diese Legierung ist gut kalt umform-bar und wird vor allem in der pharmazeutischen Industrie, Medizin- und Zahn-technik sowie der chemischen Industrie eingesetzt [57]. Weitere Informationen zu den Legierungen befinden sich in den Tabellen A1.1 bis A1.3.

Tabelle A1.3
Chemische Zusammensetzung von 1.4404

1.4404

Element	Gewichtsanteil [%]	Element	Gewichtsanteil [%]
Ni	10,0	Mn	max. 2,0
Cr	16,5-18,5	C	max. 0,03
Fe	Rest	Si	max. 1
Mo	2,00-2,50		

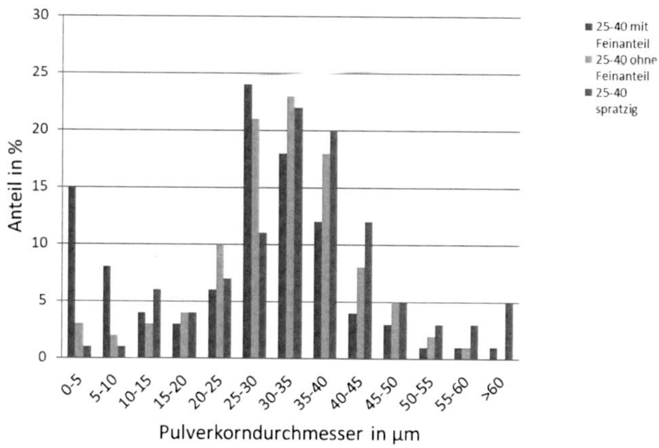

Bild A1.1
Korngrößenverteilung des 25-40µm AlSi10Mg Pulvers in Abhängigkeit von Korndurchmesser, anzahlgewichtet.

Bild A1.2
Korngrößenverteilung des 25-30 µm AlSi10Mg Pulvers in Abhängigkeit von Korndurchmesser, anzahlgewichtet.

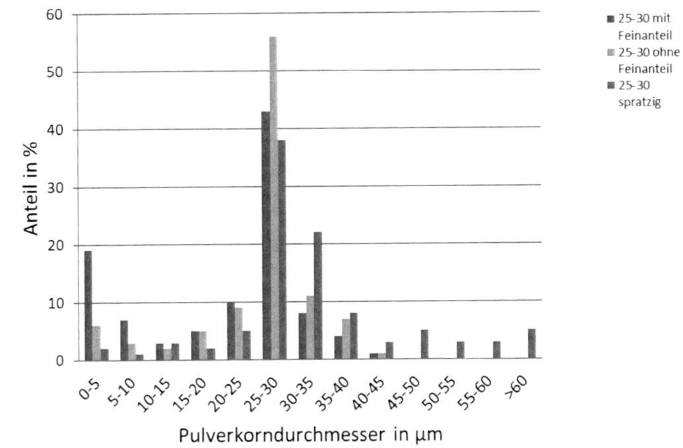

Bild A1.3
Korngrößenverteilung des 31-40 µm AlSi10Mg Pulvers in Abhängigkeit von Korndurchmesser, anzahlgewichtet.

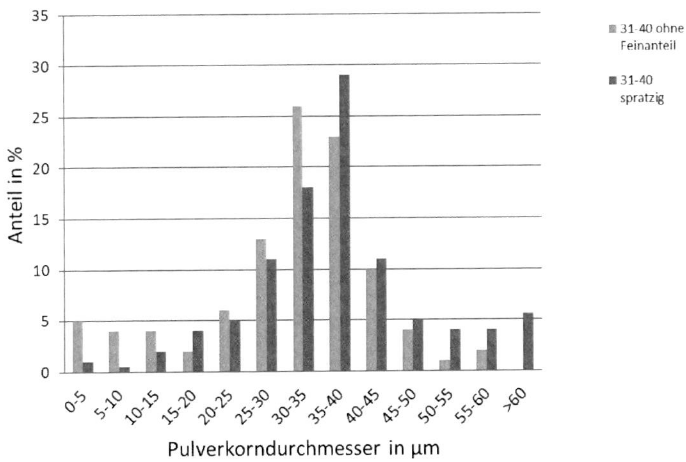

Bild A1.4
Korngrößenverteilung des 29-31 µm AlSi10Mg Pulvers in Abhängigkeit von Korndurchmesser, anzahlgewichtet.

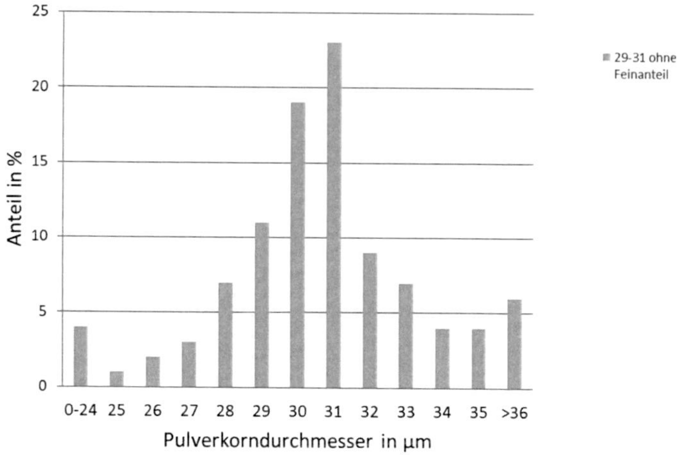

Bild A1.5
Korngrößenverteilung des 25-40 µm IN718 Pulvers in Abhängigkeit von Korndurchmesser, anzahlgewichtet.

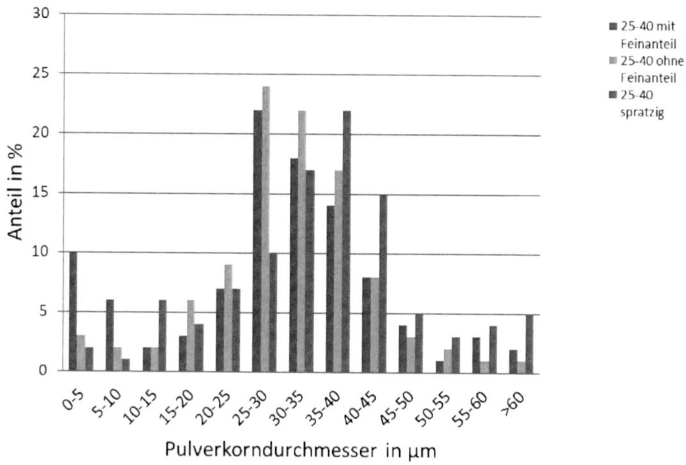

Bild A1.6
Korngrößenverteilung des 25-30 µm IN718 Pulvers in Abhängigkeit von Korndurchmesser, anzahlgewichtet.

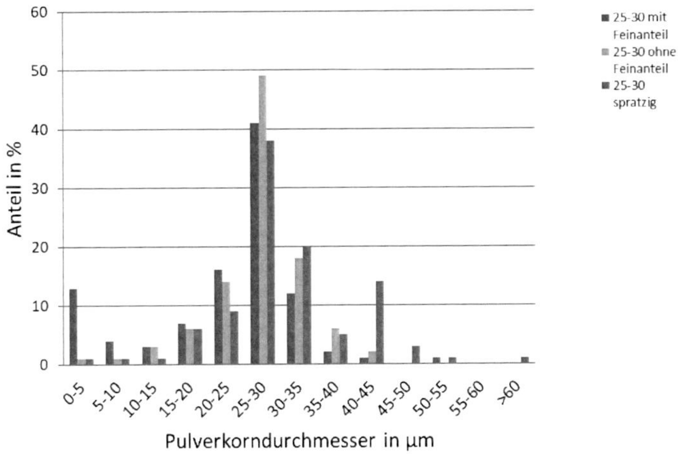

Bild A1.7
Korngrößenverteilung des 31-40 µm IN718 Pulvers in Abhängigkeit von Korndurchmesser, anzahlgewichtet.

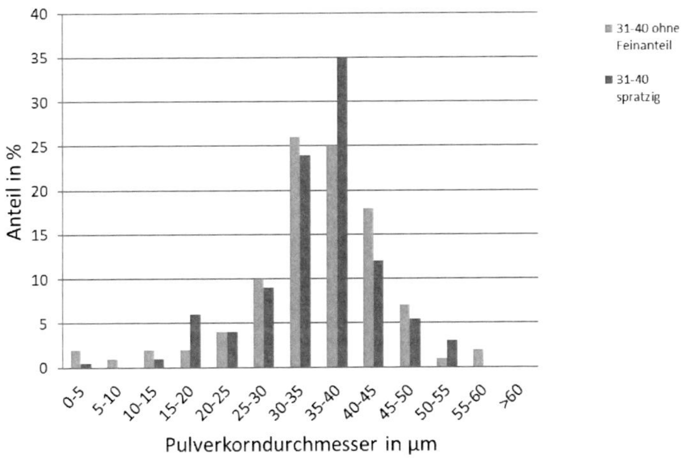

Bild A1.8
Korngrößenverteilung des 25-40 µm 1.4404 Pulvers in Abhängigkeit von Korndurchmesser, anzahlgewichtet.

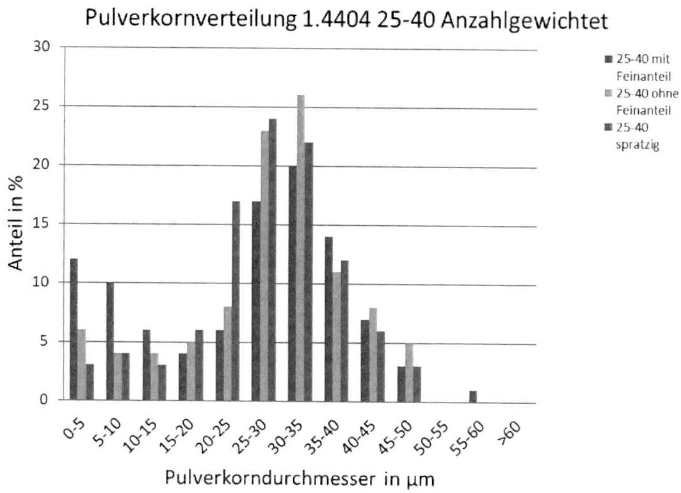

Bild A1.9
Korngrößenverteilung des 25-30 µm 1.4404 Pulvers in Abhängigkeit von Korndurchmesser, anzahlgewichtet.

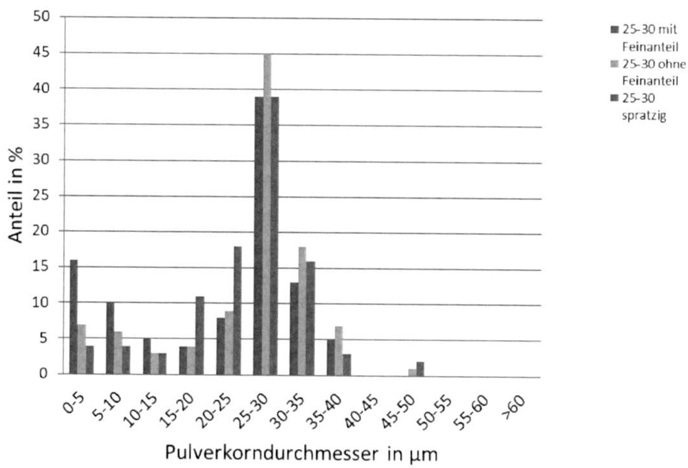

Bild A1.10
Korngrößenverteilung des 31-40 µm 1.4404 Pulvers in Abhängigkeit von Korndurchmesser, anzahlgewichtet.

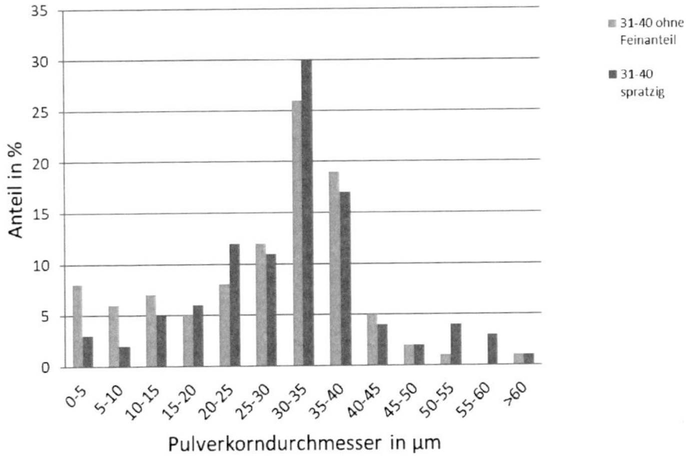

Bild A1.11
Korngrößenverteilung des 25-40 µm 1.4404 Pulvers mit 1% und 3% Cu in Abhängigkeit von Korndurchmesser, anzahlgewichtet.

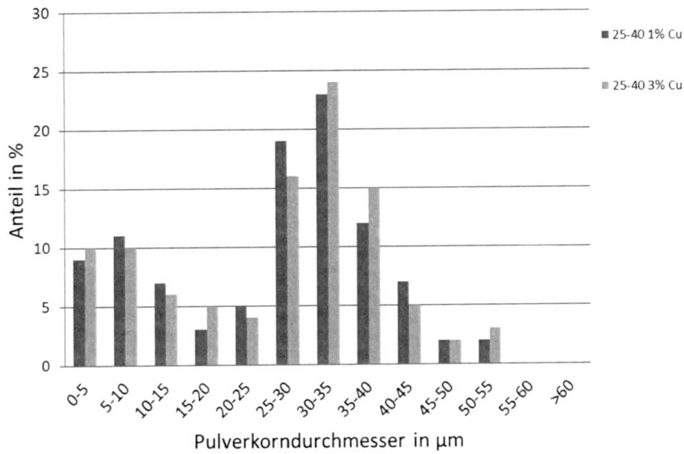

16.2 Anhang A2 Charakterisierung der Laserstrahlquellen

Bild A2.1
PBF-Laboranlage: Leistungsmessung Eingestellte (%) und gemessene (W) Leistung der Laserstrahlquelle IPG 400W

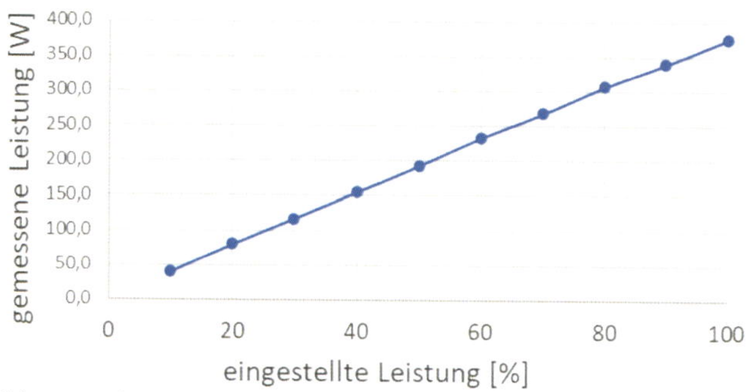

In Bild A2.2 wird eine Kaustikmessung der PBF-Laboranlage (100 W) gezeigt. A2.2.A zeigt eine 2D-Laserspot Darstellung. A2.2B zeigt zwei Kaustik Schnitte (Rot: Schnitt in x-Richtung, Grün: Schnitt in y-Richtung).

Bild A2.2
PBF-Laboranlage
A: Laserspot 100µm (eing. mit Varioscan)
B: Kaustik für den Laserspot von 100µm
C: Laserspot 70µm (eing. mit Varioscan)
D: Kaustik für den Laserspot von 70 µm
Hier:
P_L=100W,
d_S=70 und 100µm

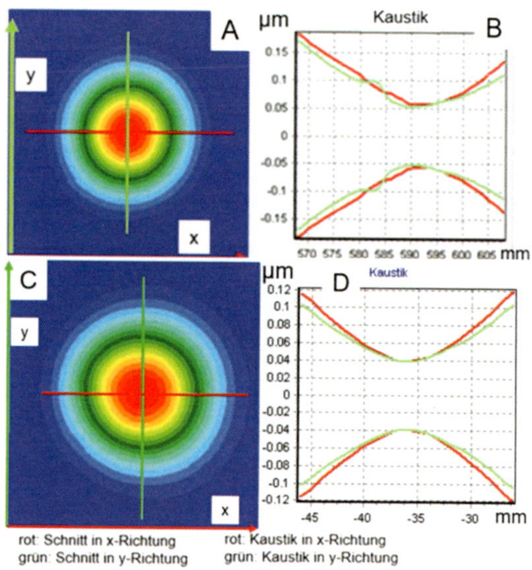

Bild A2.3
SLM 280 HL-Anlage: Leistungsmessung Eingestellte (%) und gemessene (W) Leistung der Laserstrahlquelle IPG 400W

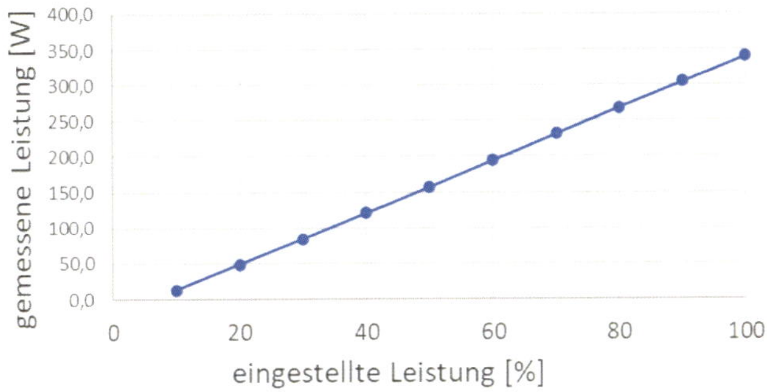

In Bild A2.4 wird eine Kaustikmessung der SLM 280 HL-Anlage (300 W) in Tabellenform gezeigt (A2.4.A). A2.4 B zeigt eine 3D-Laserspot Darstellung in Fokus. A2.4C bis A2.4F zeigen die 3D-Laserspot Darstellungen für den Laserspot im Fokus und defokussiert auf etwa 100, 150 und 200 µm.

Bild A2.4
SLM 280 HL
A: Kaustikmessung
B: Laserrpot 3D Darstellung
C-F: 2D Spot Darstellung in Fokus und defokussiert auf 100, 150 und 200µm
Hier:
P_L=100W,
d_s=100µm

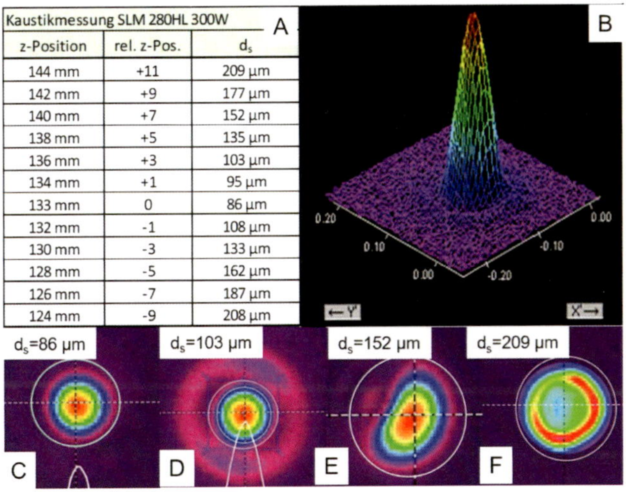

Kaustikmessung SLM 280HL 300W — A

z-Position	rel. z-Pos.	d_s
144 mm	+11	209 µm
142 mm	+9	177 µm
140 mm	+7	152 µm
138 mm	+5	135 µm
136 mm	+3	103 µm
134 mm	+1	95 µm
133 mm	0	86 µm
132 mm	-1	108 µm
130 mm	-3	133 µm
128 mm	-5	162 µm
126 mm	-7	187 µm
124 mm	-9	208 µm

Tabelle A2.1 zeigt technische Daten des YLR-400-WC-Y11 Lasers.

Tabelle A2.1
Technische Daten der Laserstrahlquelle YLR-400-WC-Y11

Technische Daten Laser YLR-400-WC-Y11	
Emissionswellenlänge	$1070\ nm$
Linienbreite (bei $400\ W$)	$3{,}5\ nm$
Nominale Leistung	$400\ W$
Betriebsart	CW/Moduliert
Strahlqualität M^2	$1{,}05$

16.3 Anhang A3 Charakterisierung der Einzelspuren für IN 718 und 1.4404

IN718 und 1.4404 Einzelspuren mit Pulverschicht auf artgleichen Substraten

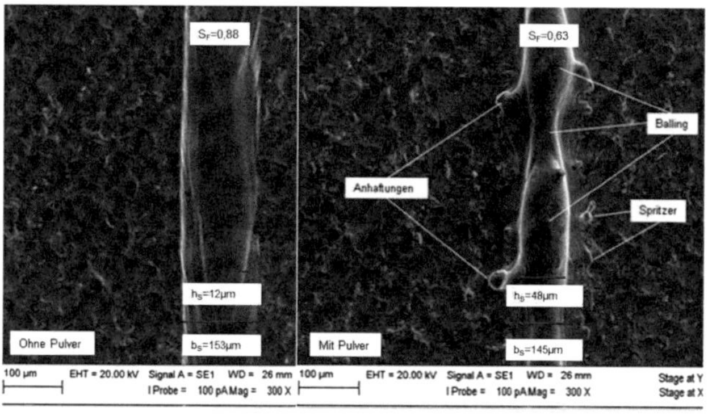

Bild A3.1
REM-Aufnahme einer PBF-Einzelspur, Pulverschicht umgeschmolzen auf sandgestrahlter Substratoberfläche. Ohne Pulver(links) und mit einer Pulverschicht(rechts) Es werden die Spurbreite b_S und die Spurhöhe h_S gemessen.
Hier:
IN718,
Korngrößenverteilung 25-40µm, P_L=300W, v_s=1800mm/s, d_S=100µm; D_S=40µm,

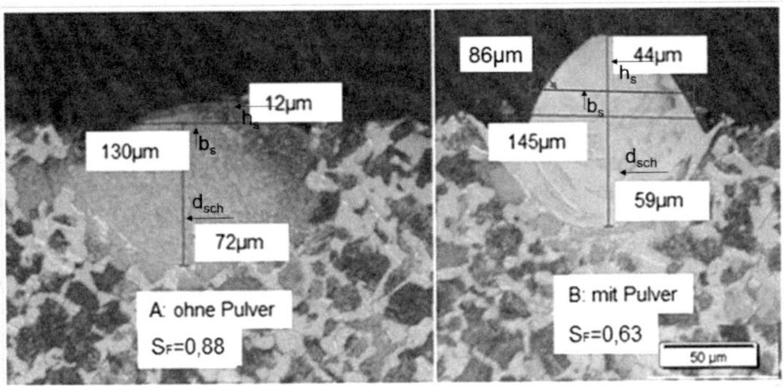

Bild A3.2
Querschliffe zweier Einzelspuren auf sandgestrahlter Substratoberfläche.
A: umgeschmolzene Oberfläche der Substratplatte
B: umgeschmolzene IN718 Pulverschicht mit 40µm Schichtdicke
Hier:
IN718,
Korngrößenverteilung 25-40µm, P_L=300W, v_s=1800mm/s, d_s=100µm.

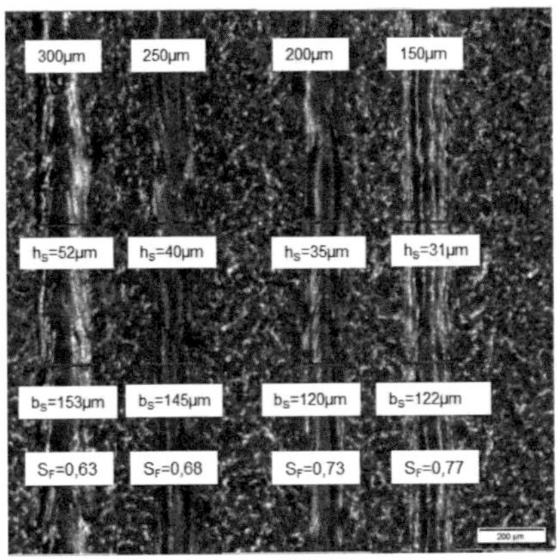

Bild A3.3
Belichtete Einzelspuren auf sandgestrahlter Substratoberfläche. Die Breite der Pulverschichten vor dem Belichten ist: 300, 250, 200 und 150µm. Die Pulverbreite wurde mit einer Genauigkeit von ca. +/-20µm aufgetragen.
Hier:
IN718,
Korngrößenverteilung 25-40µm, P_L=300W, v_s=1800mm/s, d_S=100µm; D_S=40µm.

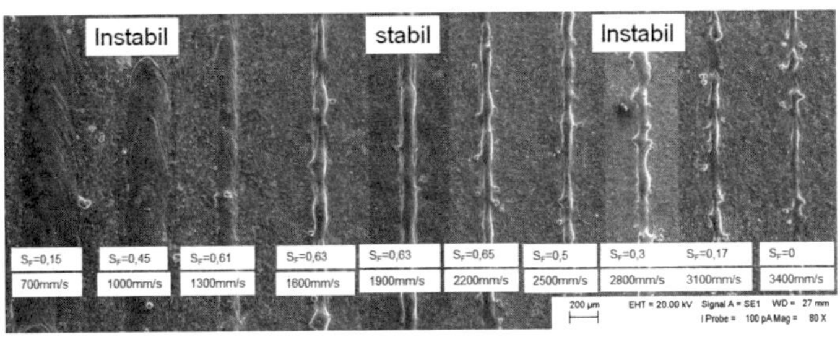

Bild A3.4
REM Aufnahme von PBF-Einzelspuren, Pulverschicht umgeschmolzen auf sandgestrahlter Substratoberfläche.
Hier:
IN718,
Korngrößenverteilung 25-40µm, P_L=300W, v_s=700 bis 3400mm/s, d_S=100µm; D_S=40µm

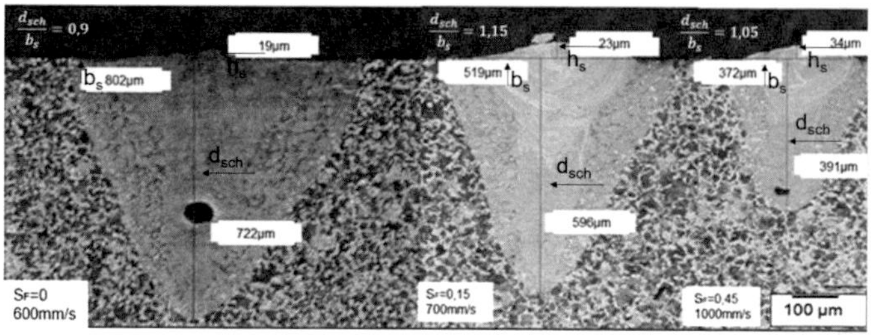

Bild A3.5
Geätzte Querschliffe von umgeschmolzenen Einzelspuren mit Pulverschicht
Hier:
IN718, Korngrößenverteilung 25-40µm, P_L=300W, v_s=400 bis 1000mm/s, d_S=100µm, D_S=40µm, sandgestrahlte Substratoberfläche

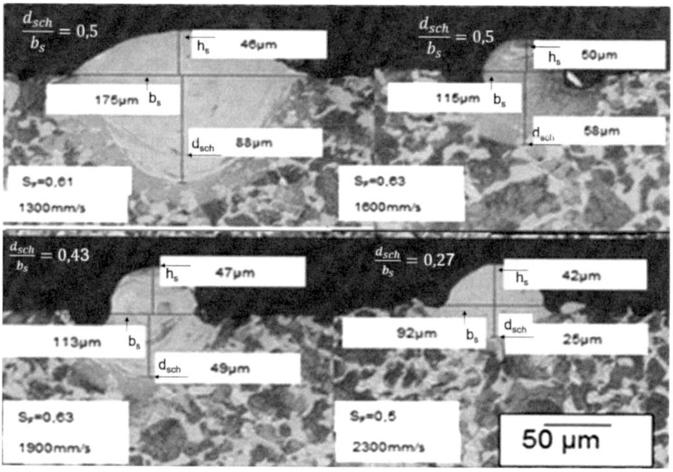

Bild A3.6a
Geätzte Querschliffe der umgeschmolzenen Einzelspuren mit Pulverschicht
Hier:
IN718, Korngrößenverteilung 25-40µm, P_L=300W, v_s=1300 bis 2300mm/s, d_S=100µm; D_S=40µm. sandgestrahlte Substratoberfläche

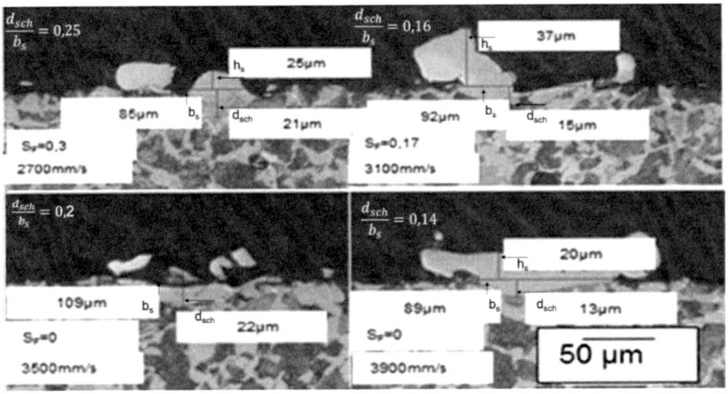

Bild A3.6b
Geätzte Querschliffe der umgeschmolzenen Einzelspuren mit Pulverschicht
Hier:
IN718,
Korngrößenverteilung 25-40µm, P_L=300W, v_s=2700 bis 3900mm/s, d_S=100µm; D_S=40µm. sandgestrahlte Substratoberfläche

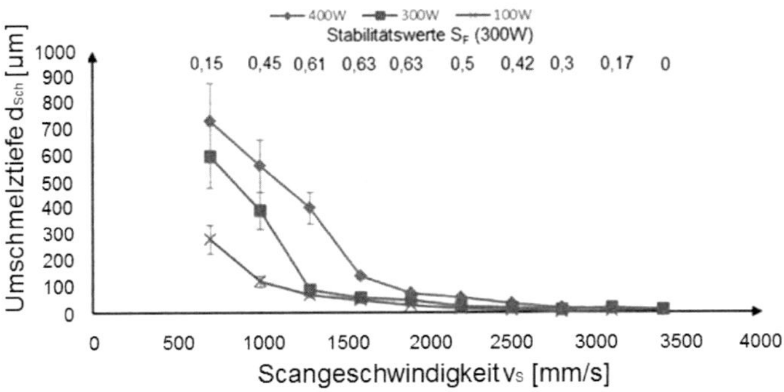

Bild A3.7
Umschmelztiefe d_{sch} von Einzelspuren mit Pulver in Abh. von der Scageschwindigkeit für versch. Laserleistungen. Substratoberfläche sandgestrahlt
Hier:
IN718,
Korngrößenverteilung 25-40µm,
P_L=100 bis 400W,
v_s=700 bis 3400mm/s,
d_S=100µm;
D_S=40µm.

Bild A3.8
Spurhöhe h_s von Einzelspuren mit Pulver auf sandgestrahlter Substratoberfläche in Abhängigkeit der Scangeschwindigkeit für verschiedene Laserleistungen.
Hier:
IN718,
Korngrößenverteilung 25-40µm,
P_L=100 bis 400W,
v_s=600 bis 3400mm/s,
d_S=100µm;
D_S=40µm.

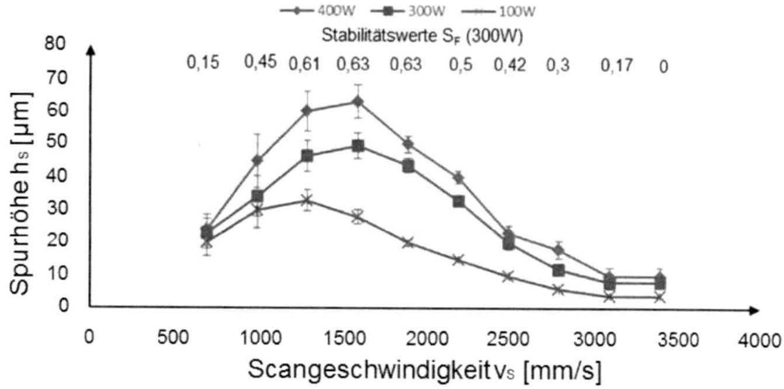

Bild A3.9
Spurbreite b_s von Einzelspuren mit Pulver auf sandgestrahlter Substratoberfläche in Abhängigkeit der Scangeschwindigkeit für verschiedene Laserleistungen.
Hier:
IN718,
Korngrößenverteilung 25-40µm,
P_L=100 bis 400W,
v_s=600 bis 3400mm/s,
d_S=100µm;
D_S=40µm.

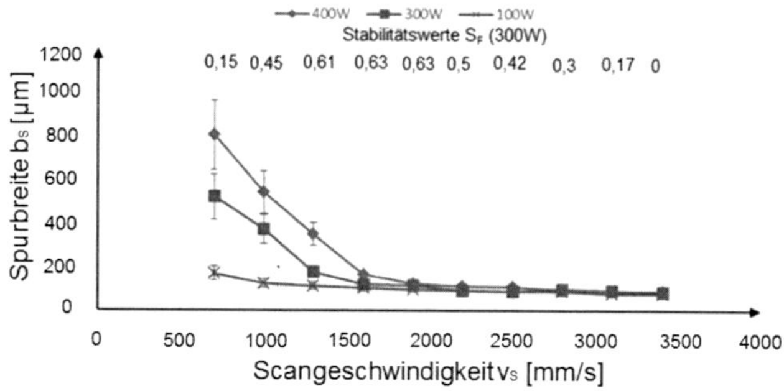

Bild A3.10
Verhältnis d_{sch}/b_s von Einzelspuren mit Pulver auf sandgestrahlter Substratoberfläche
Hier:
IN718,
Korngrößenverteilung 25-40µm,
P_L=100 bis 400W,
v_s=600 bis 3400mm/s,
d_S=100µm;
D_S=40µm.

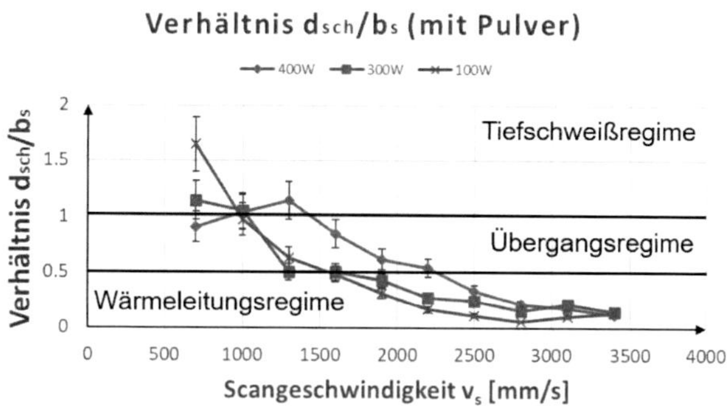

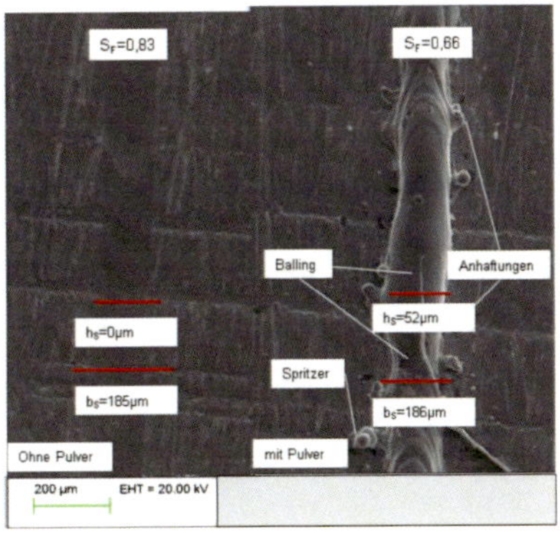

Bild A3.11
REM-Aufnahme von zwei Einzelspuren auf sandgestrahlter Substratoberfläche, ohne Pulver(links) und mit einer Pulverschicht(rechts) umgeschmolzen. Es werden die Spurbreite b_S und die Spurhöhe h_S gemessen.
Hier:
1.4404,
Korngrößenverteilung 25-40µm, P_L=300W, v_s=600mm/s, d_S=100µm; D_S=40µm.

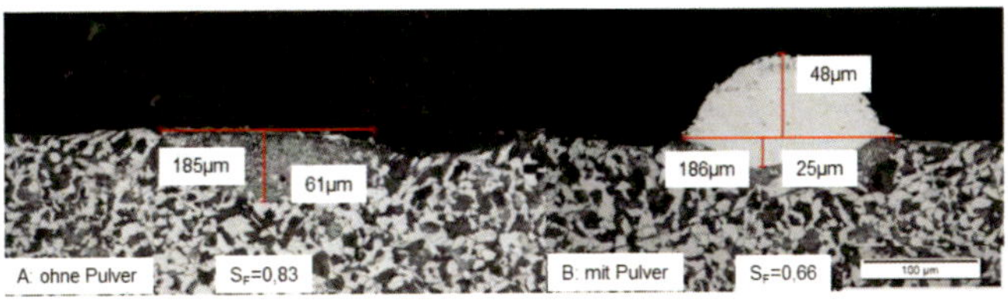

Bild A3.12
Querschliffe zweier Einzelspuren auf sandgestrahlter Substratoberfläche.
A: ohne Pulver
B: 1.4404 Pulverschicht Hier:
1.4404,
Korngrößenverteilung 25-40µm, P_L=300W, v_s=600mm/s, d_S=100µm; D_S=40µm.

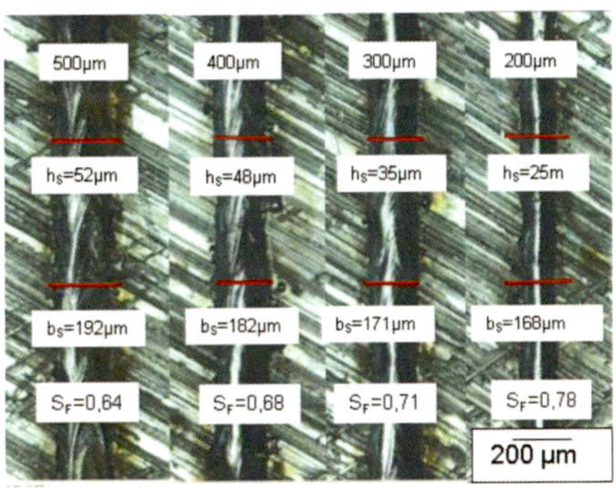

Bild A3.13
Belichtete Einzelspuren auf sandgestrahlter Substratoberfläche, Breite der Pulverspuren vor dem Belichten: 500, 400, 300 und 200µm.
Hier:
1.4404,
Korngrößenverteilung 25-40µm, P_L=300W, v_s=600mm/s, d_S=100µm; D_S=40µm.

Bild A3.14
REM Aufnahme von PBF-Einzelspuren, Pulverschicht umgeschmolzen auf sandgestrahlter Substratoberfläche
Hier:
1.4404,
Korngrößenverteilung 25-40µm, P_L=300W,
v_S=100 bis 1200mm/s,
d_S=100µm;
D_S=40µm.

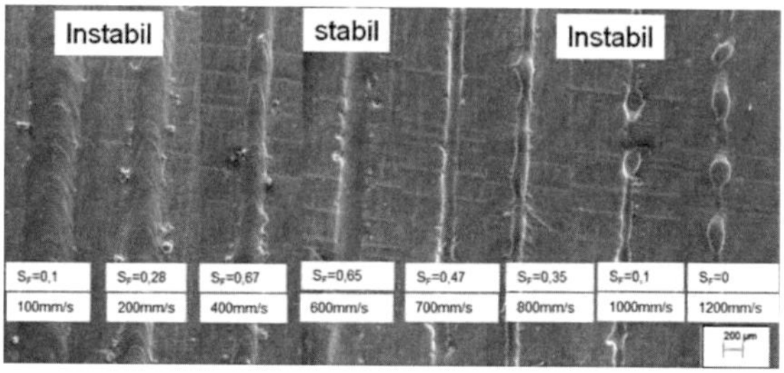

Bild A3.15
Geätzte Querschliffe der umgeschmolzenen Einzelspuren mit Pulverschicht
Hier:
1.4404,
Korngrößenverteilung 25-40µm, P_L=300W,
v_S=100 bis 1200mm/s,
d_S=100µm;
D_S=40µm.
sandgestrahlte Substratoberfläche

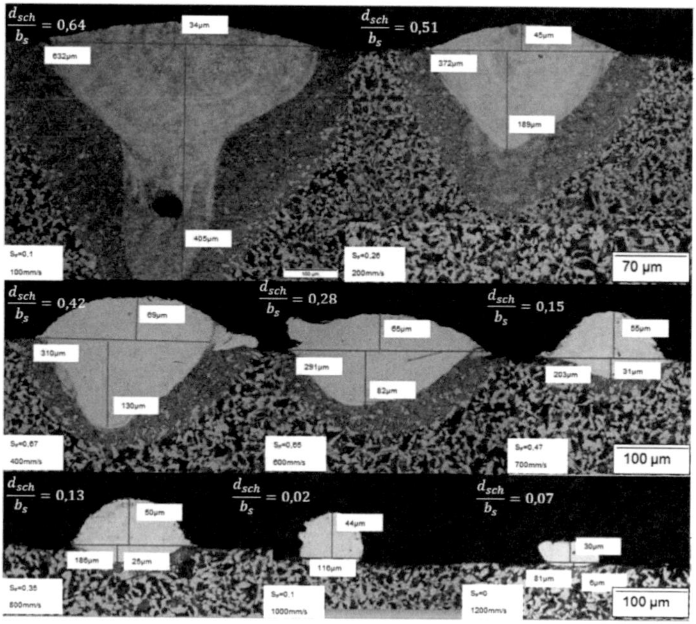

Bild A3.16
Umschmelztiefe d_{sch} von Einzelspuren mit Pulver in Abh. von der Scageschwindigkeit für versch. Laserleistungen. Substratoberfläche sandgestrahlt
Hier:
1.4404,
Korngrößenverteilung 25-40µm,
P_L=100 bis 400W,
v_s=100 bis 1000mm/s,
d_s=100µm;
D_s=40µm.

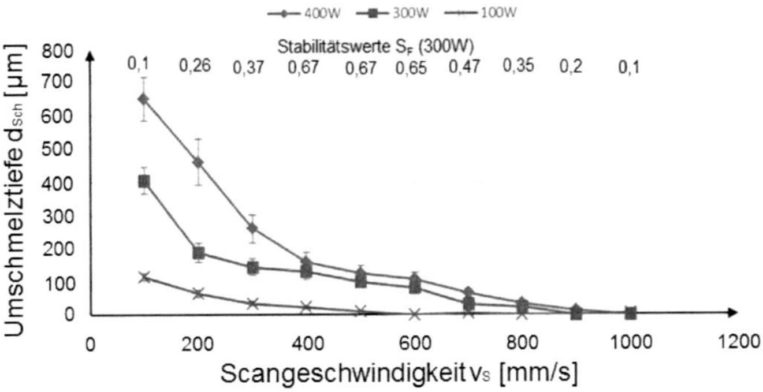

Bild A3.17
Spurhöhe h_s von Einzelspuren mit Pulver auf sandgestrahlter Substratoberfläche in Abhängigkeit der Scangeschwindigkeit für verschiedene Laserleistungen.
Hier:
1.4404,
Korngrößenverteilung 25-40µm,
P_L=100 bis 400W,
v_s=100 bis 1200mm/s,
d_s=100µm;
D_s=40µm.

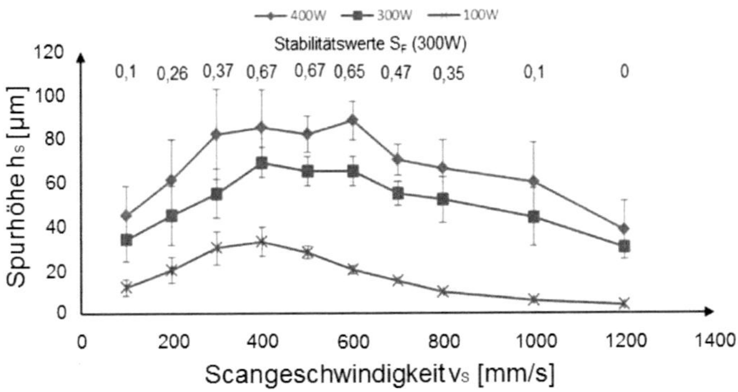

Bild A3.18
Spurbreite b_s von Einzelspuren mit Pulver auf sandgestrahlter Substratoberfläche in Abhängigkeit der Scangeschwindigkeit für verschiedene Laserleistungen.
Hier:
1.4404,
Korngrößenverteilung 25-40µm,
P_L=100 bis 400W,
v_s=100 bis 1200mm/s,
d_S=100µm;
D_S=40µm .

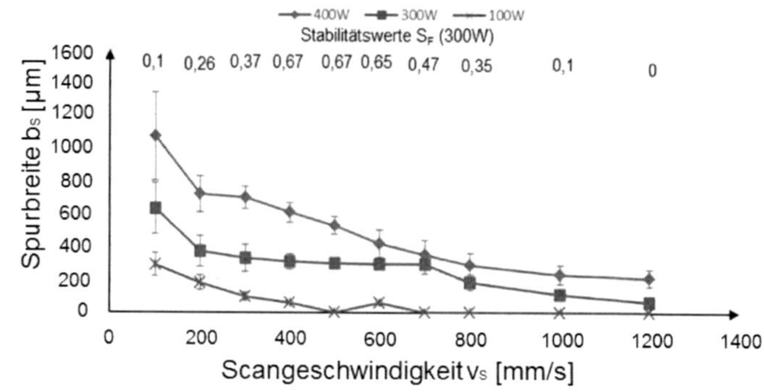

Bild A3.19
Verhältnis d_{sch}/b_s von Einzelspuren mit Pulver auf sandgestrahlter Substratoberfläche
Hier:
1.4404,
Korngrößenverteilung 25-40µm,
P_L=100 bis 400W,
v_s=100 bis 1000mm/s,
d_S=100µm;
D_s=40µm .

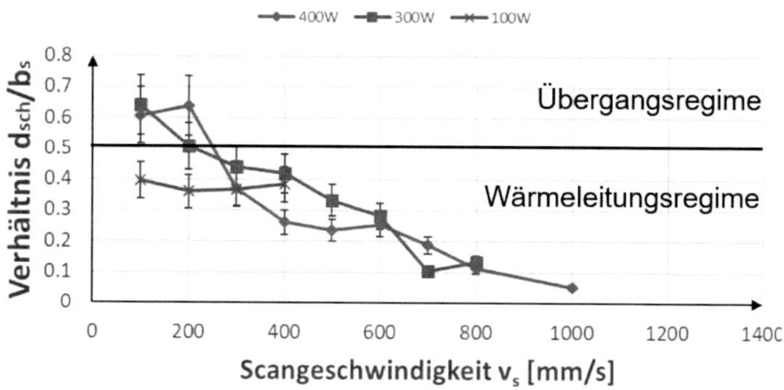

16.4 Anhang A4 Ergebnisse der Einflussgrößenvariation

Tabelle A4.1
Einfluss des Untergrundes der Pulverschicht auf Stabilitätsfaktoren und Prozessfenster.
Pulver: AlSi10Mg, P_L=300W, v_s=50 bis 1600mm/s, d_S=100µm; D_S=40µm.

Untergrund der Pulverschicht	maximaler Stabilitätsfaktor	lokales Maximum	durchgehende Spur Prozessfenster	
AlSi10Mg	S_{Fmax}	v_S [mm/s]	v_S [mm/s]	Δv_S [mm/s]
innere Spur poliert	0.71	600	300-1300	1000
innere Spur sandgestrahlt	0.69	600	300-1300	1000
innere Spur LPBF-Würfel	0.57	600	400-1100	700
äußere Spur poliert	0.53	600	400-1000	600
äußere Spur sandgestrahlt	0.55	600	400-1000	600
äußere Spur LPBF-Würfel	0.43	600	500-900	400
Spur nach 2 LPBF-Schichten	0.63	600	300-1300	1000
Spur nach 4 LPBF-Schichten	0.59	600	300-1100	800
Spur nach 6 LPBF-Schichten	0.56	600	400-1100	700
Spur in Pulverbett	0			

Tabelle A4.2
Einfluss des Untergrundes der Pulverschicht auf Stabilitätsfaktoren und Prozessfenster.
Pulver: IN718, P_L= 300W, v_s=50 bis 4000mm/s, d_S=100µm; D_S=40µm.

Untergrund der Pulverschicht	maximaler Stabilitätsfaktor	lokales Maximum	durchgehende Spur Prozessfenster	
IN718	S_{Fmax}	v_S [mm/s]	v_S [mm/s]	Δv_S [mm/s]
innere Spur poliert	0.63	2000	500-3500	3000
innere Spur sandgestrahlt	0.6	2000	500-3500	3000
innere Spur LPBF-Würfel	0.48	2000	750-3250	2500
äußere Spur poliert	0.43	2000	1000-2750	1750
äußere Spur sandgestrahlt	0.41	2000	1000-2750	1750
äußere Spur LPBF-Würfel	0.36	2000	1250-2750	1500
Spur nach 2 LPBF-Schichten	0.54	2000	500-3500	3000
Spur nach 4 LPBF-Schichten	0.5	2000	750-3250	2500
Spur nach 6 LPBF-Schichten	0.48	2000	750-3250	2500
Spur in Pulverbett	0.15	2000	1750-2250	500

Tabelle A4.3
Einfluss des Untergrundes der Pulverschicht auf Stabilitätsfaktoren und Prozessfenster.
Pulver: 1.4404
P_L=300W,
v_s=50 bis 1600mm/s,
d_S=100µm;
D_S=40µm.

Untergrund der Pulverschicht	maximaler	lokales	durchgehende Spur	
1.4404	Stabilitätsfaktor	Maximum	Prozessfenster	
	S_{Fmax}	v_S [mm/s]	v_S [mm/s]	Δv_S [mm/s]
innere Spur poliert	0.63	600	100-1100	1000
innere Spur sandgestrahlt	0.61	600	100-1100	1000
innere Spur LPBF-Würfel	0.48	600	200-1100	900
äußere Spur poliert	0.41	600	400-900	500
äußere Spur sandgestrahlt	0.38	600	400-900	500
äußere Spur LPBF-Würfel	0.29	600	500-900	400
Spur nach 2 LPBF-Schichten	0.54	600	100-1100	1000
Spur nach 4 LPBF-Schichten	0.5	600	200-1100	900
Spur nach 6 LPBF-Schichten	0.47	600	200-1100	900
Spur in Pulverbett	0			

Tabelle A4.4
Einfluss einer Pulverfixierung auf Stabilitätsfaktoren und Prozessfenster.
Pulver:
AlSi10Mg, IN718, 1.4404
P_L= 300W
v_s=200 bis 3500mm/s,
d_S=100µm;
D_S=40µm,

Pulverfixierung	maximaler	lokales	durchgehende Spur	
AlSi10Mg	Stabilitätsfaktor	Maximum	Prozessfenster	
	S_{Fmax}	v_S [mm/s]	v_S [mm/s]	Δv_S [mm/s]
mit Bindemittel	0.84	600	300-1200	900
ohne Bindemittel	0.69	600	300-1200	900
IN718				
mit Bindemittel	0.82	2000	750-3250	2500
ohne Bindemittel	0.6	2000	500-3500	2750
1.4404				
mit Bindemittel	0.82	700	200-1200	1000
ohne Bindemittel	0.6	600	200-1100	900

Tabelle A4.5
Vergleich der maximalen Stabilitätsfaktoren und der Prozessfenster für die drei Werkstoffe.
Pulver:
AlSi10Mg, IN718, 1.4404
P_L= 300W
v_s=100 bis 3500mm/s, d_S=100µm;
D_S=40µm

chem. Zusammensetzung AlSi10Mg	höchster Stabilitätsfaktor	lokales Maximum	durchgehende Spur Prozessfenster	
	S_{Fmax}	v_S [mm/s]	v_S [mm/s]	Δv_S [mm/s]
AlSi10Mg	0.69	600	300-1200	900
IN718	0.62	2000	500-3500	3000
1.4404	0.61	600	100-1100	1000

Tabelle A4.6
Einfluss der Cu Dotierung des Werkstoffes 1.4404 auf Stabilitätsfaktoren und Prozessfenster.
Pulver:
1.4404, 1.4404 + 1%Cu, 1.4404 + 3% Cu
P_L= 300W
v_s=100 bis 1500mm/s, d_S=100µm;
D_S=40µm.

Cu Dotierung 1.4404	höchster Stabilitätsfaktor	lokales Maximum	durchgehende Spur Prozessfenster	
	S_{Fmax}	v_S [mm/s]	v_S [mm/s]	Δv_S [mm/s]
1.4404	0.61	600	100-1100	1000
1.4404 + 1%Cu	0.64	600	100-1300	1200
1.4404 + 3% Cu (1.4578)	0.72	600	100-1500	1400

Tabelle A4.7
Einfluss der chem. Zusammensetzung der Substratplatten auf Stabilitätsfaktoren und Prozessfenster.
Pulver:
AlSi10Mg, IN718, 1.4404
P_L= 300W
v_S=50 bis 4000mm/s,
d_S=100µm;
D_S=40µm,

Substratplattenvariation	höchster Stabilitätsfaktor	lokales Maximum	durchgehende Spur Prozessfenster	
AlSi10Mg	S_{Fmax}	v_S [mm/s]	v_S [mm/s]	Δv_S [mm/s]
AlSi10Mg	0.71	600	200-1200	1000
AlMg4.5Mn	0.65	600	300-1100	800
IN718	0.37	700	500-900	400
S280	0.38	700	500-900	400
1.4404	0.32	700	500-900	400
IN718				
AlSi10Mg	0.32	2000	1500-2500	1000
AlMg4.5Mn	0.36	2000	1500-2500	1000
IN718	0.62	2000	500-3500	3000
S280	0.55	2000	750-3250	2500
1.4404	0.57	2000	750-3250	2500
1.4404				
AlSi10Mg	0.34	600	400-800	400
AlMg4.5Mn	0.39	600	400-800	400
IN718	0.57	600	100-1000	900
S280	0.56	600	100-1000	900
1.4404	0.61	600	100-1100	1000

Tabelle A4.8
Pulver 1.4404, Einfluss der Partikeleigenschaften wie Form und Größe auf Stabilitätsfaktoren und Prozessfenster.
P_L=300W,
v_S=50 bis 1600mm/s,
d_S=100µm;
D_S=40µm.

1.4404 Pulver	höchster Stabilitätsfaktor	lokales Maximum	durchgehende Spur Prozessfenster	
	S_{Fmax}	v_S [mm/s]	v_S [mm/s]	Δv_S [mm/s]
25-40µm Originalpulver	0.61	600	100-1100	1000
25-30µm mit Feinanteil	0.65	900	600-1300	700
25-30µm ohne Feinanteil	0.76	900	700-1200	500
30-40µm ohne Feinanteil	0.56	400	100-700	600
29-31µm ohne Feinanteil	0.82	800	600-1000	400
25-40µm spratzig	0.41	600	300-900	600
25-30µm spratzig	0.58	900	800-1100	300
30-40µm spratzig	0.37	400	200-600	400

Tabelle A4.9
Pulver AlSi10Mg,
Einfluss der Partikeleigenschaften wie Form und Größe auf Stabilitätsfaktoren und Prozessfenster.
P_L=300W,
v_s=50 bis 1600mm/s,
d_S=100µm;
D_S=40µm.

AlSi10Mg	höchster Stabilitätsfaktor	lokales Maximum	durchgehende Spur Prozessfenster	
	S_{Fmax}	v_S [mm/s]	v_S [mm/s]	Δv_S [mm/s]
25-40µm Originalpulver	0.72	600	300-1300	1000
25-30µm mit Feinanteil	0.65	1000	700-1300	600
25-30µm ohne Feinanteil	0.79	1000	800-1200	400
30-40µm ohne Feinanteil	0.61	400	100-700	600
29-31µm ohne Feinanteil	0.87	900	700-1000	300
25-40µm spratzig	0.4	700	400-1000	600
25-30µm spratzig	0.52	1000	800-1200	400
30-40µm spratzig	0.38	400	300-700	400

Tabelle A4.10
Pulver IN718,
Einfluss der Partikeleigenschaften wie Form und Größe auf Stabilitätsfaktoren und Prozessfenster.
P_L=300W,
v_s=100 bis 4000mm/s,
d_S=100µm;
D_S=40µm.

IN718	höchster Stabilitätsfaktor	lokales Maximum	durchgehende Spur Prozessfenster	
	S_{Fmax}	v_S [mm/s]	v_S [mm/s]	Δv_S [mm/s]
25-40µm Originalpulver	0.62	2000	500-3500	3000
25-30µm mit Feinanteil	0.73	2500	1500-3500	2000
25-30µm ohne Feinanteil	0.82	2500	1750-2750	1000
30-40µm ohne Feinanteil	0.52	1250	500-2000	1500
29-31µm ohne Feinanteil	0.85	2500	2250-3000	750
25-40µm spratzig	0.36	2000	1250-2750	1500
25-30µm spratzig	0.51	2750	2000-3250	1250
30-40µm spratzig	0.32	1250	750-1750	1000

Tabelle A4.11
Einfluss der Schutzgase He, Ar, N_2 auf Stabilitätsfaktoren und Prozessfenster.
Pulver:
AlSi10Mg, IN718, 1.4404
P_L=300W,
v_s=50 bis 4000mm/s,
d_S=100µm;
D_S=40µm.

Schutzgas	höchster Stabilitätsfaktor	lokales Maximum	durchgehende Spur Prozessfenster	
AlSi10Mg	S_{Fmax}	v_S [mm/s]	v_S [mm/s]	Δv_S [mm/s]
Helium	0.83	500	200-1100	900
Argon	0.68	600	300-1300	1000
Stickstoff	0.58	600	400-1000	600
IN718	S_{Fmax}	v_S [mm/s]	v_S [mm/s]	Δv_S [mm/s]
Helium	0.78	1250	500-2250	1750
Argon	0.62	2000	500-3250	2750
Stickstoff	0.42	2000	1000-2750	1750
1.4404	S_{Fmax}	v_S [mm/s]	v_S [mm/s]	Δv_S [mm/s]
Helium	0.68	400	100-700	600
Argon	0.6	600	200-1100	900
Stickstoff	0.4	600	300-900	600

Tabelle A4.12
Einfluss der Laserleistung auf Stabilitätsfaktoren und Prozessfenster.
Pulver:
AlSi10Mg, IN718, 1.4404
P_L=100W, 200W, 300W, 400W
vs=50 bis 4000mm/s,
d_S=100µm;
D_s=40µm.

Laserleistung	höchster Stabilitätsfaktor	lokales Maximum	durchgehende Spur Prozessfenster	
AlSi10Mg	S_{Fmax}	v_S [mm/s]	v_S [mm/s]	Δv_S [mm/s]
100 Watt	0.81	200	50-900	850
200 Watt	0.76	400	200-1100	900
300 Watt	0.7	600	300-1300	1000
400 Watt	0.49	800	500-1400	900
IN718	S_{Fmax}	v_S [mm/s]	v_S [mm/s]	Δv_S [mm/s]
100 Watt	0.75	1250	100-2750	2650
200 Watt	0.71	1500	500-3000	2500
300 Watt	0.62	2000	500-3500	3000
400 Watt	0.53	2250	750-3500	2750
1.4404	S_{Fmax}	v_S [mm/s]	v_S [mm/s]	Δv_S [mm/s]
100 Watt	0.72	200	50-900	850
200 Watt	0.66	400	100-1000	900
300 Watt	0.6	600	200-1100	900
400 Watt	0.53	800	300-1200	900

Tabelle A4.13
Einfluss der Strahldurchmesser auf Stabilitätsfaktoren und Prozessfenster.
Pulver: AlSi10Mg, IN718, 1.4404
P_L= 300W
v_s=50 bis 5500mm/s,
d_S in µm=70, 100, 150, 200;
D_S=40µm.

Strahldurchmesser	höchster Stabilitätsfaktor	lokales Maximum	durchgehende Spur Prozessfenster	
AlSi10Mg	S_{Fmax}	v_S [mm/s]	v_S [mm/s]	Δv_S [mm/s]
70µm	0.81	1100	600-1500	900
100µm	0.7	600	300-1300	1000
150µm	0.61	300	50-600	550
200µm	0.42	150	25-400	375
IN718	S_{Fmax}	v_S [mm/s]	v_S [mm/s]	Δv_S [mm/s]
70µm	0.78	4000	2500-5000	2500
100µm	0.62	2000	500-3500	3000
150µm	0.54	1000	200-2500	2300
200µm	0.42	500	200-2100	1900
1.4404	S_{Fmax}	v_S [mm/s]	v_S [mm/s]	Δv_S [mm/s]
70µm	0.76	1200	700-1500	800
100µm	0.6	600	200-1100	900
150µm	0.52	300	100-800	700
200µm	0.43	150	100-600	500

Tabelle A4.14
Einfluss der Schichtdicken auf Stabilitätsfaktoren und Prozessfenster.
Pulver: AlSi10Mg, IN718, 1.4404
PL= 300W
vs=50 bis 4000mm/s,
d_S=100µm;
D_S=30µm, 40µm, 50µm, 100µm

Schichtdicke	höchster Stabilitätsfaktor	lokales Maximum	durchgehende Spur Prozessfenster	
AlSi10Mg	S_{Fmax}	v_S [mm/s]	v_S [mm/s]	Δv_S [mm/s]
30µm	0.78	700	200-1300	1100
40µm	0.7	600	300-1300	1000
50µm	0.58	500	200-900	700
100µm	0.37	200	50-350	300
IN718	S_{Fmax}	v_S [mm/s]	v_S [mm/s]	Δv_S [mm/s]
30µm	0.77	2500	750-3500	2750
40µm	0.62	2000	500-3500	3000
50µm	0.55	1500	100-2500	2400
100µm	0.34	750	100-2000	1900
1.4404	S_{Fmax}	v_S [mm/s]	v_S [mm/s]	Δv_S [mm/s]
30µm	0.75	800	400-1300	900
40µm	0.6	600	200-1100	900
50µm	0.4	400	100-900	800
100µm	0.31	150	50-600	550

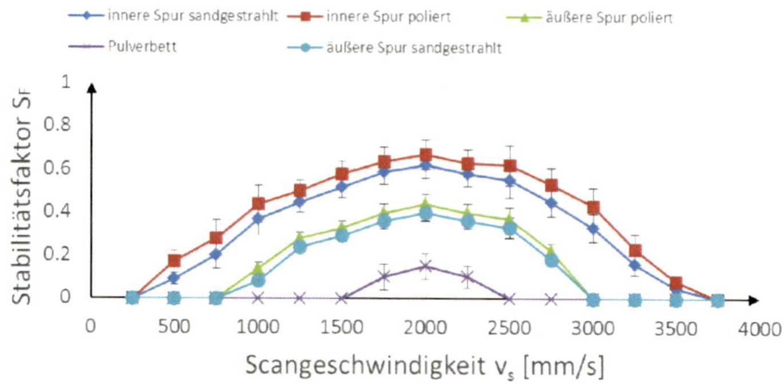

Bild A4.1 Stabilitätsfaktor in Abhängigkeit von der Scangeschwindigkeit für Einzelspuren aus IN718 auf Pulverbett sowie auf polierten und sandgestrahlten Substratplatten. Hier: IN718, Korngrößenverteilung 25-40µm, P_L=300W, v_s=200 bis 4000mm/s, d_S=100µm; D_S=40µm.

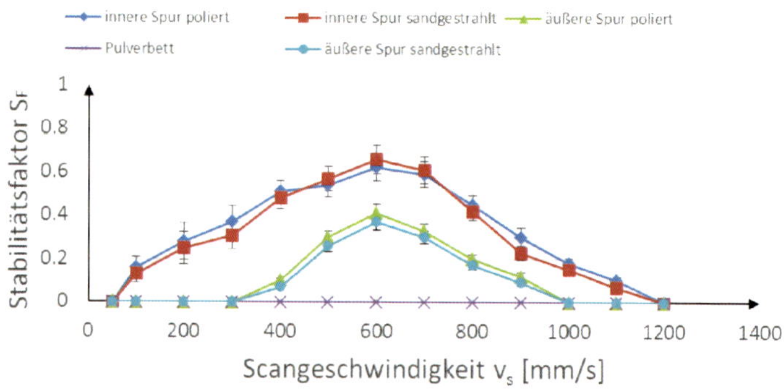

Bild A4.2 Stabilitätsfaktor in Abhängigkeit von der Scangeschwindigkeit für Einzelspuren auf Pulverbett sowie auf polierten und sandgestrahlten Substratplatten. Hier: 1.4404, Korngrößenverteilung 25-40µm, P_L=300W, v_s=50 bis 1400mm/s, d_S=100µm; D_S=40µm.

Bild A4.3
Stabilitätsfaktor in Abhängigkeit von der Scangeschwindigkeit für innere und äußere Einzelspuren aus IN718 auf sandgestrahlter Oberfläche und unbearbeiteter Oberfläche eines PBF-Würfels.
Hier:
IN718,
Korngrößenverteilung 25-40µm,
P_L=300W,
v_s=200 bis 4000mm/s,
d_S=100µm;
D_S=40µm.

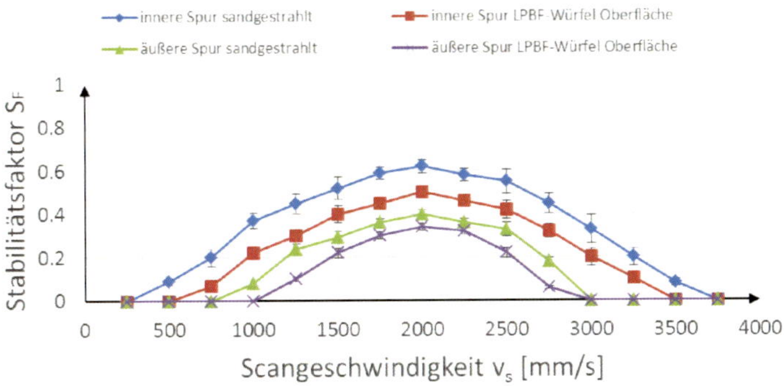

Bild A4.4
Stabilitätsfaktor in Abhängigkeit von der Scangeschwindigkeit für innere und äußere Einzelspuren aus 1.4404 auf sandgestrahlter Oberfläche und unbearbeiteter Oberfläche eines PBF-Würfels.
Hier:
1.4404,
Korngrößenverteilung 25-40µm,
P_L=300W
v_s=50 bis 1400mm/s,
d_S=100µm;
D_S=40µm.

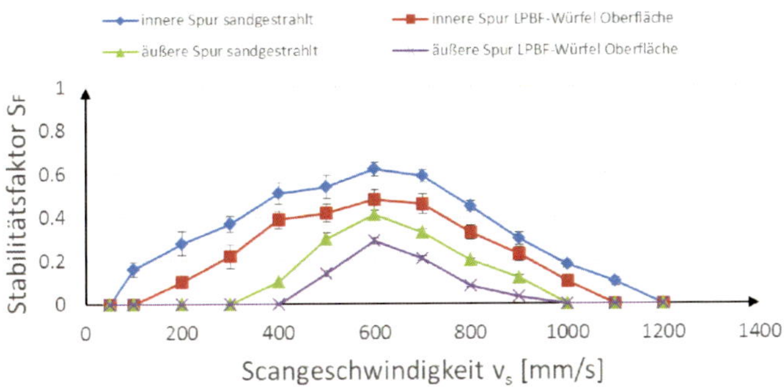

Bild A4.5
Stabilitätsfaktor S_F in Abhängigkeit der Scangeschwindigkeit von inneren IN718-Einzelspuren. Es werden Einzelspuren auf sandgestrahlter Substratoberfläche, nach zwei bis vier PBF-Schichten und auf PBF-Würfel Oberfläche vermessen.
Hier:
IN718, Korngrößenverteilung 25-40µm,
P_L=300W,
v_s=200 bis 4000mm/s,
d_S=100µm;
D_S=40µm.

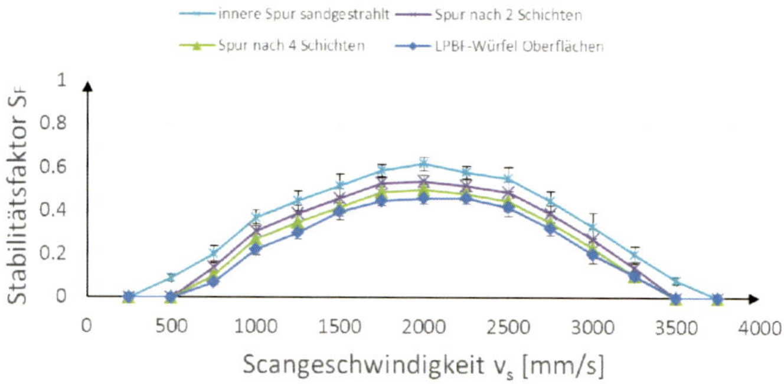

Bild A4.6
Stabilitätsfaktor S_F in Abhängigkeit der Scangeschwindigkeit von inneren 1.4404-Einzelspuren. Es werden Einzelspuren auf sandgestrahlter Substratoberfläche, nach zwei bis vier PBF-Schichten und auf PBF-Würfel Oberfläche vermessen.
Hier:
1.4404, Korngrößenverteilung 25-40µm,
P_L=300W,
v_s=50 bis 1400mm/s,
d_S=100µm;
D_S=40µm.

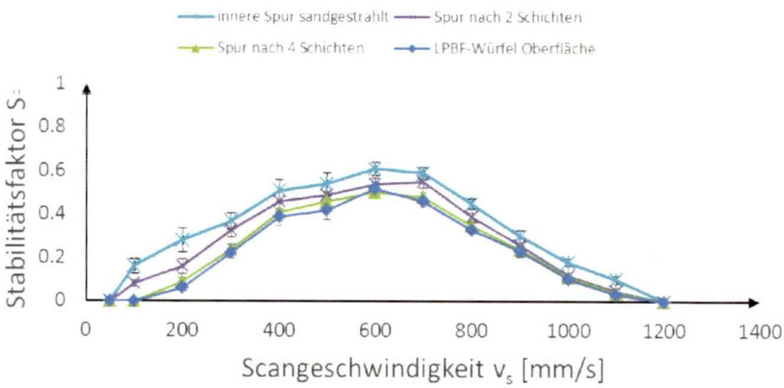

Bild A4.7
Stabilitätsfaktor S_F in Abhängigkeit der Scangeschwindigkeit von IN718 Einzelspuren, aufgetragen mit Klinge, Gummilippe oder Kohlenstofffaserbürste.
Hier:
Korngrößenverteilung 25-40µm
P_L=300W,
v_s=100 bis 3600mm/s,
d_S=100µm;
D_S=40µm.

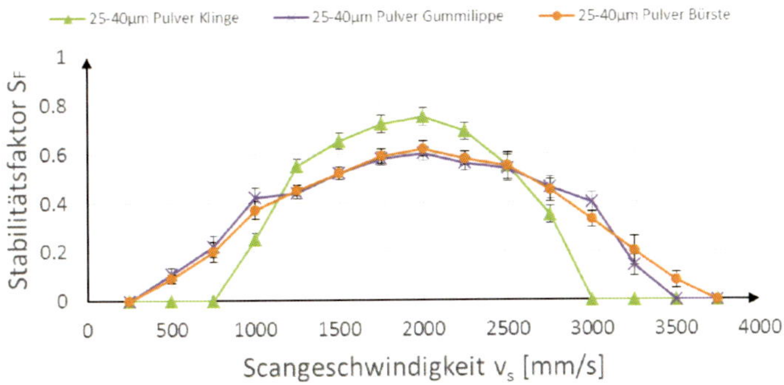

Bild A4.8
Stabilitätsfaktor S_F in Abhängigkeit der Scangeschwindigkeit von 1.4404 Einzelspuren, aufgetragen mit Klinge, Gummilippe oder Kohlenstofffaserbürste.
Hier:
Korngrößenverteilung 25-40µm
P_L=300W,
v_s=50 bis 1600mm/s,
d_S=100µm;
D_S=40µm.

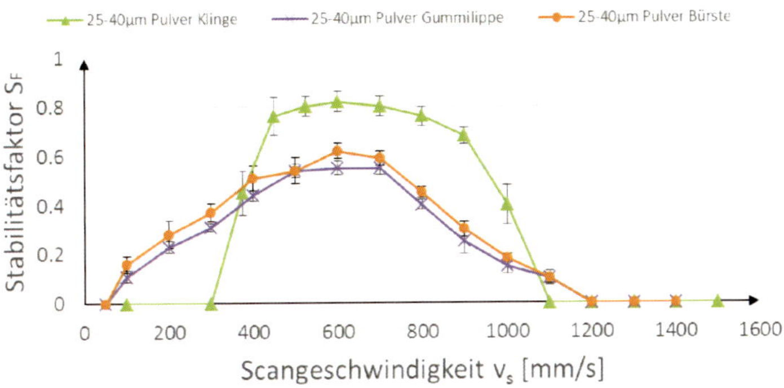

Bild A4.9
Stabilitätsfaktor S_F in Abhängigkeit der Scangeschwindigkeit von IN718 Einzelspuren, hergestellt mit und ohne Bindemittel.
Hier: Korngrößenverteilung 25-40µm, P_L=300W, v_s=100 bis 3600mm/s, d_S=100µm; D_S=40µm

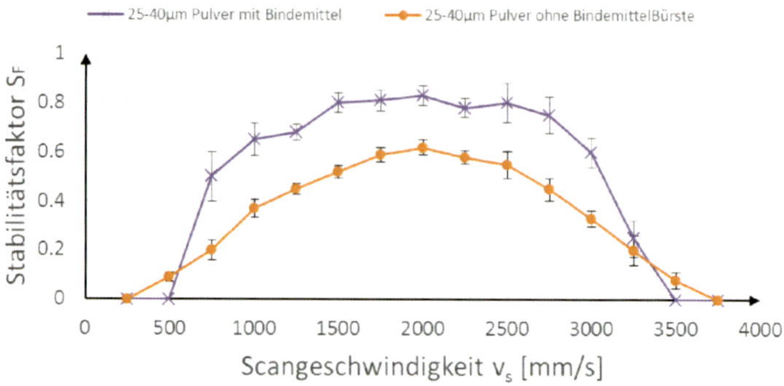

Bild A4.10
Stabilitätsfaktor S_F in Abhängigkeit der Scangeschwindigkeit von 1.4404 Einzelspuren, hergestellt mit und ohne Bindemittel.
Hier: Korngrößenverteilung 25-40µm, P_L=300W, v_s=100 bis 1500mm/s, d_S=100µm; D_S=40µm

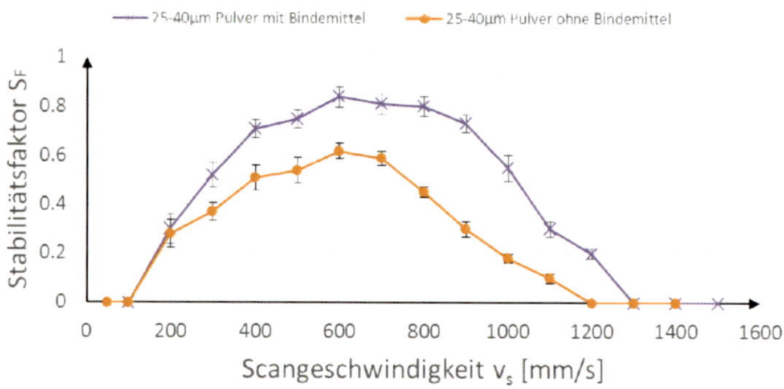

Bild A4.11
Stabilitätsfaktoren S_F von Einzelspuren des Werkstoffes AlSi10Mg auf Substratplatten AlSi10Mg, AlMg4,5Mn, S280, IN718, 1.4404. Hier: Korngrößenverteilung 25-40µm, P_L=300W, v_s=100 bis 1600mm/s, d_S=100µm; D_S=40µm

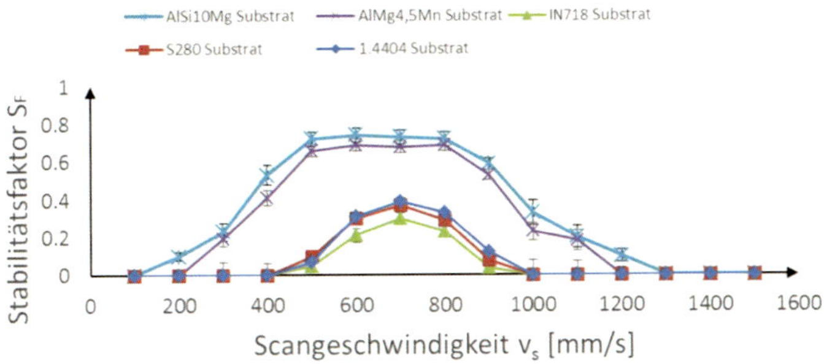

Bild A4.12
Stabilitätsfaktoren S_F von Einzelspuren des Werkstoffes IN718 auf Substratplatten AlSi10Mg, AlMg4,5Mn, S280, IN718, 1.4404. Hier: Korngrößenverteilung 25-40µm, P_L=300W, d_S=100µm; D_S=40µm

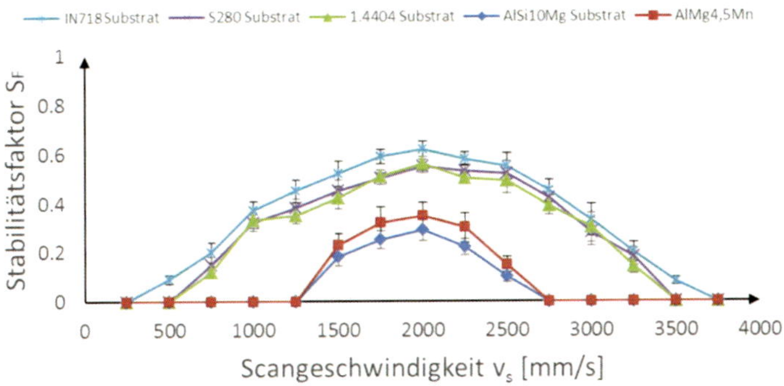

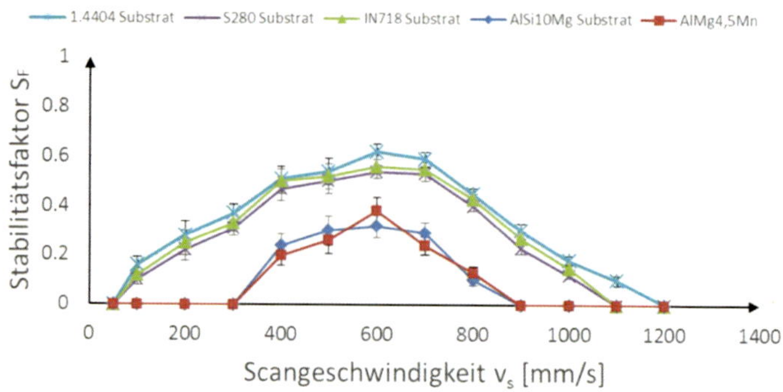

Bild A4.13
Stabilitätsfaktoren S_F von Einzelspuren des Werkstoffes 1.4404 auf Substratplatten AlSi10Mg, AlMg4,5Mn, S280, IN718, 1.4404.
Hier:
Korngrößenverteilung 25-40µm, P_L=300W, v_s=100 bis 1600mm/s, d_S=100µm; D_S=40µm

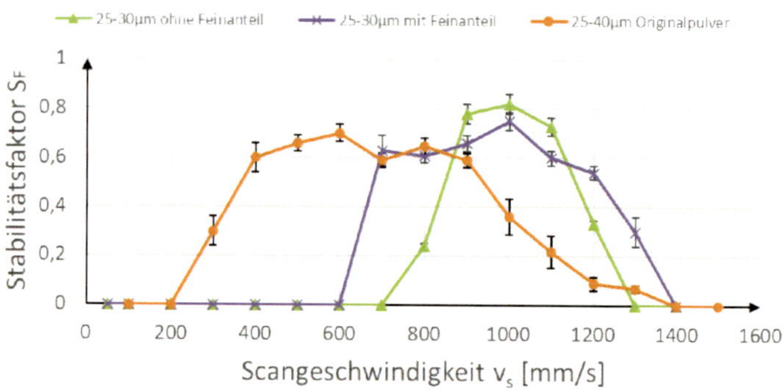

Bild A4.14
Stabilitätsfaktoren S_F von AlSi10Mg Einzelspuren der Korngrößenverteilung 25-40µm Originalpulver, 25-30µm mit Feinanteil und 25-30µm ohne Feinanteil.
Hier:
P_L=300W,
v_s=50 bis 1600mm/s, d_S=100µm; D_S=40µm

Bild A4.15
Stabilitätsfaktoren S_F von AlSi10Mg Einzelspuren der Korngrößenverteilung 25-40µm Originalpulver, 30-40µm ohne Feinanteil und 29-31µm ohne Feinanteil.
Hier:
P_L=300W,
v_s=50 bis 1600mm/s,
d_S=100µm;
D_S=40µm

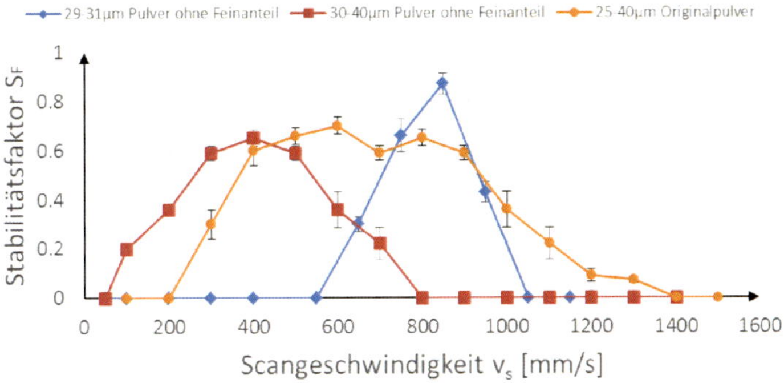

Bild A4.16
Stabilitätsfaktoren S_F von IN718 Einzelspuren der Korngrößenverteilung 25-40µm Originalpulver, 25-30µm mit Feinanteil und 25-30µm ohne Feinanteil.
Hier:
P_L=300W,
v_s=100 bis 4000mm/s,
d_S=100µm;
D_S=40µm

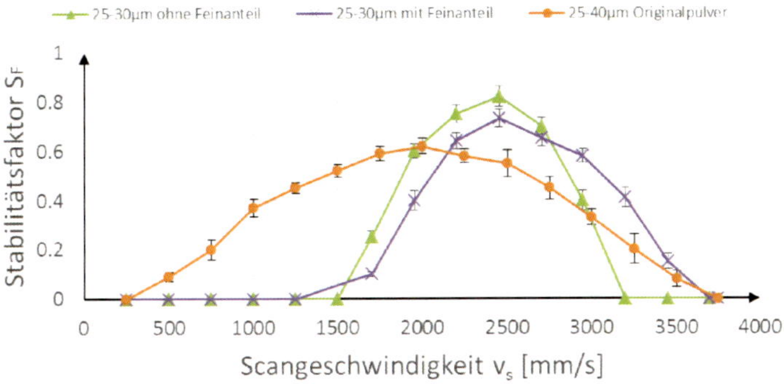

Bild A4.17
Stabilitätsfaktoren S_F von IN718 Einzelspuren der Korngrößenverteilung 25-40µm Originalpulver, 30-40µm ohne Feinanteil und 29-31µm ohne Feinanteil.
Hier:
P_L=300W,
v_s=100 bis 4000mm/s,
d_S=100µm;
D_S=40µm

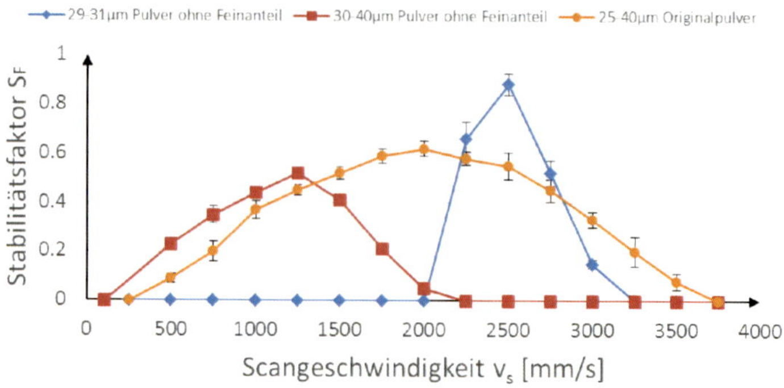

Bild A4.18
Stabilitätsfaktoren S_F von AlSi10Mg Einzelspuren der Korngrößenverteilung 25-40µm Originalpulver, 25-40µm spratzig.
Hier:
P_L=300W,
v_s=100 bis 1600mm/s,
d_S=100µm;
D_S=40µm

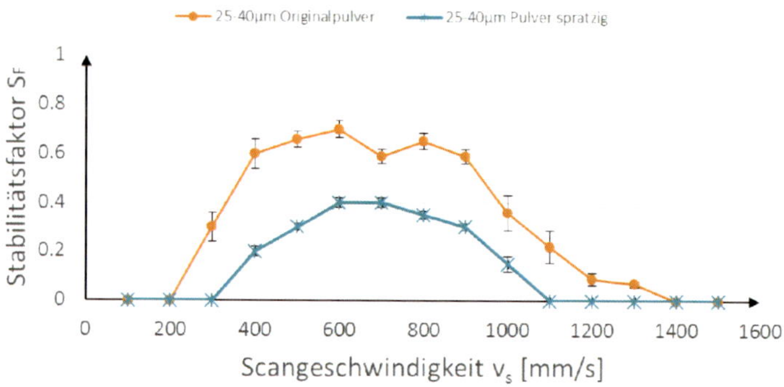

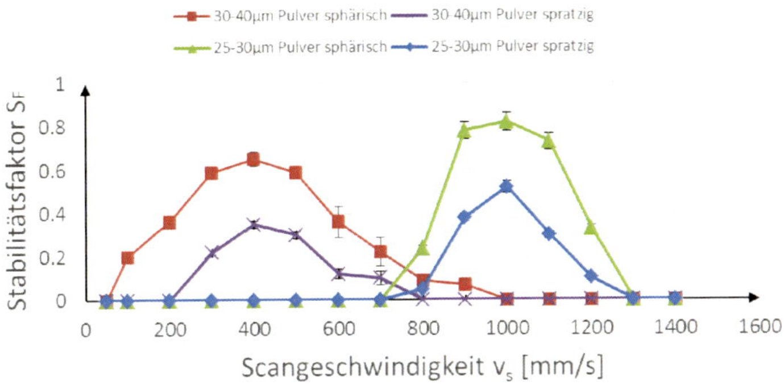

Bild A4.19
Stabilitätsfaktoren S_F von AlSi10Mg Einzelspuren der Korngrößenverteilung 25-30µm sphärisch und spratzig und 30-40µm sphärisch und spratzig.
Hier:
P_L=300W,
v_s=50 bis 1400mm/s,
d_S=100µm;
D_S=40µm

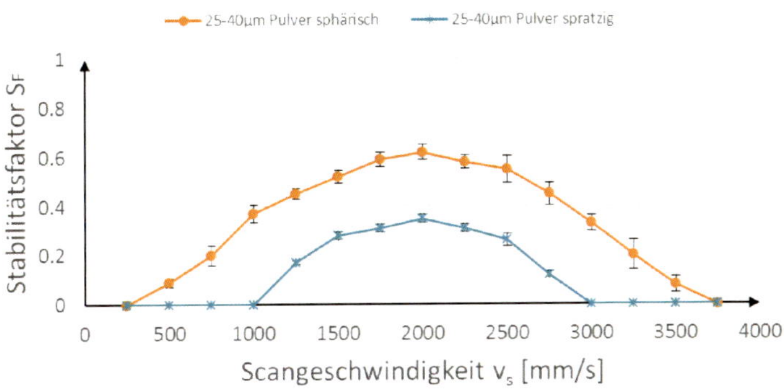

Bild A4.20
Stabilitätsfaktoren S_F von IN718 Einzelspuren der Korngrößenverteilung 25-40µm Originalpulver, 25-40µm spratzig.
Hier:
P_L=300W,
v_s=200 bis 4000mm/s,
d_S=100µm;
D_S=40µm

Bild A4.21
Stabilitätsfaktoren S_F von IN718 Einzelspuren der Korngrößenverteilung 25-30µm sphärisch und spratzig und 30-40µm sphärisch und spratzig.
Hier:
P_L=300W,
v_s=200 bis 4000mm/s,
d_S=100µm;
D_S=40µm

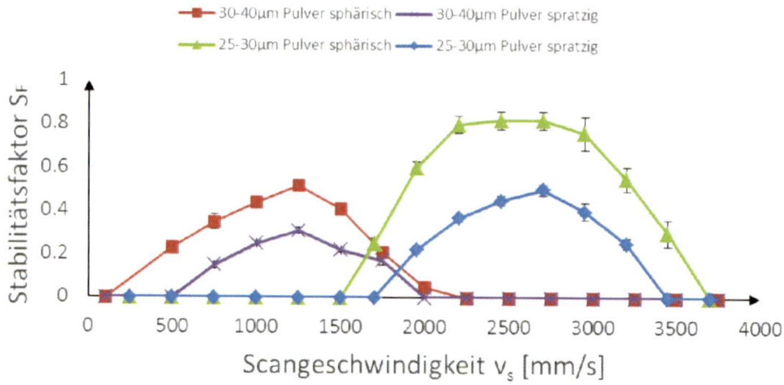

Bild A4.22
Stabilitätsfaktoren S_F von IN718 Einzelspuren, hergestellt mit unterschiedlichen Schutzgasen, He, Ar, N_2.
Hier:
Korngrößenverteilung 25-40µm, P_L=300W, v_s=250 bis 4000mm/s, d_S=100µm;
D_S=40µm

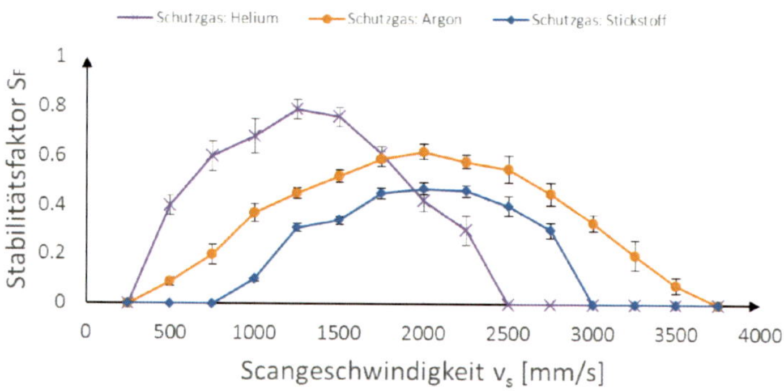

Bild A4.23
Stabilitätsfaktoren S_F von 1.4404 Einzelspuren, hergestellt mit unterschiedlichen Schutzgasen, He, Ar, N_2.
Hier:
Korngrößenverteilung 25-40µm, P_L=300W, v_s=50 bis 1400mm/s, d_S=100µm;
D_S=40µm

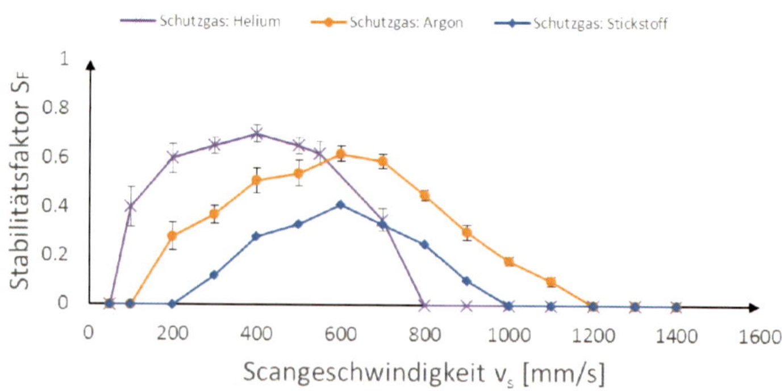

Bild A4.24
Stabilitätsfaktoren S_F von IN718 Einzelspuren, hergestellt mit unterschiedlichen Strahldurchmessern d_S.
Hier:
Korngrößenverteilung 25-40µm, P_L=300W, v_s=100 bis 1600mm/s, d_S in µm= 70, 100, 150, 200
D_S=40µm

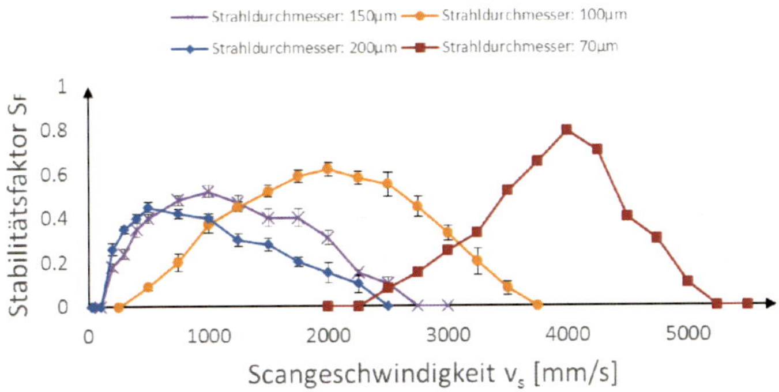

Bild A4.25
Stabilitätsfaktoren S_F von 1.4404 Einzelspuren, hergestellt mit unterschiedlichen Strahldurchmessern d_S.
Hier:
Korngrößenverteilung 25-40µm, P_L=300W, v_s=100 bis 1600mm/s, d_S in µm= 70, 100, 150, 200
D_S=40µm

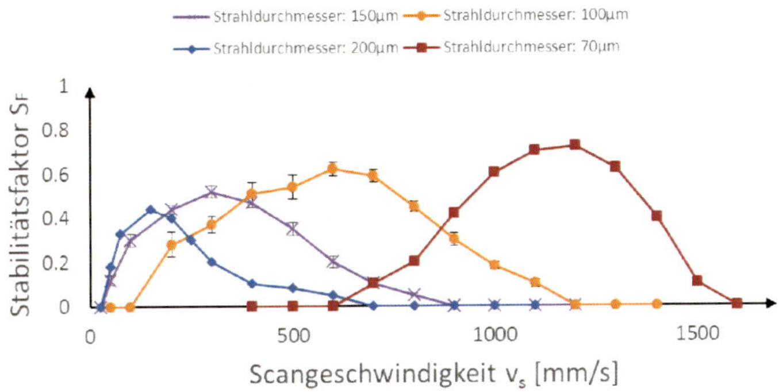

Bild A4.26
Stabilitätsfaktoren S_F von IN718 Einzelspuren, hergestellt mit unterschiedlichen Schichtdicken D_S.
Hier:
Korngrößenverteilung 25-40µm, P_L=300W, v_s=100 bis 4000mm/s, d_S=100µm;
D_S=30µm, 40µm, 50µm, 100µm

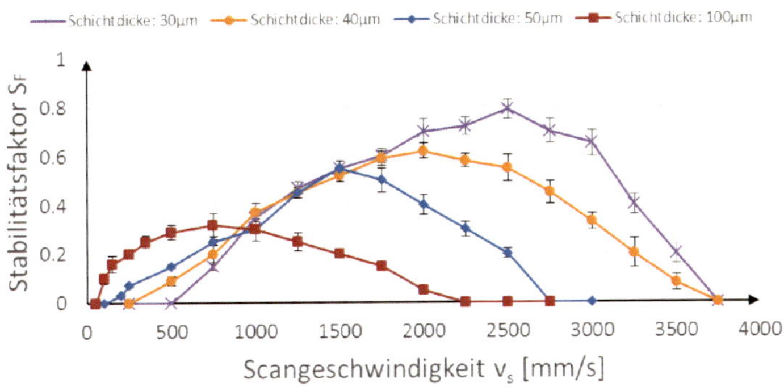

Bild A4.27
Stabilitätsfaktoren S_F von 1.4404 Einzelspuren, hergestellt mit unterschiedlichen Schichtdicken D_S.
Hier:
Korngrößenverteilung 25-40µm, P_L=300W, v_s=100 bis 1600mm/s, d_S=100µm;
D_S=30µm, 40µm, 50µm, 100µm

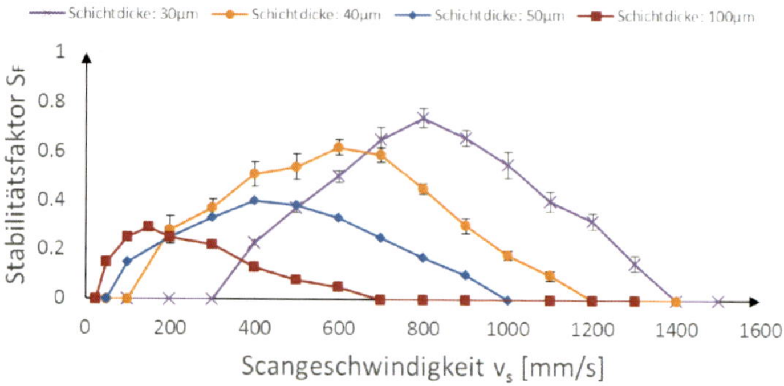

Bild A4.28
Stabilitätsfaktoren S_F von IN718 Einzelspuren unterschiedlicher Ausrichtung.
Hier:
Korngrößenverteilung 25-40µm, P_L=300W, v_s=100 bis 4000mm/s, d_S=100µm;
D_S=40µm,
Spuren: A,B,C,D

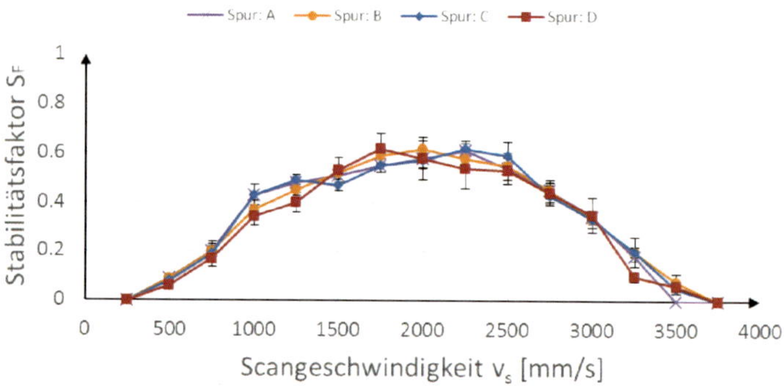

Bild A4.29
Stabilitätsfaktoren S_F von 1.4404 Einzelspuren unterschiedlicher Ausrichtung.
Hier:
Korngrößenverteilung 25-40µm, P_L=300W, v_s=100 bis 1600mm/s, d_S=100µm;
D_S=40µm,
Spuren: A,B,C,D

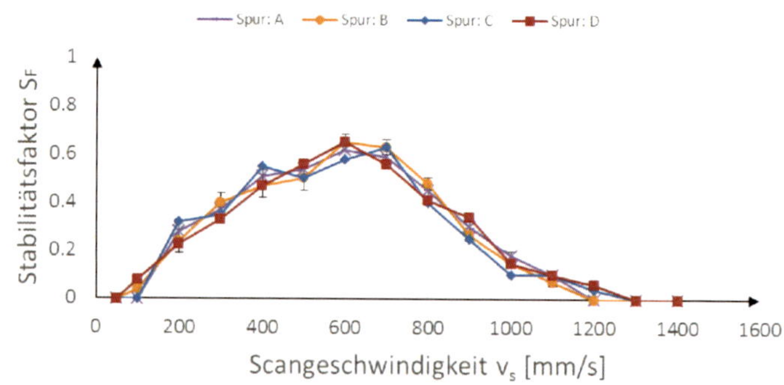

16.5 Anhang A5 Stabilitätsfaktoren und Prozessfenster in Abhängigkeit der Einflussgrößen für beide Anlagen

Tabelle A5.1
Laboranlage
Übersicht der Stabilitätsfaktoren und Prozessfenster für AlSi10Mg
„+“: positive Veränd.
„-“: negative Veränd.
Veränderung gegenüber der Referenz

AlSi10Mg	höchster Stabilitätsfaktor S_{Fmax}		lokales Maximum v_S [mm/s]	Prozessfenster S_F>0.6 v_S [mm/s]	Maß der Prozessrobustheit Δv_S [mm/s]
Referenzspur	0,69		600	500-800	300
	höchster Stabilitätsfaktor	Änderung des Stabilitätsfaktors	lokales Maximum	Prozessfenster	Maß der Prozessrobustheit
Untergrund					
polierte Substratplatte	0,71	0.02	600	500-800	300
Aufbau im Pulverbett					
Kontakt zum Pulverbett	- 0,43	- 0,26	600		
Aufbau auf LPBF-Oberfläche	- 0,6	- 0,1	600	- 600-700	- 100
Auftragverfahren					
Gummilippe	0,69	0	600	500-800	300
Klinge	+ 0,81	+ 0,12	600	+ 400-900	+ 500
Pulverfixierung	+ 0,84	+ 0,15	600	+ 400-1000	+ 600
Chemische Zusammensetzung					
ähnliche Substratplatte	0,65	0.04	600	500-800	300
unt. Substratplatte	- 0,32	- 0.37	600		
Pulvereigenschaften					
25-40µm ohne Feinanteil	0,74	0.05	600	500-800	300
25-30µm mit Feinanteil	0,65	0.04	+ 1000	- 800-1000	- 200
25-30µm ohne Feinanteil	+ 0,79	+ 0.1	+ 1000	- 800-1000	- 200
30-40µm ohne Feinanteil	- 0,61	- 0.08	- 400	- 400-500	- 100
29-31µm ohne Feinanteil	+ 0,87	+ 0,18	900	- 700-900	- 200
25-40 spratzig	- 0,4	- 0.29	+ 700		
25-30 spratzig	- 0,52	- 0.17	+ 1000		
30-40 spratzig	- 0,38	- 0.31	- 400		
Schutzgas					
Helium	+ 0,83	+ 0.14	- 500	400-700	300
Stickstoff	0,58	0.11	600		
Laserleistung					
100Watt	+ 0,81	+ 0.12	- 200	100-400	300
200Watt	+ 0,76	+ 0.07	- 400	300-600	300
400Watt	- 0,49	- 0.2	+ 800		
Strahldurchmesser					
70µm	+ 0,81	+ 0.12	+ 1100	+ 900-1300	+ 400
150µm	- 0,61	- 0.08	- 300	- 200-300	- 100
200µm	- 0,42	- 0.27	- 150		
Schichtdicke					
30µm	+ 0,78	+ 0.09	+ 700	600-900	300
50µm	- 0,58	- 0.11	- 500		
100µm	- 0,37	- 0.32	- 200		
Belichtungsstrategie					
Ausrichtung der Spuren	0,69	0	600	500-800	300
Überlapp 10%	- 0,57	- 0.12	600		
Überlapp 30%	- 0,63	- 0.06	600	500-800	300
Überlapp 50%	0,67	0.02	600	500-800	300
Überlapp 70%	0,73	0.04	600	+ 400-800	+ 400
Überlapp 90%	+ 0,78	+ 0.09	600	+ 400-900	+ 500
Grün: Verbesserung gegenüber der Referenz; Rot: Verschlechterung gegenüber der Referenz					

Tabelle A5.2 Laboranlage Übersicht der Stabilitätsfaktoren und Prozessfenster für IN718 „+“: positive Veränd. „-“: negative Veränd. Veränderung gegenüber der Referenz

IN718	höchster Stabilitätsfaktor S_{Pmax}		lokales Maximum V_s [mm/s]	Prozessfenster S_P>0.6 v_s [mm/s]	Maß der Prozessrobustheit Δv_s [mm/s]
Referenzspur	0,6		2000	1750-2250	500
	höchster Stabilitätsfaktor	Änderung des Stabilitätsfaktors	lokales Maximum	Prozessfenster	Maß der Prozessrobustheit
Untergrund					
polierte Substratplatte	0,63	0.03	2000	1750-2500	+ 750
Aufbau im Pulverbett	- 0,31	- 0.29	2000		
Kontakt zum Pulverbett	- 0,41	- 0.19	2000		
Aufbau auf LPBF-Oberfläche	- 0,48	- 0.12	2000	- 1750-2000	- 250
Auftragverfahren					
Gummilippe	0,6	0	2000	1750-2250	500
Klinge	+ 0,75	+ 0.15	2000	+ 1500-2250	+ 750
Pulverfixierung	+ 0,82	+ 0.22	2000	+ 1000-3000	+ 2000
Chemische Zusammensetzung					
ähnliche Substratplatte	0,57	0.03	2000	1750-2250	500
unt. Substratplatte	- 0,32	- 0.28	2000		
Pulvereigenschaften					
25-40µm ohne Feinanteil	0,64	0.04	2000	1750-2250	500
25-30µm mit Feinanteil	0,73	0.13	+ 2500	2250-2750	500
25-30µm ohne Feinanteil	+ 0,82	+ 0.22	+ 2500	+ 2000-2750	+ 750
30-40µm ohne Feinanteil	- 0,52	- 0.08	- 1250		
29-31µm ohne Feinanteil	+ 0,85	+ 0.25	+ 2500	- 2250-2500	- 250
25-40 spratzig	- 0,36	- 0.24	2000		
25-30 spratzig	- 0,51	- 0.09	+ 2750		
30-40 spratzig	- 0,32	- 0.28	- 1250		
Schutzgas					
Helium	+ 0,78	+ 0.18	- 1250	+ 750-1750	+ 1000
Stickstoff	- 0,42	- 0.18	2000		
Laserleistung					
100Watt	+ 0,75	+ 0.15	- 1250	+ 1000-2000	+ 1000
200Watt	+ 0,71	+ 0.11	- 1500	+ 1250-2000	+ 750
400Watt	- 0,53	- 0.07	+ 2250		
Strahldurchmesser					
70µm	+ 0,78	+ 0.18	+ 4000	3750-4250	500
150µm	- 0,54	- 0.06	- 1000		
200µm	- 0,42	- 0.18	- 500		
Schichtdicke					
30µm	+ 0,77	+ 0.17	+ 2500	+ 2000-3000	+ 1000
50µm	- 0,55	- 0.05	- 1500		
100µm	- 0,34	- 0.26	- 750		
Belichtungsstrategie					
Ausrichtung der Spuren	0,59	0.01	2000	1750-2250	500
Überlapp 10%	- 0,48	- 0.12	2000		
Überlapp 30%	- 0,53	- 0.07	2000		
Überlapp 50%	0,6	0	2000	1750-2250	500
Überlapp 70%	0,62	0.02	2000	+ 1750-2500	+ 750
Überlapp 90%	+ 0,71	+ 0.11	2000	+ 1500-2500	+ 1000
Grün: Verbesserung gegenüber der Referenz; Rot: Verschlechterung gegenüber der Referenz					

Tabelle A5.3
Laboranlage
Übersicht der Stabilitätsfaktoren und Prozessfenster für 1.4404
„+“: positive Veränd.
„-“: negative Veränd.
Veränderung gegenüber der Referenz

1.4404	höchster Stabilitätsfaktor S_{Fmax}		lokales Maximum v_S [mm/s]	Prozessfenster S_F>0.6 v_S [mm/s]	Maß der Prozessrobustheit Δv_S [mm/s]
Referenzspur	0,61		600	500-700	200
	höchster Stabilitätsfaktor	Änderung des Stabilitätsfaktors	lokales Maximum	Prozessfenster	Maß der Prozessrobustheit
Untergrund					
polierte Substratplatte	0,63	0.02	600	500-700	200
Aufbau im Pulverbett					
Kontakt zum Pulverbett	- 0,41	- 0.2	600		
Aufbau auf LPBF-Oberfläche	- 0,48	- 0.13	600		
Auftragverfahren					
Gummilippe	0,66	0.05	600	500-700	200
Klinge	+ 0,82	+ 0.21	600	+ 500-900	+ 400
Pulverfixierung	+ 0,82	+ 0.21	600	+ 400-900	+ 500
Chemische Zusammensetzung					
ähnliche Substratplatte	0,56	0.05	600		
unt. Substratplatte	- 0,34	- 0.27	600		
Pulvereigenschaften					
25-40µm ohne Feinanteil	0,65	0.04	600	500-700	200
25-30µm mit Feinanteil	0,65	0.04	+ 900	800-1000	200
25-30µm ohne Feinanteil	+ 0,76	+ 0.15	+ 900	800-1000	200
30-40µm ohne Feinanteil	0,56	0.05	- 400		
29-31µm ohne Feinanteil	+ 0,82	+ 0.21	+ 800	700-900	200
25-40 spratzig	- 0,4	- 0.21	+ 700		
25-30 spratzig	- 0,52	- 0.09	+ 1000		
30-40 spratzig	- 0,38	- 0.23	- 400		
Schutzgas					
Helium	+ 0,68	+ 0.07	- 400	200-500	+ 300
Stickstoff	- 0,4	- 0.21	600		
Laserleistung					
100Watt	+ 0,72	+ 0.11	- 200	200-500	+ 300
200Watt	0,66	0.05	- 400	500-700	200
400Watt	- 0,53	- 0.08	+ 800		
Strahldurchmesser					
70µm	+ 0,76	+ 0.15	+ 1200	+ 1000-1300	+ 300
150µm	- 0,52	- 0.09	- 300		
200µm	- 0,43	- 0.18	- 150		
Schichtdicke					
30µm	+ 0,75	+ 0.14	+ 800	700-900	200
50µm	- 0,4	- 0.21	- 400		
100µm	- 0,31	- 0.3	- 150		
Belichtungsstrategie					
Ausrichtung der Spuren	0,62	0.01	600	500-700	200
Überlapp 10%	- 0,48	- 0.13	600		
Überlapp 30%	- 0,52	- 0.09	600		
Überlapp 50%	0,59	0.02	600		
Überlapp 70%	0,66	0.05	600	+ 400-700	+ 300
Überlapp 90%	+ 0,71	+ 0.1	600	+ 400-800	+ 400

Grün: Verbesserung gegenüber der Referenz; Rot: Verschlechterung gegenüber der Referenz

Tabelle A5.4 Variation der Parameter für die SLM 280 HL-Anlage

	Variation der Parameter für SLM 280 HL, Einzelspuren			
	nicht signifikant $\Delta S_F<0,05$	bedingt signifikant $0,05<\Delta S_F<0,15$	signifikant $0,15<\Delta S_F<0,25$	sehr signifikant $\Delta S_F>0,25$
Werkstoffe	AlSi10Mg			
	Untergrund der Pulverschicht (6 LPBF-Schichten)			
	Auftragverfahren (Silikonlippe als Referenz)			
Plastikklinge	+	S_F Änderungen <0,10		
	Schutzgas (Argon als Referenz)			
Helium	+	S_F Änderungen <0,15		
Stickstoff	-	S_F Änderungen <0,15		
	Laserleistung (300W als Referenz)			
100 Watt	+	S_F Änderungen <0,10		
200 Watt	+	S_F Änderungen <0,05		
400 Watt	-	S_F Änderungen <0,20		
	Strahldurchmesser (100µm als Referenz)			
150µm	-	S_F Änderungen <0,10		
200µm	-	S_F Änderungen <0,30		
	Schichtdicke (40µm als Referenz)			
30µm	+	S_F Änderungen <0,10		
50µm	-	S_F Änderungen <0,10		
100µm	-	S_F Änderungen <0,35		

16.6 Anhang A6 Definition verschiedener Rauheitskennwerte

Linienrauheit Ra, oft auch mittlere Rauheit genannt, kann sowohl taktil mit einem Profilometer gemessen werden als auch durch digitale Auswertung der Topografie [102]. Die Topografiedaten werden dabei mit Scanning Mikroskopen oder optischen Topografiemessgeräten aufgenommen. In dieser Arbeit wird das Alicona Infinite Focus Topografiemessgerät verwendet. Die mittlere Rauheit wird in der Norm DIN EN ISO 4288 beschrieben:

Formel A6.1:

$$Ra = \frac{1}{L_R}\int_0^l |z_R(x)|\,dx$$

L_R ist der Normierungsfaktor der Messstrecke, die Funktion $z_R(x)$ beschreibt den Messweg.

Die **Flächenrauheit Sa** ermöglicht die Messung der Rauheit einer Fläche [45], [102]. Sa wird nur durch die digitale Auswertung der Topografie gemessen, in dieser Arbeit ebenfalls mit dem Alicona Infinite Focus Topografiemessgerät. Die Flächenrauheit wird in der ISO Norm EN ISO 25178 beschrieben:

Formel A6.2:
$$Sa = \frac{1}{A_R} \iint_A |z_R(x,y)| dxdy$$

A_R ist dabei der Flächennormierungsfaktor, die Funktion z_R (x, y) beschreibt die Messfläche.

Der früher weitverbreitete Rauheitskennwert **Rautiefe Rz**, der taktil gemessen wird und einen Mittelwert der Extremwerte der Rauheitsprofile in n Einzelmessstrecken darstellt, wird wegen hoher Standardabweichungen immer seltener eingesetzt [102]. Da dieser aber in einigen Literaturquellen verwendet wird, wird auf die entsprechende DIN EN ISO 4287 Norm hingewiesen.

Formel A6.3:
$$Rz = \frac{1}{n}(R_{z1} + R_{z2} + \ldots + R_{zn})$$

Die Einzelrautiefe Rzi ist dabei die Summe aus der Höhe der größten Profilspitze und der Tiefe des größten Profiltals des Rauheitsprofils innerhalb einer Einzelmessstrecke.

17 Kurzzusammenfassung

In der vorliegenden Arbeit werden grundlegende Untersuchungen der Einfluss-Wirk-Zusammenhänge zwischen verschiedenen Einflussgrößen/Verfahrensparametern und der Ausprägung von Einzelspuren, Einzelschichten und Volumenkörpern beim Powder Bed Fusion of Metal with Laser Beam (PBF-LB/M-Prozess, in der Arbeit abgekürzt als PBF-Prozess bezeichnet) vorgenommen.

Die Ausprägung der untersuchten Einzelspuren wird dabei durch geometrische Größen (wie z. B. Abmessungen und Gleichmäßigkeit der Schmelzspur) charakterisiert. Zum Bewerten dieser Größen wird der sog. Stabilitätsfaktor eingeführt. Die Möglichkeiten zur Korrelation zwischen diesen Größen und den Qualitätsmerkmalen der Einzelschichten und Volumenkörper wie die Oberflächenrauheit (Einzelschichten) sowie die Oberflächenrauheit und die Dichte (Volumenkörper) werden untersucht. Daraus ergibt sich die übergeordnete Forschungsfrage, ob durch diese Untersuchungen Maßnahmen zur Verbesserung der Oberflächenqualität und der Dichte von PBF-Volumenkörpern abgeleitet werden können.

Zur Untersuchung dieser übergeordneten Frage werden folgende fünf Forschungsfragen beantwortet:

1. Inwieweit werden Qualitätskenngrößen wie Rauheit und Dichte von PBF-Volumenkörpern durch die Einzelschmelzspurbildung beeinflusst?
2. Welche Einflussgrößen/Verfahrensparameter sind für die Abweichungen von einer idealen Schmelzspur (konstante Umschmelzgeometrie entlang der gesamten Spurlänge) relevant und wie wirken sich diese Einflussgrößen auf die Schmelzspurbildung aus?
3. Wie wirken sich verschiedene Werkstoffeigenschaften auf die Schmelzspurbildung aus?
4. Wie und inwiefern lassen sich die Ergebnisse für Einzelspuren auf Einzelschichten und Volumenkörper übertragen?
5. Inwiefern kann das Anwenden der Stabilitätsfaktoren und daraus resultierende Ergebnisse von einer PBF-Anlage auf eine andere Anlage übertragen werden?

Zu Beantwortung dieser Fragen werden für die drei Werkstoffe AlSi10Mg, IN718 und 1.4404 und zwei PBF-Anlagen (PBF-Laboranlage und kommerzielle SLM280 HL-Anlage) Untersuchungen von Einzelspuren, Einzelschichten und Würfeln durchgeführt. Dabei zeigt die Arbeit, dass die Analyse von Einzelspuren Erkenntnisse liefert, die auf Einzelschichten und Volumenkörper übertragbar sind und zur Verbesserung der Oberflächenqualität und Dichte von Volumenkörpern führen können.

18 Short Summary

This thesis investigates fundamental cause-and-effect relationships between various process influencing variables/process parameters and assorted characteristics of single tracks, single layers and solid bodies in Powder Bed Fusion of Metal with Laser Beam (PBF-LB/M, abbreviated as PBF-process in the thesis).

The characteristics of single tracks are determined through measurements of geometric parameters (like physical dimensions and uniformity). The so-called stability factor is introduced to evaluate these parameters. Possibilities of correlation between these geometric parameters and quality characteristics like surface roughness (single layers) as well as surface roughness and density (solid bodies) are explored. This results in a broader research question: Can these investigations result in measures for the improvement of the surface quality and density of solid bodies built with PBF-process?

To investigate this overarching question, the following five research questions are answered:

1. To what extent are quality characteristics such as roughness and density of PBF-built solid bodies influenced by the formation of individual melt tracks?
2. Which influencing variables/process parameters are relevant for deviations from an ideal single track (constant geometry parameters along the entire length of the track) and how do these variables/parameters affect the formation of single tracks?
3. How do different material properties affect the formation of single tracks?
4. How and to what extent can the results for individual tracks be transferred to single layers and solid bodies?
5. To what extent can the application of the stability factors and the resulting conclusions be transferred from one PBF-system to another?

To answer these questions, investigations on two different PBF-systems (a PBF laboratory system and a commercial SLM280 HL system) are carried out. Single tracks, single layers and solid bodies (cubes) from three different materials (AlSi10Mg, IN718 and 1.4404) are evaluated. The thesis shows, that the analysis of single tracks provides insights into the PBF-process that can be transferred to single layers and solid bodies and can lead to improvements of surface quality and density for solid bodies built with PBF-process.